냉장의 세계

FROSTBITE
Nicola Twilley © 2024
All rights reserved.

Korean translation copyright © 2025
by Sejong Institution / Sejong University Press
Korean translation rights arranged with InkWell Management, LLC
through EYA Co., Ltd.

이 책의 한국어판 저작권은 EYA Co., Ltd를 통한
InkWell Management, LLC 사와의 독점계약으로
세종연구원 / 세종대학교 출판부가 소유합니다.
저작권법에 의하여 한국 내에서 보호를 받는 저작물이므로
무단전재 및 복제를 금합니다.

냉장의 세계

초판 1쇄 발행 2025년 6월 30일

지은이 니콜라 트윌리
옮긴이 김희봉
펴낸이 엄종화
펴낸곳 세종연구원

출판등록 1996년 8월 22일 제1996-18호
주소 05006 서울시 광진구 능동로 209
전화 (02)3408-3451~3
팩스 (02)3408-3566

ISBN 979-11-6373-021-7   03500

- 잘못 만들어진 책은 바꾸어드립니다.
- 값은 뒤표지에 있습니다.
- 세종연구원은 우리나라 지식산업과 독서문화 창달을 위해 세종대학교에서
  운영하는 출판 브랜드입니다.

일러두기 | 옮긴이 주는 별도로 표기함.

냉장의 세계

인류의 식탁, 문화, 건강을 지배해온 차가움의 변천사

How Refrigeration
Changed
Our Food, Our Planet,
and Ourselves

FROSTBITE

니콜라 트윌리 지음 | 김희봉 옮김

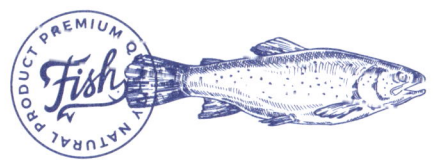

제프에게
모든 것에 감사하며

이 책에 쏟아진 찬사 ──

니콜라 트윌리는 농장과 식탁을 잇는 '콜드 체인'을 따라 독자를 안내한다. 눈이 번쩍 뜨이게 하는 이 매혹적인 여정에서, 저자는 훌륭한 가이드가 되어준다. 《냉장의 세계》는 음식을 바라보는 시각을 영원히 바꿔놓을 것이다. _엘리자베스 콜버트, 퓰리처상 논픽션 부문 수상작 《여섯 번째 대멸종》 저자

우리는 종종 따뜻함의 문제에 너무 집중하느라 뼛속까지 스며드는 차가움의 힘을 잊어버리는 경향이 있다. 하지만 이 책을 읽고 나면 차가움을 간과하지 않을 것이라고 장담할 수 있다. 저자 니콜라 트윌리는 이 책을 통해 추위라는 단순한 아이디어를 모든 지구 생명체에 적용되는 복잡한 이야기이자 놀랍도록 중독성 있는 독서 경험으로 만들어냈다. 과학자부터 냉동고 전문가에 이르기까지 다양한 인물이 차가움을 이해하고 활용하기 위해 노력하며, 그 과정에서 우연히 그리고 의도적으로 우리 삶을 재구성해 나간다는 사실을 발견할 것이다.

_데보라 블룸, 퓰리처상 수상자, 〈뉴욕 타임스〉 칼럼니스트

저자는 냉장에 대한 흥미로운 이야기를 들려준다. 냉장이 우리의 식습관, 가족 관계를 비롯해 여러 가지에 미치는 영향을 추적하고, 냉장이 일상의 중심이 되도록 만든 사람들, 현대 경제에 있어 차가움의 최전선에서 일하는 사람들을 능숙하게 소개한다. _〈월스트리트 저널〉

저자는 마치 펀치를 날리듯 적절한 타이밍에 연속해서 내러티브를 작렬시키는데, 이것은 실로 탁월한 재능이다. 한 번 읽을 때는 특별한 감흥 없이 읽을 수도 있지만, 되짚어 읽다 보면 그 결과가 몰고 오는 파장에 몸이

떨릴 것이다. 그렇지만 이 책은 독자에게 정치적 견해를 강요하지 않으며, 독자가 스스로 생각하고 분노할 수 있는 여유를 제공한다. 그런 점에서 《냉장의 세계》는 쉽게 읽히고, 유익하며, 파급력이 있다. 또한 이 책을 읽는 내내 우리 안에는 조용한 변화의 열망이 샘솟는다. 독자들은 설득당했다는 인상을 받지는 못하지만, 마트의 식품 코너에서 '신선한' 오렌지주스 혹은 진공 포장된 치킨을 보면서 압도되는 느낌을 받을 수도 있을 것이다. ⎯〈파이낸셜 타임즈〉

트윌리의 《냉장의 세계》는 식품 저널리즘 또는 과학 저널리즘이 등장한 이래 출간된 책 중 가장 많은 정보를 담은, 가장 재미있는 사례 중 하나다. 냉장이라는 복잡하기 그지없는 경이로운 기술과 시스템을 만들고 유지하는 사람들을 통해 배우고 이를 독자들과 함께 나누려는 저자의 열정에 탄복하지 않을 수 없다. 저자는 이 책을 쓰면서 적절한 자료를 참고하고, 적절한 사람들과 이야기하고, 최고의 기록 보관소를 방문했지만 저자 자신이 직접 체험한 경험담이야말로 이 책이 주는 최고의 재미다. ⎯〈사이언스〉

음식과 음료를 차갑게 하고 우리 자신까지 시원하게 할 수 있다는 사실만으로도 인류가 살아가는 모든 방식이 바뀔 수 있다는 걸 알려주는, 영특하고 재미있는 책. 여름에 읽기에 최고다. ⎯〈사이언스 프라이데이〉

이 반짝이는 책은 오늘날의 일상생활이 인공적인 냉장, 냉동 기술의 발전사에 얼마나 많이 의존하고 있는지, 그리고 얼마나 크게 변화했는지를 역사와 과학으로 사려 깊게 조망한다. 읽는 내내 책을 내려놓기가 어려웠다. 칭송받지 못한 과학자들의 이야기뿐 아니라 통계 수치도 놀랍다. 미국인이 먹는 음식의 거의 75퍼센트가 콜드 체인을 거치며, 미국 가정은

이 책에 쏟아진 찬사 **7**

냉장고 문을 하루 평균 107번 연다고 한다. 이 책을 읽고 나면 장을 볼 때의 마음이 예전 같지 않을 것이다. _〈뉴욕타임스〉 독자 후기

냉장의 과거와 현재에 대한 놀라운 심층 분석. 트윌리는 '미국인들이 먹는 모든 것의 거의 75퍼센트가 냉장 기술에 의존한다'는 명백한 사실을 훨씬 뛰어넘어 저자가 '인공 빙설권'이라고 부르는 거대한 구역의 모든 측면을 탐구한다. 인공 빙설권은 어마어마한 인프라와 에너지로 지탱되며, 이로 인한 온실가스 배출은 역설적으로 '자연 빙설권'이 소멸하는 데 결정적 역할을 하고 있다. 이 책은 복잡한 시스템의 여러 측면을 뛰어난 필력으로 조망하며, 지속 가능한 대책을 수립하는 데 도움이 될 만한 관점을 제시한다. _〈퍼블리셔스 위클리〉 독자 후기

냉장 기술이 펼치는 세계의 묘하게 매혹적인 모습을 보여주는 책. 흥미롭고 의미 있는 정보와 지식이 가득한 트윌리의 책은 마치 유쾌한 지뢰와 같다. 또한 로마 제국에서 19세기 미국에 걸쳐 있는 전반적인 역사를 자연스럽게 돌아보게 된다. 기술과 역사에 관심이 많은 미식가들에게 추천할 만하다. _〈커커스〉 독자 후기

냉장이 경제를 비롯한 현대 사회의 다양한 측면을 어떻게 형성하는지 흥미롭게 비춘다. 미국 북부의 호수에서 얼음을 채취해 철도 차량에 채워 넣던 '콜드 체인'의 초창기로 거슬러 올라가면, 냉장은 세계의 거리를 좁히고 특히 육류를 비롯한 산업 규모를 확대했다. 냉장 기술 덕분에 중앙집중식 창고와 대규모 도축장이 생겨났고, 숙련된 직업이자 생계를 꾸려갈 수 있는 사업체로서의 지역 정육점은 거의 사라졌다. 이 책의 후반부에서 니콜라 트윌리는 르완다를 방문하여, 가난한 나라에 냉장 기술을 보

급하면 수십억 명의 건강 상태를 개선할 수 있게 도울 수 있지만 우리가 획기적인 발전을 이루지 않는 한 기후 문제에는 재앙이 될 수 있다는 큰 딜레마를 보여준다. 음식을 차갑게 유지할 수 있는 새로운 방법을 찾아야 할 절박한 필요성을 느끼게 해준다. _〈NPR 플래닛 머니〉

과학 저널리스트가 들려주는 인간과 음식, 냉장고의 생생한 역사. 그녀는 음식을 얼리는 최초의 실험에서 시작해 오늘날 미국과 전 세계의 현대적인 냉장 시스템이 어떻게 발전해왔는지 보여준다. 냉장의 역사는 음식이 어떻게, 왜 썩는지에 대한 연구와 맞물려 있으며, 그 과정은 생각보다 훨씬 더 복잡하다는 점을 알 수 있다. _〈피츠버그 포스트 가제트〉

인류가 어떻게 냉장 기술을 만들어냈는지 보여주는 이 흥미진진한 이야기는 모든 독자를 위한 최고의 역사이기도 하다. 저자 니콜라 트윌리는 뉴질랜드산 키위가 '최대 7주 동안 인도양, 수에즈 운하, 지브롤터 해협을 거쳐 항해한 끝에' 런던에서 과일 샐러드가 되는 것을 가능하게 만든 사람들의 분투와 시행착오를 재미있게 보여준다. 또한 냉장이 우리가 먹는 음식의 종류와 환경에 어떤 영향을 미치는지 설득력 있게 제시한다. 이 책을 읽고 나면 제철이 아닐 때 굳이 신선한 복숭아를 먹어야 하는지 다시 생각하게 될 것이다. _〈에어 메일〉

깊이 있고 생생한 이 책은 영국 왕립학회가 냉장을 식품 역사상 가장 중요한 발명품이라고 부르는 이유를 탁월하게 설명한다. 《냉장의 세계》는 냉장 혁명의 역사를 능숙하게 다루었지만 이 책에서 가장 흥미로운 부분은 냉장의 역사 그 자체가 아니라 오늘날 우리가 이 결과에 어떻게 적응하고 있는지 탐구한다는 점이다. _〈언다크 매거진〉

차례

이 책에 쏟아진 찬사 • 006

1장. 인공 빙설권에 오신 것을 환영합니다

2장. 차가움을 정복하는 사람들
부패를 막아라 • 045
얼음 채취 • 062
차가움을 만드는 기계 • 082

3장. 육류, 운송부터 숙성까지
소고기는 어디에 있는가? • 095
화학으로 더 잘 살기 • 118
근육이 고기가 될 때 • 135

4장. 과일, 수확 후의 시간을 보내는 법
숨 쉬는 과일 • 155
과일이 주고받는 신호 • 182
선물 거래 • 201

5장. 제3의 극지방
디젤 냉각기 써모킹 • 223
냉동 컨테이너 속에서 보낸 청춘 • 243
새로운 북극의 건설 • 260

6장. 빙산의 일각
가정용 냉장고의 등장 • 293
냉장고가 바꾼 신선함의 개념 • 311
차가움이 선사하는 새로운 맛의 세계 • 328
냉장고 식단의 명암 • 349

7장. 차가움의 종말
냉장의 미래 • 371
냉장이 아닐 수도 있는 미래 • 399

에필로그_ 만들어낸 북극이 진짜 북극을 녹이고 있다 • 414

감사의 말 • 423 **참고 자료** • 432

1장

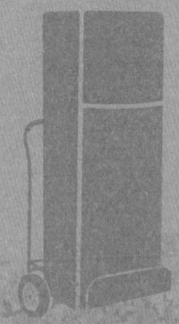

인공 빙설권에 오신 것을
환영합니다

FROSTBITE

캘리포니아 온타리오에 있는 아메리콜드 창고로 출근한 첫날, 오전 여덟 시 정각에 곧바로 일과가 시작되었다. 바깥에는 로스앤젤레스의 푸른 하늘이 포근한 3월의 하루를 예고하고 있었다. 이 시설의 총책임자 앤서니 에스피노자는 냉각기는 영하 16도, 하역장은 2도에서 3도 사이라고 경고했다. "냉동 구역은 영하 23도입니다." 그는 쾌활한 말투로 덧붙였다. "여기가 바로 툰드라죠."

인공 빙설권(식품 보관을 위해 인위적으로 만든 광활한 겨울 왕국)에 대한 나의 탐험은 남부 캘리포니아의 냉동창고에서 일주일 동안 교대 근무를 하는 것으로 시작되었다. 아메리콜드는 미국뿐만 아니라 전 세계에서 가장 큰 온도 조절 창고 공간 제공업체 중 하나다. 전 세계적으로 4,000만 세제곱미터의 냉장 공간을 유지하며 학교 급식에 쓰는 소고기부터 맥코믹 앤 슈믹스 같은 고급 레스토랑 체인에 납품되는 냉동 랍스터까지 모든 것을 보관하고 있다. 9,000제곱미터에 달하는 온타리오 창고는 주로 호라이즌 초콜릿 우유, 랜드 오레이크 크리머, 실크 두유, 그릭 요거트와 같은 다논 제품을 보관하고 있다. 그중 대부분은 불과 45분 거리에 있는 공장에서 생산된다. "우리의 고객인 식품 업체들은 식품을 만드는 데만 집중하면 됩니다"라고 에스피노자는 설명한다. "만든 식품이 소비자에게 전달될 때까지 신선하게 유지하는 일은 우리가 맡지요."

에스피노자와 창고 관리자 카일 슈웨데스는 전날 이미 신입사원 두 사람을 맞이했다. "저는 그들에게 매우 춥고, 힘을 많이 써야 하고, 굉장히 고된 일이라고 말했죠." 슈웨데스가 말했다. 그와 에스피노자는 냉동창고 근무자가 반드시 갖춰야 할 능력에 대해 말해 주었다. 원만한 대인관계와 세심한 주의력도 중요하지만, 창고 정리용 지게차 운전 경험은 타협할 수 없는 필수 요소다.

또 다른 필수 항목은 추위에 대한 적응력이다. "저는 냉기를 좋아합니다." 에스피노자가 말했다. "냉기는 식품뿐만 아니라 사람도 보존해 줍니다! 우리 직원들은 모두 젊어 보이죠." (나는 그가 실제보다 10년쯤 젊은 줄 알았고, 그렇게 말하자 그는 굉장히 좋아했다.) 하지만 이 거대한 냉장고 안에서 하는 일에 많은 사람들이 잘 적응하지 못한다. 얼마 뒤에 나는 작업장으로 내려갔고, 근무조장인 아마토 밑에서 일하게 되었다. 그는 냉동창고에서 겨우 두어 시간쯤 일한 뒤에 가버리는 신입사원을 열 명쯤 봤다고 털어놓았다. "그들은 점심시간에 방한복을 벗어놓고는 펑! 사라져 버리죠." 그가 말했다. "여기서 오래 버티는 사람은 정말 드물어요."

무엇보다, 냉동창고에 발을 들여놓는 사람 자체가 드물다. 거의 20년에 걸쳐 국내와 해외의 신문, 잡지, 내가 운영하는 팟캐스트에서 식품에 대해 보도하면서 농장, 공장, 사워도우 박물관, 실험 과수원, 군 연구소처럼 비일상적이고 대중의 눈에 띄지 않는 장소들을 방문할 기회가 많았다. 그렇지만 이 책을 쓰기 전까지만 해도 대형 냉장고보다 더 큰 시설을 들여다본 적은 없었다. 지금 이 책을 읽고 있는 독자들도 마찬가지일 것이다.

냉동창고는 식품이 농장에서 출발해 식탁까지 이동하는 여정에서 우리가 모르는 중간 단계이며, 부패하기 쉬운 식품의 시간과 공간 제약을 극복할 수 있게 해주는 신비한 내부 작동 방식을 가진 블랙박스다. 자신들이 요리하는 스테이크의 고기에 대해 온갖 이야기를 자랑스럽게 늘어놓는 셰프들이나, 자기가 먹는 고기를 기른 농부를 꼭 만나 봐야 안심이 된다는 미식가들조차도 고기의 저장 이력까지 들여다볼 생각은 하지 않는다. 소고기에 전기 충격을 주어야 냉장을 해도 육질이 질겨지지 않는다는 것을 그들은 상상조차 하지 못할 것이다. 비슷하게, 마트에서 산 봄 야채 믹스 봉지 속에 든 상추가 어떤 종류인지는 잘 알아도 봉지 자체가 첨단 기술이 집약된 호흡 장치라는 사실은 아무도 모를 것이다. 이 봉지는 시금치, 루콜라, 엔다이브 등의 대사 속도를 늦추고 신선도를 더 오래 유지하기 위해 투과성이 각각 다른 여러 층의 필름으로 이루어져 있다. 나도 이전까지는 이런 사실을 전혀 몰랐다.

콜드 체인(육류, 우유 따위의 식품을 차갑게 유지하는 냉동창고, 선적 컨테이너, 냉동 트럭, 식품 매장의 진열장, 가정용 냉장고로 이루어진 네트워크를 가리키는 전문용어)은 식품 유통의 필수 요소지만, 사람들은 이를 당연하게 여긴다. 콜드 체인이 얼마나 방대한지, 어떻게 작동하는지는 국가의 선출된 지도자들조차 잘 알지 못한다. 코로나 범유행 초기에 식품 매장 진열대가 텅 비자, 업계의 한 전문가는 영국 정부의 고위 관료에게 전화를 받았다고 한다. 이 관료는 영국의 식품 유통에 냉동 트럭과 냉동창고가 얼마나 많이 필요한지 다급하게 물었다.

이런 중대한 문제를 모르고 지나치는 것은 큰 실수일 뿐만 아니라 위험하기까지 하다. 이 책의 취재를 위해 세계를 여행하면서 깨달은 바에 따르면, 전 세계를 연결하는 식품 시스템을 이해하기 위해서는 이를 뒷받침하는 보이지 않는 열 제어 네트워크의 신비한 논리를 알아야 한다. 우리가 먹는 것, 그것이 내는 맛, 그것을 기르는 장소, 그것이 사람의 건강과 지구에 미치는 영향, 이 모든 것이 우리의 일상과 인류의 생존에 영향을 미친다. 인위적으로 제조된 차가움에 의해, 이 모든 것들이 완전히 바뀌었다.

2012년, 영국의 국립 과학원인 왕립학회는 냉장이 식품과 음료의 역사에서 가장 중요한 발명이라고 선언했다. 생산성과 건강을 비롯한 여러 기준으로 볼 때 냉장은 칼, 오븐, 쟁기, 심지어 우리가 오늘날 알고 있는 가축, 과일, 채소를 만들어낸 수천 년에 걸친 선택적 교배보다 더 중요하다고 평가되었다. 또한 냉장은 훨씬 최근의 발전이다. 조상들은 현생 인류가 진화하기도 전에 이미 불을 다루는 법을 배웠지만, 인류가 차가움을 마음대로 조종할 수 있게 된 것은 겨우 150년쯤 전이다. 기계에 의한 냉각, 다시 말해 날씨에 의존할 수밖에 없는 눈과 얼음을 이용하는 방식이 아닌 인공물로 만든 냉장은 18세기 중반에야 가능해졌으며, 19세기 후반에 상업화되었고 1920년대에 들어서야 가정에 보급되기 시작했다.

100년이 지난 오늘날, 평균적인 미국인의 식탁에 올라가는 모든 식품 중 거의 4분의 3이 냉장된 채로 가공, 포장, 운송, 저장, 판매된다. 미국은 이미 약 1억 6,000만 세제곱미터의 냉장 공간을 보유하고 있으며, 이는 일종의 **제3의 극지방**이라고 할 수 있다. 상상할 수 없을 만큼 거대한 이 공간은 지구에서 가장 높은 산인 에베레스트가 바닥에서 꼭대기까지 차지하는 부피의 3분의 2에 해당한다.

개발도상국들이 콜드 체인을 구축하기 시작하면서, 이 인공의 극지방은 점점 더 빠르게 확장되고 있다. 국제단체인 글로벌 콜드 체인 얼라이언스Global Cold Chain Alliance의 최신 통계에 따르면, 2018년에서 2020년 사이에 세계의 냉장창고 공간이 거의 20퍼센트나 증가했다. 그러나 상당한 증가에도 불구하고, 미국을 제외한 세계 대부분의 사람들은 평균적인 미국인을 먹여 살리기 위한 냉장 공간의 6분의 1 이하만 사용하고 있다. (표준적인 가정용 냉장고는 대략 0.5에서 0.7세제곱미터로, 상하기 쉬운 식품을 보관하기 위해 필요한 대형 주택만 한 저장고에 비하면 작은 옷장 정도에 불과하다.) 생태학자와 탐험가들이 지구의 자연적인 빙설권(얼어붙은 극지방과 영구 동토 지역)이 소멸되는 것에 신경 쓰는 동안, 이 대안적인 완전히 인공적인 빙설권은 우리 주위에서 거의 알아차리지 못하게 확장되고 있다.

내가 콜드 체인에 매료된 것은 15년쯤 전, 농가와 소비자의 직거래 운동이 관심을 끌 때였다. 동료 식품 저널리스트들이 사육장, 로컬 푸드, 학교 밭 가꾸기에 대해 글을 쓸 때 나는 연결고리에 주목했다. 중간 단계는 어떻게 진행될까? 농장과 식탁 사이에는 어떤 일이 일어날까?

거의 즉시, 집에 있는 작은 냉장고는 빙산의 일각일 뿐임을 깨달았다. 모든 단계가 연결되어 작동하는 콜드 체인은 기자의 피라미드만큼이나 경탄할 만하다고 나는 생각한다. 공학으로 구현한 겨울은 우리와 음식의 관계를 좋은 의미에서든 나쁜 의미에서든 완전히 변화시킨 영속적인 기념물이다.

업계 사람들은 콜드 체인의 지리와 작동 방식을 손바닥 들여다보듯이 꿰고 있고, 소수의 역사학자들은 콜드 체인 발전 단계의 특정 요소를 추적했다. 과학자들은 토마토의 맛부터 장내 미생물군집의 내용물에 이르기까지 콜드 체인이 미친 다양한 영향을 분석하고 있으며, 최근에는 정책 입안자들이 환경에 미치는 영향을 걱정하기 시작했다. 하지만 놀랍게도 아무도 이 모든 것을 하나의 이야기로 묶어 냉장 혁명의 엄청난 규모와 의미를 이해하는 데 도움이 될 만한 이야기를 만들어내려고 하지 않는다.

국제냉동창고협회International Association of Refrigerated Warehouse가 매년 발간하는 회원 시설 목록을 훑어보면서 의문이 떠올랐다. 인공 빙설권의 섀클턴과 스콧은 어디에 있는가? 왜 아무도 가장 먼 오지로 떠나 얼음으로 뒤덮인 미지의 영역을 탐험하고, 지도를 만들고, 그곳 주민들을 만나고, 그곳의 관습을 기록하지 않을까? 그러다 내가 직접 보온 내의를 입고 이 일을 해야겠다는 생각이 들었다. 이 책이 그 결과물이다. 나는 이 모험에서 대부분의 사람들이 볼 수 없는 곳에 들어가서 우리를 굶주리지 않도록 해주지만 아무도 주목하지 않는 사람들을 만났다. 우리는 크라프트Kraft가 미국 전역에 공급할 만큼의 치즈를 저장하는 광활한 동굴부터 농업의 미래를 냉동 보관하는 북극의 종자 저장고까지 인공 빙설권의 랜드마크를 함께 둘러볼 것이다. 손길이 닿지 않은 기록 보관소를 뒤지고 기억에서 사라진 선구자들을 추적하며 냉장의 기록되지 않은 역사를 살펴본다. 지게차 운전사, 냉장고 설계자, 냉동만두로 억만장자가 된 사람, 냉장고로 데이트 상대를 골라주는 세계 유일의 전문가를 만나본다. 가장 중요한 것은 냉장 식품 시스템을 진정으로 이해할 수 있다는 점이다.

물론 인류는 지난 세기 동안 데이터 센터에서 의학, 에어컨, 아이스링크에 이르기까지 차가움을 이용하여 다양한 분야에서 놀라운 능력을 발휘해 왔다. 그러나 이 책에서는 냉각 기술이 생활방식에 가장 급진적인 변화를 일으킨 식품에 대해서만 살펴볼 것이다. 왕립학회는 냉장 기술을 식품과 음료의 역사에서 최고의 발명으로 선정한 이유를 다음과 같이 언급했다. "점점 더 많은 사람들에게 더 다양하고, 흥미롭고, 영양가 있고, 저렴한 식단을 제공할 수 있게 해준" 것은 축복이었다.

그러나 개발도상국들도 20세기에 미국이 겪었던 변화를 거치면서, 이제는 콜드 체인의 비용과 이점을 충분히 따져봐야 한다. 냉장은 우리의 키, 건강, 가족 역학을 변화시켰고 부엌, 항구, 도시를 재구성했으며, 세계 경제와 정치를 재구성했다. 타파웨어와 TV디너를 탄생시켰고 쇼핑 카트와 후드재킷의 산파 역할을 했으며, 여러 종의 동물에게 죽음의 종을 울렸다. 가장 시급한 문제는 기계에 의한 냉각이 가동에 필요한 전력과 많은 냉각 시스템 속에서 순환하는 초온실가스로 시구 온난화를 부추기고 있다는 점이다. 안타깝게도 인공 빙설권의 확산은 자연 빙설권이 사라지는 주범 중 하나로 밝혀졌다.

초창기 개척자들에게 차가움의 통제는 인류에게 부패와 손실이라는 다른 방법으로는 거역할 수 없는 힘을 물리치는 신과 같은 힘을 부여하여 거리의 제약과 계절의 순환을 제거함으로써 무한한 풍요를 열어주었다. 우리의 식생활이 거의 완벽하게 냉장에 의존하고 있는 오늘날, 인간의 자연 통제는 어느 때보다 지속 가능해 보이지 않는다. 요리가 우리를 인간으로 만들었을지 모르지만, 폴 서로의 소설《모스키토 코스트Mosquito Coast》*의 유토피아적 주인공을 비틀어 인용하자면, 얼음이 정말 문명일까? 냉기의 족쇄에서 벗어나면 우리의 식탁, 우리의 도시, 우리의 환경은 어떻게 될까?

무엇보다, 인공 빙설권의 보금자리인 (대개 흰색의) 상자 안에서는 실제로 어떤 일이 일어나고 있을까?

나는 아메리콜드의 냉동창고 현장에 들어가기 전에 두 시간 동안 안전 교육을 받았다. 상온에서의 창고 작업조차 미국에서 가장 위험한 직업 중 하나이며, 이러한 위험의 대부분은 지게차 때문이다. 바퀴가 달린 이 작은 상자는 두 갈래의 은색 갈퀴가 돌출된 범퍼카처럼 보이지만, 조작하기는 의외로 까다롭다. 무거운 팔레트를 들어 올릴 때

- 이 소설은 1986년에 해리슨 포드 주연으로 영화화되기도 했다. 주인공은 미국의 소비주의에 환멸을 느끼고 유토피아 사회를 건설하기 위해 가족과 함께 중앙아메리카의 정글로 이주하는 발명가다. 그는 열대에서 얼음을 만들려 했고, "얼음은 문명이다!"라고 단호하게 선언한다. - 옮긴이

지게차가 쓰러지지 않도록 갈퀴의 각도를 조절하려면 상당한 경험과 직관이 필요하다. 방향을 바꿀 때는 두 개의 레버를 사용하는데, 두 레버 모두 엄청나게 민감하다. 그중 하나는 방향이 반대여서 레버를 왼쪽으로 당기면 지게차가 오른쪽으로 간다. "끔찍한 걸 보고 싶다면, 유튜브에서 지게차 사고 영상을 찾아보세요." 앤서니 에스피노자는 이렇게 말했다. "선반이 쓰러질 정도로 세게 부딪히면, 선반들이 도미노처럼 차례차례 쓰러져서 건물 안의 모든 것이 무너져 내립니다."

지게차를 운전하거나 팔레트를 내려놓을 때 일어나는 사고 외에도 냉동 공간에서는 여러 가지 위험이 도사리고 있다. 차가운 창고 바닥은 얼음이 얼어붙어 번들거리기 때문에 미끄러지거나 넘어지기 쉽다. 냉각 시스템 내부에서 사용하는 암모니아는 치명적이다. 에스피노자는 몇 년 전에 겪은 사고에 대해 말했다. 속도를 줄이지 못한 지게차가 파이프를 건드렸고, 파열된 파이프에서 화학물질이 누출되면서 3분 만에 창고 전체가 하얀 구름으로 가득 찼다. "그걸 봤다면, 죽음을 목격한 것입니다." 에스피노자는 이렇게 말했다. "암모니아는 수분을 빨아들입니다. 안구뿐만 아니라 우리 몸에 있는 모든 구멍을 공격합니다."

그보다 더 큰 문제는 냉장이 그렇게 강력한 이유, 즉 모든 것을 느리게 만드는 차가움의 힘에서 온다. 요구르트를 상하게 하고 우유를 응고시키는 미생물과 효소는 차가운 공기 속에서 느려지며, 이 제품을 싣고 내리는 사람들도 똑같이 느려진다. 모든 것이 꽁꽁 얼어붙는 냉동 환경에서는 컴퓨터 작동도 멈추기 때문에 하니웰 같은 회사에서는 내부에 발열 장치가 들어가 있고 화면에 성에 제거기가 장착된 특수 바코드 센서와 노트북 컴퓨터를 생산한다. 영하 30도 이하에서는 테이프가 붙지 않고 고무가 부스러지며 판지가 딱딱해지는 등, 사소한 장애물도 추위에 느려진 뇌에게는 극복할 수 없는 문제로 느껴진다.

추위 속에서 방한 장비를 잘 갖추지 못한 사람은 투덜거리고, 중얼거리고, 더듬거리며 비틀거리기 시작한다. '추위 바보Cold stupid'는 낮은 온도에서 너무 오래 있으면 사고가 마비되는 것을 가리키는 등산 속어다. 1895년에 저온 저장 업계 최초의 잡지〈얼음과 냉장Ice and Refrigeration〉은 "잘 알려진 대로 극심한 추위는 정신 기능을 마비시킨다"고 지적했다. 예를 들어, 저자는 나폴레옹의 군대가 모스크바에서 후퇴할 때 "많은 병사들이 영하 15도에서 가장 평범한 것들의 이름을 잊어버린 것으로 밝혀졌다"는 한 의사의 이야기를 언급했다. 참고로 냉동식품 창고는 평균 영하 15도에서 30도 사이를 유지하지만 참치처럼 특히 민감한 식품을 보관하는 전문 시설은 영하 62도까지 내려가기도 한다. 남극은 가장 추운 계절에 평균 영하 59도, 겨울철 에베레스트 산 정상의 평균 기온은 영하 35도로 비교적 온화한 편이다.

극지방 탐험가와 산악인들은 저체온증이나 동상은 말할 것도 없고 기억상실이 오기 훨씬 전에 수은주가 조금만 떨어져도 운동 능력이 떨어진다는 것을 너무나 잘 알고 있다. 체온 유지를 위해 너무 많은 에너지를 사용하여 운동에 필요한 에너지가 부족해지기 때문이다. 에스피노자는 아메리콜드 본사의 엔지니어들이 생산성 저하를 고려해서 작업 계획을 신중하게 세운다고 말했다. 손가락과 발가락이 둔해지고 콧물이 줄줄 흐르고 눈물이 나는 등, 추위로 인한 불편함이 지속되면 집중력이 떨어진다. 또한 추운 곳에서는 주변 시력이 떨어지고 반응이 둔해지며 협응력도 저하된다. 연구자들은 이러한 현상이 부분적으로는 신경 연결이 느려지기 때문이라고 설명하지만, 많은 부분은 뇌가 신체의 불편함에 집중하면 다른 것에 집중할 수 없기 때문이라고 설명한다. 나란히 놓고 비교하면, 냉동창고에서는 일반 창고에서 일할 때보다 활발하지 못하고 판단도 늦어진다. 작업 중에 지게차나 터치스크린의 버튼을 잘못 누를 가능성도 훨씬 더 높아진다.

이런 효과는 자연계 전반에도 그대로 적용되는 것으로 보인다. 속도, 민첩성, 주의력은 대사 속도와 관련되며, 따라서 체온과 관련된다. 추울수록 더 둔하고 멍청해진다. 최근의 한 연구에 따르면 물개나 고래 같은 온혈 해양 포식자는 바다에서 온도가 가장 낮은 곳에 모여드는 경향이 있는데, 이 동물들이 추위를 좋아해서가 아니라 그런 조건에서 먹잇감인 물고기들이 "느리고 멍청하고 둔해서" 잡아먹기 쉽기 때문이라고 한다.

범고래에게 쫓기지 않을 때도, 문학적으로 가장 유명한 냉동창고 묘사에서 설명된 것처럼 추위로 인한 실수는 치명적일 수 있다. 1998년에 출간된 톰 울프의 소설 《한 남자의 모든 것A Man in Full》에는 캘리포니아 리치몬드에 있는 크로커 글로벌 푸드의 냉동창고에서 야간 근무를 하는 동안 꽁꽁 얼어서 40킬로그램짜리 벽돌이 된 소고기를 묵묵히 옮기는 콘래드 헨슬리라는 젊은이의 이야기가 나온다. 일을 시작한 지 몇 달 지나지 않아서 헨슬리는 이미 동료들이 쓰러지는 것을 보았다. "거의 아무것도 하지 않고 있던 사람이 갑자기 허리를 비틀면서 고통스러워했고, 지금은 걸을 수 없게 되었다." 그는 근무에 들어가기 전에 이렇게 회상한다. "지난주에는 오클라호마 출신인 주니어 프라이가 얼음 조각 위에서 미끄러지는 팔레트에 발목이 깔리는 사고를 당했다." 그날 밤, 헨슬리가 '자살 냉동고 부대'라고 부른 '얼어붙은 잿빛 여명'에서 몇 시간을 보낸 한 동료가 팔레트를 옮길 때 잭을 너무 빨리 돌리는 바람에 얼음 바닥에서 팔레트가 갑자기 움직이면서 두 사람이 거의 죽을 뻔했다.

아메리콜드의 한 교육 영상에서는 제이슨 카터라는 직원이 '15초의 실수'로 응급실에서 일곱 시간 반을 보낸 경험담을 들려주었다. 노동절 주말 토요일이었는데, 지게차에 팔레트를 적정량보다 딱 하나 더 실었다. "가로대에 뒤통수가 걸려 컴퓨터 화면에 부딪혔어요." 그는 이렇게 설명했다. "뼈 서른일곱 개가 부러지고 양쪽 눈이 함몰되었어요. 아이들이 정말 큰 충격을 받았죠."

에스피노자는 최근 몇 년 동안 직원들의 안전과 의욕이 모두 극적으로 향상되었다고 말했다. 입구의 표지판에는 이 시설이 1,045일 동안 무사고를 기록했다고 적혀 있었다. "하지만 여전히 힘든 환경입니다." 에스피노자가 말했다. "늘 푸른 하늘과 장미만 있는 것은 아니지요."

아메리콜드에서 첫 근무를 시작할 준비가 끝나자 나는 지미 앰브로시라는 베테랑 직원과 짝이 되어 일하게 되었다. 우리는 함께 최종 안전 점검을 마치고 간단한 준비 체조를 했다. 그런 다음 나는 그를 따라 1번 구역으로 들어가 냉장 공간과 하역장 사이에 드리워진 두꺼운 비닐 커튼을 더듬더듬 통과했다. "디즈니랜드에 오신 것을 환영합니다." 앰브로시가 외쳤고 눈앞에는 스토니필드 팜, 대논 라이트+핏, 오이코스 그릭 요거트, 코코요 유제품 대체 요거트가 하늘 높이 쌓여 긴 협곡을 이루고 있었다. "거의 팔레트 7,000개가 들어갈 자리가 있고, 95퍼센트가 차 있습니다. 지금 여기에 있는 제품 가격만 1억 달러쯤 될 것 같습니다." 앰브로시가 말했다. 마트에 가면 내가 1년 동안 먹어도 다 먹지 못할 요구르트를 보는 것은 흔한 일이다. 목재 팔레트에 두툼한 골판지 상자 수천 개가 비닐 랩에 싸인 채 철제 선반에 차곡차곡 쌓여 3층 높이의 천장에 닿을 정도였고, 제품 상자는 눈이 닿는 높이 위로도 계속 쌓여서 끝이 보이지 않을 지경이었다.

조명은 에너지를 사용하면서 열을 내기 때문에 창문이 없는 냉동 공간 내부에는 청회색의 어둑어둑한 조명만 켠다. 이리저리 이동하는 여러 대의 지게차에 장착된 LED 전조등이 쏟아내는 짙은 파란빛이 얼음장 같은 콘크리트 바닥을 따라 흐르며, 협곡 깊은 곳에서 지게차가 나타날 것이라고 예고한다. 지게차가 후진할 때마다 거대한 팬의 끝없는 굉음을 뚫고 삑삑 하는 경고음이 울려 퍼졌다. 모든 것이 희미하고 흐릿해 보였고, 심지어 공기조차 빽빽하게 느껴졌다.•

이상한 냄새도 났다. 확실히 차이를 알 수 있고 약간 금속 느낌이 드는 이 냄새를, 나는 인공 빙설권의 냄새라고 인식했다. 냉동창고에서 일하는 사람이라면 누구나 이 냄새를 잘 알지만 설명해 보라고 하면 말문이 막힌다. "여덟 시간 교대 근무를 해보지 않은 사람에게는 설명할 방법이 없습니다." 이 업계에서 오래 일했던 사람이 말해 주었다.

• 과학적으로도 추운 곳에서는 공기가 더 짙어진다는 설명이 있으며, 빽빽한 공기에서는 소리와 빛이 더 느리게 진행한다.

"그냥 이상한 냄새가 나죠. 기분 좋은 냄새라고 할 수도 있고, 적어도 불쾌한 냄새는 아닙니다." 지금은 아메리콜드에 매각했지만 가족이 냉동창고를 운영할 때 어린 시절을 보낸 애덤 페이게스는 이렇게 말했다. "골판지, 나무, 스티로폼, 기름, 그리고 그냥 추운 냄새라는 생각이 드는 것들입니다."

아메리콜드에서는 신입사원이 입사 후 첫 90일 동안 신선 식품을 냉동 공간으로 반입하고 주어진 목록에 따라 반출할 물품을 골라 담는 작업을 맡게 된다. 나도 이 일부터 시작했다. 선반에 팔레트를 앞뒤로 세 줄씩 여섯 단 높이로 쌓으며, 먼저 들어온 제품을 먼저 내보내야 한다. 온타리오 시설에는 보통 하루에 120대의 트럭이 들어오는데, 저장 용량이 거의 꽉 찰 정도여서 새 팔레트를 받으려면 발렛파킹을 하듯 기존의 팔레트를 먼저 정리해야 할 때가 많다. 앰브로시는 헤드셋을 착용하고 무엇을 꺼내서 어디로 보내야 하는지 알려주었고, 권총 모양의 스캐너로 각 팔레트의 최종 목적지를 기록했다.

"우리의 시스템은 그리 똑똑하지 않아요." 앰브로시가 설명해 주었다. "효율성을 극대화하기 위해 어떤 순서로 팔레트를 채워야 하는지, 어떻게 해야 하중이 균형을 이루고 아래에 놓인 짐이 찌그러지지 않는지는 알려주지 않습니다." 우리는 한동안 함께 물건을 쌓아 보았고, 그는 나도 요령을 금방 터득할 거라고 말해 주었다. 그는 팔레트에 쌓아 올린 상자의 수직과 수평 배치를 언급하며 "층과 높이를 잘 맞춰야 해요"라고 설명했다. "상황에 따라 각각 다르게 판단해야 하지만, 몇 가지 패턴이 있습니다." 창고에서 매일 하는 젠가 게임은 함께 두면 안 되는 제품이 있기 때문에 훨씬 더 어렵다. 냉장 공간에서는 알레르기

유발 물질(콩, 밀, 견과류, 유제품)이 포함된 식품이 서로 닿지 않도록 해야 하지만, 냉동 공간에서는 괜찮다. 유기농 제품을 일반 제품 아래에 놓아서는 안 되며, 익히지 않은 식품을 익힌 식품 위에 쌓아두면 안 된다. "냄새도 생각해야 합니다." 에스피노자가 말했다. "양파와 해산물은 냄새가 심할 수 있어요." 피자 소스와 페퍼로니도 거슬릴 정도로 매운맛이 강하다. 슈완스 빅 대디 페퍼로니와 프레체타 슈프림 소시지 냉동 피자를 몇 시간쯤 옮기고 나니, 며칠이 지나도 그때 착용했던 털모자와 모피 코트의 칼라에서 고약한 냄새가 사라지지 않았다. 천연 섬유와 마찬가지로 빵과 치즈도 냄새를 흡수하는 경향이 있으며, 아이스크림도 같은 이유로 피자와 같은 공간에 보관할 수 없다.

"아이스크림은 훨씬 더 복잡합니다." 에스피노자가 말했다. "아이스크림은 대부분 공기로 이루어져 있어서 위에서 누르면 부피가 줄어들기 때문에 쌓을 수 없습니다." 팔레트 바닥에 있는 식품이 위에 있는 식품의 무게에 눌리지 않도록 하는 것도 성공적인 적재를 위한 또 하나의 요령이며, 무게를 균일하게 배치하여 지게차가 기울어질 위험을 없애는 것도 중요하다.

빙설권에서 인정받기로 결심한 나는 물품을 꺼내 팔레트에 쌓는 작업의 첫 번째 테스트를 본사가 정한 기준인 29분 32초보다 짧은 24분

- 최고급 브랜드가 아닌 아이스크림에는 평균적으로 50퍼센트의 공기가 들어 있다. 이로 인해 여러 가지 물류 문제가 발생한다. 미국 전역에서 판매되는 아이스크림은 고지대의 희박한 공기를 고려하여 지역마다 운송 방식을 달리 해야 한다. "워싱턴에서 조지아까지 트럭으로 운송할 수 없습니다." 에스피노자가 말했다. "로키산맥 때문이죠." 그는 고개를 절레절레 흔들며 설명했다. - 원주

40초 만에 끝냈을 때 감격했다. 하지만 냉동고에서 30분도 채 지나지 않아 추위가 몰려왔다. 손가락과 발가락이 마비되고 콧물이 멈추지 않았다. "신입사원들은 휴지를 코에 대고 일하죠." 아마토가 말했다. "일할 의욕은 넘치는데 추위를 못 견디는 사람들이 있어요." 수염을 기른 사람은 콧수염과 턱수염에 작은 고드름이 생겼고, 안경을 쓴 어떤 사람은 몇 분마다 멈춰서 입김 때문에 생기는 서리를 닦아내야 했다. 이 일을 시작하는 사람은 누구나 몇 달 안에 병에 걸린다. 냉동창고에서 일하는 사람들은 일 년 내내 감기, 기침, '냉동고 독감freezer flu'에 시달린다고 한다.

추운 곳에서 **일하면** 감기에 잘 **걸린다**는 것은 누구나 경험을 통해 잘 알지만, 과학적인 이유는 이제 막 밝혀졌다. 최근까지만 해도 겨울철에 호흡기 질환이 늘어나는 이유는 추운 날씨에 사람들이 실내에서 더 오래 머물면서 바이러스를 주고받기 때문이라고 여겼다. 이것도 한 가지 원인일 수 있지만, 추위는 병에 걸리는 직접적인 원인이다. 그것은 이제까지 알려지지 않다가 최근에야 밝혀진 우리 몸의 면역 체계 때문이다. 코 속에는 침투하는 미생물을 감지하고, 작은 거품으로 바이러스를 둘러싸 무력화시키는 세포가 있다. 보스턴에 근거지를 둔 연구팀이 밝혀낸 바에 따르면, 4도에서는 콧속 온도가 24도일 때보다 바이러스에 대항하는 거품을 훨씬 적게 만들기 때문에 바이러스 감염이 더 쉽게 일어난다는 것이다.

이 최근의 발견은 차치하고서라도, 추위 속에서 일할 때 건강에 미치는 영향이나 인간이 자연적이든 인공적이든 빙설권 생활에 적응하는 방식에 대해서는 알아내야 할 것이 아직 많이 남아 있다. 북극 탐험가, 벌목공, 광부, 냉동창고 근무자 등을 대상으로 장기간 수행한 연구에서 추울 때는 일관되게 맥박이 빨라지고 혈압이 높아진다는 것이 밝혀졌다. 추워지면 혈관이 수축되어 좁아지고 혈액도 더 짙어지는데, 평소보다 좁아진 혈관을 통해 평소보다 짙은 피를 흘려보내려면 심장이 더 열심히 일해야 하기 때문이다.

추위 스트레스는 지게차 운전자의 혈액에서 말 그대로 측정할 수 있다. 과학자들은 투쟁 또는 도피 호르몬인 노르아드레날린의 혈중 농도가 같은 시간 동안 상온 창고에서 일할 때보다 냉동창고에서 일할 때 상당히 높아진다는 것을 알아냈다. 추울 때는 근육이 수축하고 힘줄이 뻣뻣해져 근육이 긴장하거나 찢어지기 쉽고, 찬 공기를 마시면 기관지 경련을 일으켜 천식이나 에스키모 폐Eskimo lung라고 부르는 만성 폐 질환에 걸릴 수 있다. 심지어 낮은 기온은 외롭고, 거절당하고, 따돌림을 당한다는 느낌을 더 키워 심리적으로 해롭다는 증거도 있다. 러시아 작가 바를람 샬라모프는 시베리아 수용소에서 15년을 보내면서 '얼음 독방'에 감금되는 경험까지 하고 나서 "영혼을 파괴하는 주요 수단은 추위"라고 썼다.

반면에, 낮은 온도에 노출되면 인슐린 민감성과 혈당 조절이 개선된다는 연구 결과가 점점 더 많이 발표되고 있다. 냉수욕이 건강에 좋다는 말은 고대 이집트에서도 나타나지만, 지난 10년 동안 얼음 목욕과 소위 야외 수영은 의학 연구와 소셜 미디어에서 만병통치약처럼 부풀려졌다. 퀘벡주의 과학자이자 전직 개인 트레이너로 냉기 노출의 치료 효과를 연구하는 데니스 블론딘은, 특수 제작된 냉각 수트를 입고 세 시간 동안 앉아 있으면 중간 강도로 운동한 것과 같은 대사 효과가 있다고 말했다. "몸이 떨릴 때의 근육 수축과 추위의 자극이 결합되어 혈중 포도당 처리 능력이 실제로 향상됩니다." 그는 이렇게 말했다. "지질lipid 구성에도 약간의 변화가 있지만 데이터는 아직 충분하지 않습니다."

추위의 이점에 대한 증거가 점점 더 많아지고 있기는 하지만, 블론딘은 아메리콜드 냉동창고에서 일한다고 해서 저절로 건강해진다는 결론은 위험하다고 말했다. 블론딘의 연구에 참가한 사람들은 추위에 짙어진 혈액을 좁아진 혈관으로 흘려보내기 위해 펌프질하거나 추위로 수축된 근육에 무리를 줄 필요 없이 세 시간 동안 가만히 앉아 추위의 효능을 흡수했다. 그에 반해 아마토와 앰브로시를 비롯한 작업자들은 여덟 시간 동안 거의 끊임없이 움직인다. 블론딘에 따르면 두 가지 모두 옳을 수 있다. "추운 환경에서 일하면 더 위험할 수 있고, 추위가 건강에 좋을 수도 있습니다."

추위의 습관화 문제도 복잡하다. 수십 건의 연구에 따르면 퀘벡의 우편배달부와 일본의 해녀가 모두 영하의 기온에 반복해서 노출된 후 추위에서 더 잘 일할 수 있도록 신체가 단련된 것으로 나타났다. 다른 연구자들은 이 사람들이 (같은 온도에서도) 별로 떨지 않고 더 따뜻하다고 느끼는 것은 신체가 생리적으로 적응했기 때문이 아니라 모기에 물렸을 때 (시간이 지나면) 가려움증이 사라지듯이 추위의 고통을 자주 겪으면 뇌가 경고 신호를 무시하기 때문이라고 주장하기도 한다.

나의 경험을 말하면, 며칠이 지나도 추위에 전혀 익숙해지지 않았다. 사실 추위의 고통은 점점 커지는 것 같았고, 아메리콜드 창고 안에 오래 있을수록 밖으로 나가고 싶다는 생각이 더 간절해졌다. 동그란 얼굴의 지게차 운전사 카를로스는 그냥 몸을 덥히지 않는 편이 더 견디기 쉽다고 말했다. "겨울에도 집으로 돌아오는 길에 차 안에 에어컨을 켜 놓습니다"라고 그는 말했다. "버스로 출퇴근하는 사람들에겐 지옥이죠." 처음에는 추위 속에서 일하면 "거대한 공간에서 얼음찜질을 하는 것 같아서 모든 통증이 사라진다"고 말했던 아마토는 여전히 냉동 공간에서 한두 시간을 보내는 것이 꽤 힘들다고 고백했다. "추위에 대해 생각하지 마세요"라고 그는 조언했다. "지금 하는 일에 집중해야지 그렇지 않으면 물건을 잘못 꺼내거나 엉뚱한 곳으로 갈 수 있습니다."

첫 근무가 끝날 무렵, 곧 일상으로 돌아갈 수 있다는 기쁨과 인정받고 싶은 마음 사이에서 갈등하며 아마토에게 나를 채용해 줄 수 있는지 물었다. "물론이죠, 그리고 그 이유는 이렇습니다." 그가 말했다. "코가 빨갛지 않잖아요."

노련한 동료와 짝을 지워 주는 것과 전체 시설에서 가장 따뜻한 지게차 배터리 충전실에서 휴식 시간에 단체로 운동을 하는 것 외에도, 아메리콜드가 추위의 불편함과 위험으로부터 나를 보호하기 위해 시도한 방법은 특수 제작된 방한복을 입히는 것이었다. 나는 튼튼한 부츠, 전신 방한복, 모자, 장갑, 커다란 재킷을 입고 창고 안을 헤집고 다녔다. 내가 입었던 장비에는 아메리콜드 로고가 붙어 있었지만 모두 리프리지웨어RefrigiWear라는 회사에서 만든 것이었다. 이 회사는 냉동 창고 작업 전용 의류라는 분야를 개척했고, 오늘날에도 이 분야를 지배하고 있다. 딱딱하고 네모난 검은색 나일론 방한 파카에 인조 모피

카라, 중간 부분의 은색 반사 띠, 허리에 조임 벨트가 있는 이 재킷은 내가 그때까지 입었던 옷 중 가장 보기 싫은 옷이었을 것이다. 하지만 라벨에 적힌 대로 영하 45도까지 내려가는 날씨에도 쾌적함을 유지해 준다고 약속했으니 보기 흉해도 참을 수밖에 없었다.

"이것이 바로 우리가 알아낸 방법입니다." 숀 디턴이 말했다. 남부 특유의 느릿한 그의 말은 작은 유리 상자 속으로 찬 공기를 불어넣는 스테인리스 팬의 굉음에 묻혀 잘 들리지 않았다. 내가 입은 리프리지웨어 의류가 얼마나 성능이 좋은지 정확히 측정할 수 있는 미국의 몇 안 되는 시설인 노스캐롤라이나 주립대학교 열 방호 연구소를 찾아갔다. 디턴은 이 대학교의 섬유 연구소 전체 운영을 책임지고 있으며, 이 연구소에는 생물학 및 화학 방호 실험실도 있다. 그는 나에게 파이로맨PyroMan을 보여주었다. 그것은 내염성 폴리에스테르 수지와 유리섬유로 사람처럼 만든 모형으로, 방 크기의 오븐에 무거운 쇠사슬로 매달려 있었다. 기술자가 시연을 위해 가스를 충전했고, 나는 내화 유리 뒤에서 입을 벌리고 사방으로 둥글게 배치된 화염방사기 여덟 대가 일제히 점화되어 파이로맨이 순식간에 1,100도의 불덩어리에 휩싸이는 광경을 지켜보았다.

디턴과 동료들의 연구는 대부분 극심한 열에 초점을 맞추고 있다. 그들은 파이로맨을 사용하여 방화복에 들어간 새로운 단열재의 성능을 테스트하고, 휴대용 소방 차폐막 설계에서 화상 방지와 휴대성의 균형을 맞추는 최선의 방법을 연구했다. 이 연구 시설에는 냉장실도 몇 개 있는데 디턴은 그중 하나를 보여주었다. 그곳은 보통의 주차 공간보다 조금 더 길고 좁았고, 유리 벽과 강철 바닥으로 되어 있었다.

실험실 안에 들어가 보니 튼튼한 금속 틀에 매달린 사람 크기의 회색 마네킹이 검은색 털모자, 남색 터틀넥, 헐렁한 청바지, 벨크로 운동화, 장갑을 착용하고 있었다.

"이 마네킹은 더우면 땀을 흘립니다." 디턴이 말했다. "호흡 장치도 있어서 우리는 이 마네킹을 다스 베이더라고 부릅니다. 다른 하나는 아나킨 마네킹이고 장갑은 당연히 핸드 솔로Hand Solo 입니다." 다스 베이더는 이상하게 겁에 질린 표정이었다. 그의 깊고 둥근 눈이 나를 뚫어져라 쳐다보는 것 같았는데, 자세히 보니 그의 눈은 전선을 연결하는 소켓이었다. "좀 이상해 보이긴 해요." 디턴이 말했다. "저 소켓을 통해 전원과 통신선이 연결됩니다." 두 마네킹 모두 몸 전체에 '피부'와 심장의 온도를 기록하는 122개의 센서가 장착되어 있다. 디턴은 다스 베이더의 터틀넥을 들어 올려 작은 구멍이 점점이 박힌 납작한 은색 몸통을 보여주었다. 이 구멍을 통해 필요에 따라 '땀'(증류수가 뺨에 난 구멍으로 공급된다)이 천천히 새거나 펑펑 흘러나오게 할 수 있다.

시험 챔버 밖으로 나와 화면으로 다스 베이더의 신호를 확인했다. 재킷의 보온 등급을 측정하는 방법은 비교적 단순하다. 냉장 상태로 유지되는 챔버에서 마네킹은 주변의 차가운 공기에 지속적으로 열을 잃으면서도 35도를 유지하도록 프로그래밍되어 있다. 시험의 종류에 따라 마네킹이 뻣뻣하게 걷는 시뮬레이션을 하도록 프로그래밍할 수도 있다. 센서를 통해 마네킹의 신체 중 어느 부분에서 열 손실이 가장 많은지 확인할 수 있어 의류 디자이너가 문제 부위를 수정하는 데 도움이 될 뿐만 아니라, 피부 표면을 35도로 유지하는 데 필요한 에너지를 계산할 수도 있다. 다스베이더가 리프리지웨어 재킷을 입었을 때와 입지 않았을 때 체온을 유지하는 능력의 차이가 의류의 보온 등급이 된다.

기술은 매우 정밀하지만, 디턴은 결과를 너무 믿어서는 안 된다고 말했다. 한 가지 이유는 다스베이더와 아나킨은 엄밀히 말해 유니섹스이고, 이 경우 거세된 남성을 대표하기 때문이다. 디턴과 동료들은 국제적으로 인정받는 여성 마네킹 표준을 만들기 위해 노력하고 있다. "최근까지도 이런 표준이 필요하다는 생각을 하지 않았어요"라고 그는 설명한다. 다른 이유로는, 사람마다 대사 속도는 물론 체지방, 표면적, 체모의 정도와 형태, 심지어 수축 속도가 느린 근육과 빠른 근육 섬유의 특정 비율까지 모두 다른데, 이 모든 효과가 모여서 그 사람이 추위에 어느 정도 견딜 수 있는지 결정되기 때문이다. "영하 30도라고 해서 반드시 영하 30도에서도 편안하다는 뜻은 아닙니다"라고 디턴은 말한다. "결국 편안함을 정의하기는 어렵습니다. 사지의 끝부분, 즉 손가락, 발가락이 차가워지면 차갑다고 느끼다가, 차가운 걸 의식하지 않게 되면 추운 것입니다. 나머지는 중요하지 않죠."

"거의 항상 손가락입니다." 리프리지웨어의 공동 대표 라이언 실버먼이 말했다. "손가락을 따뜻하게 유지하기가 가장 어렵습니다." 실버먼은 입사 전에는 안호이저-부쉬의 냉동 홉 창고에서 일했다. "처음 리프리지웨어에 왔을 때가 기억납니다. 정말 흥분했죠." 실버먼이 말했다. "저는 이렇게 생각했습니다. '무슨 일이 있어도 좋아. 지금부터는 22도에서 일하는 거야.'"

공항에서 실버먼을 만나 비행 전 헤이즐넛 라테를 마시기 위해 줄을 서서 기다리는 동안, 그는 코티지 치즈 제국의 후손인 모티머 말덴과 마이런 브레이크스톤이 리프리지웨어 회사를 1954년에 설립했고, 지금 그와 함께 공동 대표를 맡고 있는 사람은 그들의 후손이라고 알려주었다. "그 당시에는 사람들이 평소에 입던 겨울 재킷을 안에 입고 근무했어요." 실버먼이 말했다.

스케이트보드를 타는 사람들, 힙합 스타, 평범한 옷을 좋아하는 테크 기업 사람들의 상징적인 옷인 후드재킷은 냉동창고 근무자를 위해 특별히 제작된 보호복의 초기 사례 중 하나다. 챔피온은 원래 뉴욕 로체스터의 니커보커 편물 공장the Knickerbocker Knitting Mills of Rochester으로 알려졌는데, 냉동창고 근무자들이 선호하는 모직 속옷을 만들다가 학생 운동선수들을 위한 튼튼한 스웨트셔츠 의류를 개발했다. 1930년대에는 후드가 달린 스웨트셔츠를 출시하여 냉동창고 근무자들과 미식축구 선수들에게 큰 인기를 얻었다. "우리는 여전히 수많은 후드재킷을 판매하고 있습니다." 실버먼이 말했다. "여러 해가 지나면서 시야가 제한된다는 이유로 안전 관리자들 중 일부가 후드를 원하지 않는 등 변화가 있었지만, 나는 항상 우리의 후드재킷이 얼마나 팔리는지 보고 놀랍니다."

마이런 브레이크스톤은 집안이 유제품 사업을 했기 때문에 추위를 견디기 위해 긴 속옷, 후드가 달린 스웨트셔츠, 모직 코트와 모자를 쓰면 얼마나 불편한지 잘 알고 있었다. 그는 사촌 모트와 함께 새로 설립된 듀폰의 직조 섬유 부서와 협력하여 완전히 새로운 석유화학 제품을 사용해 수십 년 만에 처음으로 혁신적인 단열 의류를 만들었다. 그들이 개발한 제품은 속이 빈 합성 폴리에스테르 단열재 위에 방풍 및 방수 나일론을 덧댄 의류였다. 그들이 처음 선보인 재킷인 아이언터프

마이너스50Iron-Tuff Minus 50은 70년 뒤에 아메리콜드에서 내가 지급받았던 옷과 기본적으로 동일하다.

이디타로드 개썰매 경주 선수, 뉴멕시코의 몰리브덴 광부, 알래스카 횡단 파이프라인을 건설한 사람들도 리프리지웨어 제품을 착용하지만, 이 회사의 핵심 시장은 여전히 냉동창고 근무자다. "우리는 미국인의 식생활을 위해 혹독한 환경에서 일해야 하는 사람들을 보호하려고 노력할 뿐입니다." 실버먼이 말했다.

일주일 동안 아메리콜드의 남부 캘리포니아 창고에서 여러 가지 작업을 하다 보니 냉동창고의 리듬과 언어가 조금씩 익숙해지기 시작했다. 나는 하루의 첫 번째 배송(주로 화훼)과 마지막 배송(몇 킬로미터 떨어져 있는 버논의 스미스필드 도축장에서 아침에 잡은 돼지고기로 만들어 다저스 야구장에 납품하는 핫도그)이 언제쯤 도착할지 추측하게 되었다. 냉장 공간에서는 식품이 하루만 머물다 다음 날 나가는 경우가 많았고, 냉동 공간에서는 팔레트가 1년이나 2년 동안 그대로 쌓여 있기도 했다. 수요일과 목요일이 가장 한가했다. 금요일은 창고 근무자들의 말에 따르면 '로큰롤 타임'이었다. 새롭게 동료가 된 사람이 그 이유를 설명해 주었다. 미국 동부의 월요일 아침 수요에 맞춰서 물류 회사들이 주말에 제품을 운송하기 때문이다.

냉동창고는 일 년 내내 변하지 않는 영원한 겨울에 갇혀 있지만, 계절의 신호는 여전히 존재한다. 나는 냉동창고 체험을 3월에 시작했는데, 이 시기는 사순절 금식과 봄 축제의 문화적 영향이 남아 있어 생선과 양고기가 많이 소비되는 기간이다. "4분기에 해산물을 쌓아두었다가 1월부터 4월까지 출하합니다." 아마토가 말했다. 내가 컴프턴 창고에서 근무하는 동안 부활절 수요를 맞추기 위해 콴타스 항공편으로 1,500킬로그램짜리 양고기 상자가 들어온 적이 있었다. "가끔은 **누가 이 파이를 다 먹나** 싶을 때가 있어요." 아마토는 키라임, 스모어, 쿠키와 크림 따위의 냉동 디저트로 가득 찬 진열대를 가리키며 말했다. "하지만 부활절이잖아요. 사람들은 파이가 필요하죠." 한편, 추수감사절에 대비해 몬태나에서 첫 칠면조가 들어오고 있었고, 가을 신학기와 미식축구 개막을 앞두고 여름 내내 냉동 피자와 TV디너가 쌓여가고 있었다.

1년 주기로 돌아가는 리듬 속에서 계절을 가리지 않는 미국인의 식욕을 한순간이라도 방해해서는 안 된다. 새로운 짐이 한 시간마다 계속 들어오고, 우리는 끊임없이 쌓고 다시 쌓고, 주문에 따라 물건을 꺼내고 내보냈다. 냉동 구아바 주스는 닥터 스무디 병입 공장으로 간다. 아르헨티나에서 수입한 냉장 땅콩버터는 초콜릿바와 에너지바의 재료로 사용된다. 엑스선 필름이 가득 담긴 팔레트는 지역 병원에 공급될 것이다, 컴프턴 창고에서 멀지 않은 토런스에서 갓 구운 빵 수천 개가 트럭에 실려 들어온다. 아메리콜드는 뜨거운 채로 반입되는 제품에 추가 요금을 받는다. "제품의 수분을 유지하기 위해 천천히 식혀야 합니다. 너무 빨리 식히면 빵에 얼음 결정이 생겨요." 에스피노자가 설명해 주었다. "사람들은 빵이 정말로 신선하고 부드럽다고 생각해요." 카를로스가 말했다. "몇 달 동안 여기 있었다고 말해줘도 믿지 않아요."

아메리콜드의 컴프턴 창고에서는 다양한 '단백질 가공 및 포장 서비스'를 제공하는데, 흰 벽으로 둘러싸여 영하의 온도를 유지하는 공간에서 모든 일이 이루어진다. 반출할 제품을 골라서 팔레트에 쌓다가 잠시 쉬는 동안, 세자르라는 직원이 고기를 썰고 갈고 뼛조각을 골라내고, 진공 포장하는 과정을 설명해주었다. 그는 고향인 페루에서 정육점에서 일했다고 한다. 거대한 스테인리스 드럼인 텀블러는 고기를 양념에 재우는 용도로 사용하고, 똑같이 거대한 통은 고기를 분쇄기에 집어넣는 역할을 한다. "나는 이 기계가 정말로 마음에 들어요." 세자르가 조금 납작한 금속 상자에 원뿔 모양의 깔때기가 달린 설비를 보여주며 말했다. "소시지도 만들 수 있고 미트볼도 만들 수 있죠." 그는 고깃덩어리가 깔때기에서 은색 나선 형태의 칼날로 빨려 내려가는 과정을 보여주며 말했다. 살점이 기계 내부의 칼날에 닿는 툭툭 소리가 몇 초 만에 리드미컬하게 갈리는 소리로 바뀌었고, '쉬익' 하는 소리와 함께 고기가 빠져나와 길고 뚱뚱한 원통형 용기에 담겼다.

이러한 부가가치 서비스는 아메리콜드가 수익을 더 많이 얻는다는 것을 의미한다. "우리는 제품이 보관되어 있는 동안에도 작동하는 것을 좋아합니다"라고 에스피노자는 설명한다. 세자르는 이 서비스 때문에 일이 더 재미있다고 말했다. 물론, 오후 내내 냉동고에서 '칼스 주니어 패티'라고 적힌 상자를 골라 리버사이드로 보내고 도쿄에서 로스앤젤레스 국제공항으로 날아온 고베 소고기 상자를 받아 쌓고 있자니, 내가 영구히 돌아가는 단백질 교반 기계 속에서 딱딱하고 차갑게 굳은 살덩어리 부품이 된 것 같은 느낌이 들지 않을 수 없었다. 아시아산 흰 새우와 게맛살이 담긴 상자가 천장까지 12미터 높이로 쌓여 있었다. 한 팔레트에는 4리터들이 우유팩에 담긴 소 피가 쌓여 있었고,

바로 옆 상자에는 황소의 음경, 심장, 간이 들어 있다고 적혀 있었다. "우리는 이런 것들을 '기타 등등'이라고 불러요." 세자르가 말했다. "이런 찌꺼기 고기들은 모두 햄버거에 들어갑니다." 도축한 뉴질랜드산 양이 통째로 천에 싸인 채 나무 팔레트 위에 다닥다닥 붙어 있었고, 학교 급식에 들어갈 다진 고기가 가득 담긴 골판지 상자들은 거대한 비닐 포장에 싸여 있었다.

쉬는 시간에 나는 언 손가락을 주무르며 농구, 로스앤젤레스의 교통, 아메리콜드 헤드셋의 자동 음성이 왜 그렇게 이상한지 등에 대해서 이야기를 나눴다. 카를로스는 이 일이 꿈에 그리던 직업은 아니지만 안정적이고, 유급 병가를 낼 수 있고, 퇴직연금도 회사가 일부 부담해줘서 좋다고 말했다. "학교에 갈 수 있다면 가는 게 좋겠죠"라고 그는 말했다. "하지만 특별한 재능이 없다면 이것도 괜찮습니다." 회사에서 지급한 모자 대신 미식축구팀 모자를 쓴 프랭크는 이렇게 말했다. "이곳에서 일하기 전에는 이런 곳이 존재할 거라고 상상도 못 했어요." 그는 계속해서 이렇게 말했다. "마트에 가면 이런 생각을 해요. *아, 이건 내가 옮겼을 거야.* 우리가 하는 일은 눈에 보이지 않는 것 같아요."

"예전에는 이런 물건들을 보면서도 그 물건이 어떻게 여기에 와 있는지 생각하지 않았어요." 카를로스도 거들었다. "매장에서 일하는 사람들이 진열대를 채우는 걸 보지만, 이떻게 그 물건이 거기까지 갔을까요? 아무도 거기에 대해 생각하지 않죠. 하지만 내가 아니었다면 저 페퍼로니 피자는 저기에 없었을 겁니다."

2장

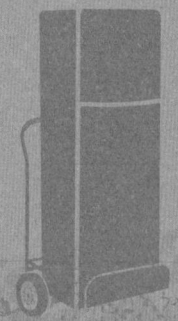

차가움을 정복하는 사람들

FROSTBITE

부패를 막아라

 "이런 것을 알면 안심이 될지 모르겠지만, 저는 공학 학위 두 개를 갖고 있고, 이 분야의 최고 권위자에게 열역학을 배웠습니다." 킵 브래드퍼드는 이렇게 말했다. "그리고 저는 수학에는 아주 자신이 있었지만 냉장고가 어떻게 작동하는지는 전혀 몰랐어요." 브래드퍼드는 난방, 환기, 공기 조절 분야 신생 기업의 엔지니어이자 공동 창업자다. 그의 관심은 냉각의 미래를 발명하는 데 있었지만, 내가 이 분야를 얼마나 잘 모르는지 고백하자 로드아일랜드 포터켓에 있는 자신의 차고에서 구식 냉장고를 만들면서 4월의 하루를 함께 보내자고 초대했다. 무에서 유를 창조할 수 있다는 생각에 흥분한 나는 택시 운전사에게 내 계획을 자랑했고, 그는 유쾌하게 내 말을 받아 주었다. "냉장고를 만들 줄 안다면 나는 고향인 아이티로 돌아가서 사업을 시작하겠어요." 그는 나에게 명함을 건네며 동업을 하자고 말했다. "제가 수입을 맡을게요. 아이티에 물건을 들여오는 방법은 제가 잘 알아요." 그가 말했다. "냉장고 제조는 그쪽이 맡으세요."

"왜 안 되겠습니까?" 내가 새로운 사업에 대해 말하자 브래드퍼드가 대꾸했다. 그는 시작하기 전에 커피를 따라주었고, 반짝이는 구리 관과 클램프, 주름진 알루미늄으로 덮인 작업대를 가리키며 말했다. "터무니없이 쉬워요."

이런 무심함을 보면 여러 세대의 선배 과학자들은 충격을 받았을 것이다. 레오나르도 다빈치, 프란시스 베이컨, 갈릴레오 갈릴레이, 로버트 보일, 아이작 뉴턴이 모두 차가움의 정체를 밝히려고 노력했지만 실패했다. 베이컨은 겨울에 쌓인 눈으로 닭을 얼리는 실험을 하다가 병들어 죽었고, 보일은 "자연철학에서 다루어본 어떤 부분도 차가움만큼 나를 번거롭고 힘들게 한 것은 없었다"고 불평했다. 17세기까지 차가움이 미치는 영향에 대한 연구가 거의 이루어지지 않았다는 건 원인을 알 수 없는 미스터리였다. 어떤 사람들은 차가움이 먼 북쪽에서 온다고 믿었고 어떤 사람들은 바람, 물 또는 깊은 지하에 그 기원이 있다고 믿었으며, 또 다른 사람들은 눈에 보이지 않는 "차가움의 원자"가 있다고 추측했다. 차가움의 존재를 무엄하게도 신의 존재에 비유한 르네 데카르트는 1641년에 출간한 〈성찰〉에서 현대의 과학적 이해에 가장 근접한 주장을 펼쳤다. 그는 "차가움이 단지 열의 부재에 불과하다면, 차가움이 실재한다고 보는 생각은 틀렸다고 해도 부적절하지 않다"고 썼다.

200년 뒤에 과학자들은 열역학 법칙 두 가지를 처음으로 확립했고, 차가움에 대해서만은 데카르트가 옳았다는 것을 깨달았다. 차가움은 그 자체로 존재하며 측정할 수 있는 어떤 것이나 힘, 속성이 아니다.

이런 의미에서 차가움은 존재하지 않는다. 차가움이란 데카르트가 추측했듯이 열의 부재이다. 따라서 차가워진다는 것은 열이 다른 곳으로 빠져나갈 때의 손실이 감지된다는 것이다. 냉장고를 만드는 것은 내가 생각했던 것처럼 차가움을 만드는 것이 아니라, 냉장고 안에서 밖으로 열을 이동시키는 방법을 찾는 문제일 뿐이다.

"우리는 자르고, 구부리고, 용접하고, 공기를 빼고, 채울 것입니다." 브래드퍼드는 이렇게 말하면서 앞에 있는 작업대를 정리한 다음, 냉장고에 들어갈 부품들을 조립할 형태로 늘어놓았다. 머리 위에는 자전거 몸체 두 개가 걸려 있었고, 뒤에는 눈삽과 전지가위, 갈퀴가 놓여 있었다. 호기심 많은 참새들이 열린 차고 문으로 드나들며 맹렬하게 짹짹거렸다. 냉장고 만들기는 구운 통닭과 야채 믹스와 샐러드 드레싱 따위를 마트에서 구입해서 간단하게 식탁을 차리는 과정과 비슷하다는 것을 금방 깨달았다. 브래드퍼드가 모든 부품을 온라인으로 주문해 두었기 때문에 우리는 그저 바르게 연결하기만 하면 되었다.

"중요한 부품은 네 가지입니다." 브래드퍼드가 냉장고에 들어갈 부품들을 차례로 소개해 주었다. 압축기는 삼성에서 제조한 것으로, 맥주 깡통 크기의 실린더에 검은색 플라스틱이 입혀져 있었다. 응축기는 책 크기의 아코디언처럼 생긴 주름진 알루미늄으로, 태국에서 생산되었다. 증발기는 마치 납작한 추상화처럼 보이는 A4 용지 크기의 회백색 회로 기판이었다. 냉장고에 들어가는 주요 부품의 마지막 주인공은 너무 작아서 처음에는 알아보지 못했는데, 얇은 구리선이 감겨 있는 작은 코일로 모세관이라고 부른다.

구리관을 몇 가지 길이로 자르고 굽혀서 부품들이 하나의 고리가

2장 차가움을 정복하는 사람들

되도록(압축기에서 증발기, 모세관, 응축기, 다시 압축기로) 연결할 준비를 마친 다음에, 우리는 고글을 착용했다. "이제 재미있는 부분입니다." 브래드퍼드는 이렇게 말하면서 옥시아세틸렌 토치의 파란 불꽃을 마치 그림 그릴 때 쓰는 붓처럼 휘둘렀다. 용접이 끝나자 브래드퍼드가 낙엽 청소용 송풍기와 함께 구석에 놓아둔 질소 탱크로 압력을 가해 새는 곳이 없는지 확인했다. 그런 다음 그는 진공 펌프를 연결했다. 진공 펌프는 강력한 휴대용 조명등처럼 생겼고, 금속 벌떼가 낼 것 같은 소리를 내며 작동했다. 시스템에서 공기를 모두 빼낸 후, 업계에서 R-134a로 더 잘 알려진 1,1,1,2-테트라플루오로에탄이 담긴 청록색의 작은 액체 탱크를 열고 '쉬익' 소리와 함께 방금 만든 냉장고의 순환 회로 전체에 냉매를 채웠다.

"이것은 당신 집의 냉장고 안에 있는 것과 완전히 똑같습니다." 브래드퍼드가 말했다. "내가 당신 집에 가서 냉장고 내부를 뜯어내고 이걸로 교체해도 아무런 차이를 느끼지 못할 거예요." 냉동창고를 냉각하는 기계는 어마어마하게 크고, 부품과 냉매가 다르지만 원리는 똑같다.

"압축기의 전원을 켜겠습니다." 브래드퍼드가 말했다. "이제 마법이 시작됩니다. 금방 차가운 느낌이 들 겁니다." 낮은 웅웅 소리와 함께 압축기에 의해 냉매가 회로 내부에서 순환하기 시작했고, 1분도 채 지나지 않아 아까 흘린 커피 방울이 얼음처럼 차가운 갈색 슬러시로 변했다. 브래드퍼드가 이것저것을 손질하고 조정하는 동안 나는 증발기에 손을 얹고 손끝이 하얗게 변하는 것을 지켜보았다. 그때까지 경험한 것 중 가장 마법에 가까운 느낌이었다.

이런 시스템을 증기 압축 냉각이라고 부른다. 차가움을 얻는 유일한 방식은 아니지만 요즘 가장 널리 사용하는 방식이다. 증발기(회백색 회로 기판)는 가정용 냉장고의 뒷벽 안쪽에 있으며, 냉장고 내부의 음식에서 열을 빼앗아간다. 압축기는 대개 냉장고 뒤편에 위치한 별도의 공간에 설치되어 있으며, 전선 플러그로 전원에 연결된다. 응축기는 언제나 냉장고 바깥에 있으며, 가로세로로 얽힌 철망 형태로 냉장고 뒤에 붙은 채 먼지를 덮어 쓰고 있거나, 신형 모델에서는 하부에 덧댄 보호용 판 속에 숨어 있다.

순환 과정에는 세 가지 핵심 원리가 관여한다. 모두 고등학교 과학 시간에 나오는 것들이므로 조금은 익숙할 것이다. 첫째, 열은 언제나 따뜻한 곳에서 차가운 곳으로 흐른다. 둘째, 물리 법칙에 따르면 액체가 끓어서 기체 상태로 변할 때 열을 흡수한다. 셋째, 액체에 가하는 압력이 변하면 끓는 온도도 함께 변한다. (높은 산에서 조리를 하면 물이 낮은 온도에서 끓는데, 이것도 동일한 현상이다. 고도가 높으면 기압이 낮아지기 때문이다.)

전체의 순환 중에서 차갑게 하는 과정은 놀라울 정도로 단순하다. 냉매가 거의 액체인 채로 증발기로 들어가며, 이때 냉매의 압력은 매우 낮다. 압력이 워낙 낮아서 냉장고 뒷벽 내부를 맴돌면서 냉매가 끓기 시작한다. 냉매가 끓을 때 분자는 주위에서 열을 빼앗아 더 빠르게 운동하며, 팽창하여 기체가 된다. 이 온도 기울기에 의해 냉장고 내부가 치가워진다.

여기까지는 아주 좋다. 그러나 냉장고를 계속 차갑게 유지하려면, 냉매가 계속 되풀이해서 같은 일을 해야 한다. 다시 말해 기체로 바뀐 냉매를 다시 액체로 만들어야 한다. 전체 순환의 나머지 부분이 이 일을 맡는다. R-134a 냉매는 증발기에서 빠져나올 때 기체이기는 하지만 상당히 차가운 상태여서, 실온보다 더 낮다. 브레드퍼드가 내게 해 준 설명은 직관적으로는 완전히 틀린 것 같지만, 분명히 이치에 닿는다. 냉매 기체를 다시 따뜻하게 해 주지 않으면 냉매가 냉장고 안에서 흡수한 열을 모두 방출하고 다시 액체로 돌아갈 수 없다. 냉매의 온도가 냉장고 주위의 공기보다 더 따뜻해져야만 냉매에서 공기로 열이 흘러나올 수 있다.

압축기는 본질적으로 냉매를 높은 온도로 끌어올리는 일을 수행한다. 이렇게 해서 냉매가 다시 온도 기울기 아래로 내려갈 수 있게 준비하며, 이 과정에서 열을 흡수한다. 검은색의 작은 원통형 장치는 전원에 연결된 전선을 통해 전기 에너지를 끌어와 냉매가 든 용기 내부의 피스톤을 움직여 펌프질을 한다. 이렇게 하면 냉매의 온도와 압력이 함께 올라간다. 온도는 분자가 운동하는 속력이고, 압력은 분자들끼리 서로 충돌하는 빈도라고 할 수 있다. 압축기가 일을 하고 나면, 냉매는 뜨거운 기체로 이루어진 빽빽한 구름이 된다.

이 기체는 주름진 알루미늄으로 이루어진 응축기, 즉 냉장고 외부에 붙어 있는 방열판으로 들어간다. 뜨거운 냉매 기체는 응축기 표면 전체를 통해 온도가 낮은 실내 공기로 열을 내뿜고 온도가 낮아진다. 응축기를 통과한 냉매 분자들은 아직은 상당히 따뜻하지만 액체로 응축시키기에 적당할 만큼 충분히 느리게 운동한다. (냉장고 뒤쪽이 살짝 따뜻한 것은 바로 이런 이유 때문이다.) 브래드퍼드는 나에게 이렇게 설명해 주었다. "압축기에서 나올 때 냉매는 60도쯤이지만, 응축기를 통과하면서 30도쯤으로 떨어집니다."

그런 다음 냉매는 갑자기 좁아지는 지점을 지난다. 이것은 팽창 밸브이다. 냉매는 가늘고 긴 관을 통과하고, 흐르는 양이 확 줄어들면서 압력이 낮아진다. 냉매는 낮은 압력의 액체가 되어 증발기로 되돌아간다. 이 액체는 상당히 차갑고 끓는점도 낮아서, 다시 순환을 거치면서 냉장고 안의 열을 흡수한다.

냉매가 새지 않고 압축기가 전원에 계속 연결되어 있기만 하면 언제까지나 냉장고 안에서 밖으로 열을 배출할 수 있다. 압축기 속의 운동하는 부품이 닳아서 고장 나지 않는다면 말이다. 브래드퍼드는 이렇게 설명해 주었다. "압축기 수명은 50년입니다. 당신 집에 있는 냉장고는 집보다 더 오래 수리하지 않고도 작동할 겁니다."

냉장고는 공학의 경탄할 만한 성과지만 다들 알아보지 못한다는 것을 나는 깨달았다. 신뢰성이 높고 비교적 단순한 상자이며, 요란하게 팡파레를 울리지도 않는다. 그러나 냉장고는 자연의 힘을 이용하여 초자연적인 능력을 발휘하며, 음식이 불가피하게 부패하고 분해되는 과정을 지연시키는 일상의 기적을 일으킨다.

2011년 12월, 영국인 수십만 명이 특별히 준비된 상자 안에 있는 식품이 어떻게 변하는지 보려고 텔레비전을 켰다. BBC 방송은 〈애프터 라이프: 부패의 기묘한 과학〉이라는 기획 프로그램의 일환으로 과학사, 공학자, 기술자 들과 함께 가정에 있는 것과 비슷한 주방을 만들고, 식료품을 채우고, 정육면체 형태의 유리 상자에 집어넣은 뒤에, 에든버러 동물원의 방음 스튜디오에 두었다. 이렇게 해서 생긴 '부패 상자'에 저속촬영 카메라를 달아 미생물, 곰팡이, 구더기가 자라는 모습을 촬영했다. 이는 냉장고와 반대되는 상황으로, 냉장을 하지 않으면 어떤 일이 일어나는지 직관적으로 알려주는 본보기가 되었다.

이 실험을 다룬 다큐멘터리에서 생물학자 조지 맥개빈은 이렇게 설명했다. "이 주방에는 한 가족이 파티를 준비한 것처럼 음식이 차려져 있습니다." 칠리 스튜 한 접시, 약간의 쌀밥, 과일이 담긴 그릇, 채소 한 상자, 굽기 위해 쟁반에 담아 놓은 날생선과 닭고기, 랩으로 감싼 햄버거 몇 개가 있었다. 둥글둥글한 얼굴의 생물학자 맥개빈은 스코틀랜드 사람 특유의 발음으로 설명했다. "그리고 유리 벽 안에는 부패를 일으키는 박테리아와 곰팡이 포자도 들어 있습니다." 그는 두 손을 비비며 이렇게 덧붙였다. "어떤 일이 일어날지 궁금해서 기다릴 수가 없네요!" 음식이 썩는 과정을 지켜보고 있으면 묘하게 빠져든다. 그 뒤로 8주 동안 영국의 시청자들은 역겨움에 콧등을 찡그리면서도 이상하게 매료된 채 음식이 썩어가는 광경을 지켜보았고, 부패 상자는 그 이름값을 했다.

주방에 둔 멜론, 옥수수, 상추, 딸기는 처음에는 완벽하게 신선해 보였지만, 실제로는 수확할 때 줄기에서 분리되는 바로 그 순간부터 시들기 시작한다. 과일 그릇에 담긴 복숭아와 사과는 아주 싱싱해 보이지만 질감, 맛, 영양분은 이미 나빠지고 있다. 과일은 수분과 영양분을 공급하던 뿌리와 잎에서 분리되자마자 이미 스스로를 잡아먹기 시작한다. 세포 대사를 유지하기 위해 과일 내부의 영양분을 소모시키는 것이다. 옥수수와 완두콩은 유리벽 속의 주방으로 옮겨진 뒤 몇 시간 안에 저장된 당분의 절반을 써 버리며, 셀러리와 상추는 내부의 수분이 마르면서 축 늘어진다.

하루 만에 박테리아 수십억 마리가 식물과 동물 세포가 약해진 틈을 이용해 공격을 시작했다. 샌드위치는 축 처지고 반짝이던 생선 비늘은 칙칙해져 처음에는 끈적거리다가 나중에는 진물이 흘러내렸다. 특히 닭고기는 부풀어 오르고 겉면에 보라색과 노란색 얼룩이 생겼다. 방은 습하고 더웠으며, 맥개빈은 이미 악취가 나기 시작했다고 보고했다. 첫 주가 끝날 무렵에는 곰팡이가 자리를 잡았다. 곰팡이는 대개 박테리아보다 더 느리게 자라지만 적응력이 뛰어나고 끈기가 있기 때문에 결국 승리했다. 나무 조각을 잇대 만든 투박한 상자 안에서 채소는 썩어서 완전히 주저앉았다. 부패로 인해 파괴되고 푹신한 곰팡이 담요를 뒤집어쓴 채 완전히 무너졌다. 가까이서 보면 눈처럼 하얀 필라멘트 하나하나에 엉겅퀴처럼 생긴 포자가 수정처럼 반짝이고 있다.

빵은 사라지고 잿빛에 가까운 녹색의 푸른 곰팡이 태피스트리가 그 자리를 차지하고 있었다. 칠리 스튜는 두꺼운 곰팡이 껍질 아래에 묻혀 있었고, 햄버거 곳곳에는 흰 털이 자라나 있었고, 비닐 포장은 가스가 빠져나가지 못해 팽팽하게 부풀어 있었다. 닭고기는 완전히 형체를 잃고 외부가 흐물흐물하게 늘어져 흐릿한 액체가 새어 나오고 있었다. 상자에 들어간 맥개빈은 처음에는 썩은 암모니아 냄새가 났지만 나중에 효모 냄새와 역겹고 달콤한 냄새로 바뀐 것을 알아차렸다. 이는 박테리아가 만든 강한 냄새에 이끌려 파리가 고기와 생선에 달려들어 알을 낳은 다음에 일어난 변화였다.

알이 부화하기까지 7일이 걸렸고, 그때부터 상자 속의 구더기 개체

수는 폭발적으로 증가하여 젤라틴처럼 생긴 하얀 벌레의 덩어리가 생겨났다. 구더기들은 햄버거와 칠리소스를 빨아먹으면서 물결치듯 기어 다녔다. 닭고기도 구더기와 함께 끓어오르면서 서서히 노란 점액의 거품으로 녹아내리고 있었다. 생선은 오래전에 뼈와 연골만 남은 채 끈적한 갈색 액체로 변해 버렸다. 부패 상자가 유리 벽으로 차단되어 있고 텔레비전 화면에서 냄새가 날 리가 없지만 본능적으로 코를 막게 되는 것은 어쩔 수 없었다.

자외선 조명과 현미경으로 무장한 전문가 몇 사람과 함께, 맥개빈은 음식의 부패라는 느릿느릿한 공포 영화의 해설자로서 최선을 다했다. 두 달이 지나자 상자 속 내용물은 알아볼 수 없을 정도로 변했고, 맥개빈은 몸을 떨었다. "처음에 넣어둔 신선한 음식은 거의 남아 있지 않고, 그 잔재는 냉혹한 여정을 계속할 것입니다." 그는 시를 낭송하듯이 말했다. "우리가 부패 상자에서 목격한 것은 거듭남의 과정이며, 결국은 우리도 이 과정의 일부입니다." 그는 음식이 생명의 기본 요소로 분해되어 닭고기와 딸기의 일부였던 원자가 다음에는 당근으로, 그 다음에는 사람의 일부가 되어가는 과정을 설명했다. 참여한 과학자들은 화학적 표지를 가진 질소 분자가 한 유기체에서 빠져나가 다른 유기체에 흡수되어 자리를 잡는 과정을 추적하여 보여주었다.

맥개빈의 요점은, 부패가 멈추면(박테리아, 곰팡이, 곤충이 식물과 동물을 분해하지 않아 필수 영양소가 순환되지 않으면) 지구는 급속히 사람이 살 수 없는 곳으로 변한다는 것이다. 과학자들은 미생물이 없는 세상을 상상하기 위한 사고 실험을 수행했고, "모든 생명체를 떠받치는 지구 생화학적 재순환"이 중단되어 생태계 전체가 "거대한 쓰레기장"이 되는 암울한 장면을 보여주었다. 이 과학자들에 따르면, 부패가 일어나지 않으면 "1년 이내에 식량 공급망이 망가져 세상이 완전히 붕괴할 것이다."

음식의 부패는 분명히 관점의 문제다. 유기물의 분해는 유익한 과정이다. 우리의 식량이 부패할 때만 제외하면 말이다. 생선, 육류, 우유, 야채, 과일처럼 상하기 쉬운 식품은 다른 유기물보다 더 잘 부패하고 더 빨리 망가진다. 영양과 수분으로 가득 찬 이 식품들은 인간과 마찬가지로 미생물의 성장을 촉진하는 데 완벽한 조건을 갖추고 있다.

수렵과 채집으로 살았던 인류의 조상들은 더운 여름날 한 번에 먹기에는 너무 큰 동물을 잡았을 때부터 신선한 식품을 오래 두고 먹을 수 없다는 것을 알고 있었지만, 그 이유는 알지 못했다. 21세기 영국인 대다수는 끼니 걱정을 하지 않고 텔레비전에 나오는 썩어가는 음식을 유희로 즐길 수 있다. 하지만 인류 역사의 대부분에 걸쳐 사람들은 늘 굶주렸고, 오늘날 전 세계의 여러 지역에 사는 수많은 사람도 마찬가지다. 그들에게 썩어서 버리는 음식은 참을 수 없는 낭비다.

미생물과 인간은 수천 년에 걸쳐 전쟁을 벌이고 있다. 음식을 두고 지속적으로 경쟁하고 있으며, 박테리아와 곰팡이는 불쾌하거나 독성이 있는 화학물질을 배설하여 먹이를 확보하려고 한다. 사람도 이에 맞서 오랜 세월에 걸쳐 인상적인 항균 무기를 개발했고, 더 일반적으로 알려진 보존 기술을 발전시켰다.

1860년대가 되기 전에, 프랑스의 과학자 루이 파스퇴르는 우유가 상하는 것은 미생물 때문이며 열을 가하면 미생물을 죽일 수 있다는 사실을 알아냈다. 그때까지 사람들은 경험을 통해 식품을 보존하는 기술을 개발했지만, 왜 그런 기술이 부패를 막을 수 있는지는 제대로 이해하지 못했다. 그들은 미래의 식량을 확보해야 한다는 절박함으로 기술을 개발했다. 이탈리아 작가 지롤라모 시네리는 "보존"을 "가장 순수한 형태의 불안"이라고 표현했다.

가장 오래된 보존 방법은 햇빛과 바람으로 음식을 건조시키는 것이라고 알려져 있다. 고고학자들은 기원전 1만 2,000년부터 미생물이 이용할 수 있는 수분을 증발시켜 고기를 보관했다는 증거를 중동 지역에서 찾아냈다. 당시에는 이런 극적인 변화가 기적으로 여겨졌을 것이다. 말리지 않은 고기는 이틀만 지나면 먹을 수 없지만, 햇볕에 일주일 동안 자연 건조시키면 최대 2년 동안 먹을 수 있는 상태를 유지한다. 소금이나 설탕에 절이는 방법(미생물이 이용할 수 있는 수분을 없앤다는 목적을 화학적으로 달성한다)도 얼마 지나지 않아 개발되었다. 기원전 3,000년경 수메르인들은 생선에 소금을 뿌려 항아리에 보관했고, 고대 그리스에서는 주기적으로 과일을 꿀에 절여 보관했다. 소금을 구할 수 없는 지역이나 산업화 이전에 설탕이 비싼 시기에는 식초나 잿물로 음식을 강한 산성 또는 알칼리성으로 만들었고, 끓여서 미생물을 죽이거나 산소가 통과할 수 없는 지방층으로 질식시키는 방법을 사용하기도 했다.

많은 기술은 화학적 방법과 물리적 방법을 함께 사용하여 보존력을 향상시킨다. 고기나 생선을 훈연하면 수분이 날아가면서 식품 표면에 세포를 죽이는 화학물질이 달라붙는다. 치즈(작가 클리프턴 패디먼은 치즈를 "불멸을 향한 우유의 도약"이라고 표현했다)는 유산균으로 우유에 신맛을 낸 다음 소금과 레닛이라는 효소를 첨가하여 응고시킨 것으로, 다행히도 수분 함량이 크게 줄어들어 최종 제품은 갖고 다니기도 쉬워진다.

다른 경우에는 전투가 더욱 정교해진다. 사람은 막무가내의 힘에만 의존하지 않고 곰팡이를 동맹군으로 삼아 부패를 완전히 막기보다 부패를 활용하고 통제한다. 예를 들어 아시아에서는 생선, 배추, 콩에 소금과 곰팡이가 핀 쌀을 섞어 발효를 촉진함으로써 유익한 미생물의 성장을 장려했다. 이 미생물은 발효를 통해 다른 해로운 미생물을 물리치고 톡 쏘는 듯한 묘한 맛을 만들어냈다. 이것이 오늘날까지 전해져 간장, 초밥, 김치가 되었다. 이러한 부분적인 분해는 보존을 위한 일종의 휴전 협상이라고 할 수 있다.

이 모든 강렬하고 특이한 맛(짠맛, 톡 쏘는 맛, 훈연한 고기의 맛, 신맛, 단맛 등)은 냉장 이전 시대의 유산이다. 고고학자들은 수렵과 채집으로 살아갔던 조상들의 식단은 신선한 음식 수십 가지를 포함해서 매우 다양했을 것으로 보지만, 1만 년 전 농경이 시작되면서 식단의 다양성은 크게 줄어들었다. 밀, 보리, 쌀, 옥수수는 초기 농경 사회에 상당히 안정적으로 식량을 공급했지만, 대신에 고통스러울 정도의 단조로움을 강요했다. 소금에 절인 소고기, 훈제 연어, 절인 고추, 발효시킨 배추, 설탕에 절인 과일은 절실히 필요한 맛의 폭탄이자 필수 비축 식량이었고, 흉년에 대비한 보험과 같은 가치를 지녔을 것이다.

실제로 세계에서 가장 맛있는 음식 중 많은 것들은 인류가 수천 년 동안 부패와 전쟁을 벌이면서 만들어졌다. 냄새가 고약한 치즈, 훈제 연어, 살라미, 된장, 마멀레이드, 멤브리요membrillo* 같은 음식들이 그

2장 차가움을 정복하는 사람들　　57

렇다. 스칸디나비아의 루테피스크lutefisk^{••}나 중국의 피단皮蛋^{•••} 같은 젤라틴을 즐기는 사람들도 있다. 이러한 보존 식품 대부분은 놀라울 정도로 오래 보관할 수 있지만, 신선 식품과 같을 수는 없다. 미생물을 정복하는 데 필요한 화학적·물리적 변형은 필연적으로 신선한 음식의 맛·질감·외관을 파괴하기 때문이다. 딸기잼은 빵에 발라 먹기에 아주 좋지만, 잼을 신선한 딸기와 같다고 생각하는 사람은 없을 것이다. 많은 사람들이 핫도그는 사우어크라우트를 곁들여 먹지 않으면 불완전하다고 생각하지만, 이 음식이 양배추로 만들어졌다는 걸 알아보지 못한다 해도 흠이 되지는 않는다.

    이러한 보존 방법은 여전히 대부분 효과가 있고, 맛도 좋고, 많은 경우 음식을 더 쉽게 갖고 다닐 수 있다는 부수적인 이점도 있다. 우유 한 항아리나 돼지 한 마리보다 치즈 덩어리나 살라미를 당일치기 여행에 훨씬 더 쉽게 가지고 다닐 수 있다. 물론 대부분의 인류 역사에서 장거리 음식 운송은 그리 시급한 문제가 아니었다. 사람들은 거의 항상 주요 식량의 원천인 동식물과 매우 가까운 곳에서 살아왔기 때문이다. 심지어 영국의 농업 혁명과 산업 혁명이 한창 진행 중이던 18세기에도 전 세계 인구의 3퍼센트만이 도시에 살았다. 대다수인 농촌 거주자들에게도 식량 보존은 분배보다는 수확기가 아닌 계절을 나기 위한 대비책이었다. 흉년에 대해서는 대비한다기보다 간신히 살아남는 데

-    양갱과 식감이 비슷한 스페인 과일 조림 - 옮긴이
- •   생선을 잿물에 절인 음식 - 옮긴이
- • • 흙과 재, 소금과 석회를 섞은 쌀겨에 달걀이나 오리 알을 두 달 이상 담가 만들며, 시간이 지나면 노른자는 까맣게 변하고 흰자는 투명한 갈색이 된다 - 옮긴이

도움이 되는 정도였다.

선원과 병사들은 예외였다. 그들의 식단은 거의 대부분이 저장 식품이었고 딱딱한 빵, 비스킷, 소금에 절인 돼지고기, 소금에 절이고 훈연한 치즈, 말린 완두콩과 콩에 의존하고, 신선한 식품은 무엇이든 육지나 바다에서 잡거나 채취할 수 있는 것으로 보충했다. 이동 중인 군대의 식량 보급은 심각한 문제였고, 부패 방지 기술에서 그다음으로 나온 혁신인 통조림은 군대의 필요에 의해 개발되었다. 18세기 말, 프랑스는 보편적 징병제를 도입하여 100만이 넘는 전대미문의 대군을 양성했고, 젊고 야심 찬 나폴레옹 보나파르트가 지휘를 맡았다. 이 약탈적인 군대를 먹여 살려야 했기에 농촌은 피폐해졌고, 1795년 프랑스 정부는 새로운 식량 보존 방법을 찾기 위해 1만 2,000프랑의 상금을 걸었다.

정규 교육을 받지 않았지만 뛰어난 요리사였던 니콜라 아페르는 설탕에 재운 과일을 유리 항아리에 저장하는 방법을 개발했고, 이 방법을 수프, 야채, 소고기 스튜, 콩에도 적용할 수 있을지 궁금했다. 프랑스 역사학자 마귀엘론 투생사마에 따르면 "키가 작지만 기운 넘치고 쾌활한 사람"이었던 아페르는 완두콩과 삶은 소고기를 빈 샴페인 병에 넣고 코르크로 막은 후 뜨거운 물에 담그는 시간을 여러 번 바꿔보는 실험을 시작했다. 호기심은 집착으로 변했고, 아페르는 파리에서 운영하던 제과점을 팔고 도시 외곽의 작은 마을로 물러나 10년 동안 비법을 개발했다.

1803년, 아페르는 이렇게 만든 보존 식품을 프랑스 해군에 현장 시험용으로 납품했다. 그가 납품한 병조림은 극찬을 받았다. 소고기는

2장 차가움을 정복하는 사람들

"매우 먹을 만하고" 콩과 완두콩은 "갓 딴 채소의 신선함과 풍미를 모두 느낄 수 있다"는 평가를 받았다. 아페르는 상금을 받았고, 곧바로 이 돈을 더 많은 실험에 쏟아부었다. 그는 자신의 기술로 특허를 출원하는 대신 누구나 "보존의 기술 l'art de conserver"을 익힐 수 있도록 자세한 지침이 담긴 책을 출간했다. 어쩌면 놀랄 것도 없이, 그는 가난하게 죽었다. 프랑스 정부로부터 공식적으로 '인류의 은인'으로 인정받았지만 결국 아내마저 떠나버렸고, 그는 공동묘지에 묻혔다.

아페르의 병조림은 여름철 복숭아와 옥수수를 2월의 저녁 식탁에 올려놓았고, 내륙에 사는 사람들은 처음으로 절이지 않은 해산물을 맛볼 수 있었다. 그러나 진정으로 운반하기 쉬워지려면 해협 건너편에서 깡통이 발명되고 깡통따개가 원시적인 레버 방식에서 바퀴 회전식으로 발전할 때까지 기다려야 했다. 끓이는 시간이 길어 깡통에 들어간 음식이 맛이 없거나 질퍽거리거나 물러질 때도 많았다. 통조림 토마토는 햇볕에 말린 토마토나 식초로 보존한 케첩보다는 신선한 토마토의 더 나은 대용품이 될 수 있지만, 덩굴에서 바로 딴 토마토라고 말하면 아무도 속지 않을 것이다. 게다가 토마토는 통조림으로 만들면 영양 성분이 개선되는 드문 예이다. 대부분의 채소와 과일은 가열하면 비타민 함량이 줄어든다.

20세기가 시작되면서, 인류는 부패를 효과적으로 막으면서 맛도 좋은 다양한 방법을 개발했다. 하지만 식품 보존은 많은 노동이 필요한 번거로운 작업이었다. 설탕이나 알루미늄과 같은 값비싼 재료가 필요한 경우도 많았고, 치즈처럼 배양하거나 발효시켜야 할 때는 시간을 단축할 수 없었다. 보존 과정에서 음식은 종종 줄어들었고, 수분 손실에 따라 부피 대비 가격이 더 비싸졌다. 가장 중요한 것은 신선한 식품의 맛과 모양이 완전히 달라진다는 점이다. 그 결과 대부분의 사람들은 여전히 제철에 인근에서 나는 음식을 주로 먹었다. 오늘날에는 이것이 이상적으로 여겨지지만, 냉장 이전 시대에는 매우 부유한 사람들을 제외한 모든 사람에게 힘겨운 일이었다. 늦겨울과 초봄에는 평균적인 식단이 극도로 단조로웠고 중요한 미량 영양소가 결핍될 때도 많았다. 농부들이 수확물을 한꺼번에 모두 처분해야 했기 때문에 가격이 하락했고, 과잉 생산량을 처리하려면 여성 가사 노동자들의 무임금 노동력이 필요했다. 한편 도시 빈민층에게 신선한 복숭아는 1년에 한 번, 혹은 아예 먹을 수 없는 귀한 음식이었을 것이다.

   냉장이 도입되면서(처음에는 자연의 힘으로, 그다음에는 기계로) 수천 년에 걸친 식생활의 역사가 뒤집혔다. 어떤 면에서 냉장은 우리를 완전히 원점으로 돌려놓았다. 농경이 도입된 이래 처음으로 인간은 구석기 시대의 조상처럼 수백 가지의 다양한 식품 중에서 신선하고 부패 방지 처리를 하지 않은 식품을 마음대로 골라 먹을 수 있게 되었다. 그러나 궁극적으로는 차가움을 체계적으로 이용함으로써 인류는 완전히 새로운 영양의 장을 열게 되었고, 부패뿐만 아니라 계절과 지리의 한계까지 극복하게 되었다.

얼음 채취

이제는 거의 망각 속으로 사라졌지만, 미국에는 겨울에 얼음을 채취하는 곳이 아직 몇 군데 남아 있다. 그중 하나가 메인주 사우스 브리스톨에 있는 톰슨 아이스 하우스Thompson Ice House로, 129번 국도 옆에 있는 작은 목조 오두막이다. 1826년 아사 톰슨은 자신의 소유지에 개울을 막아 4,000제곱미터 규모의 얕은 연못을 만들고, 연못가에 얼음 창고를 지어 얼음 사업에 뛰어들었다. 이 집안은 5대에 걸쳐 매년 얼음을 채취했고, 뉴잉글랜드 지역에서 다른 업체들이 모두 사라진 지 반세기가 지난 1985년까지 이 일을 계속했다. 인근에서 자란 켄 링컨은 아홉 살 때 마지막 상업적 채취에 참여했고, 1990년에 이 얼음 창고를 살아 있는 박물관으로 다시 여는 일을 도왔다.

매년 있는 얼음 채취를 체험하기로 한 나는 날씨는 좋지만 강추위가 몰아닥친 2월의 어느 날 아침 현장으로 갔다. 내가 도착했을 때는 이미 노인들이 낡은 전신 작업복에 격자무늬 상의를 껴입고 얼음 쟁기로 눈 쌓인 호수 표면에 사각형으로 금을 새기고 있었다. 가로 60센티미터, 세로 90센티미터가 조금 안 되는 하얀 직사각형이 멀리까지 뻗어 나가고 있었다. 켄 링컨은 얼음 창고의 경사로로 이어지는 수로를 만드느라 바빴다. 그는 썰매에 장착된 100년이 넘은 가스 구동식 원형 톱으로 얼음을 자르고 있었다.

목재 지붕을 얹은 얼음 창고 안에는 이미 몇 층으로 쌓인 얼음 블록이 하얗게 빛나고 있었다. 이 얼음은 디스커버리 채널 영상 제작진의 요청으로 일주일 전에 채취한 것이었다. 켄 링컨은 디즈니 〈겨울왕국〉 서막에 얼음을 자르는 장면이 등장한 덕분에 갑자기 사람들의 관심이 많아졌다고 말했다. 그날도 주차장의 접이식 탁자에 놓인 커피와 도넛 주변에 수십 명이 모여 있었다. 대부분이 인근 지역 주민이었지만 포틀랜드나 더 먼 곳에서 차를 몰고 온 사람도 있었다. 많은 사람들이 이 진풍경을 보기 위해 뜨거운 음료를 채운 보온병과 담요, 간이 의자를 챙겨 해마다 방문하는 단골손님들이라고 한다.

공식적인 개회 선언이나 팡파르도 없이, 기증을 받거나 어디에선가 찾아낸 골동품 연장으로 이날의 채취 작업이 진행되었다. 사람들은 둘씩 짝을 지어 양쪽에 손잡이가 달린 무거운 얼음톱으로 평행하게 그어진 선을 따라 톱질을 해나갔다. 직사각형 얼음 뗏목이 분리되어 물에 뜨면, 작업자들은 브레이커 바breaker bar라고 부르는 손잡이가 긴 끌 모양의 도구를 움켜쥐고 자국을 낸 선을 내리찍어 얼음을 십자형으로 쪼갰다. 마지막으로 갈고리가 달린 긴 막대기로 하얀 직사각형 얼음판을 좁고 검은 물길을 통해 부드럽게 끌고 갔다.

시범으로 첫 번째 술을 떼어낸 뒤에는 구경하던 사람들에게 직접 해볼 기회가 주어졌다. 모여든 주민들과 방문객들은 자유롭게 톱질을 하고, 얼음을 떼어내고, 끌고 가는 일을 직접 해볼 수 있었다. 내가 직접 해보니, 톱질은 몸풀기에 아주 좋은 운동이었다. 다루기 힘든 쇠 톱날로 30센티미터 두께의 얼음을 자르기는 꽤나 힘들었다. 수로에서 흘러가는 얼음의 방향을 조종하는 일은 놀라울 정도로 까다로웠다. 얼음 덩어리 하나의 무게가 150킬로그램이 넘는 데다 컨테이너선처럼 느리고 일정하게 물살을 헤치며 움직이기 때문에 방향 조정이 마음대로 되지 않았다. 하지만 브레이커 바를 사용하여 긴 뗏목에서 얼음 덩어리를 하나씩 떼어내는 작업은 가장 재미있는 경험이었다. 자리를 잘 잡아 한 번 정확하게 누르면 얼음이 부드럽게 갈라지면서 덩어리 하나가 수정처럼 완벽한 모습을 드러냈다.

채취한 얼음을 얼음 창고로 가져오는 작업은 아마추어에게는 쉽지 않았다. 낚시용 형광 방수복을 입은 두 남자가 짝을 지어 얼음 덩어리를 수중 썰매로 옮겼다. 썰매 아래에는 도르레 장치가 있고, 원래는 말이 이 장치를 끌었지만 지금은 낡은 픽업트럭을 사용한다. (말 몇 마리가 있었지만 동네 아이들에게 썰매를 태워주고 있었다.) 얼음을 조종하는 사람들이 신호를 보내자 픽업트럭 운전사가 후진했고, 반짝이는 반투명의 큼지막한 육면체 얼음 덩어리 하나가 썰매에 실려 경사로를 따라 끌려 올라갔다. 얼음 덩어리는 금방이라도 부서질 듯한 목재 지지대의 꼭대기에서 잠시 멈춰 서서 거대한 프리즘처럼 사방으로 무지개를 뿌린 다음, 반대편으로 미끄러지면서 점점 빠르게 내려갔다.

얼음 창고 안에서는 젊은 사람들이 얼음 덩어리의 위치를 잡고 있었는데, 상당한 집중이 필요한 일이었다. 얼음 덩어리가 경사로 꼭대기에서 잠시 멈췄을 때 누군가 "얼음 들어온다!"라고 외치고, 컬링과 테트리스를 합친 게임을 하는 것처럼 갈고리가 달린 장대를 들고 자세를 낮춰 무거운 얼음 덩어리를 비어 있는 칸으로 보내기 위해 유도하고, 얼음 덩어리는 반짝이는 운반대 위를 빠르게 미끄러져 갔다. 가끔은 성공해서 속도가 붙은 얼음이 쿵 하는 만족스러운 소리와 함께 의도했던 자리로 들어갔다. 하지만 대부분은 그렇지 못했고, 얼음 케이크는 빠르게 미끄러지다가 경로를 벗어나 벽에 부딪히거나 다른 덩어리와 충돌해 파편이 떨어져 나가면서 물거품을 뿌렸다. 때로는 얼음 덩어리에 부딪혀 발목이 부러지기도 했다고 경험 많은 노인들이 말했다. 얼음을 꽉꽉 채울수록 더 오래 녹지 않기 때문에, 깨진 조각이 있으면 아무 데나 틈이 보이는 대로 쑤셔 넣어 메운다. 울퉁불퉁한 얼음 조각들은 파란색의 뿌연 석영처럼 반짝거렸고, 건너편의 따뜻한 나무 벽에 알록달록한 빛의 덩어리가 투영되었다.

  2월에 채취한 얼음을 잘 덮어두면 여름까지 보관할 수 있다. 하지만 요즘 톰슨 호수의 얼음은 7월 아이스크림 파티라는 단 한 번의 행사로 거의 소진된다. 자원봉사자들(대부분 나처럼 얼음 채취에 참여했던 사람들이다)이 호수로 돌아와 얼음 덩어리 몇 개를 잘게 부수고 소금을 섞어 손으로 돌리는 구식 기계에 넣어 아이스크림을 만든다. 동부 해안의 여름철 습한 날씨에 아이스크림이 얼기를 기다리면서 남은 얼음 조각이 내뿜는 투명한 청록색 빛을 보고 있으면 그 자체로 기분이 상쾌해진다. 나는 부드러운 딸기 아이스크림과 민트 초콜릿 아이스크림을 맛있게 먹었다. 호수의 풍경은 2월에 와 보았던 곳이 맞는지 거의 알아보기 어려웠다. 지금은 검은 물 위에 수련이 떠 있었고, 그 위로 잠자리가 어지럽게 날아다니고 있었다.

해가 질 때쯤 얼음 창고에 남아 있는 얼음 덩어리는 겨우 몇 개뿐이었고, 얼음의 반짝이는 윗면은 단열을 위해 덮어둔 짚 때문에 울퉁불퉁해져 있었다. 아이스크림 파티가 끝난 뒤에 남는 얼음은 취미로 낚시를 즐기는 사람들에게 한 개당 1달러에 판매한다. 천연 얼음은 기포가 적기 때문에 인공 얼음보다 천천히 녹으며, 좋은 얼음 덩어리는 물에서 최대 일주일까지 지속된다고 알려져 있다. 아이스크림 파티가 먼저이고 그 다음에 식품 보관을 위해 사용한다는 순서는 우연히도 냉장의 역사와 맞아떨어진다. 처음에는 입을 즐겁게 하기 위해 사용되었고, 실용적인 필요를 충족시킨 것은 나중의 일이었다.

1960년대 후반, 실비아 비먼은 고향의 가장 흥미로운 명소 중 하나를 방문했다. 영국 케임브리지에서 남쪽으로 몇 킬로미터 떨어진 로이스턴에는 인공 동굴이 있는데, 동굴 벽에는 원 속의 원, 방패와 칼, 해골과 촛불을 든 사람, 말, 대지의 여신 등 신비한 벽화가 새겨져 있다.

로이스턴 동굴이 언제 만들어졌는지, 어떤 용도로 사용되었는지에 대한 기록은 현재까지 발견되지 않았다. 초기의 연구자들은 고대 이교도 사원, 로마 시대의 무덤, 중세의 사적인 예배소 또는 은둔자의 동굴이었을 것으로 추측했다. 네 아이의 엄마였고 이 분야에 대한 공식 자격이 없었던 비먼은 호기심을 갖고 직접 조사에 나섰다. 그녀는 마침내 12세기 말과 13세기 초에 인근 시장에서 상품을 판매했다고 알려진 템플 기사단이 이 동굴에 버터를 임시로 저장했을 가능성이 높다는 결론을 내렸다. (프랑스 지하 감옥의 벽에 수수께끼의 기사단원들이 새긴 것으로 알려진 벽화와 많은 디자인이 놀라울 정도로 유사하다는 점을 근거로, 오늘날에도 여전히 지배적인 가설이다.)

옛날의 지하 공간에 흥미를 느낀 비먼은 케임브리지 대학교 고고학 연구 과정에 등록했다. 연구를 시작하기 일주일 전, 그녀는 새로 설립된 프랑스 지하 연구 협회Societe Francaise d'Etude des Souterrains˙에서 로이스턴 동굴에 대한 연구를 발표했다. "그러자 질문이 쏟아졌고 **얼음 창고**라는 말이 여러 번 나왔다." 비먼은 이렇게 회상했다. 로이스턴 동굴이 얼음 창고였을까? 이전까지 비먼은 그런 말을 들어본 적이 없었고, 이 생각에 매료되었다. 케임브리지 대학교에서의 마지막 해에 그녀는 약 14만 년 전 네안데르탈인이 매머드 고기를 저장하기 위한 냉동고로 사용했다고 확신하게 된 저지 섬의 자연 동굴 속 구덩이를 주제로 박사 학위 논문 연구에 집중했다. 이 이론이 맞다면, 이는 인간이 의도적으로 음식을 저장한 최초의 사례 중 하나가 될 것이다. 가설을 구체화하기 위해 그녀는 구덩이에 고기를 넣고 얼음을 함께 채워 넣으면 오래 보관할 수 있다는 증거를 찾아 인용하려고 했다. 하지만 놀랍게도 아무도 그런 연구를 수행하지 않았다는 것을 알게 되었다.˙˙ 사람들은 얼음

• 지하에서 인간의 활동을 연구하는 이 프랑스 단체에서 영감을 받아 비먼은 영국에 자매 단체인 서브테라네아 브리태니카Subterranea Britannica를 설립했다. 그녀의 구석기 시대 **모**존 실험에 대한 이야기는 이 단체에서 3년에 한 번씩 발행하는 매혹적인 잡지의 한 페이지에서 가져왔다. - 원주
•• 프랜시스 베이컨을 죽음에 이르게 한 닭 실험은 비먼이 과학사에서 찾을 수 있는 유일한 사례였다. - 원주

창고는 연구할 만한 주제가 아니라고 말했다.* 그녀는 직접 연구해야 했다.

1980년 어느 겨울날 아침, 비먼이 깨어나 보니 밤새 많은 눈이 내려 집 뒷마당을 하얗게 덮고 로이스턴 주변 도로를 막고 있었다. 흥분한 그녀는 재빨리 자녀 중 한 명과 이웃 학생에게 도와 달라고 부탁했다. 둘 다 눈 때문에 길이 막혀 직장과 학교에 갈 수 없었다. 그런 다음 그녀는 냉장고를 뒤졌다. "익힌 양갈비, 뚜껑 달린 잼 병에 담긴 저온 살균한 전지우유, 냉동 생선 스틱 두 개와 얼리지 않은 생선 스틱 두 개를 찾았습니다." 그녀는 이렇게 회상했다.

그들은 함께 뒷마당에 있는 지름 1미터쯤 움푹 파인 곳에 눈을 30센티미터 깊이로 채우고 "삽으로 다져 최대한 단단한 얼음으로" 만들었다. 그 위에 양고기와 전지우유 병을 넣고, 다시 눈을 30센티미터쯤 채운 뒤에 단단하게 다졌다. 단백질 샌드위치의 다음 층에는 생선 스틱이 들어갔다. 그 위에 다시 눈을 퍼 넣고 삽의 등으로 두들겨 단단하게 다졌다. "우리는 구멍이나 틈이 생기지 않도록 옆면을 정리하고 매끄럽게 다듬었습니다." 비먼은 이렇게 말했다. 그런 다음 집으로 들어가 따끈한 차를 마시며 몸을 녹였고, 근처에 사는 어머니에게 구덩이의 내부 온도를 매일 측정해 달라고 부탁했다.

몇 시간 만에 비먼이 집에서 키우는 개가 얼지 않은 생선 스틱 두 개를 파내서 먹어버렸다. 닷새째 되던 날, 눈이 녹기 시작하자 비먼은 냉동된 생선 스틱 두 개가 바깥으로 드러난 것을 발견했다. 그녀의 기록에 따르면, "새들이 생선 스틱에 묻은 빵가루를 쪼아 먹고 있었지만 생선은 여전히 얼어 있었다." 얼음이 모두 사라지는 데 3주가 걸렸고, 비먼은 노출된 우유와 고기를 먹어 보았다. 우유의 지방이 분리되었지만 "맛은 괜찮았고", 양갈비도 상하지 않았다. 그녀는 이렇게 말했다. "고양이에게 나머지를 주었어요. 고양이는 까다롭기로 악명이 높지만, 양갈비를 다 먹어치웠어요! 어쩌면 그 고양이는 크리스마스가 왔나보다 하고 생각했을지도 모르죠. 어쨌든 양갈비는 아무 문제가 없었던 거지요."

14만 년 전에는 잼을 넣는 병이나 빵가루를 입힌 생선 스틱이 없었지만, 이것들을 함께 묻은 비먼의 실험은 음식이 눈 속에서 얼마나 오랫동안 보존되는지에 대한 데이터를 수집해서 문서화한 최초의 시도 중 하나였다. 오늘날까지 많은 실험 고고학 연구는 개념을 증명하기 위해 이런 간단한 실험으로 시작한다.**

비먼은 여러 해에 걸쳐 점점 더 정교하고 시대에 맞도록 상황을 바꿔 가면서 실험을 반복했고, 눈을 잘 다져서 묻기만 하면 눈구덩이가 5주 동안 차갑게 유지되어 묻어둔 음식이 그 기간 동안 신선하게 보존된다는 것을 알아냈다. "초기 인류가 우유나 치즈를 뚜껑이 있는 항아리 안에 넣었다면 그 음식이 냉동되어 3주 이상 보존되지 못할 이유가

- 고고학자이자 초기 도시와 가정생활을 연구하는 인류학자 모니카 스미스는 고대 역사에서 부패하기 쉬운 식량의 저장에 관해 언급한 문헌은 오늘날에 거의 남아 있지 않다고 말한다. "고고학자들은 주로 곡물에 관심이 있습니다." 그녀는 이렇게 말했다. "그다음에는 다른 모든 것들, 말하자면 예술품과 그런 종류의 것들에 관심을 가집니다." - 원주
- ** 몇 년 전, 연구자들은 42만 년에서 20만 년 전에 지금의 이스라엘 지역의 동굴에서 호미닌들이 나중에 골수를 먹기 위해 의도적으로 사슴 뼈를 보관했을 가능성이 있다는 증거를 발견했다. 이 발견을 이끈 고고학자들은 가설의 타당성을 검증하기 위해 비먼이 했던 것과 비슷한 실험을 직접 수행했다. 그들 중 한 명은 〈뉴욕타임스〉에 9주 후에 먹어보았더니 동굴에서 숙성된 골수의 맛이 "나쁘지 않았다"며 "짜지 않고 부드러운 소시지 같았고 신선도가 살짝 떨어지는 것 같았다"고 말했다. - 원주

없었을 것이다." 그녀는 이렇게 결론을 내렸다.

비먼의 연구는 인간이 오래전부터 차가움에 부패를 막는 힘이 있다는 것을 알고 활용했다고 입증하는 데 도움이 되었다. 어쩌면 고기를 소금에 절이고 과일을 설탕에 재우는 것만큼이나 오래되었을 것이다. 생선을 얼음과 함께 두면 생선 표면을 덮고 있는 미생물이 먹고, 배설하고, 움직이고, 번식하는 활동이 모두 느려져서 시간을 벌 수 있다. 포도를 얼음과 같이 두면 껍질에 서식하는 곰팡이의 성장이 느려질 뿐만 아니라 과일 세포 자체의 호흡이 느려져 내부의 수분과 당분이 천천히 소모되는 추가적인 이점도 있다. 물이 얼어붙을 정도로 열이 충분히 제거되면 차가움의 보존력은 더 커진다. 날카로운 얼음 결정이 생겨나면서 박테리아와 곰팡이가 사용할 수 있는 물이 줄어들고 박테리아의 세포벽이 손상되기 때문이다.

문제는 석기 시대에 조상들이 불을 처음 통제한 이래로 인류는 음식을 마음대로 가열할 수 있었지만, 불과 100년 전까지만 해도 열을 안정적으로 제거할 수 없었다는 것이다. 대신 사람들은 자연에서 일어나는 변덕스러운 차가움에 의존할 수밖에 없었다. 지하 동굴이나 지하실의 냉기, 바람에 의한 증발 냉각, 겨울에 눈과 얼음을 저장해서 여름에 사용하는 것 등이 그 예이다.

구석기 시대의 구덩이를 제외하면, 가장 오래된 저온 저장 기록은 거의 4,000년 전으로 거슬러 올라간다. 오늘날의 시리아 지역에 있는 유프라테스 강 유역에 황제의 명령으로 건설된 이 얼음 창고는 깊이 6미터, 길이 40미터에 달하는 방대한 구조물에 버드나무 가지로 보강되어 있었다고 점토판에 설형문자로 설명되어 있다. 당시 기록에 따르면 북쪽에 있었을 것으로 추정되는 산에서 가져온 얼음이 도시에 도착하면 3일 만에 거의 다 팔릴 정도로 수요가 많았다고 한다.

중국의 고대 시집인 〈시경詩經〉에는 3,000년 전에 쓴 다음과 같은 시가 있다. "동, 동! 2월에 얼음을 자르고, 3월에 얼음을 저장한다." 에즈라 파운드의 〈핀의 노래 Songs of Pin〉에 이 구절이 번역되어 있다. 아테나이우스, 플루타르코스 등의 기록에 따르면 고대 그리스와 로마의 지배층은 산에서 내려온 눈을 정기적으로 구입해서 와인을 차갑게 하고 여름에 새우를 신선하게 보관했던 것으로 보인다. 하지만 눈은 매우 비싼 사치품이어서, 로마의 작가이자 행정가였던 소小플리니우스가 만찬에 오지 않은 친구에게 보낸 편지의 화난 어조를 설명하는 데 도움이 된다. "상추 한 개, 달팽이 세 마리, 달걀 두 개, 보리빵, 달콤한 포도주, 눈을 준비했는데 눈은 보관할 수 없는 희귀한 것이므로 반드시 당신에게 비용을 청구할 것입니다."

시대를 건너뛰어 17세기의 이탈리아 반도는 "새로운 빙하기로 접어들었다"고 작가 엘리자베스 데이비드가 말한다. 그보다 수십 년 전에, 나폴리의 박식한 학자 지암바티스타 델라 포르타는 얼음에 소금을 넣으면 어는점이 낮아져 커스터드를 아이스크림으로, 와인을 슬러시로 만들 수 있다는 것을 알아냈다. 데이비드는 시칠리아에서 피렌체까지 "안락하고 우아한 삶에 대한 열망을 가진 모든 사람은… 도시의 저택과 시골의 별장에 눈을 보관하는 장소가 있었다"고 썼다. 영국에서 온 사람들은 집으로 보내는 편지에 "나폴리에서 눈이 부족해지면 다른 나라에서 옥수수나 식량이 부족해졌을 때만큼이나 폭동이 일어날 수 있다"고 썼다. 차가움에 대한 열망 때문에 강도 사건이 일어나기도 했다. 데이비드는 메디치 추기경이 로마 경찰청장에게 눈이 운송 중에 사라진 일과 얼음 창고의 허술한 경비를 지적한 장황하고 엄중한 서신을 인용한다.

100년 뒤에는 영국도 비슷해져서, 세련된 저택 중에 지하 얼음 창고가 없는 곳이 없을 정도가 되었다. 이런 저택들 중에는 존 소안과 니콜라스 호크스무어 등 당대의 유명 건축가들이 설계한 곳도 많았고, 얼음 창고는 겨울에 채취한 얼음을 여름까지 보관할 수 있었다. 10년이 넘는 기간 동안 영국 전역을 답사하면서 사람들이 거의 주목하지 않는 얼음 창고의 편람을 만든 비먼은 이렇게 썼다. "얼음 창고의 개수는 오늘날에는 이해하기 어렵다. 수십, 수백 개가 아니라 수천 개가 있었다." 비먼에 따르면 대부분의 경우 지역 당국과 담당 부서가 이러한 지하 구조물의 존재를 잊어버렸다. 마치 스위스 치즈처럼, 영국 전역의 지하 여기저기에 구멍이 나 있고, 그 구멍에 얼음이 채워져 있었던 것이다. 오늘날까지도 런던에서는 개발 공사를 하면서 파일을 박거나 지하실을 만들기 위해 땅을 파다가 예상치 못했던 얼음 구덩이를 발견하곤 한다. 스코틀랜드 토속 건축 전문가인 브루스 워커는, 시골 지역에서는 일반적으로 다른 구조물에서 멀리 떨어진 곳에 지하 얼음 창고를 짓고 곧바로 땅 위로 연결된 입구를 만들기 때문에 영국에 비밀 터널과 호빗 같은 존재에 대한 전설이 많을 것이라고 말한다.

자연의 힘을 이용하기 위해 방대한 구조물을 만들었지만, 여기에는 많은 어려움이 따랐다. 심지어 날씨가 추운 북쪽 지역에서도 겨울이 따뜻한 해에는 얼음이 부족해지기 마련이다. 얼음 창고는 다양한 설계로 만들어졌는데, 어떤 것은 제 기능을 하지 못했다. 얼음이 녹으면서 나오는 열을 배출할 환기 시설이 없거나, 얼음이 녹은 물을 빼낼 배수 기능이 충분하지 않은 경우도 있었다. 미국의 초대 대통령 조지 워싱턴도 마운트 버논의 저택에 특별히 지어진 지하실에 얼음을 보관하는 데 어려움을 겪었다. 그가 쓴 일기에서 1785년 6월 5일의 기록은 그 실망스러운 상황을 묘사하고 있다. "얼음을 저장해 둔 지하실 구덩이의 덮개를 열었지만, 아주 작은 얼음조각조차 남아 있지 않았다."

이런 일들은 진정한 재앙이라기보다 불편하고 짜증스러운 일이었다. 막대한 노력과 비용을 들여 채취해 지하 창고에 얼음을 저장해도 대부분 녹아 없어졌다. 이는 고대 로마에서 1,000년 전에 눈을 사용했던 것과 거의 똑같은 방식으로 와인, 과일, 디저트를 차갑게 해 여름의 더위 속에서 시원한 다과를 즐기는 쾌락을 맛보려는 의도였다. 19세기 초, 제인 오스틴은 언니에게 보내는 편지에 이렇게 썼다. "우아함과 편안함, 사치를 위해… 비천한 경제를 넘어 얼음을 먹고 프랑스 와인을 마셔야지."

그러나 르네상스 이탈리아, 영국의 조지 왕 시대와 섭정 시대, 아메리카 식민지 시대의 지배층이 식품을 보존하는 차가움의 능력을 인식하지 못했기 때문에 냉장의 가장 유쾌한(어쩌면 경박하다고 할 수도 있는) 응용에 만 관심을 가졌던 것은 아니다. 육류 공급망 전체를 냉각하는 것처럼 평범하면서도 방대한 작업에 그렇게 귀하고 제한된 자원을 사용하는 일은 바람직하지도 실용적이지도 않았기 때문이다. 게다가 생산자와 소비자 간의 거리도 멀지 않았고, 모든 사회계층이 일 년 내내 같은 음식을 즐길 수 있다고 기대하지 않는 세계에서는 공급망 전체를 냉각할 때 얻는 이점이 차가운 와인과 아이스크림의 쾌락만큼 명백하지도 않았다.

비먼은 광범한 조사를 했지만 얼음 창고에 식품을 저장한 사례를 거의 찾아볼 수 없었고, 있다고 해도 대부분 상하기 쉬운 과일에 국한되어 있었다. 웨스트미들랜드의 한 대저택에서는 배와 복숭아를 얼음 창고 지붕에 매단 나무 쟁반에 보관하고 있었다. "사람들은 숲에서 꺾은 나뭇가지를 뾰족하게 깎아 출입구 뚜껑의 창살을 통해 밀어 넣어 과즙이 풍부한 배를 꿰어서 꺼내 먹었다"라고 그녀는 기록했다. 어부들도 일찍부터 얼음을 이용했다. 1780년대부터 스코틀랜드에서는 겨울에 호수에서 얼음을 채취하여 저장해 두었다가 봄과 여름에 런던까지 가는 6일 동안 연어를 신선하게 유지하는 데 사용했다. 나중에 저인망 어선이 얼음을 바다로 가져갔지만 "얼음 공급이 충분하지 않았고 가장 귀한 어종에만 아껴서 사용해야 했다"고 비먼이 지적했다.

결국 천연 얼음은 너무 비싸고 신뢰할 수 없으며 일시적이어서 대규모 식량 보존에 이용하기에는 한계가 있었다. 그러던 1805년, 키가 작고 몸집도 가냘픈 데다 고등학교도 중퇴한 프레더릭 튜더가 국제 얼음 무역이라는 새로운 사업을 시작하면서 이런 상황은 변하기 시작한다.

19세기 중반, 미국의 광대한 호수에 풍부하게 저장되어 있는 깨끗한 물과 혹독하게 추운 겨울은 사우디아라비아의 석유와 맞먹는 귀중한 천연자원으로 여겨졌다. 이 자원의 상업적 이용은 차가움을 대중화했을 뿐만 아니라 차가움의 산업화로 가는 발판이 되었다.

프레더릭 튜더가 1805년에 얼음을 채취해서 운송하기 시작했을 때, 이 일이 냉장을 일상화하는 계기가 될 것이라고는 상상조차 하지 못했다. 다른 부유한 뉴잉글랜드 가정처럼 그의 집도 여름 별장에 작은 얼음 창고를 갖고 있었고, 어릴 때부터 아이스크림과 차가운 음료를 즐길 수 있었다. 관대한 부모와 넉넉한 용돈이라는 축복을 받은 튜더는 열세 살이 되자 더 이상의 공부는 시간 낭비라고 생각했다. 그는 얼마 지나지 않아 보스턴 상점의 견습 직원을 그만두고 가족 소유의 영지에서 사냥과 낚시로 시간을 보내며 부자가 되는 돈키호테 같은 방법을 꿈꿨다.

처음에는 얼음을 팔겠다는 계획이 십대의 무모한 아이디어처럼 보였다. 결핵에 걸린 동생 존 헨리를 데리고 쿠바의 아바나로 요양 여행을 떠났다가, 뉴잉글랜드에서 자란 두 사람은 열대의 더위로 엄청난 고통에 시달렸다. 그러던 중에 튜더는 문득, 어떻게든 쿠바에 얼음을 공급할 수만 있다면 시원한 음료의 유혹을 거부할 수 있는 사람은 아무도 없을 것이라는 생각을 떠올렸다. "누구나 일주일 동안 차가운 음료를 마신 다음에는 같은 값을 내고 미지근한 음료를 마시려고 하지 않을 것이다." 이런 생각을 하게 된 튜더는 아바나의 바텐더들에게 한시적으로 얼음을 무료로 공급해서 사람들이 시원한 음료에 맛을 들이게 한 다음, 돈을 받고 팔겠다는 계획을 세웠다. 열대 지방으로 가는 긴 항해에서 어떻게 해야 얼음이 녹지 않을지 전혀 몰랐지만 튜더는 성공을 철석같이 믿었다. 그는 자금을 얻기 위해 보스턴의 부유한 정치가에게 보낸 편지에서 자신과 사업 파트너가 곧 "어떻게 써야 할지 알 수 없을 만큼 큰돈"을 벌게 될 것이라고 썼다. 그 정치가뿐만 아니라 거의 모든 사람이 투자를 거절했지만, 튜더의 부유한 새 매형만은 다르게 생각했다. 그는 나중에 자서전에서 "이 아이디어는 냉철한 상인들에겐 정신 나간 사람의 헛소리처럼 완전히 터무니없는 것으로 여겨졌다"고 회상했다.

튜더가 예상하지 못한 장애물은 너무나 많았다. 얼음을 싣고 가다 녹을 수 있다는 이유로 운반해줄 배를 찾지 못한 튜더는 배를 직접 사야 했다. 항해 중에 얼음이 녹을 수 있고, 녹은 물을 바다에 버리지 않으면 다른 짐을 망가뜨릴 수 있으며, 배 전체의 균형도 어긋나서 항해하기가 어려워지기 때문이었다. 그는 얼음이 어는 영하의 기온이 되면 보스턴의 항구도 얼어붙는다는 것을 예측하지 못했다. 그것은 얼음을 배에 싣고 출항할 수 있을 때까지 보관할 거대한 얼음 창고를 지어야 한다는 뜻이었다. 그는 또한 카리브해의 섬사람들이 얼음을 보관할 곳은커녕 얼음으로 뭘 해야 할지 전혀 모를 것이라고는 상상도 하지 못했다. 그는 1806년 마르티니크로 가는 첫 항해에서 3,000~4,000달러, 오늘날 돈으로 환산하면 최대 10만 달러의 손실을 입었다고 추정한다. 설상가상으로 바로 이듬해에 아버지가 유럽으로 장기 여행을 갔다가 가산을 탕진하고 집으로 돌아왔다.

튜더는 자신을 제외한 모든 사람과 모든 것을 탓했다. 날씨, 그에게 투자하지 않는 무지한 뉴잉글랜드 사람들, 얼음이 얼마나 좋은지 모르는 똑같이 무지한 열대의 섬사람들, 부패한 당국, 신의를 지키지 않는 친구와 가족, 심지어 쿠바로의 운송을 일시적으로 금지한 토머스 제퍼슨 대통령에게도 저주를 퍼부었다. "다사다난한 나의 얼음 사업에는 계산할 수 없는 악의적인 사건들이 얼마나 많았던가?" 그는 일기에서 이렇게 불평을 늘어놓았다. "이 사업은 나를 불필요한 환락에 빠뜨리기도 했고, 내 머리카락을 백발로 만들기도 했지만, 나는 절망하지 않았다." 이런 허풍에도 불구하고 일기장에는 '불안'이라는 단어가 점점 더 크게 적혀 있었고, 나중에는 자기가 아직 젊고 다른 직업을 찾을 시간이 충분하다고 쓰기도 했다. "아직 예전의 길로 돌아갈 수 있다"고 그는 스스로에게 조언했다. "최상의 가격으로 매각하고 평범한 사람이 되자." 그는 창업한 지 10년도 되지 않아 빚더미에 앉아 세 번 체포되고 두 번 감옥에 갇혔다.

그러나 튜더는 이 모든 난관을 뚫고 세계 최초의 냉동 사업을 기초부터 차근차근 구축해 나갔다. 그의 밑에서 현장 감독으로 일했던 너세니얼 와이어스는 내가 톰슨 호수에서 사용했던 모든 도구(얼음 쟁기, 브레이커 바, 갈고리가 달린 장대 등)를 개발했고, 무엇보다 얼음 창고의 설계를 개선했다. 얼음 창고의 건축 기술은 아마도 얼음 산업에 기여한 튜더의 가장 큰 공헌일 것이다. 실비아 비먼이 기록한, 지하에 석재 또는 벽돌로 지은 얼음 창고와 달리 튜더의 얼음 창고는 완전히 지상에 목재로 지어졌고, 이중벽 사이에 단열재로 톱밥을 채웠다. 기온이 영상으로 올라가면 채취한 얼음이 녹는 것을 막을 방법이 없었기 때문에, 튜더가 할 수 있는 최선은 얼음이 사라지는 속도를 늦추는 것이었다. 얼음 덩어리가 천천히 녹으면서 내뿜는 열을 배출하기 위해 가파른 지붕과 녹은 물을 빼내는 지하 배수구를 갖추고 이중벽에 톱밥을 채우는 혁신적인 설계는 상당히 효과적이었고, 녹아서 없어지는 양을 10퍼센트 미만으로 줄일 수 있었다.

와이어스가 기술을 다루는 동안 튜더는 비즈니스 개발에 집중했다. 그는 제과업자들에게 아이스크림 제조를 시연하고, 커피숍 주인들에게 자신이 직접 설계한 냉각 용기를 제공했으며, 월정액으로 하루에 한두 번 배달을 받는 얼음 구독 모델도 고안했다. 그는 심지어 고객이 집에 하루 분량의 얼음을 보관할 수 있도록 '작은 얼음 창고'라고 부르는 최초의 가정용 아이스박스를 설계하고 제작하기도 했다.

튜더는 일기에 절망적인 글을 썼지만 한편으로 초기 얼음 산업이 누린 몇 가지 독특한 이점도 썼다. 뉴잉글랜드 항구에서 출항하는 선박은 대개 화물이 많지 않았기 때문에 돌을 실어 균형을 유지했고, 외국에서 돌아오면서 화물을 실을 때는 간단히 돌을 배 밖으로 던져 버렸다. 튜더의 얼음이 운송 중에 많이 녹지 않는다는 확신이 들자, 그들은 헐값으로 얼음을 기꺼이 운송해 주었다. 운임을 할인해 주어도 돌무더기를 싣는 것보다는 나았기 때문이다. 얼음 사업이 시작되기 전에는 메인주의 목재 공장에서 나오는 톱밥도 마찬가지로 쓸모가 없었다. 실제로 버린 톱밥이 강에 쌓여 홍수를 일으키는 일이 많았기 때문에, 튜더는 중요한 단열재를 엄청난 헐값에 확보할 수 있었다. 가장 운이 좋았던 것은 "광업도 농업도 아닌 사업으로 분류되었기 때문에" 얼음 무역에는 세금이 부과되지 않았다는 점이다.*

또한 얼음을 채취하는 시기는 농부들이 할 일이 별로 없는 계절이었기 때문에 실비아 비먼이 "두렵고 흠뻑 젖고 위험하다"고 묘사한 일을 하도록 설득할 수 있었다. 튜더는 일꾼들에게 위스키를 마시게 하여 얼음의 혹독함을 견디게 했다고 한다. 당시 매사추세츠의 어떤 사

• 1822년 런던에 얼음이 처음 도착하자 영국에서도 비슷한 분류상의 혼란이 일어났다. 〈더 타임스〉의 보도에 따르면 "이 상품은 외국산이기 때문에 런던 세관에 신고해야 하는 것은 분명했지만, 농산물과 공업 제조품 중 어느 쪽으로 분류할지는 매우 난감한 문제였다. 많은 논쟁 끝에 외국산 원단으로 분류하여 매듭을 짓자는 제안이 나왔다." - 원주

람은 "얼음의 요구는 절대적이며, 즉각적으로 순종하지 않으면 스스로 눈물을 흘린다"라고 불평했다. "얼음은 축축하고 무겁고 날카로워 다치기 쉽고, 튀어나온 곳도 없고 패인 곳도 없어 손으로 잡고 다루기가 너무 어렵다." 또 어떤 사람은 이렇게 말했다. "이곳에서 발가락이 떨어져 나가지 않게 하는 방법은 뜨거운 럼주뿐이다."

얼음 무역은 점점 자리를 잡았다. 1820년대에는 이미 메인주의 아사 톰슨이 이 사업에 뛰어들 만큼 충분한 시장이 형성되어 있었다. 1837에는 연간 수천 톤의 얼음이 보스턴 항구에서 실려 나갔고, 이후 10년 동안 거래량은 3년마다 두 배 가까이 증가했다. 뉴잉글랜드의 얼음은 동부 해안은 물론 멀리 런던, 페루, 캘커타까지 수출되었다. 튜더는 보스턴의 얼음 왕으로 이름을 날렸지만, 이때쯤에는 수많은 얼음 상인 중 한 명에 불과했다. 물론 그는 언론에서 "공공의 이익을 증진한 위대한 사람"이라고 칭송받는 엄청난 부자였다.

미국에 온 여행객들은 종종 부러움을 담아 미국의 얼음 소비에 대해 언급했다. 중년의 영국 여성 새러 미턴 모리는 1840년대에 미국에 사는 자매를 방문했을 때를 회상하며 이렇게 썼다. "미국의 모든 사치품 중에서 나는 얼음을 가장 즐겼다. 당시 영국에서 얼음은 매우 드물고 값이 비쌌다." 더운 날 밤에는 얼음물 항아리로 침실을 시원하게 하고, 친구들은 얼음을 띄운 레모네이드나 "커다란 얼음 덩어리를 넣은" 칵테일로 그녀를 맞이했다. 8월의 어느 더운 날 저녁에 열리는 파티는 항상 아이스크림으로 절정을 이루었다. 18세기 미국 남부에서 혼합 음료로 유행한 민트 줄렙은 얼음을 넣어 오늘날 우리가 알고 있는 상쾌한 칵테일이 되었다. 모리를 집으로 초대했던 어떤 여주인은 그녀에게 이렇게 말했다. "미국이 살기 어렵다는 말을 들을 때마다 얼음을 떠올려 보세요."

튜더는 부자가 되어 1864년에 세상을 떠났지만, 그가 일으킨 산업은 계속 성장했다. 최초의 국가 보고서가 발간된 1879년에 연간 약 800만 톤의 얼음이 채취되었지만, 도중에 녹아 없어진 양을 빼면 약 500만 톤이 소비자에게 전달되었고 가난한 사람들도 얼음을 즐길 수 있었다. 작은 얼음 덩어리나 '동전 털이' 아이스크림을 파는 노점상이 등장하면서 처음으로 모든 사람이 차가움의 쾌락을 누릴 수 있게 되었다. 더 중요한 것은 차가움을 싼값에 쉽게 구할 수 있게 되면서 식품 산업에서 냉장의 가치를 입증할 수 있었다는 점이다.

가정용 아이스박스가 대중화되면서 어부들은 잡은 물고기를 보존하기 위해 얼음을 가지고 다녔고, 그에 따라 바다에 더 오래 머물면서 먼바다에서만 사는 물고기도 잡을 수 있었다. 농부들은 버터가 녹기 전에 팔기 위해 한밤중에 시장에 갈 필요가 없어졌다. 1850년대에 독일 이민자들이 몰려와서 세운 양조장에서는 천연 얼음을 냉각제로 사용하여 일 년 내내 라거 맥주를 만들었다. 1865년 뉴욕시의 풀턴 시장에서는 가금류를 저장하기 위해 지은 미국 최초의 저온 저장 창고에도 천연 얼음을 사용했다. 1870년대에는 도축된 고기를 천연 얼음과 함께 철도로 운송하기도 했다. 시원한 음료와 아이스크림이라는 사치를 즐기기 위해 시작된 이 산업은 우연찮게도 차가움이 식품 보존 용도로 상업적 가치가 있다는 것을 입증했다.

튜더는 천연 얼음 산업이 기계식 냉장에 의해 위협받을 것이라고는 전혀 걱정하지 않았다. 1807년 아바나에 최초의 얼음 창고를 짓는 동안 그는 아바나 당국에게 얼음을 만든다는 생각 자체가 "터무니없다"고 확실히 말했다. 그의 확신에는 충분히 이유가 있었다. 19세기 초만 해도 열역학에 대한 과학적 이해가 미약했기 때문에 차가움을 인위적으로 만들어내는 것은 물론이고 자연에서 차가움이 어떻게 형성되는지 설명하기도 어려웠다.

하지만 튜더의 얼음 산업이 크게 성공하면서 그다음 세대에는 차가움을 제조하려는 사람들이 나타났다. 그들 중 한 사람인 프랑스인 샤를 텔리에는 이렇게 말했다. "**차가움**은 시간의 파괴적인 작업을 늦춤으로써 인간의 힘과 자원을 증가시킨다." 이제 인간이 차가움을 **제어**할 수 있고 마음대로 대량으로 생산할 수 있다면 어떨까?

차가움을 만드는 기계

"오후 1시 30분에 태양은 파란 하늘 위에서 밝게 빛나고 있었고, 즐거움을 만끽하려는 사람들이 창고 그늘 아래에 서 있다." 1893년 7월 11일 화요일 오하이오의 지역 신문 〈피쿠아 데일리 콜〉의 1면 기사에 나온 글이다. 여기에 나온 창고는 "지구상에서 가장 큰 냉장고"라 불렸으며 1893년 시카고 만국박람회에서 "가장 주목할 만한 랜드마크 중 하나"였다. 캔자스의 지역 신문 〈클리어워터 에코〉에서 박람회 개막 직전에 보도한 기사는 이 얼음 창고가 박람회에서 가장 인기를 끌 것이라고 예고했다. 이 신문의 시카고 통신원은 "일반 시민에게 얼음을 만드는 과정은 심오한 수수께끼"라고 썼다. "여기에 오면 이 과정을 자세히 살펴볼 수 있는 최고의 기회를 얻게 될 것이다."

내부에는 세 개의 거대한 보일러로 작동하는 엔진 네 대가 하루에 4만 톤의 얼음을 생산할 수 있는 기계에 동력을 공급하고 있었다. 이 건물의 저온 저장 창고에는 박람회 상인들을 위해 상하기 쉬운 음식을 보관하고 있었기 때문에 〈에코〉의 통신원이 언급했듯이 "박람회장에서 시원하지 않은 물을 마시거나 녹은 버터를 먹을 필요가 없을 것"이었다. 전체 구조물은 석고와 시멘트로 만든 인조석으로 덮고 흰색 스프레이 페인트를 칠한 뒤에 베네치아 궁전처럼 장식했으며, 모서리는 둥근 지붕을 얹은 탑으로 마무리했다.* 제빙기의 암모니아 연기를 배출하는 20미터 높이의 기관실 굴뚝은 종탑의 외관으로 꾸미고 별도의 둥근 지붕으로 덮여 있어 웅장한 느낌을 더하고 있었다. 경이로운 이 시설은 박람회의 다른 명소들과 충분히 견줄 만했다. 박람회에는 뉴욕시의 센트럴 파크로 명성을 얻은 프레드릭 로 옴스테드가 조경한 일련의 정원, 연못, 운하, 세계 최초의 대회전 관람차, 세계 최초의 무빙워크가 설치되었고, 세계 최초의 유료 영화관에서는 동물의 운동을 탐구한 에드워드 마이브리지의 영화가 상영되었다.

그러나 세계 최대의 냉장고가 1893년 7월 11일 미국의 거의 모든 신문 첫 페이지를 장식한 이유는 경이로움이 아니라 공포 때문이었다. 헤드라인은 다음과 같았다. "저온 저장 창고에 불길이 치솟았고, 겁에 질린 수천 명의 관객들은 용감한 사람들이 뛰어내리거나 추락해 죽는 장면을 목격했다." 〈뉴욕타임스〉는 다음과 같이 썼다. "즐거움을 찾아 온 수천 명이 오늘 박람회에서 가장 끔찍하고 가슴 아픈 죽음을 목격했다."

- 박람회의 모든 임시 구조물은 이와 같이 반짝이는 흰색 석고로 덮여 있었기 때문에 '하얀 도시'라는 박람회의 별칭이 생겨났다. "빛나는 이 석고 도시"는 "인간의 눈물로 얼룩지지 않았다!"라고 〈아름다운 미국 America the Beautiful〉의 가사가 된 시를 쓴 레즈비언 페미니스트 교수 캐서린 리 베이츠는 화재 발생 며칠 전인 1893년 7월 1일에 이 박람회에 다녀갔다. 그녀는 7월 11일의 비극이 일어난 지 2년 뒤에 이 시를 발표했다. - 원주

7월 10일 월요일 오후 이른 시간, 굴뚝에서 불길이 솟아오르기 시작했다. 만국박람회 소방대원들은 사다리도 없이 용감하게 뛰어들어 굴뚝에 올라갔지만, 불길이 굴뚝을 따라 위로 번지면서 그들은 지상과 단절되었다. 수만 명에 달하는 박람회 참가자들은 이 무렵부터 창고 주변에 모여들기 시작했고, 두려움에 떨며 지켜보았다.

그때 한 남자가 용기를 내어 호스를 타고 내려왔다. "그는 끔찍한 화상을 입었지만 살아서 지붕 위에 나타나자 큰 함성이 터져 나왔다." 〈뉴욕타임스〉의 기록은 이렇게 계속되었다. 그러나 불길은 순식간에 호스를 삼켜버렸고, 나머지 소방관들은 "뛰어내리지 않으면 그 자리에서 죽는다"는 것을 깨달았다.

소방관들은 한 번에 두세 명씩 "끔찍한 도약"을 감행했고 20미터 아래로 떨어져 타르와 자갈로 된 지붕에 착지했지만, "끈적끈적한 지붕에 너무 단단히 박혀서 힘이 남아 있어도 스스로 빠져나올 수 없었을 것이다." 산 채로 불에 타는 사람들의 비명 소리가 모든 사람에게 들렸다.

지켜보던 사람들은 공포에 질렸다. 오하이오주 메리즈빌의 〈유니언 카운티 저널〉은 "한 시간쯤 지나자 박람회장 건물은 무너질 것 같았다"라고 썼다. "박람회에 온 사람들은 모두 그 자리에 모여 들었고, 공포로 거의 소요 사태가 난 것 같았다." 프랑스 해병대와 스페인 근위대는 자국 전시관에서 뛰어나와 버팔로 빌이 이끄는 와일드 웨스트 쇼에 출연한 카우보이들과 함께 사람들이 불타는 건물에 가까이 가지 못하게 막았다. 얼음 공장의 암모니아 탱크가 폭발할 수도 있었기 때문이다.

하얗게 반짝이던 차가움의 궁전은 두 시간 만에 연기가 자욱한 폐허로 변했다. 그 후 며칠 동안 작업자들은 녹아내린 냉각 파이프 아래에서 시신을 파내느라 분투했다. 모두 12명 이상이 사망한 것으로 확인되었고, 중상을 입거나 실종된 사람도 많았다. 검게 그을린 구조물은 그때부터 반대의 의미로 박람회의 명소가 되었다.

화재의 원인은 명확하게 밝혀지지 않았지만 시카고 소방서 스웨니 서장은 제빙 기계의 암모니아를 원인으로 지목했다. 카터 해리슨 시장은 "시 당국이 이 문제에 대해 목소리를 냈다면 저온 저장고 건물은 절대 지어지지 않았을 것"이라고 말했다.

당시인 1890년대만 해도 기계식 냉동은 아직 생소했다. 제빙기는 비싸고 어마어마하게 덩치가 컸을 뿐만 아니라 누출, 화재, 폭발 위험도 있었다. 시카고 만국박람회의 저온 저장고 건물은 너무 위험하다고 여겨져 보험에 가입할 수 없었다. 미국 전역에 이런 기계는 1,000대도 되지 않았고, 불과 15년 전인 1875년만 해도 각각 다른 수십 대의 프로토타입만 존재했다.

기계로 차가움을 만드는 시대는 그때 막 시작되었지만, 기본적인 메커니즘은 한 세기 전인 1755년 스코틀랜드의 윌리엄 컬런이라는 의사가 최초로 천연 얼음을 사용하지 않고 물을 얼리면서 알려졌다. 컬런은 글래스고 대학교와 에든버러 대학교에서 의학을 가르쳤으며, 활기차고 열정적인 강의로 많은 학생들에게 인기를 끌었다. 그는 처음에 취미로 차가움에 관해 연구하기 시작한 것으로 보인다. 그는 자기의 학생 중 한 명이 와인에 담가 두었던 수은 온도계를 빼면 온도가 2~3도 떨어지더라는 이야기를 듣고 나서 이 연구를 시작했다. (몇 년 뒤에 대서양 건너편에서는 나중에 미국 건국의 아버지가 되는 벤저민 프랭클린이 이 현상을 발견했고, 알코올에 적신 붕대가 화상의 열을 더 효과적으로 빼내거나 실제로 "따뜻한 여름날에 사람을 얼어 죽게" 할 수 있다고 추측했다.)

컬런은 이러한 통찰에서 출발했고, 진공 펌프와 휘발성 액체의 증발과 관련된 이전의 실험을 참고했다. 그는 여러 해 동안 시행착오를 거듭하다가(초기에는 식초, 브랜디, 박하, 심지어 고추기름까지 냉각제로 시험했다) 마침내 물을 얼음으로 바꿀 수 있는 최초의 장치를 만드는 데 성공했다. 그의 시스템은 유리 용기 한 쌍을 진공 챔버에 넣고 한쪽 용기 안의 액체(알코올과 질산염을 섞어 매우 낮은 온도에서 끓도록 만든 '아질산 에테르')를 빠르게 증발시키는 방식으로 구성되었다. 액체 에테르가 기체로 변하면서 주변 공기의 에너지를 제거하여 다른 용기에 담긴 물을 얼릴 만큼 차갑게 만든다.

오늘날 사용되는 냉장고의 기본 원리가 입증된 것이었다. 그는 이 연구 결과를 요약한 에세이에서 "차가움을 만드는 수단으로 이만큼 효과적인 방법은 내가 아는 한 이전까지 관찰된 적이 없으며, 더 연구할 가치가 있는 것으로 보인다"고 썼다. 그러나 그의 제안에 관심을 가지고 연구에 뛰어든 사람은 거의 없는 것 같았다. 시인 로버트 브라우닝의 표현을 빌리자면, 사람의 능력은 이해력보다 뛰어나다. 인위적으로 차가움을 만드는 능력을 얻었지만, 그 힘으로 무엇을 할 수 있는지 상상할 수 있는 사람은 아직 없었다.

19세기 초 프레더릭 튜더가 천연 얼음의 생산, 유통, 저장을 산업화한 뒤에야 기업가적 발명가들이 자연의 손에서 차가움의 통제를 빼앗으면 어떤 이점이 있는지 깨닫기 시작했다. 1834년 런던의 미국인 엔지니어 제이컵 퍼킨스는 컬런의 기본 설정을 사용하면서 응축기와 압축기를 추가하여 에테르를 무한히 순환시키면서 지속적으로 차가움을 만드는 시스템을 설계했다. 그는 풍차 장인을 고용해 소규모 시연 모델을 만들어 성공했지만, 급성장하는 영국 철도망을 위한 고압 증기 엔진 개발이 더 유망해 보여 이 일을 더 그만두었다.

마침내 1850년대가 되자 차가움을 이용하려는 창의력이 꽃을 피웠고, 상업화도 이루어졌다. 플로리다의 한 의사와 코네티컷의 엔지니어가 각각 독립적으로 성공적인 프로토타입을 개발했지만, 세계 최초의 제빙기를 판매한 것은 오스트레일리아 사람이었다. 1839년 보스턴에서 서리가 내리지 않는 오스트레일리아로 천연 얼음이 처음 운송되었지만 거리가 매우 멀어 운송이 지연되었고, 도중에 녹아 없어지는 얼음이 많아 값이 비싸졌다. 이 모든 상황이 인공 얼음에 더 유리했다. 스코틀랜드 연어잡이 어부의 아들이었던 언론인 제임스 해리슨은 멜버른 외곽의 질롱에 정착하여 이 도시 최초의 조간신문을 창간했다. 그는 더운 날씨에 인쇄하기 위해 활자를 에테르로 닦았는데, 에테르는 증발하면서 금속을 냉각하여 인쇄된 글자가 번지는 것을 막았다. 해리슨은 이러한 통찰을 바탕으로 대장장이 친구를 고용하여 바원 강 근처의 동굴에서 증기기관을 동력으로 에테르를 이용한 증기압축 제빙기를 은밀하게 개발했다.

심각한 폭발이 최소한 두 번 일어났고, 그중 한 번은 해리슨이 병원에 입원해야 했다. 그는 설계를 개선하기 위해 영국으로 돌아가 증기기관 제조업체와 상의했고, 이렇게 만든 장치를 런던의 트루먼 양조장과 오스트레일리아 벤디고의 글래스고 & 썬더 양조장에 판매했다.

1895년에 출간된 냉장 산업 최초의 교과서를 쓴 J. E. 시벨의 말처럼, "위대한 과학적 발견이 실제 응용으로 전환될 때 항상 지불해야 하는 수업료를 지불할 준비가 되어 있던" 사람들은 바로 양조업자들이었다. 수렵과 채집으로 살아가던 사람들이 맥주를 마시고 싶어 농경을 시작했다고 여겨지는 것처럼, 기계 냉장의 개발에 중요한 초기 투자는 모두 양조장들이 했다. 세계를 완전히 재편성한 두 가지 기술은 모두 술에 취하고 싶어 하는 인간의 욕망에서 추진되었다.

많은 일이 그렇듯이 전쟁도 자극제가 되었다. 1860년대에 미국에서 남북전쟁이 일어나자 남부 주들은 북부와 차단되어 북부의 호수와 강에서 얼음을 공급받을 수 없게 되었고, 몇몇 발명가들은 이를 대체할 수 있는 제빙기 프로토타입을 만들 기회를 얻었다. 텍사스주 샌안토니오는 1867년까지 제빙기 세 대를 보유했고, 뉴올리언스는 북군의 봉쇄를 뚫고 프랑스에서 두 대를 몰래 들여왔다. 초기의 제빙기는 만들 수 있는 얼음의 양이 적어서 칵테일이나 아이스캔디보다는 병원에서 부상자를 위해 주로 사용되었다. 그럼에도 불구하고 제빙기의 도입은 기계 냉장이 미국에서 처음으로 발을 내딛는 계기가 되었다. 한편 인도는 미국에서 너무 멀어서 튜더의 천연 얼음이 훨씬 더 비쌌고, 증기 동력 제빙기가 1878년에 처음으로 성공적으로 가동되었다.

처음 기계 냉장은 식품과 음료를 보관하는 공간을 냉각하는 것이 아니라 주로 얼음을 만들어 음식을 차갑게 하는 데 사용했다. 이러한 개념 도약도 양조업자들이 개척한 것이다. 19세기에 독일인 수백만 명이 대서양을 건너 미국에 정착했다. 그들과 함께 라거 맥주의 맛도 미국으로 전해졌는데, 라거는 영국식 에일과 달리 발효를 위해 일정한 저온을 유지해야 했다. 얼음이 없으면 여름에 너무 더워 세인트루이스, 밀워키, 심지어 뉴욕에서도 라거를 양조하는 동굴에서 맥주를 만들 수 없었다. 한편 남북전쟁 이후 미국의 맥주 소비량이 크게 늘어서 1865년에 1인당 연간 15리터 미만이던 소비량이 50년 뒤에는 연간 80리터로 증가했다.

19세기 후반, 양조 산업은 당연히 미국에서 가장 많은 천연 얼음을 소비하는 산업 중 하나였다. 그러나 계절에 맞지 않게 따뜻한 겨울로 '얼음 기근'이 반복되고 미국 동부 해안 도시에서 소비자들의 얼음 확보 경쟁이 치열해지면서 맥주 업계에서는 기계 냉장이 비용을 절감하는 선택으로 점점 더 인기를 끌었다. 게다가 얼음이 더 좋다고 할 수도 없었다. 얼음이 녹으면 온도가 변하여 발효에 문제가 생기고, 습한 저장고에서 곰팡이가 생기기도 했다. 양조업자들은 점차 냉각 기계로 얼음을 만드는 대신 중간 과정을 생략하고 증발하는 냉매로 채워진 파이프 주위로 맥아즙을 흘려보내 차갑게 할 수 있다는 것을 깨달았다. 얼마 지나지 않아 같은 파이프를 천장에 설치하면 지하실 전체를 냉각할 수 있다는 것도 알아냈다.

브루클린의 S. 리버먼스 선스S. Liebmann's Sons는 미국에서 최초로 냉동 기계를 설치한 양조장이었으며, 부쉬Busch와 팹스트Pabst 등의 더 유명한 양조장이 그 뒤를 따랐다. 전직 양조업자가 설립한 상업용 냉동 기계 제조업체인 드라번De La Vergne 사가 발행한 초기 마케팅 자료에서는 익명의 고객이 기계 냉장의 장점을 다음과 같이 격찬했다. "이제 저장고와 발효실은 내가 원하는 만큼 시원하게 유지되고, 그 안의 공기는 건조하고 신선하다. 이는 얼음을 사용할 때의 상태와는 완전히 다르며, 그 장점은 양조업자만이 온전히 알 수 있다."

처음 수십 년 동안 냉장은 실험 단계에 있었으며, 새로운 기계마다 기술의 여러 가지 안전성, 효율, 공학적 문제를 해결하기 위해 다양한 시도가 이루어졌다. 프랑스 그라스에서는 수도원에서 생산한 와인을 차갑게 하고 싶었던 트라피스트 수도회의 수도사가 최초의 밀폐형 압축기를 발명하여 초기 문제였던 누출을 해결하는 데 크게 기여했다. 다른 사람들은 더 나은 밸브, 응축기 설계 개선, 새로운 냉매 액체를 고안해 냈다. 1880년대부터 미국, 영국, 독일 전역에 전기가 널리 보급된 것도 도움이 되었다. 증기 동력 기계가 전기 펌프와 모터로 바뀌면서 냉장고는 점점 더 관리하기 쉬운 정도로 덩치가 작아졌고 비용도 감소했다.

하지만 1907년까지도, 이미 자동차와 고층 빌딩으로 가득 찬 현대적인 대도시가 된 뉴욕은 북부의 호수에서 채취하고 바지선에 실어 허드슨 강을 따라 내려오는 자연 얼음에 의존했다. 1930년대에 이르러서야 기계 냉장이 천연 얼음에 비해 결정적인 승리를 거두었다. 놀랍게도 기계 냉장이 승리한 이유는 공해 때문이었다. 환경 규제 이전 시대에는 미국의 도시와 공장이 성장함에 따라 처리되지 않은 폐기물이 인근 호수와 강에 점점 더 많이 버려졌다. 또한 질병이 세균 감염 때문이라는 것이 의학 상식으로 받아들여지고 사람들이 얼어붙은 물에서는 박테리아가 죽지 않는다는 것을 깨닫게 되면서 천연 얼음을 넣어 차갑게 만든 음료가 장티푸스에서 설사에 이르기까지 건강을 위협하는 질병의 원인으로 지목되기 시작했다.

천연 얼음 거래는 인공 얼음에 밀려난 뒤 거의 흔적도 없이 사라졌고, 저온 저장 창고와 가정용 냉장고로 이루어진 인공 빙설권으로 대체되었다. 영국의 지하 얼음 창고는 대부분이 버려지고 잊혔고, 박쥐들만 동면을 위해 가끔 찾는 곳이 되었다. 미국에서는 메인주 톰슨 호수에 있는 것과 같은 얼음 창고가 북부의 큰 연못이나 강변에 세워졌는데, 이 얼음 창고들은 훨씬 더 철저히 사라졌다. 톱밥으로 채워진 나무 구조물은 불에 타거나 무너지기 쉬웠고, 얼음이 서서히 녹으면서 여름을 몇 번 보내고 나면 거의 모두 뚜렷하게 주저앉으면서 점점 더 남쪽으로 기울어졌다. 내가 톰슨 호수에서 얼음을 채우기 위해 일했던 창고도 복원한 건물이다.

3장

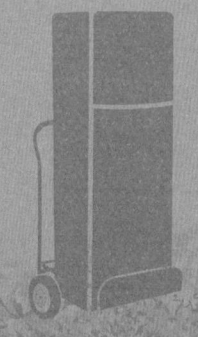

육류, 운송부터 숙성까지

FROSTBITE

소고기는 어디에 있는가?

구스타부스 스위프트는 미국 육류 공급에 냉장 기술을 도입해 혁명을 일으킴으로써 부와 명예를 얻었다. 그의 맏아들 루이스는 언론인 아서 반 블리싱겐 주니어와 함께 쓴 아버지의 전기 〈도축장의 양키 The Yankee of the Yards〉에서 "그는 세계지도를 바꾸거나 군대의 역사를 만든 사람이 아니었다"라고 썼다. "그는 세계의 필수 식료품 공급원을 변화시킬 운명을 타고난 인간 도구였다." 그의 아들에 따르면 스위프트는 원대한 야망이나 인류를 이롭게 하려는 욕망으로 움직인 것이 아니었다. 그의 동기는 훨씬 덜 고상한 목적, 즉 돈을 절약하려는 열망에서 비롯되었다.

한 예로, 루이스는 스위프트가 가장 가고 싶어 했던 곳 중 하나가 시카고 도축장에서 시가고 강으로 피와 내장을 흘려보내는 악명 높은 개방 하수구인 버블리 크릭 Bubbly Creek (거품 개울)이었다고 설명했다. 업튼 싱클레어의 소설 《정글》은 시카고의 육류 포장 공장에서 일한 경험을 바탕으로 쓴 작품으로, 이 하수구에 거품 개울이라는 이름이 붙은 이유를 다음과 같이 설명한다. "그 안에 쏟아지는 기름과 화학물질은 온갖 종류의 이상한 변화를 일으키며, 그것이 이름의 유래가 되었다. 끊임없이 꿈틀대며, 마치 거대한 물고기들이 그 안에서 먹이를 찾거나 거대한 괴물 레비아탄들이 깊은 곳에서 몸을 내미는 것 같았다." 탄산가스 거품이 수면 위로 올라와 부글거리면서 50센티미터에서 1미터 지름의 고리를 만들어낸다. 여기저기 기름과 오물이 단단하게 굳어 개울은 용암층처럼 보였고, 닭들이 그 위를 걸어 다니며 뭔가를 쪼아 먹고, 이곳을 잘 모르는 사람이 건너가다가 일시적으로 행방불명이 되기도 했다."

스위프트는 자기 회사의 하수구가 버블리 크릭으로 빠져나가는 곳을 정확히 알고 있었다. 그는 장화가 망가질 위험을 무릅쓰고 자신의 사업장에서 흘러나오는 폐수에 지방이 섞여 있는지 확인하기 위해 자주 그곳에 갔다. 그가 뭔가를 발견하면 직원들 중 누군가는 따끔한 훈계를 들어야 했다. "아버지는 교정이나 지도 또는 책망이 필요한 사람의 감정을 지나치게 배려할 필요가 없다고 생각했다." 루이스는 이렇게 썼다. "아버지는 누군가에게 말해야 한다면 핵심을 콕 짚어 단호하게 말해야 한다고 생각했다."

스위프트는 환경 보존의 양심 때문에 실망한 것이 아니었다. 그는 낭비를 싫어했고, 버블리 크릭에 지방을 흘려보냈다는 것은 그 지방으로 마가린을 만들지 못해 수익이 줄었다는 뜻이었다. "지방을 아무리 적게 흘려보내도 아버지에게는 너무 많은 양이었다!" 루이스는 아버지의 절약 정신이 "250년 동안 케이프 코드의 척박한 모래땅과 처절한 싸움을 벌여온" 조상들 덕분이라고 생각했다. 1840년대에 미국에서 대규모 불황이 시작되기 직전에 매사추세츠주 사가모어의 작은 마을에서 가족 열두 명 중 막내로 태어난 스위프트는 "기회가 많지 않았다." 하지만 그는 낭비를 알아보는 예리한 안목이 있었고, 형들은 도축업을 하고 있었으며, 식품 산업에 천연 얼음이 도입되기 시작할 무렵 성인이 되었다.

프레더릭 튜더가 처음 얼음을 운송하고 판매하기 시작한 19세기 초에는 미국인 열 명 중 아홉 명 이상이 여전히 시골에 살았고, 그들은 직접 재배하거나 채집하여 보존할 수 있는 식품을 먹고 살았다. 식품은 계절과 지역에 의존했기 때문에, 1800년 당시에 미국인의 평균적인 식단은 없었다. 게다가 가난한 사람들, 원주민, 노예였던 사람들은 충분한 식량을 구할 수 없을 때가 많았다. 하지만 남북전쟁 이전의 미국인들이 옥수수, 밀, 귀리, 고기 등으로 충분히 많은 영양을 섭취했다는 데 연구자들의 의견이 일치한다. 고기는 지금보다 더 많이 먹었는데 다람쥐, 비버, 소금에 절인 돼지고기, 가을에 갓 도축한 소고기 등 다양한 육류가 포함되었다. 동물성 지방과 유제품, 봄철에 갓 낳은 달걀, 가능할 때는 생선, 갓 수확하여 말리거나 절인 과일과 채소, 설탕에 절인 과일과 채소가 균형을 이루었다.

물론 이러한 식품 중 상당수는 도시 환경에서는 생산되지 않거나 쉽게 구할 수 없었지만, 1800년대 미국의 도시는 비교적 작고 인구가 많지 않았다. 구스타버스 스위프트가 태어난 1839년의 뉴욕시 인구는 50만 명도 채 되지 않았다.

이런 사정은 스위프트가 아직 10대였을 때 급속도로 변화하기 시작했다. 1850년과 1860년 사이에 뉴욕시 인구는 거의 두 배로 증가하여 100만 명 이상이 되었고, 필라델피아의 인구는 네 배 이상 증가했다. 19세기 후반에는 새로 도착한 이민자와 시골 출신 미국인 수십만 명이 새로 생긴 공장의 일자리를 찾아 도시로 이주했다.

도시가 존재하는 한, 그 안에 사는 사람들을 먹여 살리는 것은 쉬운 일이 아니다. 1830년대에 세계에 그때까지 출현한 도시 중 가장 많은 인구를 거느리게 된 런던은 현대의 도시들 중 처음으로 이 문제에 직면했고, 당연히 가장 먼저 이 문제를 과학적으로 연구하기 시작했다. 런던의 인구는 1841년과 1861년 사이에 100만 명 가까이 증가하여 300만 명에 육박했지만, 육류와 우유처럼 상하기 쉬운 식품의 수확 후 공급망은 여전히 부족할 수밖에 없었다. 영국의 의사 앤드루 윈터는 1854년에 "육류를 들여오기에 130킬로미터가 가장 먼 거리였다"라고 썼다.

물론 도시 안에서도 가축을 키웠다. 19세기 내내 런던 사람들은 동네에서 키우는 닭이 낳은 달걀을 먹을 수 있었고, 젖소가 짠 우유도 마실 수 있었다. 런던 시내에서 키우는 젖소는 스트랜드 가 아래의 어두운 지하 축사에서 평생을 지내다가, 가끔씩 도시 밖으로 끌려 나가 북쪽에 있는 목초지의 약한 햇살을 받으며 지상에서 잠시 휴식을 취하기도 했다. 1856년, 영국 작가 조지 도드는 도시의 식량이 어디에서 오는지 심층 조사를 발표하면서 켄싱턴의 "열악한 연립주택 단지"에서 최소 3,000마리의 돼지를 키우고 있으며, "집 안과 심지어 침대 밑에서 사는 돼지도 있다"고 언급했다. 맨해튼의 돼지 개체 수도 비슷하게 많았다. 1842년 미국을 처음 방문했을 때 찰스 디킨스는 브로드웨이를 산책하던 중 "당당한 암퇘지 두 마리"와 "신사 돼지 대여섯 마리"를 만났고, 1848년 〈뉴욕타임스〉는 센트럴 파크의 '돼지 마을'에는 아일랜드 이민자들이 사는 "판잣집이 여기저기 흩어져 있고, 집 안에는 켈트족들* 뿐만 아니라 작은 돼지와 숫염소도 함께 살고 있다"라고 묘사했다.

도시에 고기를 공급하려면 가축을 몰고 가야 했고, 가축들은 엄청난 거리를 걷기도 했다. 고대 로마에서 소비된 대부분의 양은 네 발로 수백 킬로미터를 이동했으며, 조지 도드가 살았던 시절에는 런던 중심부의 스미스필드 시장에서 도축할 소들이 가을에 스코틀랜드를 출발해서 3주 동안 죽음의 행진을 하는 것이 보통이었다. 식민지 시대의 미국 사람들은 신대륙에도 똑같은 육류 공급망을 구축했고, 심지어 칠면조도 걸어서 도시로 왔다. 향토 역사가 줄리우 F. 삭스는 1912년에 출판한 책 〈필라델피아와 랭커스터 사이의 길가에 있는 랭카스터 길가 여관The Wayside Inns on the Lancaster Roadside between Philadelphia and Lancaster〉에서 "반세기 전에는 한 해 중 가을에 흔히 볼 수 있었던 기이한 광경"을 다음과 같이 묘사했다. "새 떼를 도시로 몰고 가는 모습이 자주 눈에 띄었다. 주로 칠면조였지만 가끔 거위도 있었다." 몰이꾼들이 막대기를 들고 칠면조의 긴 행렬을 시속 1.6킬로미터로 걸어서 이동시켰는데, 오후로 갈수록 속도가 점점 느려지다. 그러다 "날이 어두워지면 새들은 횃내에 앉아 쉬려고 하는 습성이 있기 때문에 재미있는 광경이 연

---

* 아일랜드 출신 이민자들을 비하하는 표현으로 쓰였다 - 옮긴이

출된다."

　이러한 공급망은 잘 작동하지 않았고, 시골 사람들 대다수는 고기를 많이 먹었지만 도시에서는 고기를 풍족하게 먹을 수 없었다. 상류층이 아니라면 도시에서 고기를 쉽게 먹기 어려웠다. 산업화 이전의 고기는 오늘날의 입맛으로는 상당히 질기고, 일반적으로 비위생적인 환경에서 도축되었지만, 대개는 매우 신선했다. 문제는, 특히 대도시에서 값이 비싸고 공급이 충분하지 않았다는 것이다.

　서구 여러 나라의 정부는 19세기부터 모든 것의 숫자를 조사하기 시작했다. 이렇게 해서 남겨진 모든 인구 조사와 설문조사 기록에서 "육류 기근"의 증거가 드러난다. 영국에서는 1800년에서 1914년 사이에 인구가 다섯 배나 증가한 반면 육류 공급은 그대로였다. 1868년 예술, 제조 및 상업 장려 협회(현재는 왕립예술협회로 더 잘 알려져 있다)에서 화학자 웬트워스 라셀레스 스콧은 자신이 수치를 계산해본 결과 영국은 동물성 식품의 '끔찍한 부족'에 시달리고 있으며, 영국 내의 육류 생산뿐만 아니라 유럽의 생산량으로도 이 차이를 메울 수 없다고 보고했다. "고기를 생산할 희망이 없다면, 우리는 어디에서 어떻게 얻을 수 있을까?" 그는 이렇게 물었다. 이것은 그 시대의 '거대한 식량 문제'로 인식되었다.

　육류를 최대한 많이 섭취해야 한다는 집착은 당시 새롭게 떠오른 유기화학 분야의 연구 결과에서 나왔다. 1830년대에 유럽의 화학자들은 단백질을 분리하고 이름을 붙였다. 이 분야를 이끈 과학자 중 한 명인 유스투스 폰 리비히는 탄수화물과 지방으로만 구성된 사료를 먹인 개가 죽은 실험 결과를 바탕으로 단백질이 음식의 유일한 영양 성분이라는 잘못된 결론을 내렸다. 단백질은 근육을 만들고 근육을 움직이는 에너지를 제공하지만 탄수화물은 순전히 호흡 기능을 돕기 위해 존재한다고 그는 주장했다. 공장주, 장군, 정부를 포함해서 자신의 소유로부터 최대한의 생산성을 끌어내고 싶어 하는 모든 사람은 노동자들이 육류와 유제품을 충분히 섭취하고 있는지 관심을 가지기 시작했다. 한 엔지니어와 육류 산업 전문가가 작성한 상황 분석은 다음과 같은 결론을 내렸다. "제조업은 활기차고 고기를 먹는 남성이 필요하지만, 육류 공급과 가격은 가장 불만족스러운 수준이다."

지구 한쪽에서는 육류가 심각하게 부족했지만, 인구가 적은 미국의 대평원과 텍사스 목초지, 끝없이 펼쳐진 남아메리카의 팜파스, 뉴질랜드의 푸른 산비탈에는 소와 양이 아주 많이 있었다. 오스트레일리아에서는 양털과 기름을 얻기 위해 양 떼를 도살한 다음, 고기는 먹을 사람이 없어서 썩게 내버려두었지만 런던에서는 고기가 없어 고통을 겪었다. 아르헨티나 사람들은 가축이 너무 많다고 불평하면서 이렇게 말했다. "송아지와 다른 약한 동물들을 잡아먹는 개들이 없으면 숫자가 너무 많아져서 나라가 황폐해질 것이다." 적어도 한 번은 "혼잡이 너무 심해서" 단순히 없애 버리기 위해 양 떼를 절벽으로 몰고 가서 떨어뜨린 일도 있었다.

"우리는 다른 나라에도 방대한 동물성 식품이 존재한다는 증거를 보고 있는데, 그중 일부만 있다면 이 나라 사람들을 건강하게 하고 빈곤율을 낮추면서 런던의 빈민가 사람들을 행복하게 해줄 수 있을 것이다"라고 스콧은 한탄했다. "이제 모든 질문은 한 문장으로 요약된다.

어떻게 하면 육류 또는 그와 비슷한 식품이 부패라고 부르는 기이한 변화를 겪지 않도록 할까?" 신비한 방법으로 불로장생을 추구했던 연금술사들의 지식에서 합리적인 부분만을 계승한 화학의 전문가들이 다시 호출되었고, 그들에게 소고기의 보존 기한을 늘리는 과제가 주어졌다.

스콧의 요청이 있기 불과 몇 년 전, 협회는 이 문제를 검토하기 위해 특별위원회를 구성했다. 많은 화학자와 진취적인 사람들이 이미 이 문제에 관심을 쏟고 있었다. 스콧의 집계에 따르면 영국에서만 새로운 식품 보존 방법에 대해 수백 건의 특허가 등록되어 있었다. 1851년 만국박람회(런던 크리스털 팰리스에서 열린, 세계 최초의 대규모 박람회였다)에는 이러한 보존 식품이 수백 가지 전시되었으며, 그중 많은 것들은 매우 흥미를 끄는 다음과 같은 제목의 팸플릿에 수록되어 있었다. "식품으로 사용되는 물질, 만국박람회에서 전시된 사례들."

단백질의 부패를 막는 문제에 대한 미국의 공헌에는 게일 보든의 '고기 비스킷'("건조하고 냄새가 없으며 납작하고 작은 케이크"로 물을 보태면 부드럽고 끈적한 질감의 영양가 있는 수프가 된다)과 찰스 알든의 파스타 같은 말린 생선 조각이 있었다. 유스투스 폰 리비히의 농축 육류 추출물(단백질이 부족한 시대에 나온 오늘날 부용 큐브의 전신)은 많은 것을 약속했지만 고기의 필수 영양소를 함유하지 않은 것으로 밝혀졌다. 한 의사의 표현을 빌리면 "햄릿이 등장하지 않는 〈햄릿〉 연극과 같다"고 할 수 있다. 팸플릿에는 분말 소고기, 유압으로 압축한 소고기, 유황 가스로 훈증한 양고기, 콜타르로 만든 갈색의 보존제로 코팅한 양고기가 있었는데 팸플릿에 따르면 모두 "갓 잡은 고기 특유의 신선함과 풍미를 많이 잃었다." 한동안 스콧의 동료들은 케추아족의 전통적인 음식인 소금에 절여 햇볕에 말린 고기 즉 오늘날 육포의 조상격인 차키charqui를 해결책으로 생각했고, 1860년대 런던에서 '육포 연회'가 열리기도 했다. 하지만 큰 인기를 끌지는 못했다. 당시에 나온 한 보고서에 따르면 맛, 질감, 외관의 측면에서 차키는 "지붕을 덮는 고무판"으로 오인받기 쉬웠다고 한다.

코팅, 방부제 처리, 훈증, 압축, 건조 등 여러 가지 육류 보존 방법이 나왔지만, 냉장은 전혀 주목을 받지 못했다. 웬트워스 라셀레스 스콧은 "육류 등을 얼음이나 온도를 떨어뜨리는 혼합물과 함께 보관하거나 얼음 저장고를 만들면" 확실히 부패를 막을 수 있지만 "비싸고 신뢰할 수 없으며, 무엇보다도 육류의 영양분이 손실될 수 있는 매우 제한된 수단"이라고 선언했다. 당시에는 많은 사람들이 냉장에 대해 비슷한 의견을 가지고 있었다. 얼음은 음료를 식히고, 아이스크림을 만들고, 어부가 생선을 보존하는 등의 특정 용도로 잘 사용되고 있었다. 그러나 당시의 전문가들은 도시 전체가 소비할 육류를 보존하기 위해 냉장을 활용하기는 어렵다고 보았다.

그 후 증기선과 철도가 급증하면서 지구에서 서로 멀리 떨어진 지역이 하나로 연결되었다. 이전에는 접근이 불가능했지만 가축을 키우기 좋은 광활한 땅이 갑자기 가까워졌다. 마침내 육류를 수입할 수 있을 정도로 가까워진 것이다. 1850년대에 철도가 시카고에 도착하자 살아 있는 소를 동부 해안으로 운송할 수 있게 되었다. 뉴저지의 펜실베이니아 철도 종착역에서는 바지선이 허드슨강을 건너 맨해튼 도축장까지 중서부의 불행한 소들을 실어 날랐다.

뉴욕의 스테이크 가격은 즉시 하락했다. 인구 밀도가 높은 동부에 비해 서부에서는 땅과 옥수수가 더 쌌기 때문에 더 많은 소가 도시로 들어왔다. 소가 자기 발로 걸어오지 않고 화석 연료를 사용하여 운송하게 되면서 오는 도중에 무게가 줄어들지 않아 더 비싼 값에 팔 수 있었다. 하지만 여전히 심각한 단점도 있었다. 찰스 디킨스의 〈위대한 유산〉에서 겁에 질린 핍이 표현한 것처럼, 더욱 혼잡해진 도심에서 더 많은 동물을 죽이는 바람에 인근 거리는 "오물과 지방, 피와 거품"으로 온통 뒤덮였다. 소리는 끔찍했고 냄새는 더 심했을 것이다. 심지어 정육점 주인들도 여름철에는 가끔 점심을 못 먹을 때가 있다고 하소연했다. 도시에 사는 사람들은 값싸고 신선한 고기를 원했지만, 도시에서 행하는 대규모 도축에 따른 감각적 공포는 원하지 않았다.

구스타부스 스위프트는 열네 살 때부터 동네 정육점 주인인 형 밑에서 일하기 시작했다. 당시에는 정육점 주인들이 현지 시장에서 살아 있는 소를 사서 직접 도축하고 고기를 손질했다. 형제가 구입한 소의 대부분은 서부에서 열차로 들여온 것이었고, 어린 스위프트는 "중간 상인의 손을 너무 많이 거쳐서 사기 때문에 큰 손해"라고 생각했지만 달리 방법이 없었다. 더 큰 문제는 소 한 마리당 고기는 절반이 조금 넘는 정도에 불과하기 때문에 뼈, 내장, 연골 등이 수천 킬로미터씩 이동한 다음에 버려지거나 푼돈에 팔려나간다는 것이었다. 30대에 그는 "이러한 추가 비용을 없애기 위해 소의 산지에 더 가까운 곳에서 구입하고자" 시카고로 이사했다.

스위프트를 괴롭힌 것은 소의 먹을 수 없는 부위를 운송하기 위해 지불하는 운송비만이 아니었다. 긴 여정에서 소가 먹어치우는 사료 값도 무시할 수 없었고, 소가 다치거나 폐사했을 때 입는 손실이 만만치 않았다. 무엇보다도 가장 큰 문제는 살아 있는 소를 개별 지역 정육점으로 운송하여 도축하면 부산물로 얻을 수 있는 수익이 사라진다는 것이었다. 창자는 소시지 껍질로 판매할 수 있고, 정강이뼈는 칼의 손잡이로 활용할 수 있으며, 피와 지방은 비료나 마가린으로 활용할 수 있지만, 이 모든 것이 처리하기 곤란한 거대한 폐기물이 되었다.*

확실한 해결책은 소를 서부에서 도살하고 고기만 운송하는 것이었다. 문제는 시카고에서 출발해서 이동하는 시간이 일주일 이상 걸리기 때문에 한겨울을 제외하고는 동부의 해안 도시에 도착했을 때 고기가 썩을 수 있다는 것이었다.** 영국까지 증기선을 타고 항해하는 데 다시 10일에서 12일이 더 걸린다면 부패 문제는 현실이 되었다. 하지만 1875년 스위프트가 시카고로 이주했을 때 프레더릭 튜더의 회사는 이미 수십 년째 배를 이용해 전 세계로 얼음을 성공적으로 운송하고 있었다. 얼음도 함께 열차에 실으면 처리한 고기를 차갑게 하는 데 도움이 되지 않을까? 화학자들은 의심했지만 스위프트는 차가움에 기회를 주기로 결심했다.

"잘난 척하는 사람들은 그를 '그 미치광이 스위프트'라고 불렀다."

- 루이스 스위프트는 시카고 정육 포장업자들이 돼지의 비명을 제외한 모든 부위를 사용한다는 말이 자신의 아버지가 한 말에서 유래했다고 주장한다. "부산물을 완전하게 활용할 수 있게 되자 아버지는 '이제 우리는 돼지의 꿀꿀 소리를 제외한 모든 부위를 사용한다'고 말했는데, 여기에서 온 것 같다." - 원주
- 한겨울에는 뉴욕에 도착할 때까지 얼었다가 녹기를 반복하기 쉬웠고, 이는 식감에 해로운 영향을 미칠 수 있었다. - 원주

루이스는 이렇게 썼다. "그것은 모두가 불가능하다고 생각하던 일이었다." 동부에서 스위프트의 가장 오랜 사업 파트너 중 한 사람이었던 제임스 해서웨이는 이 문제로 스위프트와 결별했다. "해서웨이는 다른 사람들과 마찬가지로 시카고산 소고기를 동부 지역에서 판매할 수 없는 이유와 산 채로 동부로 운송한 다음 도축한 고기를 소비자들이 계속 먹는 이유를 잘 알고 있었다." 가족조차 스위프트를 의심했다. "케이프코드의 친척들은 그의 생각을 '스위프트의 서부 개척 계획'이라고 불렀다."

튜더가 그랬던 것처럼, 스위프트도 의심하는 사람들의 말을 듣지 않았다. (실제로 루이스에 따르면 스위프트는 자신이 틀렸다는 것을 결코 인정하지 않았으며, 대화를 하다가 자신이 틀린 것이 분명해지면 "다른 얘기를 하자"면서 얼버무렸다.) 튜더가 그랬던 것처럼 그의 성공의 길은 "길고 힘든" 여정이었으며, 그가 상상도 할 수 없었던 많은 어려움으로 가득 차 있었다. 루이스에 따르면 "차량의 기술 문제와 고기를 차에 매달기 전에 제대로 냉각하는 문제 때문에 거의 망할 뻔했다"고 한다.

1860년대에는 소수의 발명가들이 자연 얼음으로 냉각하는 철도 차량 설계에 대한 특허를 받았다. 스위프트는 이 모든 것을 시도해 보았지만 만족스럽지 못했다. 어떤 설계에서는 고기가 얼음에 닿아 냉해를 입는가 하면, 고기가 녹은 물에 젖어 썩기도 했고, 너무 따뜻하게 유지되어 고기가 상하는 일도 있었다. 특히 어려운 문제는 환기였다. 차가운 공기가 차량 내부에 잘 퍼지지 않으면 고기가 고르게 보존되지 않았다. 한동안 스위프트는 얼음을 실은 철도 차량의 차축에 팬을 부착하는 방법을 낙관적으로 보았다. 이 철도 차량은 달리는 동안에만 완벽하게 작동했다. 루이스는 "고기를 많이 잃었다"고 간단히 결론을 내렸다. 동부 해안에 도착한 뒤에 열차 한 칸 분량의 소고기를 "모두 바다로 던져 버려야 했다."

만족하지 못한 스위프트는 엔지니어를 고용했고, 그와 함께 기존 특허의 장점과 자체적인 개선 사항을 결합한 새로운 설계를 개발했다. 고기를 차에 싣기 전에 적절히 냉각하는 것은 또 다른 장애물이었다. 열두 대의 철도 차량을 채우기 위해 도축해야 하는 소가 너무 많아서 얼음을 사용하는 기존 냉장실로는 감당할 수 없었기 때문이다. "마치 뜨거운 벽돌을 엄청나게 많이 들여오는 것과 같았다." 루이스는 이렇게 회상했다. "도축한 소가 들어오면 냉장실 온도가 높아지고, 밤이 새도록 온도가 떨어지지 않다가 다음 날 새로 도축된 소가 들어오면서 온도가 더 높아졌다. 이틀에서 사흘쯤 이렇게 계속된 뒤에 냉장실 안의 사체를 만져보면 여전히 따뜻했고, 시장으로 운송하기 훨씬 전에 변질될 수밖에 없었다."

감당할 수 있는 것보다 더 많은 돈을 잃었지만, 스위프트는 용기를 잃지 않았다. 루이스는 이렇게 썼다. "우리가 어떻게 해야 할지 잘 모른다는 것이 문제일 뿐이야.' 그는 전혀 낙담하는 기색도 없이 말했다. '그래도 해낼 수 있을 거야. 우리는 알아낼 거야.'" 여러 해에 걸친 노력과 온도계를 지켜보면서 보낸 많은 나날이 결실을 맺어 마침내 사체 냉각 문제를 해결했지만, 스위프트는 또 다른 난관에 부딪혔다. 철도 회사들이 그의 냉장 차량을 제작하려고 들지 않았고, 스위프트가 직접 제작한다고 해도 이 사업을 하지 않겠다는 것이었다. 철도 회사들은 이미 살아 있는 동물을 운송하도록 설계된 차량을 소유하고 있었는데,

냉장 차량에 비해 중량을 두 배로 실어야 했다. 스위프트는 자신의 이득을 절반으로 줄이고 기존의 설비 투자에 대한 수익도 포기하겠다고 제안했지만, 놀랄 것도 없이 철도 회사들은 받아들이지 않았다.

스위프트는 미시간의 한 회사를 설득해서 냉장 철도 차량을 만들게 했고, 국경을 따라 달리는 노선을 소유한 캐나다의 신생 철도 회사를 설득하여, 시카고와 보스턴으로 노선을 연장해 냉장 열차를 운행하도록 했다. 그는 위스콘신과 온타리오 남부의 호수에서 얼음을 얻을 수 있는 권리를 사들였고, 선로를 따라 300킬로미터마다 열차에 얼음을 채울 수 있는 보급소를 건설했다.

이는 엄청난 투자였고, 결국 성공했다. 1880년 무렵 시카고에서 스위프트의 냉장 차량과 소고기를 도축하고 처리하는 방식은 확실한 성공을 거두었다. "살아 있는 소를 동부로 운송하는 대신 시카고에서 소고기를 손질하여 한 마리당 절약한 금액은 매우 컸고, 스위프트의 소고기는 […] 시장보다 저렴하게 판매하면서도 상당한 이득을 남길 수 있었다." 루이스는 자랑스럽게 말했다. "냉장 철도 차량을 가동할 때부터 그는 가장 큰 소고기 도축업자였다."

스위프트가 선두를 달리는 동안 경쟁업체들이 그 뒤를 따랐고, 시카고산 소고기의 출하량은 급증하여 1870년대 후반에는 미미했지만 10년이 지난 1880년대 후반에는 산 채로 운송하는 소의 중량(먹을 수 없는 발굽, 가죽, 뼈 등이 그중 절반이다)을 넘어설 정도로 증가했다. 죽은 고기의 거래는 완전히 자리를 잡았다.

스위프트가 얼음으로 냉각하는 철도 차량 실험을 시작하던 것과 같은 시기에, 훨씬 더 야심찬 몇몇 사람들이 기계 냉장을 이용하여 신대륙에서 구대륙으로 육류를 운송하려고 시도하고 있었다. 앞에서 보았듯이 1870년대에는 이 기술이 초기 단계에 불과했다. 시카고 만국박람회가 열렸던 1893년까지만 해도 거의 시도되지 않았고, 위험하다고 여겨졌다. 덩치가 너무 클 뿐만 아니라, 개발 초기의 기계 오류와 함께 사고가 일어날 위험도 컸기 때문에 기계 냉장을 통해 다른 대륙으로 육류를 운송하는 것은 얼음을 이용해 대륙 안에서 먼 거리를 운송하는 것보다 성공할 가능성이 훨씬 낮아 보였다. 그러나 선구자들에게 원거리 항해 중 고기를 차갑게 보관하는 과제는 사업이라기보다 소명에 가까웠다. 호주의 양모 중개인이었던 토머스 모트는 초창기 육류 냉동업에 대해 "항상 느꼈듯이 이보다 더 중요한 일은 없다고 생각한다"라고 선언했다. "식량이 있는 곳에 사람이 없고, 사람이 없는 곳에 식량이 있다…. 그러나 이러한 것들을 인간의 능력으로 조정할 수 있다."

뉴욕의 가축 거래업자 티모시 C. 이스트먼은 1875년 자연 얼음을 이용해 미국에서 런던으로 소고기 화물을 성공적으로 운송하여 빅토리아 여왕에게 도축한 지 2주가 지난 채끝 등심을 진상했고, 여왕은 "아주 맛있다"고 평가했다. 스위프트가 증명했듯이, 미국에서 기차로 5~6일 정도 여행하는 동안 일정한 간격으로 얼음을 보충하면 고기를 먹을 수 있는 상태로 유지하기에 충분했다. 하지만 대서양을 횡단하는 배에서는 얼음 냉장이 썩 좋은 방법이 아니었다. 항해 중에 얼음을 공급받을 수 없기 때문에 화물칸의 4분의 1을 얼음으로 채워야 했다. 거대한 소 떼와 양 떼가 있는 아르헨티나와 오스트레일리아에서 육류가 부족한 유럽의 도시까지 천연 얼음만으로 다리를 놓기에는 단순히 거리가 너무 멀었다.

앞에서 보았듯이 시간을 늦추는 차가움의 힘을 칭송한 프랑스 엔지니어 샤를 텔리에는 오로지 인간의 조건을 개선할 수 있는 공학 문제에만 노력을 집중하기로 일찌감치 마음먹었다.* 당시 파리에서 낙후된 지역의 재건설을 주도한 오스만 남작은 주로 현대적인 하수 시스템과 상징적인 대로를 조성한 업적으로 기억되지만, 냉장 운송이 중요하다고 텔리에를 일깨운 사람도 오스만이었다.

텔리에는 냉장이라는 신기술의 가치를 즉시 깨달았다. 바다에서 이 기술을 이용할 수 있다면 전 지구적 규모로 드문 것과 흔한 것을 교환하여 프랑스 사람들을 먹여 살리면서도 신대륙 농부들에게는 절실히 필요한 소득을 제공할 잠재력이 있다는 것이었다. 그는 새로운 모험에 몸을 던졌다. 실험실에서 특별히 사건이 많았던 어느 날, 그는 초기 실험 중 하나가 폭발하여 산을 뒤집어쓰고 심한 화상을 입어 실명할 뻔했다. 그는 곧 자신만의 개선된 냉동 기계를 발명했다. 특허 출원서에 따르면, 다른 설계는 '배의 움직임' 때문에 누출과 고장이 일어날 수 있지만 그가 고안한 장치는 바다에서도 잘 작동하도록 설계되었다.

하지만 1868년 첫 번째 시험에서 그의 냉각 장치도 고장이 났다. 프랑스와 우루과이 사이를 항해한 지 23일 만에 작동이 멈춰 수리할 수 없었고, 결국 선상에서 고기를 먹어 치워야 했다. 텔리에는 설계를 개선하고 재도전에 필요한 자금을 마련하기 위해 8년 동안 노력했다. 1876년 9월, 프랑스 루앙에서 증기선 〈프리고리피크〉 호가 세 개의 텔리에 냉동 엔진과 수백 킬로그램의 소고기를 싣고 출항했다. 이 배는 크리스마스에 무사히 부에노스아이레스 항구에 식용이 가능한 상태로 도착했다.**

텔리에는 육류 운송의 가능성을 충분히 입증했지만 자금을 댈 사람을 찾을 수 없었다. "정부나 자본가들로부터 어떤 격려도 받지 못했고, 여전히 문제가 남아 있었다." 그는 이렇게 썼다. "나는 다른 문제로 관심을 돌렸다." 그는 아프리카에서 사용할 태양열 물 펌프를 설계하고 공기에서 추출한 에너지로 "석탄을 대체하는 연구"를 시작했다. 그는 〈냉장 및 얼음 무역 저널〉의 기고문에 이렇게 썼다. "죽기 전에 냉동 운송 방식을 개발할 수 있기를 바란다." 하지만 안타깝게도 그는 숙원을 이루지 못했다. 〈뉴욕타임스〉의 전신 기사는 발명품으로 상업적 성공을 거두지 못한 텔리에가 결국 "절망적인 상황에 빠졌다"고 보도했다. 이 신문은 그가 배고픔과 추위에 시달리다 "끔찍한 고통 속에서" 세상을 떠났다고 전했다.

텔리에가 남아메리카에서 프랑스로 육류를 운송하기 위해 노력하는 수십 년 동안 소수의 발명가, 엔지니어, 기업가들도 오스트레일리아에서 영국으로 육류를 운송하기 위해 노력했지만 실패했다. 텔리에가 먼저 성공했지만, 재정적으로나 실질적으로 승리를 거둔 것은 오스트레일리아 사람들이었다. 그러나 그것도 화재, 누출, 공학적 난점으

- 그가 처음에 추진했던 일 중에는 파리의 하수를 센 강으로 흘러보내지 않고 비료와 바이오 연료로 처리하는 계획도 있었다. 최근에 바로 이와 같은 의도로 파리에서 최초로 오수관 매립 공사가 시작되었지만, 1855년 텔리에가 제안했을 때는 별로 호응을 얻지 못했다. - 원주
- ** 고기는 썩지 않았지만 아르헨티나 농촌 협회 부회장은 고기의 외관이 "검은 반점"으로 얼룩져 있고 "대부분의 맛이 조금 불쾌했다"고 보고하면서, 바닥짐으로 잔디를 함께 실은 탓이라고 했다. (텔리에의 목표는 프랑스의 고기를 남미로 가져가는 것이 아니라 그 반대였지만, 기계를 프랑스에서 제작해야 했기 때문에 최초의 실험은 반대 방향으로 진행할 수밖에 없었다. - 원주)

3장 육류, 운송부터 숙성까지 111

로 숱한 타격을 받은 뒤에 얻은 결과였다.*

실망한 사람들 중에는 양모 중개인인 토머스 모트도 있었다. 그는 한때 냉동육 무역에 엄청난 열정과 확신으로 사업을 추진했지만, 나중에는 넌덜머리를 내며 "악마적인 아이디어"라고 말했다. 시드니에서 열린 냉동 공장의 성대한 개관식에 모인 고위 인사들에게 그는 "니콜 씨[엔지니어]와 나는 차라리 태어나지 않았으면 좋겠다는 소원을 한 번도 아니고 천 번을 넘게 빌었다고 말할 수 있습니다"라고 고백했다. 얼마 지나지 않아 최초의 시험 항해를 시도했지만 배가 항구를 떠나기도 전에 냉각 파이프가 파열되어 화물 전체가 망가졌다. 당시의 보도에 따르면 "이 실패는 모트 씨에게 끔찍한 타격이었고, 그의 죽음을 앞당겼다"고 한다.

육류를 절실히 원하던 영국인들에게는 다행스럽게도, 성공이 눈앞에 있었다. T.C. 이스트먼의 얼음 냉장 소고기를 취급하던 글래스고의 정육점 주인 헨리 벨은 수입육에 대한 수요와 얼음 냉각의 단점을 모두 직접 경험했다. 그는 스코틀랜드의 엔지니어 J. J. 콜먼을 고용하여 아주 아담한 냉동 기계를 고안하게 했고, 이를 비상시 대비용으로 선박에 탑재할 수 있게 했다. 벨-콜먼 냉각 장치는 여러 가지 신기록을 세웠다. 1879년 기계 냉장을 이용한 최초의 뉴욕-런던 간 소고기 운송, 1880년 오스트레일리아산 냉동 소고기와 양고기의 런던 운송, 그리고 마침내 1882년에는 머나먼 뉴질랜드에서도 양고기를 운송하는

- 부에노스아이레스의 한 프랑스 의사는 다음과 같이 씁쓸하게 말했다. "산업의 역사에서 자주 그랬듯이, 발견은 프랑스 사람이 했고 이익은 영국 사람이 얻었다." - 원주

데 성공했다.

영국 정육점 주인들은 의심스러워했지만, "크고 훌륭한 양¥"을 살펴본 후 "고기가 더할 나위 없이 완벽하다"고 평가했다. 〈데일리 텔레그래프〉는 이 양고기가 "정육점에서의 외관이나 요리했을 때의 독특한 풍미로는 갓 잡은 영국산 고기와 구별할 수 없을 정도로 상태가 좋다"고 선언했다. 기쁨이 이어졌다. 불운했던 모트가 예언한 대로 "지구의 여러 지역이 각기 자기의 생산물을 내놓아 모두가 각각 사용할 것이며, 한 나라의 과잉이 다른 나라의 결핍을 보충하는" 시대가 마침내 도래했다. 모트는 이미 세상을 떠나고 없었지만, 어쨌든 차가움은 승리를 거두었다. "기후, 계절, 풍요, 부족, 먼 거리가 손을 잡고 모든 것이 하나로 모여 모두에게 충분해질 것이다."

죽은 고기의 무역이 활발해지자 생산과 소비 모두에서 새로운 시대가 열렸다. 무엇보다 가장 빠른 일로 소 사육 붐이 일어났다. 1870년에 미국에서 기르던 소는 1,500만 마리였는데 1900년에는 3,500만 마리로 두 배 이상 늘어났다.

이렇게 많은 소를 도축하기 위해 스위프트와 그의 경쟁자들은 천장에 설치된 레일에 사체를 매달고 연속해서 이동시키는 '해체 라인'을 개발했다. 사체가 지나가는 동안 각각의 작업자가 가죽 벗기기, 내장 제거, 등뼈 분리, 장기 제거, 피 빼기와 같은 작업을 한 가지씩 맡아 수행했다. 헨리 포드는 "시카고의 대규모 도축업체들이 소고기를 손질할 때 천장에 매달린 레일을 사용하는 것"을 보고 나서 제조업에 혁명을 일으킬 모델 T 조립 라인에 대한 아이디어를 떠올렸다고 한다.

결국 숙련된 직업으로서의 도축업은 거의 사라졌고, 미숙련 노동자들이 단순 작업을 반복하면서 저임금으로 착취당하는 일자리가 대신하게 되었다. 미국 동부 해안과 영국 전역에서 소를 직접 도축하여 팔던 정육점들이 대신 죽은 고기를 팔기 시작했다. 이 업계의 분석가인 제임스 크리첼과 조지프 레이먼드는 1912년에 "물론 이제 '정육점'은 정육점이 아니라 정육 소매점"이라고 썼다. "냉장 육류 거래가 이러한 변화를 가져왔다."

냉장은 소를 죽이는 곳뿐만 아니라 키우는 곳에도 변화를 일으켰다. 이전까지는 뉴잉글랜드, 뉴욕 북부 또는 대서양 중부 지역 농부들은 서부 지역보다 땅값도 비싸고 사료 값도 비쌌지만 철도 운송료를 물지 않았기 때문에 경쟁력이 있었다. 그러나 지역 도축장이 문을 닫으면서 이들도 축산업에서 점점 손을 떼게 되었다. 텍사스와 대평원의 외딴 시골에서 목축업이 새로운 수익원으로 떠오르면서 아메리카 원주민의 이주가 계속되었고, 그들의 생활에 반드시 필요했던 들소가 거의 멸종되었다. 크리첼과 레이먼드는 "뉴질랜드에서 냉장에 의해 때마침 농업 수익성의 발판이 만들어졌고, 그 덕분에 유럽에 의한 식민지화가 빠르게 진행될 수 있었다"라고 결론을 내렸다.

유럽의 농부들도 피해를 입었다. 1880년 냉장 육류가 최초로 성공적으로 출하되기 전까지 런던의 스미스필드 육류 시장에서 판매되는 육류의 3분의 2는 영국에서 생산되었다. (나머지는 대부분 유럽에서 살아 있는 채로 운송되었다.) 30년 만에 45퍼센트가 도축된 고기로 수입되었는데, 이때 요크셔의 농부 존 매켄지는 크리첼과 레이먼드에게 "양 주인으로서 말하자면… 냉동 양고기가 수입되면서 영국에서 양 떼 주인들의 수익이 거의 사라졌다"고 말했다.

매켄지와 양을 기르던 동료 농부들은 노스 요크 무어스 North York Moors 지역에서 수익이 나지 않는 가축 사육을 조금씩 포기했다. 대신 귀족과 신흥 중산층이 돈을 내고 사냥하는 붉은뇌조가 선호하는 먹이이자 둥지가 되기도 하는 헤더*를 기르기 위해 풀숲을 태우기 시작했다. 척박하고 산성이며 지나치게 방목을 많이 하여 헐벗은 초원이 처음에는 사냥을 즐기는 빅토리아 시대의 세련된 신사들에게, 나중에는 분홍색과 보라색으로 덮인 언덕의 '야생적인' 아름다움에 감탄한 시인, 예술가, 관광객들에게 여름의 서정적인 명소로 빠르게 변해갔다. 목축지가 국립공원으로 변모한 것은 냉장이 낳은 기이한 부수적 현상 중 하나일 뿐이다.

스코틀랜드 고원지대에서도 비슷한 변화가 일어났다. 크리첼과 레이먼드가 보고한 대로 "최근 몇 년 동안" "광활한 지역"에서 양을 없애고 사슴을 풀어놓게 되었다. 영국으로 흐르는 죽은 고기의 강은 살아 있는 사람들, 농부였던 사람들의 이민이라는 반대 흐름을 부추겼다. "많은 경우 그들은 스스로 오스트레일리아, 뉴질랜드, 아르헨티나, 미국으로 건너갔다."

1840년대와 50년대의 감자 기근과 이민으로 이미 인구의 4분의 1을 잃은 아일랜드에서는 육류 가격 폭락으로 소작농이 거의 전멸했고, 이는 아일랜드 독립 운동을 더욱 부추겼다. "아일랜드의 농업 소득은 영국의 소고기 가격에 의존했다." 경제학자 데이비드 맥윌리엄스는

- 야산과 황야에 자라는 야생화로 보라색, 분홍색, 흰색 꽃이 핀다 - 옮긴이

이렇게 주장했다. "남아메리카에서 값싼 고기가 들어온 것은 아일랜드의 농업 역사에서 가장 큰 변화였다. 이는 또한 아일랜드 정치를 영원히 바꿔놓았다."

경쟁에서 살아남을 수 없었던 아일랜드 소작농 수만 명이 미국으로 이민을 떠났고, 남아 있는 소작농들은 영국을 비난하면서 아일랜드의 분노와 변화에 대한 열망을 키우는 데 기여했다. 영국에서는 아일랜드에 땅을 가진 부재지주들이 토지 가격의 하락에 놀라 아일랜드 공화당이 추진하던 토지 개혁을 지지하기 시작했다. 모든 것을 잃기 전에 재분배를 위해 토지를 매입하려는 아일랜드 정부에게 땅을 팔아 버리려는 속셈이었다. "냉장 선박이 없었다면 1916년에 그런 일이 일어났을까?" 맥윌리엄스는 아일랜드의 자유 국가 수립으로 이어진 부활절 봉기를 언급하며 이렇게 묻는다. "누가 알 수 있을까?"라고 그는 결론을 내린다. 하지만 그는 이렇게 덧붙였다. "아일랜드 소작농들이 급진적인 성향으로 돌아서고 모든 지주들이 아일랜드 토지에서 점진적으로 이탈한 것은… 우루과이에… 배치된 파괴적인 기술의 직접적인 결과였다." 다시 말해, 아일랜드 독립의 공로 중 적어도 일부는 냉장에 있다는 것이다.

한편, 육류를 차갑게 보관하는 데 필요한 막대한 투자(그리고 부산물에서 수익을 얻어 그 일부를 상쇄할 수 있는 기회)는 육류 도축 규모가 점점 더 커져야 경제성이 있다는 것을 의미했다. 업계가 통합되면서 스위프트, 아머, 쿠다히, 모리스, 윌슨 등 '5대 업체'가 등장했고, 1916년에 이 업체들은 미국 전체에서 도축되는 소의 80퍼센트 이상을 처리했다. 중앙집중식 도축은 중앙집중식 오염으로 이어졌다. 시카고는 도축 폐기물이 식수원인 미시간 호수로 유입되지 않도록 더러운 강을 역류시켜야 했던 것으로 유명하다.

심지어 동물 자체도 변했다. 크리첼과 레이먼드는 다음과 같이 설명한다. "뉴질랜드, 아르헨티나, 오스트레일리아의 농부들은 냉동할 동물을 번식시키면서 영국에서 고기를 사는 사람들을 상상했다." 죽은 고기 거래에서 물량을 원활하게 공급하기 위해서는 일 년 내내 대량으로 도축해야 했고, 농부들은 더 많은 고기를 더 빨리 시장에 내놓기 위해 소 대신 송아지를, 그리고 새끼 양과 새끼 돼지를 내놓기 시작했다. 가축에게 사료 대신 농축된 곡물과 지방이 풍부한 작물을 먹이면서 더 빨리 키워 더 빨리 도축했다. 수십 년 만에 가축 육종가들은 13개월 된 히어포드 황소가 완전히 자란 4년생 소의 크기와 모양을 갖게 되었다고 자랑스럽게 말했고, 사료를 집중적으로 먹이면서 생긴 선택 압력으로 돼지의 창자가 상당히 길어졌다.

육류의 냉장으로 생긴 광범위하고 예상하지 못한 결과는 부분적으로 육류의 단백질이 유일한 필수 영양소라는 잘못된 결론 때문에 촉발되었다는 점을 기억할 필요가 있다. 그 대신 화학자들이 곡물과 콩을 선호했다면 세상은 매우 달라졌을지도 모른다.

화학으로 더 잘 살기

그것은 미국에서 가장 많이 화제에 오른 식사였다. 행사가 열리기 몇 주 전부터 참가 신청이 밀려와 주최 측은 시카고에서 가장 큰 연회장 중 한 곳으로 장소를 변경해야 할 정도였다. 로스앤젤레스에서 피츠버그에 이르기까지 신문들은 시카고 시장과 보건국장, 최소 한 명의 국회의원, 워싱턴 DC와 뉴욕시 등지에서 온 수십 명의 관료, 미국에서 가장 저명한 식품 및 농업 과학자 다수가 포함된 참석자 명단을 앞다퉈 보도했다.

이렇게 많은 관심을 끈 이유는 이 행사가 세계 최초의 저온 저장 연회, 즉 냉장 식품만으로 만든 요리를 제공하는 만찬이기 때문이었다. 1911년 10월 23일 월요일, 400여 명의 손님이 셔먼 호텔의 호화로운 커튼을 두른 루이 16세 룸에 모여 앉아 흰색 리넨 냅킨을 펼치고 두 시간 동안 〈에그 리포터〉가 "합금되지 않은 즐거움"이라고 묘사한 다섯 코스 요리를 시식했다. 드라이 마티니의 올리브를 제외한 모든 재료가 현지 저온 저장 회사의 냉장실에서 6개월에서 1년 동안 보관된 것이었다.

메뉴에는 재배자나 품종이 아니라 재료를 마지막으로 보관했던 장소가 자랑스럽게 적혀 있었다. 연어는 부스 저온 창고에 잠시 머물렀고, 닭고기는 1910년 12월부터 시카고 저온 창고에 있었으며, 칠면조와 계란은 모나크 냉장 공장에서 각각 지난 11개월과 7개월간 보관되어 있었다. 이 행사의 후원자 중 한 명인 '미국 가금류, 버터 및 계란 협회' 부회장 마이어 아이켄그린은 〈미국 창고업 협회 회보〉 기자에게 더 자세한 이야기를 들려주었다. "이 닭은 지난 발렌타인데이 즈음에 무지개다리를 건넜습니다." 그는 이렇게 설명했다. "샐러드에 들어 있는 달걀은 겨울에서 봄으로 막 접어들 무렵 행복한 암탉이 둥지에서 깨어나 낳은 것입니다."

〈샌안토니오 익스프레스〉는 "식사에 제공된 음식 중 '신선한' 것은 아무것도 없었다"고 보도했다. 디저트로 나온 파이의 경우, 저온 보관된 밀가루와 6월에 만든 버터와 사과가 제철인데도 작년에 수확해 부스 저온 창고에서 생선과 함께 보관하던 사과를 사용했다. "이 호텔에서 이보다 더 맛있는 식사를 제공한 적은 없었습니다." 서먼 호텔의 수석 셰프 루시앙 프로멘테는 이렇게 말했다.

'미국 가금류, 버터 및 계란 협회'의 전국 회장인 해리 도위는 연회가 성공적이었다고 선언했다. 저온 저장된 음식이 매우 먹음직할 뿐만 아니라 "신선한 음식보다 더 훌륭하다"고 말했다. "당신의 주장을 진정으로 믿습니다. 갓 잡았다고 선전하는 가금류보다 냉장된 것이 더 맛이 좋습니다." 마틴 B. 매든 하원의원은 이렇게 화답했고, 미국의 수도 워싱턴에서 냉장 기술의 경이로움을 널리 알리겠다고 선언했다.

이 시식 행사는 '미국 가금류, 버터 및 계란 협회'가 주최하는 제5회 연례대회의 정점이었다. 이 도시의 냉장창고에 보관된 음식만 제공한다는 아이디어는 오하이오의 계란 거래인이자 저온 창고 운영자인 헨리 브라우넬이 처음 제안했고, 도위는 이를 "교육의 한 형태"로 받아들였다. 그는 "일반 대중이 저온 창고 사업을 대중의 최선의 이익에 반대된다고 느끼는 경향이 있기 때문에" 이런 행사가 필요하다고 판단했다.

당시에는 냉장 식품에 대한 의심이 널리 퍼져 있었다. 〈내셔널 프로비저너〉는 이러한 저온 저장 식사에 참석한 여성들은 (일부 남성들도) "생전 처음으로 냉장 재료만으로 차린 식사를 할 수 있다는 생각에 동요했다"고 지적했다. 이는 기대가 아니라 공포에서 오는 동요였다. 실제로 협회 사무총장 찰스 E. 맥닐은 개회사에서 만찬에 온 사람들의 용기에 경의를 표했다. "오늘 이 자리에 모인 사람들보다 더 용감한 사람들이 어디 있겠습니까? 신문에 실린 모든 기사를 보고도 이 자리에 앉으려면 상당한 용기가 필요했기 때문입니다."

〈에그 리포터〉는 이러한 헤드라인의 일부를 모았다. 그중에서 가장 인상적인 것들만 보면 다음과 같다.

> 저온 저장의 사악함
> 냉동고 주인들이 대중에게 떠넘긴 수천 톤의 불량식품
> 불량 계란, 독이 든 가금류, 치명적인 생선, 건강에 해로운 버터
> 높은 가격 이득을 위해 보관된 썩은 야채

식품 보존 과학에 무지한 창고업자들

이 연회는 냉장의 힘과 가능성을 널리 알리기 위해서라기보다 부정적인 여론에 맞서기 위한 절박한 시도였다. 결국 〈에그 리포터〉는 참석자들이 "저온 저장 식품이 실제로 먹을 수 있으며, 저온 저장 식품을 먹고도 살 수 있다는 것을 강력하게 보여주었다"고 결론지었다. 그럼에도 만찬 직후 〈미국의사협회 학술지The Journal of the American Medical Association〉는 한 번의 저온 저장 만찬으로는 아무것도 증명하지 못한다고 주장하며 "수백만 킬로그램의 저온 저장 식품에 대한… 비난"이 터져 나온다는 것은 시스템을 "위험하게 남용하고 있다"는 증거라고 지적하는 논평을 실었다.

냉장 식품에 대한 두려움은 20세기가 시작될 무렵 식품 안전과 식중독을 둘러싸고 널리 퍼져 있던 불안감의 일부였다. 소비자들이 우려할 만한 이유는 충분했다. 위장 감염과 설사는 1900년 미국인의 사망 원인 중 결핵과 폐렴에 이어 세 번째였으며, 오늘날 주요 사망 원인인 심장병, 암, 뇌졸중보다 훨씬 더 많았다. 특히 유아와 어린이는 "더운 날씨, 나쁜 공기, 불결한 집안, 부적절한 음식"이 복합적인 원인이 되어 "여름 질환"이라고도 불렸던 발열과 설사병에 걸리기 쉬웠다. 20세기 초반의 몇 년 동안 뉴욕시의 폭염으로 일주일 동안 1,500명에 달하는 많은 유아가 여름 질환으로 사망하는 일도 드물지 않았다.

많은 미국인들은 전국적으로 유행한 장염이 음식, 특히 냉장 식품 때문이라고 의심했다. 당시의 신문, 의학 학술지, 의회 기록에는 상한 음식을 먹고 건강했던 사람이 배탈이 났다는 이야기가 가득했다.

1880년대 미시간주에서는 300명이 일련의 '치즈 중독'으로 고통을 받았다. "아이스크림 중독"도 흔했고, 죽은 사람도 많았다. 1893년 〈미국 약사 및 약학 기록〉은 "아이스크림 중독으로 인한 사망이 고통스럽도록 자주 보고되고 있으며, 중독 증상이 시작되면 의사들은 환자를 구할 방도가 없어 보입니다"고 경고했다.

냉장은 사람들의 식탁에 상하기 쉬운 식품을 풍족하게 공급하는 데 성공했지만, 이 모든 냉장된 단백질이 사람들을 중독시켰을까?

H. P. 러브크래프트의 단편소설 〈차가운 공기 Cool Air〉에서 화자는 이렇게 말한다. "추측하지 말아야 할 것이 있다. 내가 말할 수 있는 것은 암모니아 냄새는 역겹고, 너무 차가운 공기를 마시면 기절한다는 것이다." 1926년에 나온 이 소설은 뉴욕의 여름 더위 속에서도 최첨단 냉동 기계를 사용해 자신의 아파트를 영하 40도까지 낮추는 신비한 의사 무뇨스를 중심으로 전개된다. 화자는 처음 이 의사를 만났을 때 설명할 수 없는 거부감을 느꼈다고 고백하지만, 곧 뛰어난 식견을 갖춘 그와의 대화를 즐기면서 자신이 처음에 그렇게 느꼈던 것은 "이토록 더운 날에 이런 차가움은 비정상적이며, 비정상은 항상 혐오, 불신, 공포를 자극하기 때문"이라며 "극심한 차가움"을 탓한다.

그러나 시스템에 예상할 수 없는 고장이 생기자 진정한 공포가 드러난다. 화자는 이렇게 말한다. "열린 욕실 문에서 복도 문을 지나 책상까지 검고 끈적끈적한 액체의 흔적이 이어졌고, 책상 앞에는 끔찍하게도 액체가 작은 웅덩이를 이루고 있었다." 액화되기 전, 무뇨스는 설명을 메모로 남겼다. "끝이 여기에 있다." 메모에는 이렇게 적혀 있었다. "1분, 1분이 지날수록 더워지고 몸의 조직은 더 이상 버틸 수 없다." 무뇨스는 이미 18년 전에 죽었고, 냉동이라는 어둠의 기술을 이용해서 그때까지 부패되지 않고 있었다.

20세기 초 많은 미국인들에게 저온 저장 창고에서 나온 좀비 식품도 이와 비슷한 공포의 대상이었다. 어떤 부자연스러운 기술이 도축한 지 2년이 지난 닭을 바로 어제 도축한 것처럼 보이게 할 수 있을까? 근본적인 수준에서 차가움은 지리학자 수전 프리드버그가 "알려진 신선함의 물리학"이라고 부른 것을 파괴하여, 소비자들은 어떤 식품이 진짜로 신선한지 구분하기 어렵게 했다. 냉장고는 부패와 분해로 향하는 생명의 자연스러운 과정에 불길하게 개입하여 유기물의 피할 수 없는 운명을 소란스럽게 중단시켰다.

심오한 의미를 따지지 않더라도, 식품의 외관을 바꾸지 않으면서 보존 기간을 늘리는 이 새로운 능력은 시장에 인지적 불균형을 일으켰다. 복숭아는 겉보기에 신선한 것 같지만 의사 무뇨스의 복숭아처럼 조직이 분해되기 시작했고, 겉으로는 멀쩡해 보이는 달걀도 내부가 썩은 것을 숨기고 있다. 점점 더 길어지는 공급망을 감시할 수 없는 상황에서 프리드버그가 나에게 말했듯이 "소비자들은 그저 상인을 믿고 기술을 신뢰할 수밖에 없었다."

그러나 많은 사람들이 이런 경향을 따르지 않았다. 프랑스에서는 냉장 공포증을 프리고리포비Frigoriphobie라고 부르는데, 이는 점점 더 산업화되어가는 식단에 대한 소비자들의 일반적이고 정당한 불신이 나타난 것에 불과했다. 냉장고에 대한 공포는 널리 퍼져 있었다. 1912년 디트로이트의 한 유대인 의사는 이틀 이상 냉장한 고기는 신선하지도 않고 코서 인증도 받을 수 없다고 말했다. 아가사 크리스티의 미스 마플 미스터리 〈4시 50분 패딩턴발〉에서는 식중독이 발생한 후 앨리스 크래켄토프가 "사람들이 냉장고에 물건을 너무 오래 보관한다"며 냉장고를 탓한다.

구스타부스 스미스와 찰스 텔리어가 그토록 힘겹게 먼 대륙의 고기를 부패하지 않고 운송하는 데 성공했지만, 사람들은 의심을 거두지 않았다. 몇몇 국가에서는 죽은 고기로 무역을 하는 일을 전면적으로 반대했다. 파리에 처음 들어선 저온 저장 창고는 엄청난 분노를 불러일으켜 운영자가 스스로 철거해야 했고, 프랑스는 무거운 관세를 부과하여 냉동육 수입을 사실상 종식시켰다.

"도축한 지 일주일 이상 지난 고기를 먹는다는 생각은 끔찍한 공포를 불러일으켰다." 스위프트의 아들 루이스는 이렇게 썼다. "2,000킬로미터나 떨어진 곳에서 도축한 고기를 먹는다고? 미국에서는 몇 킬로미터 이상 떨어진 곳에서 나온 고기를 먹지 않는다. 말도 안 되는 소리!" 영국 대중도 비슷하게 느꼈고, 크리첼과 레이먼드는 "남미에서 수입한 '차키'의 일부가 일으킨 재앙" 때문에 "모든 종류의 보존육"에 대한 혐오가 더해졌다고 설명한다. 1880년, 런던의 한 건물을 저온 저장 창고로 빌려주려는 계획과 관련해 청문회에서 대중의 항의가 빗발쳤다. 이 청문회에서 저드 씨라는 사람은 "부패하기 쉬운 고기를 가능한 한 빨리 없애지 않으려는 시도는 공중도덕에 어긋난다"며 "따라서 법원은 부패가 일어난 고기를 보존하기 위한 새로운 산업을 시작하거나 장려하지 않도록 주의해야 한다"고 발언했다.

오늘날에는 이상하게 느껴지겠지만, 당시에는 저온 저장 음식이 도덕적으로는 아니더라도 대중의 건강에 해롭다는 생각이 더 합당했다. 냉장의 초창기에는 제때에 냉각이 이루어지지 않는 일이 많았다. 고기를 철도 차량에 싣기 전후에 상온에 방치할 때도 있었고, 철도 차량에 얼음이 충분하지 않아 차가운 상태를 유지하지 못할 때도 있었다. 장거리 운송에서 저온을 유지하지 못하면 해로운 미생물이 번식할 시간이 충분히 있었다. 더 심각한 문제는 상인들이 냉장의 마법을 과대평가하여 상하기 직전의 식품을 냉장고에 넣어두고 다음날에도 "신선한" 식품으로 판매하는 일이 많았다는 것이다. 뉴욕주 버팔로의 한 신문에 난 헤드라인처럼, **죽음은 없고 저온 저장만 있을 뿐이다.**

도축업자, 낙농가, 육류 판매업자들은 더욱 안심할 수 있도록 냉동의 보존력을 다른 부패 방지 조치로 보완하기도 했다. 방부 처리 산업에서 차용한 포름알데히드, 세탁용 표백제로 각광받던 붕사, 오늘날 여드름 제거제로 더 잘 알려진 살리실산은 육류, 버터, 치즈, 유제품을 신선하게 유지하는 데 흔히 사용되는 현대 화학의 경이로움을 보여주는 몇 가지 사례였다. 이런 물질들은 프리저발린Preservaline이나 프리진Freezine과 같은 상표명으로 공개적이고 합법적으로 판매되었다. 양심이 좀 부족한 사람들은 이런 첨가제를 사용하면 운송으로 오래된 식품이 신선해 보인다는 것을 알게 되었다. 회색으로 변한 고기에 살리실산을 바르면 불그레한 빛깔을 되찾을 수 있었다. 유황과 포름알데히드가 함유된 프리진의 홍보 자료는 고기를 "판매용으로 전시할 수 있으며… 더 많이 바르면 훨씬 더 신선해 보인다"고 자랑했다.

육류의 도축과 가공이 산업화되자 위생을 무시하는 일도 일어났고, 1906년에 업턴 싱클레어가 발표한 소설 〈정글〉은 이런 상황을 폭로

하여 유명해졌다. 싱클레어는 노동 인권에 대한 선언으로 이 책을 썼지만, 병든 동물과 시카고 도축장의 불결한 환경을 생생하게 묘사했기 때문에 식품 안전에 대한 행동을 촉구하는 것으로 읽히기도 했다. '미국 가금류, 버터 및 계란 협회'의 도위 회장도 자신의 업체에서 판매용으로 공급받는 닭이 언제나 완벽하게 신선하지는 않다고 인정했다. 손질해서 얼음을 채운 닭고기가 들어 있는 "상자를 열었을 때 안에 무엇이 들어 있는지 알 수 없는 경우도 있었다." 그는 이렇게 말했다. "마치 솜을 넣은 것처럼 온통 하얀 곰팡이로 뒤덮여 있었다."

산지가 얼마나 가까운지와 외관을 보고 좋은 식품을 구분하는 오래된 확실성은 냉장의 도입으로 완전히 무너졌다. 대신에 소비자들은 점점 더 불투명해지는 공급망을 믿고, 이해할 수도 없는 새로운 기술이 식품을 안전하게 지켜줄 것이라고 믿어야 했다. 무지는 의심을 낳았고, 의심은 공포를 불러일으켰다. 1911년 저온 저장 연회가 열릴 무렵에는 문제가 극에 달했다. 동요하는 대중의 압력에 떠밀려 상원은 초기의 저온 저장 산업을 규제하고 공중 보건을 보장하는 법안을 검토하고 있었다. 이 법안에는 육류, 생선, 달걀, 버터를 냉장 보관할 수 있는 기간을 극도로 짧게 제한하는 조항이 들어 있었다.

유일한 문제는 해리 도위를 비롯한 미국의 어부와 농부 대표들이 의회 증언에서 강하게 지적했듯이, 이러한 제한 기간에 과학적 근거가 없다는 것이었다. 미국인들은 냉장 소고기와 닭고기를 많이 먹었고, 어떤 사람은 괜찮고 어떤 사람은 그렇지 않았지만 아무도 그 이유를 알지 못했다. 처음 반세기 동안 냉장은 공학적 문제로만 여겨졌기 때문이었다. 이제 화학자들이 다시 한 번 나설 때가 되었다.

    화학자 하비 워싱턴 와일리는 연방 식품 안전 규제 캠페인을 주도하여 1906년 획기적인 '연방 육류 검사와 순수 식품 및 의약품법'을 통과시켰고, 이후 이를 시행하는 업무를 맡았다. 그는 개인적인 열정으로 방부제 조사를 시작했다. 1902년, 그는 미국산 소고기, 버터, 우유에서 흔히 발견되는 신선도 연장 화학물질이 건강에 미치는 영향을 테스트하기 위해 "활기차고 탐욕스럽고 젊은 사무원들"을 모집했다. 지원자들은 건강한 식사와 함께 붕사 캡슐을 먹는 실험에 참여했다. 그 뒤로 여러 해에 걸쳐 살리실산, 아황산염, 안식향산나트륨, 포름알데히드 등을 시험했다. 언론에서는 이들을 '독극물 부대'라고 불렀다.

    오랫동안 인내심을 갖고 실험에 참여한 지원자들은 어지럼증, 두통, 복통, 출혈, 메스꺼움, 구토 증상 등을 정기적으로 보고했고, 아황산염 연구는 너무 심하게 아픈 사람이 많이 나와서 조기에 중단해야 했다. 이러한 와일리의 실험 결과는 화학 방부제를 규제 없이 사용하면 대중의 건강에 해롭다는 강력한 증거가 되었다.

    냉장에 대해서는 참고할 만한 연구가 없었다. 와일리는 저온 저장 창고에서 10년 동안 보관한 칠면조를 판매한다는 뉴스를 보고 분노해야 할지 감격해야 할지 알 수 없었다. 와일리는 미국인들에게 저온 저장 칠면조가 언제까지 안전한지, 달걀은 몇 도에서 보관해야 하는지 대중에게 말할 수 없었다. 아무도 몰랐기 때문이다. 어떻게 해야 차가움을 이용하여 식품을 가장 잘 보존할 수 있는지에 대한 기본적인 질문이 답변받지 못한 채 남아 있었다. 구스타부스 스위프트와 필립 아모 같은 육류 포장업자들은 수익을 극대화하기 위해 업자들에게 최선의 방식을 확립했지만, 식품 안전이라는 관점에서 냉장을 연구한 사람은 아무도 없었다.

와일리는 동물성 식품의 냉장 방법에 대한 증거 기반 지침을 마련하기 위해 새로운 정부 기관인 〈식품 연구소 Food Research Laboratory〉를 설립하기로 결정했다. 그는 이 연구소를 이끌 첫 번째 인물로 폴리 페닝턴을 선택했다.

M. E. 페닝턴 박사는 여성이었지만 그녀의 전문적인 도움을 받는 농부, 도매상, 엔지니어, 냉장창고 운영자, 관료들은 그녀를 언제나 마크, 마이클, 마틴이라고 생각했다. 그녀는 화학 전문가로서 냉동 분야에서 일하게 되었다. 열두 살 때 필라델피아 상업 도서관에서 랜드의 〈의학 화학의 요소〉를 집어든 그녀는 우리 주변의 세계가 화학적 구성 요소의 작용과 반응 덕분에 존재한다는 것을 깨닫고 큰 충격을 받았다. "어두운 곳에서 한줄기 빛을 본 것처럼, 보이지 않는 세계의 실체에 대한 아이디어를 얻었다." 그녀는 이렇게 회상했다.

당시 화학은 젊은 여성에게 적합한 전공으로 여겨지지 않았다. 페닝턴은 고등학교에 다닐 때 화학을 배우게 해달라고 청원했지만, 여성이었던 교장은 단호하게 거절했다. 몇 년 뒤에 펜실베이니아 대학교는 그녀의 입학을 허락했지만, 학업을 마친 후 이사회는 여성이 이학사 학위를 받을 자격이 없다고 판단하고 대신 '능력 증명서'를 수여했다. 그럼에도 페닝턴은 대학 규정의 '특별한 경우'를 통해 박사 학위를 받을 수 있는 길을 찾았다. 그녀의 학위 논문은 잘 마모되지 않기 때문에 '내화성 금속'이라고 부르는 니오븀과 탄탈륨의 유도체에 관한 것이었다. 예일 대학교에서 대학원 연구를 마친 페닝턴은 스물다섯 살에 자신의 연구소를 설립하여 남성 중심적인 이 분야의 닫힌 문을 뚫기로 결심하고 필라델피아로 돌아왔다.

〈뉴요커〉의 바바라 헤지가 쓴 프로필에 따르면, 뉴욕시 의사들을 위해 의료 샘플의 임상 분석을 수행한 그녀의 신생 업체는 "몇 년 동안 번영을 누렸다." 이를 바탕으로 그녀는 박테리아, 화학, 국민 건강이라는 당시 가장 뜨거웠던 주제의 중심에 서게 되었다.

페닝턴이 하비 와일리의 눈에 띈 것은 필라델피아 시청이 우유의 위생을 개선하기 위해 그녀를 고용하면서부터였다. 그녀는 자신의 트레이드마크가 된 선구적인 연구, 엄격한 검사, 친절한 설득으로 어려운 과제를 해결해 나갔다. 연구실에서 그녀는 온도와 냉각 속도에 따라 생우유와 살균 우유의 박테리아 수치가 어떻게 달라지는지 알아보기 위해 상세한 실험을 수행했다. 젖소의 건강 상태를 검사하기 위해 개발한 이 과정은 전국적인 표준이 되었다. 그녀는 뉴욕의 손수레 상인들에게 길거리에서 파는 아이스크림에서 자라는 미생물 슬라이드를 보여주면서 법적 강제력은 없지만 장비를 끓여서 소독하도록 설득했다. 그녀는 이런 전략으로 상인들의 선한 본성에 효과적으로 다가갈 수 있었다.

와일리는 페닝턴이 냉장을 과학적으로 만드는 일을 맡을 만한 적임자라고 판단했다. 유일한 장애물은 여성을 공무원으로 채용하지 않는다는 것이었다. 그는 페닝턴 몰래 시험에 지원서를 냈다. 그녀는 정말 화가 났다고 회상했지만, 어쨌든 시험을 치르기로 결심했다. 그런 다음 그는 그녀와 상의하지 않고 서류에 적힌 그녀의 이름을 바꿔 버렸다. 이렇게 해서 메리는 M. E. 박사가 되었다. 그녀는 최고 점수를 기록하고 채용 제의를 받았다. 그녀가 남성이 아니라는 사실이 드러났을 때는 작업하기 편한 카키색 치마바지와 스웨터를 입고 닭과 계란 문제에 대한 연구를 시작하고 있었다.

1907년, 페닝턴이 훗날 "신선한 계란의 화학 및 세균학적 연구"라는 제목으로 출판된 연구를 시작했을 때 미국의 계란 생산은 여전히 봄철의 몇 달에 집중되어 있었지만, 냉장 덕분에 매일 '신선'하다고 생각되는 계란을 구할 수 있었다. 그러나 조사 결과는 엉망이었다. 저온 창고 운영자들은 봄철에 생산된 계란을 11월에 드물게 새로 생산된 계란이라고 속여 비싸게 팔았다. 주부는 집에 돌아와 조리하기 위해 계란을 깨기 전까지 자신이 구입한 '신선한' 계란이 설명대로인지 썩었는지 알 방법이 없었고, 썩어 있을 때가 훨씬 더 많았다.

가금류는 또 다른 문제를 일으켰다. 1925년 농업 전문 잡지 〈더 필드The Field〉에 화보와 함께 실린 페닝턴의 글에는 이렇게 적혀 있다. "1906년 식품법이 통과되었을 때, 닭 한 마리가 시장에 나오기까지 상당한 시련을 겪었다." 머리는 도마 위에서 도끼로 잘라내고, 몸통은 차가운 물이 담긴 탱크에 며칠 동안 띄워 두었다가, 얼음과 함께 통에 포장하여 출하했다. "얼음이 녹은 물에 닭이 젖어 머리와 발이 더러워지고 살이 서서히 녹으면서 먹기 힘들어지고 부패가 일어났다." 페닝턴은 물에 젖어 세균으로 가득한 닭의 안타까운 상태를 보여주는 사진과 함께 과학적으로 절제된 언어를 구사하면서 시판되는 닭의 비위생적인 상황을 설명했다.

페닝턴은 소규모 팀(여성도 몇 명 있었다)을 고용하여 현장과 실험실에 배치했다. 그녀는 내장을 제거한 가금류와 그렇지 않은 가금류의 부패 속도를 비교하고 13도에서 보관한 닭이 당혹스러울 정도로 강렬한 녹색을 띠는 생화학적 이유를 밝혀내는 등의 여러 가지 실험을 수행했다.* 그녀는 또한 수천 킬로미터를 돌아다니면서 미국 전역의 철도 차량 제빙소를 자세히 조사하고 한 차량에 닭 세 마리를 표본으로 뽑아 일정한 시간마다 온도를 측정했다. 당시의 신문은 페닝턴 박사가 이런 관찰을 하는 동안 가금류와 함께 냉장 차량에 탑승했다고 보도했지만, 실제로 그녀는 실험 설비가 갖춰진 특수 차량에서 '편안하게' 여행했다고 기자들에게 밝혔다. "느린 속도로 여유롭게 달리다가 건널목에서는 농부들과 농작물에 대해 이야기를 나누고, 밤에는 철도 기지에서 선로를 바꾸기도 했다." 그녀는 이렇게 회상했다.

그 후 10년 동안 그녀의 모험은 계란과 닭을 얼마나 오래 보관할 수 있는지, 얼마나 빨리 냉각해야 하는지, 안전하게 먹기 위해 온도와 습도를 어떻게 유지해야 하는지 등 기본적인 질문에 대한 해답을 제시했다. 이 과정에서 그녀는 공기 순환이 잘 되는 새롭고 표준화된 냉장 철도 차량을 고안했고, 닭을 잡아서 털을 뽑고 냉각하여 포장하는 위생

---

* 녹색으로 변한 닭은 놀라울 정도로 흔했다. 페닝턴은 이 주제에 관해 그때까지 발표된 유일한 논문을 인용했다. 프랑스에서 나온 이 논문은 1904년부터 1911년까지 파리 중심가 레할레 시장에서 식용으로 부적합하다고 판정된 육류의 부패 원인 중 3분의 1이 '녹색 부패'라고 지적했다. 그녀는 자신의 연구를 통해 더 높은 온도에서 보관된 사체는 부풀어 오르면서 "단백질이 분해되는 특유의 냄새"와 함께 '칙칙한 청록색'으로 변하는 반면, '전형적인 녹변' 현상을 보이는 닭의 강렬한 녹색은 황화수소를 배출하는 특정 장내 박테리아가 성장하면서 피부의 모세혈관에 들어 있는 혈액의 정상적인 적갈색 헤모글로빈이 밝은 녹색 설페모글로빈으로 변해서 생긴다는 사실을 알아냈다. 죽은 닭의 피는 말 그대로 녹색으로 변했다. - 원주

적인 공정을 확립했다. 그뿐만 아니라 최초의 과학적인 계란 품질 도표(오늘날 USDA 계란 등급제의 전신), 계란 보호 상자 등도 설계했다.

식품 업계를 적으로 간주하고 떠들썩한 법정 소송과 충격적인 언론 보도로 공격하기를 좋아한 상사 하비 워싱턴 와일리와 달리, 페닝턴은 조용하고 협력적인 접근 방식을 사용했다. 우선, 법은 그녀가 육류 포장 시설과 저온 창고에 들어갈 수 있도록 보장하지 않았다. 그녀가 미국 식품업계의 문제점을 파악하는 데 필요한 접근 권한을 얻으려면 사업주들이 그녀가 자신들에게 도움이 된다는 믿음을 가져야 했다. 그 대가로 그녀는 축축한 닭과 곰팡이가 핀 달걀의 공포를 강조하여 대중에게 냉장 식품을 멀리하라고 경고하기보다는 농부, 육류 도축 업체, 포장 업체, 창고 운영자가 손실을 줄이고 좋은 식품을 공급하도록 돕는 데 집중했다. 〈뉴요커〉에 따르면, 그녀는 냉장 업계에서 "엄격하지만 상당히 매력적"이라는 평을 받았다. "한 저온 창고 운영자는 그녀를 열광적으로 존경하여 '냉장 세계를 지키는 양심의 목소리'라고 격찬했다." 1911년 저온 저장 연회의 기조 연설자가 다름 아닌 미국의 "부패하기 쉬운 식자재의 냉장 문제에 관한 최고 권위자" M. E. 페닝턴 박사였다는 사실은 놀랄 일이 아니었다.

냉장을 비방하는 사람들은 콜레라부터 암까지 모든 질병의 원인은 죽은 고기의 유통이라고 비난하고, 냉장 업자들은 자신들의 제품이 "신선 식품보다 낫다"고 광고하던 시대에 페닝턴은 어느 한쪽의 전도사가 되기를 거부했다. "적어도 가금류는 오래 보관하면 상태가 좋아지지 않는다"고 인정하면서도, 제대로 다루고 빠르게 냉각하고 적절한 온도와 습도를 유지한다면 "영계가 생산되지 않는 한겨울에 영계를 원하고 성숙한 닭이 많이 나지 않는 여름과 초가을에 성숙한 닭을 요구하는 미국인 대다수에게 얼려서 운송하는 닭고기는 거의 최고"라고 재빨리 덧붙였다.

그녀는 미국창고업협회에게 차가움이 식품을 보존하는 능력은 마법이 아니라고 말했다. 그러나 "버터와 계란이 저소득 노동자의 가정에서도 주식이 되었고, 정말로 가난하지 않은 한 모든 가정은 적어도 1년에 한번쯤은 가금류를 산다"는 데 협회가 고마움을 느껴야 한다고 말했다. 게다가 독성 첨가제를 금지하는 데 성공한 와일리와 냉장을 효율적으로 만든 페닝턴의 업적 덕분에 닭고기를 먹고 병에 걸릴 가능성이 크게 줄었다. 1930년대에는 단백질에 대한 의심과 그에 따른 냉장고 공포증이 모두 완화되었고, 적절히 냉각하고 방부제를 쓰지 않은 계란과 베이컨이 일 년 내내 미국인의 아침 식탁에 올랐다. 다만 콜레스테롤 수치가 높다는 걱정만 남았다.

제2차 세계대전이 시작되었을 때 페닝턴은 육십대 후반이었지만, 여전히 정부와 산업계의 저온 저장 문제를 해결하느라 바빴다. 1939년 매사추세츠 공과대학교에서 행한 강연에서 그녀는 불과 25년 전만 해도 "상하기 쉬운 식품을 몇 시간 이상 냉장하면… 의심의 눈초리를 받았고 품질이 낮게 평가되었습니다"라고 말했다. 그러나 지금은 상황이 정반대라고 그녀는 말했다. "우리는 상하기 쉬운 식품을 가능한 한 빨리 직접하게 냉장하지 않으면 그 식품의 품질에 의문을 제기하는 경향이 있습니다." 불과 수십 년 만에 냉장에 대한 대중의 인식이 정반대로 바뀌었다. 위험하고 신뢰할 수 없으며 부자연스러워 보였던 것이 반대로 건강에 필수적인 것이 되었다. 소비자는 상하기 쉬운 단백질을 그들의 잠재력을 최대한 발휘하는 데 필요한 만큼 충분히 섭취할 수 있게 되었다. 이 이야기는 자기계발에 대한 미국인들의 열망에 호소했을 뿐만 아니라, 테크놀로지의 힘으로 자연을 관리하고 궁극적으로 자연을 개선할 수 있다는 광범위한 낙관론을 반영하기도 했다.

미국 대중이 새롭게 발견한 냉장에 대한 믿음은 상당 부분 페닝턴의 유산이지만, 그것만으로는 충분하지 않았다. 냉장은 식품 안전을 보장하는 것 이상의 역할을 해야 한다. "썩어서 먹을 수 없는 달걀과 고소한 맛과 두꺼운 흰자를 잃었지만 여전히 먹을 수 있는 달걀 사이에는 누구나 구별할 수 있는 차이가 있습니다." 페닝턴은 매사추세츠 공과대학교의 청중에게 말했다. "이제 우리가 할 일은 고소한 맛과 두꺼운 흰자를 유지하는 것입니다." 그녀는 학생들에게 냉장이 앞으로는 음식이 나빠지지 않게 하는 것을 넘어서 더 **좋게** 만들기 위해 노력해야 한다고 말했다.

근육이 고기가 될 때

　냉장에는 고기를 오래 보존하는 것 이상의 능력이 있다. 폴리 페닝턴이 예견했듯이 차가움은 고기를 더 맛있게 할 수 있다. 온도를 낮추면 미생물의 증식을 늦춰서 육류의 필연적인 분해 과정을 지연시킬 수 있다. 또한 고기의 맛과 질감을 변화시키는 일련의 생화학 반응을 조율할 수 있다. 이는 냉장의 두 번째 능력이며, 보존만큼이나 중요한 역할을 한다. 나는 이 능력을 직접 알아보기 위해 새벽 두 시에 알람을 맞췄고, 갓 도축한 소고기를 가득 실은 트럭과 함께 마스터 퍼베이어스에 도착했다.

　브롱크스에 있는 마스터 퍼베이어스 시설 바깥에는 덤불로 이루어진 울타리 뒤에 페인트칠이 된 커다란 콘크리트 소 한 마리가 서 있다. 시설 내부에는 최대 140만 달러의 소고기가 냉장 건조 숙성실 와이어 랙에 놓여 있다. 부사장 마크 솔라스의 설명에 따르면, 이 회사가 하는 일은 최고 품질의 소고기를 선별하고 등심, 채끝살, 갈비 같은 부위를 나누는 것이다. 하지만 이보다 더 중요한 것은 숙성 과정으로, 고기를 3주에서 4주 동안 냉장실에 보관한다. 이 기간 동안 냉기와 시간의 신비로운 연금술에 의해 고기의 무게는 15퍼센트쯤 줄어들고 고기의 가치는 20퍼센트쯤 더 올라간다.

뉴욕시 헌츠포인트 마켓 안에 있는 마스터 퍼베이어스는 세계에서 가장 큰 중앙 집중식 식품 유통 시설 중 하나다. 뉴욕시에서 소비되는 육류의 3분의 1에서 절반은 헌츠포인트를 통해 들어오는데, 브롱크스 남동부에 있는 이곳은 이스트 강, 브롱크스 강, 브루크너 고속도로, 화물 열차 정차장으로 둘러싸여 다른 지역과 단절된 일종의 섬이다. 1960년대에 맨해튼 남쪽에 트윈 타워를 짓기 위해 워싱턴 마켓을 철거할 때 청과물과 육류 도매상들이 이곳으로 이전했다. 한 줄로 늘어선 트레일러 뒤에 가려진 낮은 건물은 세월의 흔적을 고스란히 드러내고 있었고, 건물과 건물 사이의 타일 벽으로 이루어진 좁은 통로는 낡아서 부스러져가고 있었다.

시장을 둘러싸고 있는 철조망 밖은 어두웠고, 거리는 텅 비어 있었다. 시장 안으로 들어갔다가, 나는 마스터 퍼베이어스 건물에 도착하기도 전에 지게차와 후진하는 트레일러에 치일 뻔했다. 추위 속에서 안전하게 도착한 뒤에도 직원들은 흰색 코트, 플라스틱 보호 안경, 노란색 안전모를 주고 장비들이 지나가는 길을 막지 말라고 알려주는 것 외에 다른 조치를 할 겨를이 없었다. 천장에 설치된 레일에는 4분의 1로 분할된 거대한 소의 사체가 줄줄이 매달려 이동하고 있었고, 직원들은 사체를 트럭에서 하역장으로, 입구의 누렇게 변색된 비닐 커튼을 통과해 냉장실로 옮기느라 바빴다. 분할된 사체의 무게는 80킬로그램에서 100킬로그램이지만 바퀴는 기름칠이 잘 되어 있었다. 가끔씩 금속이 부딪히는 끽 소리가 났지만, 사체들은 레일에 매달린 채 덜컹거리면서도 조용하게 지나갔다. 일렬로 늘어서 행진하는 사체들은 뒷발이 매달린 채 기괴한 코러스 라인을 형성하고 있었다. 일제히 하늘을 향해 하이킥을 하고 있는 분홍색 다리를 감싼 하얀 지방은 형광등 아래에서 파란빛이 감돌고 있었다.

이 소들은 메릴랜드에서 며칠 전에 도축해서 냉각한 상태였다. 냉장실이 운반된 사체로 채워지자 냄새가 나기 시작했다. 금속 느낌에 조금 달콤하면서 버터 같기도 한 날고기의 냄새는 불쾌하지 않았지만 온통 스며드는 느낌이었다. 콘크리트 바닥에 뿌려진 하얀 가루가 발밑에서 바삭바삭하면서 부드럽게 부서졌다. 나중에 알고 보니 사람들이 미끄러지는 것을 막기 위해 뿌려놓은 소금이었다. 바로 옆 가공실에서는 밴드 톱의 고음이 라디오와 냉각 시스템의 소음을 모두 덮어버렸고, 크림 같은 지방과 분홍빛이 도는 연골 덩어리가 공중을 날아다녔다. (그날 늦게 샤워할 때 머리카락과 귀 한쪽에서 작은 고기 조각이 나왔고, 그날 가져갔던 노트에는 아직도 살점이 묻어 있다.) 열 명쯤 되는 작업자들이 이미 큰 소고기 덩어리를 썰고, 깎고, 발라내어 립아이, 필레, 토마호크 스테이크로 분리하기 시작했다.

소고기를 큰 덩어리로 나누는 이른바 1차 절단 작업은 소의 해부학적 구조에 정통한 온두라스 출신의 흑인 후안 "리키" 베르나르데스가 맡고 있었다. 리키는 해적처럼 주먹 사이에 커다란 갈고리를 끼우고 다른 손에는 더 큰 칼을 들고 갈비뼈 틈으로 칼끝을 번갈아 하나, 둘, 셋, 넷, 다섯 번 내리친 다음에 매달려 있는 사체를 갈고리로 안정적으로 잡고 똑바로 얇게 잘라냈고, 칼을 빠르게 휘둘러 다섯 번째 갈비뼈 아래를 잘라 아래쪽 절반을 2센티미터쯤만 남겨 두었다. 그는 아래쪽 절반을 살짝 밀치는 것보다 조금 더 세게 갈고리 쪽으로 밀어 올리면서 절단했다. 그렇게 하자 갈비가 허리와 옆구리에서 완전히 떨어져 나갔다. "살짝 지면서 올려야 해요." 그는 니에게 말했다. "그냥 들어 올리려고 하면 자기 몸만 다쳐요. 나는 이런 방식으로 하루에 100마리도 손질할 수 있어요."

방을 빙 두르는 모든 벽에는 양지, 등심, 갈비 등 1차 절단 부위 수십 개가 천장에 고정된 스테인리스 막대에 박힌 갈고리에 4~5단으로 걸려 있었다. "저건 먹고 싶지 않아요." 내가 거꾸로 매달린 고기 숲을 감상하는데 갑자기 어디에선가 나타난 솔라스가 말했다. 이 시점에서 소고기는 너무 신선해서 근육이 고기로 완전히 변하지 않았기 때문이라고 한다. "지금 당장은 질겨요." 그가 말했다. "부드러워지려면 약간의 숙성이 필요합니다."

냉장의 짧은 역사에서, 나쁜 박테리아의 번식을 늦춰 고기의 부패를 막는 것이 냉장의 주된 역할이라고 생각했다. 하지만 훨씬 더 오랜 육식의 역사에서 붉은 고기의 건조하고 질긴 근육 섬유를 숙성시켜 육즙이 풍부하고 고소한 스테이크로 바꾸려면 차가운 공기가 필요하다고 평가되었다. 그렇기 때문에 농부들은 수천 년 동안 늦가을에 도축을 해왔다. 중세 유럽에서는 11월 11일에 열리는 마르틴마스 축제가 돼지와 소의 도축과 관련되어 있었다. 더 거슬러 올라가면 앵글로색슨어로 11월을 뜻하는 블롯모나드Blotmonad는 피의 달, 즉 가축을 잡는 달이라는 뜻이다. 먹고 남은 고기가 여름 햇볕보다 서리가 내린 한겨울에 더 잘 보관되는 것은 의심할 여지가 없지만, 늦가을 특유의 서늘하고 습한 조건이 고기를 연하게 만드는 데 적합하기 때문이기도 하다.

"동물이 죽은 뒤에도 여전히 모든 것이 진행되고 있습니다." 평생 동안 사후 근육의 특성을 연구해온 영국의 육류 과학자 스티븐 제임스는 이렇게 말했다. 리키 베르나르데스가 마스터 퍼베이어스에서 해체하는 소는 며칠 전 의식을 잃고 호흡을 멈췄지만, 근육 조직의 세포는 여전히 생명 활동을 이어가고 있다.

숙성의 첫 단계는 도축 직후부터 시작된다. 이때도 세포는 계속 활동하면서 복합 당분을 연소시키지만, 호흡과 혈류가 없으므로 무산소 반응이 일어나 젖산이 축적된다. 육류 과학자 스티븐 제임스는 이 과정이 육상 선수가 전력 질주할 때와 같다고 설명한다. 폐와 동맥이 산소를 충분히 공급할 수 없고, 다리 근육에 에너지가 부족해져 생성된 젖산이 제거되지 않는다. 그 결과 육상 선수에게는 경련이, 도축된 소고기에는 경직이 일어난다. 제임스의 설명에 따르면 근육이 이완될 때도 에너지가 필요하다. 연료가 바닥난 근육은 단백질 섬유를 이완시켜 휴식 위치로 되돌려 보낼 수 없기 때문에 경직된 상태를 그대로 유지한다.

소고기는 일반적으로 도축되고 나서 24시간 안에 경직이 시작된다. 이때 근육은 단단하고 산성화되어 맛이 끔찍할 수 있다. 다행히도 세포 활동의 두 번째 단계인 후숙기가 시작된다. 근육에는 섬유를 분해하여 재건하는 효소가 들어 있다. 기본적인 근육 유지에 필수적인

이 효소는 특히 보디빌더들에게 사랑받는다. 세포 속에 있는 이 효소는 동물이 죽은 뒤에도 활동을 멈추지 않으며, 사후 강직으로 뭉친 단백질을 서서히 분해해서 육질을 부드럽게 만든다.

두 번째 단계에서 냉기가 필수적인 역할을 한다. 제임스와 동료들은 소의 품종, 나이, 사료와 같은 도축 전 요인보다 도축 후에 어떻게 냉각했는지가 고기 맛에 더 큰 영향을 미친다는 것을 알아냈다. 다시 말해 미식가들은 풀을 먹여 키운 와규에 집착하지만, 고기를 최대한 맛있게 만드는 힘은 냉장에 있다는 것이다.

우선, 첫 번째 단계에서 숙성 속도가 고기의 부드러움과 육즙에 큰 영향을 미친다. 숙성 속도는 주로 온도로 결정된다. 고기를 너무 오래 따뜻한 채로 두거나 너무 빨리 냉각하면 부패하고 약해지고 물기가 생기거나 육질이 질겨질 수 있기 때문에 냉각 속도가 적절해야 한다.

오늘날에는 도축하는 동물의 무게가 점점 더 줄어들고 냉장 시스템이 좋아져서 너무 빠른 냉각이 문제가 될 가능성이 더 커졌다. 1950년대부터 시작하여, 뉴질랜드의 과학자들은 양고기와 소고기의 근육 조직을 하루에 걸쳐 서서히 냉각하지 않고 몇 시간 만에 4도까지 내리면 요리할 때 가죽 맛이 난다는 것을 알아냈다. 제임스는 고개를 절레절레 흔들며 "저온 수축Cold shortening"이라고 말했다. "큰 골칫거리죠."

과학자들은 결국 칼슘이 "저온 수축"의 원인이라고 밝혀냈다. 독자들이 이 페이지를 넘길 때, 근육의 피막에 있는 특수한 펌프에서 칼슘이 방출되지 않으면 손을 움직일 수 없다. 칼슘 펌프는 정상 체온에서 작동하도록 진화했다. 10도에서는 이 펌프가 작동하지 않아 근육에 칼슘이 넘치게 되며, 근육 수축을 일으킨다. 성능이 썩 뛰어나지 않은 냉장 시스템에서는 사체가 천천히 냉각되어 근육이 10도에 도달하기 훨씬 전에 에너지가 모두 소진되기 때문에, 칼슘의 신호는 반응하지 않는 귀에 대고 외치는 것처럼 작용한다. 근육에 공급되는 연료가 부족하여 수축이 일어날 수 없는 것이다. 육류 포장업자들은 현대의 급속 냉각 기술로 많은 이점을 얻었지만(부패 가능성을 줄이고, 물방울이 떨어지는 것을 막고, 수분 손실로 쪼그라들지 않으며, 무엇보다도 고기를 더 빨리 처리할 수 있다), 이는 근육이 냉각될 때까지 에너지가 아직 소진되지 않았다는 것을 의미한다. 칼슘이 방출되면 근육은 진화한 방식대로 행동하여 수축을 일으킨다. 저온 수축이 일어난 근육은 길이가 최대 40퍼센트까지 줄어들며, 근육 섬유가 촘촘하게 뭉치면 매우 질긴 고기가 된다.

시간은 돈이라는 격언은 미국 건국의 아버지 프랭클린이 처음 했던 말이라고 한다. 육류 과학자들은 이 격언에 따라 빠른 냉각을 포기하지 않았고, 프랭클린의 또 다른 유산을 받아들여 동물에게 전기 충격을 주기 시작했다. 프랭클린은 번개가 치는 날에 연을 띄워 번개가 전기라고 입증한 실험으로도 유명하다. 그가 수행했지만 잘 알려지지 않은 실험 중에는 전기로 칠면조를 도살하는 시도도 있었다. 현명한 일이라고 할 수는 없겠지만, 프랭클린은 이 실험에 성공했다. "이런 방식으로 도살한 새는 보기 드물게 무척 부드럽다고 자부합니다." 그는 영국 왕립예술협회의 통신원에게 보내는 편지에 이렇게 썼다. (그는 형에게도 이 실험에 대해 이야기하면서 그 과정에서 실수로 감전을 당했고, "어떻게 설명해야 할지 모르겠지만" 자기 몸이 "죽은 살처럼 느껴졌다"고 털어놓았다.)

감전시켜 도살한 칠면조의 고기가 부드럽다는 프랭클린의 관찰에

200년 동안 아무도 주목하지 않았지만, 오늘날 선진국의 대형마트에서 소고기와 양고기를 구입한다면 그 고기는 전기 충격을 받았을 가능성이 높다. 마스터 퍼베이어스에서도 소의 사체에 전기 충격을 준다. 솔라스는 자신이 구매하는 도축장에서는 전기 충격이 표준 절차라고 말했다. 고기에 전기 충격을 주면 사후 경직이 빠르게 일어나기 때문에 빠르게 냉각해도 근육 수축이 일어나지 않는다. 전기 충격을 받은 근육은 빠르게 수축하고 이완하면서 에너지가 모두 소진된다. 도축후 한 시간 이내에 충격을 주어야 효과적이다. 일반적으로 도축업체는 동물을 죽여서 내장을 꺼내고 1분 동안 빠른 펄스로 충격을 준 다음 양쪽으로 가르고 찬물을 뿌려 온도를 최대한 빨리 낮춘다.

현장에서 실제로 사용하는 방식은 조금씩 다르다. 고기를 최대한 부드럽게 하기 위해 전극을 코와 항문에 설치하기도 하지만, 사체의 다리가 매달려 있는 레일을 통해 목 근처에 전극 막대를 접촉시켜 전류를 흘리는 방식이 더 빠르다. 산업 규모로 동물을 고기로 만드는 과정의 모든 측면이 어느 정도는 혐오스럽기 때문에 도축장에서는 대개 외부인의 참관을 환영하지 않는다. 아직 소의 형체를 유지하고 온기가 남아 있는 사체가 머리 위에 매달려 간헐적으로 흔들리는 광경은 누구에게나 끔찍해 보일 것이다.

습하고 미끄러운 환경에서 고전압을 가하는 작업은 위험한 데다 비싼 장비가 필요하지만, 육류를 대규모로 도축하는 업체는 시간을 단축하는 편리한 방법이다. 전기 충격의 전도사들은 전기 자극을 받은 소고기는 빨간색이 더 선명해지기 때문에 소비자들이 선호한다고 지적한다. 또한 전기 충격을 주면 고기가 스펀지처럼 변해서 수분 함량이 많아지고, 리키 베르나르데스와 같은 '해체 작업자'가 사체를 분해할 때 살점이 뼈에서 더 쉽게 분리된다. 어떤 장비 제조업자는 이렇게 말했다. "고기가 느슨해져요! 전기 자극을 받은 고기를 처음 처리해본 작업자의 얼굴을 보지 않는다면 믿지 못할 겁니다."

전기 충격을 받은 사체가 마스터 퍼베이어스에 도착할 때는 숙성의 두 번째 단계가 이미 진행 중이다. 마스터 퍼베이어스에서 하는 일의 핵심은 이 과정이 매우 특별한 방식으로 진행되도록 조정하는 것이다.

솔라스는 이중문을 열고 나를 건조숙성실로 안내했다. 그 방은 좁지 않았지만(솔라스가 150제곱미터라고 말해 주었다) 고기가 빽빽하게 들어차 있어서 움직이기 힘들었다. 사방의 벽에는 25~30킬로그램의 1차 절단 부위로 가득 찬 금속 선반이 늘어서 있었고, 가운데 철망에 촛대처럼 달려 있는 날카로운 갈고리에는 두툼하고 짧은 허릿살, 갈비, 양지가 줄줄이 꿰어져 있었다.

이 방에서 돌아다니기 어려운 또 다른 이유는, 통로마다 수많은 선풍기가 군대처럼 늘어서서 서늘하고 축축한 공기를 방의 위아래는 물론 모든 갈비와 사태 사이로 불어넣고 있기 때문이다. 이 방에서 숙성되는 고기는 전부 2,000조각이 넘는다. 바람에서 맥아와 버섯 냄새가 났다. "냄새가 아닙니다." 솔라스가 말했다. "향기지요." 그는 숙성된 그뤼에르 치즈나 콩테 치즈와 비교하며 호두 같기도 하고 조금 달콤하다고 말했다. "이것은 나의 인생입니다." 그가 숨을 깊게 들이마시며 말했다. "정말 좋아요." 그러고는 전화를 받기 위해 어디론가 사라졌다.

그날 아침에 들어온 고기와 2주쯤 지난 것을 나란히 놓고 보면 마치 연예인의 젊은 시절과 현재를 비교하는 것 같다. 선명한 붉은색과 흰색의 단단한 등심을 늙어서 쪼그라들고 자줏빛을 띤 미래의 모습과 비교하면 믿을 수 없을 정도로 싱싱해 보인다. 완전히 숙성된 고기의 마른 표면은 부드러운 눈 같은 곰팡이가 묻어 있는 부분을 제외하면 만졌을 때 도마뱀 같은 느낌이 들었다. 고기의 숲을 헤치고 들어가다가 솔라스의 아들 맥스를 만났다. 아버지처럼 키가 작고 진지하지만 조금 피곤해 보이는 맥스는 유리섬유 망치를 들고 조각가처럼 절단면을 부드럽게 두드리고 있었다. "때때로 운송 중에 고기가 조금 눌릴 때가 있습니다." 그는 이렇게 말했다. 맥스는 할아버지인 샘에게서 이 비결을 배웠다고 했다. "제가 어릴 때부터 이 사업을 하고 싶었던 것은 아닙니다… 할아버지 덕분에 이 자리에 있을 뿐입니다."

샘 솔라스는 1928년 폴란드 북동부 비아위스토크 근처의 작은 마을에서 태어났다. 그의 아버지는 정육점 주인이었고, 그는 11남매 중 열 번째로 태어났다. 하지만 다른 남매들은 모두 나중에 강제 수용소에서 죽거나 나치의 총에 맞아 죽었다. 1942년 11월, 가족들이 강제 수용소로 잡혀갈 때 열네 살이었던 샘은 트랙터 타이어 안에 몸을 웅크린 채 숨어 탈출했다. 그는 가족들에게 손을 흔들었지만, 작별 인사를 할 기회는 없었다. 그 뒤로는 비아위스토크의 유대인 거주 지역에서 친척들과 함께 살았다. 그는 빨간 머리와 파란 눈, 카드 게임에서 딴 성모 마리아 메달을 이용해 기독교도인 척하면서 식량과 의약품을 비롯한 여러 가지 필수품을 구해 오는 수완을 발휘했고, 사람들은 그를 '말라크', 즉 '천사'라고 불렀다. 마침내 1943년 2월, 독일군은 도시에 남은 몇 안 되는 유대인들을 모아 트레블링카*로 향하는 가축 수송용 화물 열차에 태웠다. 열차가 역에 진입하기 위해 속도를 늦추자 샘은 뛰어내렸다. 그 열차에서 살아남은 사람은 샘을 포함해서 세 명뿐이었다고 한다. 그는 전쟁이 끝날 때까지 폴란드 동부의 울창한 숲 속에 숨어 지내며 어릴 적 아버지에게 배운 도살 기술로 야생 동물을 잡아 요리해 먹었을 뿐만 아니라, 빨치산 전사들과 러시아 군인들에게 없어서는 안 될 존재가 되었다.

전쟁이 끝나고 마침내 미국에 도착했을 때 샘은 스물두 살의 나이에 10달러를 가지고 있었고, 영어도 할 줄 몰랐다. 하지만 고기를 자르는 기술 덕분에 뉴저지에서 곧바로 일자리를 구할 수 있었다. 1957년, 그는 맨해튼의 정육점 구역에서 '마스터 퍼베이어스'라는 이름으로 자신의 가게를 시작했다. "이것이 그를 살게 해준 원동력이었습니다." 맥스는 이렇게 말했다. "혼자 미국으로 와서 가족을 꾸릴 수 있는 기회를 제공한 것이 바로 이 일입니다."

2019년 샘이 세상을 떠난 뒤로 건조숙성실은 맥스가 관리하고 있다. 샘은 손자에게 차갑고 습한 공기의 움직임을 이용해 분해 과정을 제어하여 고기를 숙성시키는 기술을 전수했다. "공기의 흐름, 온도, 습도가 중요합니다." 맥스가 말했다. "이런 방식으로 공기를 순환시키는 건조숙성실은 흔하지 않습니다. 할아버지가 가르쳐주셨어요." 이것은

• 나치의 유대인 학살이 자행된 곳으로, 1년쯤 운영되면서 80만 명이 죽었고, 학살이 목적이었기에 수용 시설도 거의 없었다. 이곳에 도착한 사람은 몇 시간 안에 가스실로 보내졌다고 한다. - 옮긴이

섬세하게 균형을 맞춰야 하는 일이다. 박테리아가 번식하지 못하도록 실내가 충분히 서늘해야 하지만, 그러면서도 효소가 활동할 수 있고 고기의 지방 부위에 옅은 회색 털 같은 곰팡이가 자랄 수 있도록 충분히 따뜻해야 한다. 곰팡이는 해롭지 않을 뿐 아니라 반드시 필요하다. 곰팡이가 스스로 효소를 분비하여 근육과 결합 조직을 분해하는 데 도움이 되며, 고기를 판매할 때는 쉽게 제거할 수 있다. 실내의 습도와 공기 순환이 함께 작용하여 조직에 풍미가 천천히 축적되고, 미끌거리지 않으면서도 고기가 마르지 않을 정도로 적절한 증발 속도를 형성한다.

그다음부터는 기다림의 게임이라고 맥스는 설명한다. 기다리는 동안 효소가 근육을 더 작고 맛있는 아미노산과 당 분자로 분해하고, 질긴 섬유를 풀어헤치고 스펀지 같은 포켓을 만들어 요리할 때 육즙을 머금을 수 있게 해서 고기의 질감과 맛을 바꾼다. 동시에 근육 전체에 퍼져 있는 지방의 마블링은 부드럽게 산화되어 향기로운 지방산으로 바뀌어 맛을 보완한다.

맥스는 지방 함량, 표면적 등 여러 가지 요인에 따라 생화학적 변화의 적절한 속도는 고기마다 다르다고 설명했다. 그는 고기가 얼마나 오래 숙성되었는지 종이에 적어가면서 점검하고 부위를 돌려가며 고르게 숙성시키지만, 출하할 때가 되었는지는 느낌으로 판단한다고 말했다. "18일에서 24일쯤 지나면 정말 단단해지기 시작합니다." 그는 표면이 나무처럼 느껴지는 고기 조각을 보여주었다. "저는 이런 것을 찾고, 지방이 덮인 조각을 찾고, 판매하기에 가장 적합한 것을 찾아서 정육 작업자가 잘라야 할 부위에 대한 지시 사항을 기록합니다."

새벽 5시 30분이 되자 직원들이 소고기 상자를 트럭에 싣고 뉴욕 최고의 레스토랑과 호텔로 출발하기 위해 서둘렀다. 지평선 너머로 동이 트고 있었다. 비닐 방호복을 입은 직원이 바닥에 물을 뿌리며 청소를 시작했다. 그는 오전 열 시 전에는 잠들 거라고 말했다.

"건식 숙성은 한 번도 연구한 적이 없어요." 마크 솔라스가 운영하는 고기 저장고의 습하고 차갑고 빠르게 움직이는 공기 속에서 무슨 일이 일어나는지 연구한 적이 있는지 묻자 스티븐 제임스는 웃으며 대답했다. 육류 과학 교과서에서 마스터 퍼베이어스의 '고전적' 또는 '전통적인' 숙성 방식은 "거의 사라졌다"고 설명한다. 근육이 고기로 숙성되려면 여전히 시간과 냉기가 필요하지만, 더 이상 차가운 방에 가만히 두면서 숙성시킬 필요는 없다.

1970년대에 비닐이 널리 사용되면서 육류 도축업체들은 고기를 '습식'으로 숙성시킬 수 있다는 것을 알아냈다. 오늘날 소고기 사체는 공장의 생산 라인에서 저임금 노동자들이 스테이크, 갈비, 등심으로 절단한다. 다양한 부위는 소매용 비닐봉지에 진공 포장되어 전기 충격을 받은 지 며칠 만에 슈퍼마켓으로 향한다. 회사들은 소고기로 가득 찬 거대한 방에서 3주 동안 냉각하는 비용을 지불하지 않고, 고기를 부드럽게 만드는 생화학적 변화는 최종 소비자를 향해 이동하는 도중에 냉상 트럭, 창고, 식료품 유통 센터에서 일어난다.

이 혁신으로 도시에 남아 있던 도소매 도축 일자리가 없어졌고, 마스터 퍼베이어스 팀은 파산 위기에 처했다. 사전에 절단되어 습식 숙성으로 상자에 담긴 소고기는 숙련된 정육점 직원이 아닌 최저임금을 받는 직원들이 트럭에서 내려 슈퍼마켓 판매대에 진열할 수 있다. 또한 밀폐된 봉지에서 숙성이 이루어지기 때문에 증발이 일어나지 않아 마스터 퍼베이어스와 비슷한 전통적인 방식의 스테이크에서 볼 수 있는 수축이 일어나지 않으므로 더 많은 비용이 절감된다. 또한 공장에서 소고기를 절단하면 부산물이 집중적으로 발생하기 때문에 부산물의 판로를 찾기도 쉽다. 얼마 지나지 않아 잘게 다지고 화학적으로 처리한 자투리 고기가 '핑크 슬라임'이라는 별명으로 햄버거에 사용되기 시작했다.

1980년대부터 미국산 소고기의 90퍼센트는 육즙을 머금은 채로 진공 포장되어 판매되었다. 대부분의 사람들은 다른 종류의 소고기를 먹어본 적이 없을 것이다. 하지만 이 값싼 습식 숙성 고기가 전통적으로 숙성된 소고기보다 맛이 떨어지는지에 대한 질문은 의외로 대답하기 어렵다. 나는 마스터 퍼베이어스의 스테이크가 슈퍼마켓에서 파는 것보다 더 맛있다고 장담할 수 있다. 더 소고기답고 고소하다. 건식 숙성을 하면 고기의 풍미와 감칠맛을 내는 아미노산이 더 많아질 뿐만 아니라, 건조되면서 이런 아미노산이 더 농축된다는 것을 입증한 논문 등 이를 뒷받침하는 연구 결과도 있다. 그러나 전체적으로 보았을 때 분명한 결론을 내리기는 어렵다. 일부 연구자들은 블라인드 테스트를 실시한 결과, 건식 숙성 소고기는 "소고기의 갈색으로 구운 맛"이 더 강하고 습식 습성 소고기는 "신맛과 금속성, 피 맛"이 더 강하다는 결론을 내렸다. 대부분의 소비자들은 차이를 구별하지 못한다는 연구도 있다.

확실한 것은 진공 포장과 빠른 전기 충격이 결합된 냉장 덕분에 맛

있고 부드러운 소고기를 일 년 내내 싼값으로 먹을 수 있다는 것이다. 미국 전역의 싸구려 식당과 패스트푸드 메뉴에서 25센트짜리 치킨윙과 1달러 버거를 찾을 수 있는 이유는 항생제, 집중적인 품종 개량, 가축 사료로 사용하는 옥수수 재배에 대한 정부 보조금뿐만 아니라 바로 냉장 덕분이기도 하다. 지난 150년 동안 냉장 기술은 웬트워스 라셀레스 스콧과 같은 사람들이 19세기에 제기했던 의심이 완전히 틀렸음을 증명했다. 냉장은 부패를 막을 뿐만 아니라 스콧이 상상도 할 수 없었던 엄청난 규모로 더 맛있는 고기를 제공할 수 있음을 보여주었다.

우리 대다수도 상상하지 못하기는 마찬가지다. 현재 지구상에는 약 227억 마리의 식용 닭이 있으며, 태어난 지 5~7주 뒤에 도살된다. 이에 비해 참새는 5억 마리이고 비둘기는 그 절반에 불과하다. 또한 닭은 산업화 이전의 조상보다 크기는 두 배, 무게는 다섯 배나 커져서 지구상의 총 질량이 다른 모든 새를 합친 것보다 더 많다. 이 계산을 해낸 연구팀은 현재 전 세계 매립지에 쌓여 있는 닭뼈가 실제로 인간이 지구에 가장 큰 영향을 미치는 지질 시대인 인류세의 이상적인 표지라고 제안했다.

닭은 미래의 지질학자들에게 표지가 될 수 있지만, 환경 과학자 바츨라프 스밀은 외계인이 있다면 소를 표지로 받아들일 것이라고 추측한다. 육류와 유제품을 제공하는 이 동물은 다른 모든 척추동물을 압도하기 때문에 "만약 현명한 외계인이 지구에서 포유류의 바이오매스를 조사하여 그 비율에 따라 유기체의 중요성을 판단한다면, 그들은 태양계의 세 번째 행성을 지배하는 생명체는 소라는 결론을 내릴 것"이라고 말했다. 전체 포유류 중 가축이 차지하는 비율은 62퍼센트이며, 인간이 34퍼센트로 나머지 대부분을 차지한다. 그 외의 나머지(개, 고양이, 사슴, 토끼, 고래, 코끼리, 박쥐, 심지어 쥐까지)를 다 합쳐도 4퍼센트에 불과하다. 가축은 전 세계 농경지의 거의 80퍼센트를 차지하며, 소의 목축은 아마존 열대우림에서만 캘리포니아 면적의 두 배가 넘는 삼림 벌채의 원인이 되고 있다.

바다의 거주자들도 냉장 앞에서 더 나을 것이 없는 운명에 처했다. 1950년대에는 거대한 냉동 트롤 어선이 도입되었는데, 플라스틱 재질의 새로운 그물과 군사용 소나로 무장한 이 배는 한 번 출항하면 오랫동안 바다에 머물 수 있다. 이런 배로 잡은 물고기를 얼려서 큰 블록으로 만든 뒤에 밴드 톱으로 잘라 편리한 형태의 생선 스틱으로 성형할 수 있다. 빵가루를 입혀 조리한 막대 모양의 흰살 생선 스틱은 1953년에 시장에 나오자마자 큰 인기를 끌었다. 생선 스틱은 출시한 지 몇 달 만에 통조림을 제외한 전체 생선 판매량의 10퍼센트를 차지했다. 당시 매사추세츠주 민주당 상원의원이었던 존 F. 케네디가 확보한 홍보 예산이 생선 스틱 판매에 크게 기여했다. 어류는 수를 세기 어렵기로 악명이 높지만, 가장 신뢰할 만한 추정치에 따르면 지난 50년 동안 절반으로 줄었다고 한다.

1626년 프랜시스 베이컨(정치가이자 자연 철학자이며 닭의 배에 눈을 채우는 실험을 하다 목숨을 잃은 사람)은 "차가움을 만드는 것은 조사할 만한 가치가 있는 일"이라고 썼다. 그는 열과 차가움은 "자연이 일을 할 때 주로 사용하는 두 손"이라고 설명했다. 수천 년 동안 인류는 이 둘 중 하나만 조절할 수 있었으며, 그 힘만으로도 인류 진화에 변화를 일으키기에 충분했다. 차가움을 길들인 첫 세기에 우리는 고기의 생산과 소비를 재배치하여 아일랜드 독립부터 아마존 삼림의 황폐화에 이를 만큼의 결과를 낳았을 뿐만 아니라, 지구의 바이오매스 구성을 파악할 수도 없을 만큼 크게 변화시켰다.

4장

과일,
수확 후의 시간을 보내는 법

FROSTBITE

숨 쉬는 과일

"그것들은 살아 있어요!" 영국 중부의 대학원 연구 기관인 크랜필드 대학교의 농업 공학자 나탈리아 팔라간은 이렇게 주장한다. 바나나, 사과, 블루베리, 감자 등은 수확한 뒤에도 여전히 유기체로서 생명 활동을 이어가고 있으며, 최종적으로 우리가 먹을 때의 맛과 외관은 대부분 호흡의 양과 속도에 따라 달라진다.

팔라간이 보여준 냉장실 내부의 여러 선반에는 썩어가는 농산물이 가득 놓여 있었다. 감자, 양파, 사과, 블루베리가 중환자실에 입원한 환자처럼 여러 개의 센서를 매달고 있었고, 길게 늘어진 전선으로 모니터에 연결되어 있었다. 그녀의 설명에 따르면 과일과 채소는 가지에서 분리된 뒤에도 호흡을 계속한다. 이때부터는 식물에서 영양분을 공급받지 못하므로 내부의 당분, 산, 비타민을 계속 소모하다가 서서히 무너져서 수명이 끝난다.

슈퍼마켓에서 돌아오면 대부분의 사람들은 육류, 생신, 유제품을 먼저 냉장고에 넣는다. 앞에서 보았듯이 냉장이라는 새로운 기술은 맥주 외에는 주로 동물성 식품을 차갑게 보관하는 것이 최초의 상업적 용도였으므로, 이런 행동은 합당해 보인다. 하지만 팔라간은 이런 식품들이 먼저 썩는다는 통념은 틀렸다고 말한다. 과일과 채소가 더 부패하기 쉽다는 것이다. 부패는 멈출 수 없으며, 속도를 늦출 수 있을 뿐이다.

팔라간이 중환자처럼 돌보고 있는 농산물들은 모두 제각각의 방식으로 호흡한다. 따라서 수확한 농산물을 신선하게 오래 보관하려면 모두 서로 다른 방식으로 냉각해야 한다. "단순히 온도를 낮추는 것만으로는 충분하지 않습니다." 그녀는 이렇게 설명한다. "각각의 농산물마다 적합한 온도를 알아야 해요. 사과는 품종에 따라 적합한 온도가 다를 수 있다는 점에서 매력적이죠. 물론 그렇기 때문에 훨씬 더 어렵습니다."

냉장의 힘만으로 보존 기간을 늘리는 데는 한계가 있으며, 대기 공학을 통해 보완해야 하는 경우가 많다. 식물은 광합성을 하지 않을 때 산소를 들이마시고 이산화탄소를 내뿜기 때문에 이 기체들의 농도를 조절하면 호흡 속도를 늦출 수 있다. 팔라간의 실험 중 많은 것들은 과일과 채소로 가득 찬 타파웨어 통에서 여러 가지 기체 비율과 온도의 조합을 적용하면서 실시간으로 반응을 관찰하는 것이다. 내가 방문했을 때는 감자가 들어 있는 용기 수십 개가 돌돌 말린 플라스틱 호스로 기체 혼합 장치에 연결되어 있었다. 이 장치는 기체들을 다양한 비율로 섞어서 감자 용기로 내보낸다. 호흡계가 2분 간격으로 감자의 호흡을 측정한다. "이 장치를 사용하면 기본적으로 감자가 얼마나 잘 잤는지 알 수 있습니다." 팔라간이 설명해 주었다. "감자는 행복한 꿈을 꾸고 있을까요, 아니면 스트레스를 받아 뒤척이고 있을까요?"

냉장이 처음 시작되었을 때는 이 정도로 정교한 조절이 필요하다는 생각을 하지 못했다. 초기의 창고 운영자들은 사과, 양파, 딸기를 같은 지붕, 같은 온도, 같은 공기 조건에서 여러 해 동안 완전히 신선하게 보관할 수 있다고 보았다. 그러나 모두 같은 조건에서 보관했을 때 딸기는 얼고, 사과에서는 양파 냄새가 나고, 감자에 싹이 돋았다. 창고에 오래 보관한 농산물은 그리 먹음직한 상태를 유지하지 못했다. 농산물의 냉장이 비약적으로 발전하려면 비타민이 풍부한 '보호 식품 protective food'이 건강에 좋다는 생각이 정설로 자리 잡는 1920년대까지 기다려야 했다.

앞에서 보았듯이 냉장이 대규모로 도입되는 과정에는 건강을 위해 반드시 동물성 단백질을 많이 섭취해야 한다는 19세기 화학자들의 잘못된 결론도 일부 영향을 미쳤다. 새롭게 형성된 산업 사회의 기본 요소인 도시 노동자들의 생산성을 유지하려면 육류, 버터, 달걀, 우유를 충분히 공급해야 했다. 그 결과 19세기 후반 냉장의 선구자들은 소고기와 양고기의 운송에 주력했고, 17세기와 18세기에 유럽 귀족들이 눈구덩이와 얼음 창고에서 많은 비용을 들여 차갑게 보관했던 신선한 과일은 반드시 필요하지는 않은 것으로 여겨졌다. 도시 거주자들은 가까운 곳에서 제철에 수확한 과일과 채소를 먹었고, 딸기나 아스파라거스처럼 가장 연약하고 상하기 쉬운 농산물은 필수 식품이라기보다 사치품이었다.

영국 해군이 괴혈병을 예방하기 위해 1795년부터 수병들에게 레몬과 라임 주스를 나눠주기 시작했지만, '비타민'이라는 용어와 과일이나 채소에도 생명에 필수적인 물질이 들어 있을 수 있다는 인식은 1910년대에 들어서야 등장했다. 새로운 영양학 지식으로 무장한 화학자들은 합리적으로 설계되어 과학적으로 권장되는 분량의 단백질, 지방, 탄수화물만 함유하고 다른 것은 아무것도 넣지 않은 '정제 사료'를 가축에게 먹이기 시작했다. 하지만 가축이 쇠약해져 죽어가는 것을 보면서 무언가 빠진 성분이 있다는 것을 깨달았다. 연구자들은 빠진 성분이 무엇인지 추적했고, 가능한 물질의 범위를 좁히고 이름을 붙여 오늘날 우리가 알고 있는 비타민의 알파벳에 도달했다.

1920년대에 이러한 새로운 발견이 알려지면서 농산물이 '보호 식품'으로 여겨지기 시작했고, 대중 매체는 도시 거주자들에게 육류와 감자 대신 푸른 잎채소와 샐러드로 메뉴를 바꾸라고 촉구했다. "열광적인 찬사를 받은 린드버그나 베이브 루스 같은 영웅들을 제외하면⋯ 영양학 실험만큼 관심이 집중된 주제는 거의 없었다."저널리스트 유니스 풀러 버나드는 1930년 〈뉴욕타임스 매거진〉에 이렇게 썼다. "주목받지 못하던 채소였던 상추는 10년 만에 식료품 매대 한가운데를 차지했다. (⋯) 오렌지와 사과 음료 가판대가 거리마다 생겨났고, 시금치가 당당히 메뉴에 올라 어린 시절에 겪는 가장 큰 슬픔이 되었다."

과일과 채소에 대한 새로운 열정을 충족시키는 데 유일한 장애물은 많은 사람들이 살고 있는 도시에 과일과 채소를 충분히 공급하는 일이었다. 1916년 경제학자 아서 바토 애덤스는 상하기 쉬운 농산물의 약 40퍼센트가 소비자에게 전혀 도달하지 못하고 도중에 썩어버리기 때문에 발생하는 막대한 경제적 피해와 영양 손실을 한탄했다. "1911

년 뉴욕 보건위원회는 과일 300만 킬로그램과 채소 100만 킬로그램이 부패했다고 판정하고 폐기했다." 그는 기념비적인 보고서에서 이렇게 결론을 내렸다. "플로리다 오렌지는 따뜻한 날씨 때문에 운송 과정에서만 30퍼센트의 손실이 발생하며, 소비할 지역에 도착한 뒤에 부패하는 것까지 더하면 전체 손실은 놀라울 정도이다."

대서양 건너편에서는 작지만 인구 밀도가 높은 나라인 영국이 이미 식량을 수입에 의존하고 있었고, 제1차 세계대전이 일어나 독일 잠수함이 해상을 봉쇄하자 식량 손실은 생존의 문제가 되었다. 1917년 8월, 정부 관료들은 잠수함 U보트가 보급선을 계속 성공적으로 침몰시키면 몇 주 안에 식량이 고갈된다고 평가했다. 이러한 상황에서 저장된 감자 수확량의 3분의 1이 싹이 나거나 오스트레일리아에서 수입한 사과의 절반이 썩어서 버리는 것은 불가피한 손실이 아니라 묵과할 수 없는 부주의로 보였다. 이러한 전시의 불안감은 결국 케임브리지 대학교 부지에 실험 시설을 건설하는 데까지 이어졌다. 저온 연구소Low Temperature Research Station라는 밋밋한 이름을 가진 이곳에서 이후 10년 동안 과일과 채소의 저온 저장에 대해 많은 발견이 이루어졌다.•

• 이 이름은 뜨거운 논쟁의 대상이었다. 내가 이 기관의 기록 보관소에서 찾아낸 낙서 메모에 따르면, 소장 대행은 저온 연구소라는 이름이 "너무 길다"고 일축하며 "어떤 고전학자가 '사이크라이온Psychreion'을 제안했는데, 꽤 잘 어울리는 것 같다"고 썼다. 고전 교육을 받은 나의 동생에게 물어보니, 프수크로스psukhrós는 고대 그리스어로 "추운" 또는 "얼어붙은"을 뜻하며 접미사 -cion은 "장소"를 의미한다고 알려 주었다. 동생은 또한 자신만의 제안을 하기도 했다. '크라이오노미온Cryonomeion'은 더 잘 알려진 크라이오스cryos(고대 그리스어로 '얼음처럼 차갑다', '한기', '서리'를 뜻한다), 노모스nomos('법칙'의 뜻으로 일반적으로 접미사 -노미nomy로 사용되며, 규칙이나 지식의 체계를 의미한다), -에이온cion에서 따온 말이다. 다행히도 이런 난해한 이름은 채택되지 않았다. - 원주

당시에는 사과나 감자가 식물에서 분리되어 더 이상 물과 영양분을 공급받을 수 없게 된 이후에 일어나는 변화를 설명하는 과학적 지식은 전혀 없었다. 이 연구 시설의 아무도 건드리지 않은 듯한 기록 보관소를 뒤져 찾아낸 연구자들의 첫 번째 회의록에는 이런 문제들에 대한 토론이 기록되어 있었다. 거기에는 알려지지 않은 것들에 대해 거의 머리가 어지러울 정도로 많은 질문이 있었다. 과일은 왜 오래 두면 주름이 생길까? 채소가 익고, 무르고, 싹이 트고, 썩거나 갈색으로 변할 때 화학적·생리적으로 어떤 일이 일어나고 있을까? 식물 조직은 어떤 온도에서 어는가? 과학자들은 "복숭아의 털", "자두의 부풀어 오름", "특정 품종의 사과에서 일어나는 부패"에 다양한 관심을 보였다. 그들은 한 팀을 이루어 "죽음"의 과정을 최대한 지연시켜 "식물 기관의 생존"을 연장하는 방법을 알아내려고 노력했다. 그들은 새로운 시설을 설계하고 건설하는 동안 식품의 수명 연장에 대한 실험을 케임브리지 대학교의 의과대학에서 수행했다. 수명 연장이라는 주제만 보면 실험에 적절한 장소였다고 할 수 있다.

첫 번째 연구 대상으로 사과가 선정되었고, 저온 연구소의 설립을 담당한 육류 연구자 윌리엄 하디는 파이프 담배를 피우는 젊은 과학자 프랭클린 키드를 연구 책임자로 임명했다. 일찍부터 재능을 드러냈던 키드는 어렸을 때 철학자이면서 공무원이었던 아버지가 구해 준 가스통으로 산소와 이산화탄소가 씨앗의 발아에 미치는 영향에 대한 아마추어 실험을 했다. 키드는 대학에 진학한 뒤에도 이 연구를 계속했고, 식물학자 시릴 웨스트와 협력하여 사과의 성장률과 시간에 따른 이산화탄소 발생량을 측정했다. 퀘이커 교도였던 키드는 양심적 병역 거부자였고, 참호에서 복무하는 대신 웨스트(말에서 떨어져 징집이 면제되었다)와 함께 사과 저장 문제를 연구하기 시작했다.

부패를 지연시키려면 과일을 보관할 때 공기와 온기를 빼앗아야 한다는 단서가 이미 있었다. 수확기에 소비되지 않은 사과는 전통적으로 통에 담아 서늘하고 축축한 지하실에 보관했는데, 그런 환경에서 사과를 더 오래 보관할 수 있었다. 특히 아프가니스탄에서는 캉기나kangina라는 기발한 장치가 지금도 사용되는데, 두 개의 흙 사발을 이어 붙여 밀폐한 원반 모양의 용기 안에 넣어둔 과일은 여섯 달까지 신선하게 보존된다.

전통으로 전해져 내려오는 이러한 비법 외에도, 몇몇 초기 연구자들은 공기의 성분을 조절하면 사과가 더 오래 보존된다는 것을 알아냈다. 19세기 초 몽펠리에 대학교의 화학과 교수 자크 에티엔 베라르는 건강한 사과, 체리, 배를 유리 덮개 아래에 넣고 공기를 빨아들여 진공으로 만든 뒤에 질소 기체로 다시 채우면 숙성을 몇 주, 때로는 몇 달 동안 지연시킬 수 있다고 보고했다. 에티엔 베라르는 이 연구로 권위 있는 프랑스 과학아카데미의 대상을 받았다. "이런 실험 결과를 보면, 과일이⋯ 나무에서 떨어진 뒤에도 식물의 힘을 그대로 유지한다고 믿고 싶지 않을까?" 베라르는 이렇게 썼다. "그러므로 숙성이 일어날 수 없는 환경(예를 들어 산소가 없는 곳)에 과일을 두면, 과일이 가진 식물의 힘이 한동안 중단된 채로 유지되다가 다시 환경이 좋아졌을 때 회복되어 숙성이 재개될 수 있다."

19세기 후반에는 미국인 두 사람도 우연히 같은 방법을 발견하여 크고 작은 성공을 거두었다. 오하이오주 클리블랜드의 벤저민 나이스 교수는 사과 창고에 철판을 깔아 공기가 통하지 못하게 하고 갓 수확한 사과가 든 통으로 채우고 자연 얼음으로 냉각한 다음 문을 밀봉했다. 처음 48시간 동안 사과가 나무에서 제거된 충격으로 호흡이 거칠어지면서 방 안의 모든 산소를 빨아들였고, 그 뒤로는 "이산화탄소로 가득 차서 불이 붙지 않을 정도"가 되었을 것이라고 나이스는 보고했다. 산소가 부족해지자 "사과가 5월까지 싱싱하게 유지된다"는 것을 그는 알아냈다.

캘리포니아의 단명했던 산호세 탄산가스 회사는 오래된 수은 광산에서 포집한 이산화탄소를 냉장하지 않은 체리, 살구, 배, 자두로 가득 찬 방에 주입하는 실험을 진행했고, 이는 큰 성공을 거둔 것으로 보인다. 이 회사는 1895년 새크라멘토에서 열린 과일 재배 대회에서 "탄산가스 처리로 과일이 숙성되지 않은 상태를 유지했다"고 결론을 내렸다. 하지만 안타깝게도 1896년 8월에 잘 익은 복숭아로 실험을 했을 때는 일주일 만에 과일이 "가열되어 물렁물렁한 덩어리가 되어서", 냉각하지 않고 공기 성분을 조절하는 것만으로는 한계가 있음이 알려졌다.

키드와 웨스트가 이러한 이전의 관찰 결과를 알고 있었는지 여부와 상관없이, 씨앗으로 수행한 키드의 초기 실험은 적어도 식물의 일부가 산소가 부족할 때 휴면 상태가 되는 것으로 나타났다. 잘 익은 과일도 마찬가지일까?

수십 년 동안 함께 일했지만 두 사람의 관계는 마치 분필과 치즈처럼 너무나 달랐다. 키드는 짜증이 많고 까다롭다는 평판을 얻었고, 웨스트는 친절하기로 유명했을 뿐만 아니라 식물의 아름다움에 매료되어 몇 시간이고 식물을 바라보는 것으로 유명했다. 실험실 밖에서 두 사람은 거의 만나지 않았다. 키드는 자신의 인생 철학을 담은 서정적인 시를 썼고, 웨스트는 틈만 나면 검정색 정장에 흰색 실크 스카프, 검정색 모자로 완벽하게 차려입고 영국 시골을 거닐며 시간을 보냈다. 다섯 권으로 이루어진 지침서 〈영국과 아일랜드의 식물〉을 쓴 동료 식물학자인 한 친구는 웨스트가 "아마도 다른 어떤 식물학자보다 더 많은 영국 식물 종을 보았을 것"이라고 말했고, 여행 도중 동료들과 헤어졌다가 몇 시간 뒤에 "바위에 앉아서 민들레를 닮아 노란 꽃을 피우는 잡초인 히에라시움 홀로세움의 털을 쓰다듬고 있는" 웨스트를 다시 찾았던 추억을 떠올리기도 했다.

키드, 웨스트, 키드와 결혼해서 곧 아내가 될 메리(냉동 소고기의 '검은 반점' 곰팡이 문제를 연구했던 주교의 딸이었다)는 사과를 다양한 온도와 상온에서 보관하는 효과를 시험하기 위해 "평평한 뚜껑이 있고 플랜지가 붙어 있는 작은 관"처럼 생긴 상자 여러 개를 만들었다. 이 상자에 단단한 영국산 사과를 한 무더기씩 채우고, 사과가 영향을 받지 않도록 작업할 때 숨까지 참으면서 상자를 밀봉했다. 내부에는 공기가 새지 않도록 바셀린을 발랐다.

초기 결과가 좋게 나오자 규모가 더 큰 실험을 진행하게 되었다. 그들은 런던의 한 상업용 냉장창고 안에 전면이 유리인 작은 오두막을 짓고 통풍구와 튜브를 설치해 여러 가지 비율로 혼합한 기체를 시험했다. 산소를 0으로 줄이면 사과가 발효되고, 온도를 너무 낮추면 세포벽이 무너져 물러지며, 이산화탄소 수치가 너무 높아지면 중심부가 썩는다는 것이 밝혀졌다. 키드와 웨스트는 사과 수확 후 수명을 두 배로 늘릴 수 있는 공기 성분비를 알아내느라 많은 시간을 보냈고, 1927년이 되어서야 연구 결과를 발표했다. 사과의 수명을 두 배로 늘리려면 8도로 냉각하고, 이산화탄소를 10퍼센트까지 높이고, 산소 농도를 비슷한 수준으로 낮추기 위해 환기구를 만들어야 했다. 서사들에 따르면 2월이나 3월 초에 이렇게 세심하게 통제된 공기 속에서 보관하면 완벽하게 "파랗고, 단단하며 즙이 많고 새콤한" 사과가 되어 수확이 한창인 10월에 나무에서 갓 땄을 때보다 두 배 이상 높은 가격에 팔렸다.

바셀린을 발라 밀봉한 관을 아연 도금 강철판과 고무 개스킷으로 바꾼 최초의 냉장 가스 사과 저장 시설이 1929년 켄트주 캔터베리 외곽에 들어섰다. 1930년 3월 말, 브램리 시들링 품종의 사과 33톤을 꺼냈을 때 흠집 하나 없는 사과의 상태("외관과 맛이 완벽하다")는 〈더 타임스〉가 보도할 만큼 큰 화제가 되었다.

키드는 과일 재배자들과 소통하는 데 어려움을 겪었고, 웨스트가 이 일을 맡아야 했다. 10년 만에 영국의 과일 저장 창고 중 80퍼센트 이상이 공기 조절이 가능한 냉장 설비를 갖추었다. 미국에서는 조금 늦게 도입되었지만, 오늘날 워싱턴주에서 재배되는 사과 열 개 중 거의 아홉 개는 매년 가을마다 밀폐된 저장고에서 잠들었다가 성수기에 다시 깨어나게 된다.

현대식 공기 조절 냉장 사과 저장 시설은 거대한 규모를 자랑한다. 이런 창고는 벽 사이가 비어 있어 사과가 풍작이라는 소식을 알면 짧은 기간에 바로 지을 수 있지만, 첨단 기술이 집약되어 내부에서 과일의 호흡을 감지하고 그에 따라 스스로 조절할 수 있다. 워싱턴주는 현재 전 세계의 재배 지역 중 가장 많은 공기 조절 창고를 보유하고 있으며, 아무런 특징이 없는 직육면체의 거대한 창고에는 수백만 개의 사과가 어둠 속에서 긴 잠을 자고 있다.

가장 큰 창고에는 수만 개의 과일 통이 4미터 높이로 쌓여 있으며 사과가 2,000개쯤 들어 있는 통 하나의 무게는 최대 500킬로그램에 달한다. 이 정도 하중을 견디면서 밀폐를 유지해야 하므로 지반의 이동이나 침하로 건물에 균열이 생기면 안 된다. 따라서 공기 조절 창고를 지을 때는 지반 전문가의 감독하에 콘크리트 바닥 슬래브를 깊은 말뚝에 고정하여 타설하는 공법을 사용한다. 과일 통을 가득 실은 트레일러가 거대한 슬라이딩 도어를 통해 창고 안으로 들어올 수 있으며, 프리캐스트 콘크리트 벽에 단열 금속판을 덧내어 서로 빈틈없이 맞물린다. 재배자, 포장업자, 협동조합은 이런 창고에 거액을 투자했다.

1960년대까지는 이러한 시설에서 산소와 이산화탄소 농도가 주로 사과에 의해 만들어졌다. 사과가 숨을 들이쉬고 내쉬면 거기에 맞춰 센서가 통풍구를 열거나 닫아 기체의 농도를 유지했다. 초기에는 가성소다라고도 알려진 잿물을 사용하여 과도한 이산화탄소를 흡수했다. 그러다가 냉전 시대에 원자력 추진 잠수함이 개발되면서 새로운 공기 조절 기술이 등장했다. 월풀의 텍트롤Tectrol("종합 환경 제어total environmental control"의 줄임말)과 아틀란틱 리서치 코퍼레이션의 아카젠Arcagen 시스템은 모두 사과의 호흡을 조작하는 방식이 아니라 촉매 변환기로 공기의 성분비를 정밀하게 유지할 수 있다.*

제어 기술이 발전하면서 과일의 호흡에 더 정교하게 대응할 수 있게 되었다. 오늘날 많은 공기 조절 저장 시설에서는 사과가 겨우 질식하지 않는 수준(산소 농도가 0.5~2퍼센트)을 유지하려고 노력한다. 이는 재배자에게 일종의 도박과도 같다. 각 방에 가득 찬 80만 달러 상당의 사과는 2퍼센트가 아닌 0.5퍼센트의 산소 속에서 10개월을 보냈을 때 더 깊이 잠들어 있다가 더 단단하고 신선해질 수도 있고, 아예 호흡을 멈추고 엉망으로 발효되어 판매가 불가능할 수도 있다. 게다가 1920년대에 키드와 웨스트가 알아낸 것처럼, 같은 날 같은 나무에서 수확한 같은 품종의 사과도 어느 가지에서 땄는지에 따라 대사 속도가 크게 다를 수 있다.

공기 조절 저장고의 문에는 종종 작은 가압 유리창이 설치되어 있어 불안한 재배자가 사과가 스트레스를 받았을 때 나타나는 색깔 변화를 지켜볼 수 있으며, 지붕에는 고기 잡는 그물로 사과를 하나씩 퍼낼 수 있는 해치가 있다. 이러한 초저산소 환경에서 인간은 1~2분 이상 생존할 수 없기 때문에 사과 창고에 들어가 숨을 참으며 '스쿠버 다이빙'을 하다 사망하는 안타까운 사고가 가끔씩 일어난다.

- 20세기 후반에는 극한 환경에서 사람의 생명을 유지하는 과제(특히 잠수함 장기 항해와 우주여행)를 추진하면서 여러 가지 흥미로운 신기술이 탄생했고, 그중 상당수는 상업적인 식품 보존과 함께 새로운 식품의 창조에도 이용되었다. 예를 들어 최초의 실험실 배양 육(금붕어 필레)(금붕어 근육 조직의 배양은 2000년대 초반에 미국 항공우주국NASA의 지원을 받았다. - 옮긴이)을 개발한 과학자 모리스 벤자민슨은 몇 년 전에 나와의 인터뷰에서 오늘날 우리가 먹는 "스테이크와 양갈비"를 대체하는 것이 아니라 "장시간 수중에 머무는 잠수함 승무원들의… 생존"에 적합한 식품으로 개발했다고 말했다. 배양 닭 세포도 현재 미국의 레스토랑에서 제공되고 있다. 생명을 죽일 필요가 없는 이 새로운 육류도 여전히 냉장을 해야 하지만, 박테리아 감염 통로인 도축 과정을 거치지 않기 때문에 보통의 닭고기보다 보관 수명이 훨씬 더 긴 것으로 보인다.)

하지만 지난 몇 년 동안 나탈리아 팔라간이 밸브, 모니터, 센서가 달린 플라스틱 통을 통해 실시간으로 농산물을 모니터링하는 것과 동일한 기술이 세이프팟SafePod이라는 이름으로 상용화되었다. 이 시스템을 사용하면 수백 개의 사과가 탄광의 카나리아 같은 역할을 할 수 있다. 재배자는 별도의 타파웨어 통에 사과를 넣어두고 대사 한계를 점검할 수 있으며, 그러다가 잘못되어도 사과 수백 개의 손실만 감수하면 된다. 이렇게 얻은 데이터를 사용하여 자동으로 방 전체의 공기를 조절할 수 있다. 이는 대사 요구에 따라 지속적으로 환경을 재설계함으로써 사과를 도와주는 과정으로, 식물 생리학에서 역설계로 얻은 공기 조절 기술이다.

이런 기술을 적용하면 일찍 상할 것으로 예측되는 사과를 더 빨리 출하하여 손실을 줄일 수 있다. "조절된 공기 덕에 심장이 더 빨리 뛰는 걸까요? 이는 어떤 방의 사과를 먼저 시장에 내놓을지 알려주는 지표가 될 수 있습니다." 세이프팟 시스템의 발명가이자 전직 사과 재배자인 짐 셰퍼는 이렇게 설명한다. "우리는 모든 계절을 사과의 제철로 만들고 있습니다."

키드와 웨스트의 획기적인 연구가 시작된 지 한 세기가 지났지만, 놀랍게도 수확 후의 사과가 시간이 지남에 따라 어떤 변화를 거치는지 정확히 아는 사람은 아무도 없다. 물론 차가움은 생명의 과정을 느리게 하는 표준적인 효과를 발휘하고, 이산화탄소와 산소 농도가 다양한 대사 효소의 활동에 영향을 미친다는 것이 알려져 있다. 그러나 부패를 일으키는 연쇄 화학 반응이 공기 조절로 어떻게 중단되거나 방향을 바꾸는지는 아직도 수수께끼로 남아 있다.

경제학자 다나 달림플에 따르면, 이것은 여전히 소비자와 재배자 모두에게 혜택을 주는 농업 기술의 드문 예라고 할 수 있다. 그는 1969년 공기 조절 기술의 발전에 관한 에세이에서 이 기술이 널리 보급되면서 "소비자는 신선한 과일을 1년 중 더 오래 즐길 수 있고 재배자는 더 높은 순가격을 받을 수 있게 되었다"고 결론지었다.

오늘날에 와서는 이 평결에 논란의 여지가 있다. 분명 1920년 당시에는 6월에 신선한 사과를 먹을 수 있다고 상상할 수 없었겠지만, 한 세기가 지난 지금 10개월 된 사과가 여전히 비교적 맛있을 뿐만 아니라 어디에서나 값싸고 쉽게 구할 수 있다. 사람들은 종종 자녀의 도시락에 들어 있는 사과가 나무에서 갓 딴 것이 아니라 거의 1년이나 묵은 것임을 알고 경악하기도 하지만, 이는 고의적인 속임수가 아니라 자발적 무지의 결과다. 사과는 북반구에서 7월부터 11월까지만 수확되므로 다른 시기에 미국 사과를 먹는다면 논리적으로만 따져 봐도 오래 저장된 사과임이 틀림없다. 물론 잘 보존된 과일이 자연 상태에서 방치된 과일보다 품질이 높은 것은 분명하지만, 맛이 조금 떨어지는 것은 어쩔 수 없다.

"잘 익은 뒤에 수확한 과일일수록 좋은 품질을 유지하는 기간이 줄어듭니다." 워싱턴 주립대학교의 선도적인 사과 육종가인 케이트 에반스는 이렇게 설명한다. 그러나 사과가 완전히 익기 전에 너무 일찍 수확하면 풍미를 내는 화학물질을 만드는 능력이 떨어진다. 따라서 사과 재배자들은 생리적 성숙에 도달했지만 아직 익지는 않은 짧은 기간 동안 과일을 수확하려고 한다. 알이 충분히 굵어졌지만 덜 익었을 때 따는 것이다. 나와 마찬가지로 영국에서 자란 에반스는 실망스러운 결과를 경험했다. "영국에서 제대로 된 수입 골든 딜리셔스를 맛볼 수 있는 사람은 아무도 없을 겁니다." 그녀는 이렇게 말했다. "오래 보관하기 위해 너무 빨리 따기 때문에, 맛은 떨어집니다."

또 다른 문제는 200년 전에 자크 에티엔 베라르가 발견한 것처럼 공기가 조절되는 환경에서 저장한 사과는 "식물의 힘"을 유지하고 있다가 공기가 순환되면 익지만, 나무에 달려 있을 때와 같은 방식으로 익지 않는다는 것이다. 1970년대에는 이미 과학자들이 사과가 몇 달 이상 휴면 상태에 있으면 풍미 화합물을 생성하는 능력을 완전히 회복하지 못한다는 것을 알고 있었다. 여전히 달콤하고 과즙이 풍부하며 아삭하지만, 가지에 매달린 채 익은 사과만큼 풍부하고 독특한 맛, 즉 좋은 맛은 나지 않는다. 콕스 오렌지 피핀, 에그몬트 러셋 또는 다르시 스파이스의 미묘한 감귤, 호두, 생강의 향은 오래 저장할 때 살아남지 못한다. 게다가 이런 옛날 품종은 재배한다고 해도 수확하자마자 먹어버리고 거의 저장하지 않는다. 키드와 웨스트는 오래전부터 지금까지 영국에서 가장 인기 있는 사과인 콕스 품종에 적합한 공기 성분비를 찾아내려고 애썼지만, 조절된 공기 속에서 몇 달쯤 저장하면 과육에 물이 차거나, 움푹 파여 쓴맛이 나거나, 갈색 얼룩이 계속 커지는 등 여러 질병에 시달리기 일쑤였다.

"우리의 슈퍼마켓은 생활이 편리해지기를 원하지요." 에반스는 체념한 표정으로 말했다. "슈퍼마켓은 일 년 열두 달 내내 꾸준히 진열대에 올려놓을 수 있는 품종을 원하며, 이는 보관하기 좋은 품종을 의미합니다." 진화 생물학자들은 어떤 종이 특정한 환경에서 살지 못하게 막는 과정이나 조건을 **생태학적 필터**라고 부르는데, 지난 세기 동안 저온 저장은 시장의 사과 품종에 작용하는 강력한 생태학적 필터임이 입증되었다. 에반스는 1930년대에 키드와 웨스트가 과일 저장 연구를 수행했던 저온 연구소의 켄트 소재 별관에서 사과 육종가로서의 경력을 시작했을 때 가장 좋아하는 사과는 콕스 오렌지 피핀 품종이었다고 말했다. "지금은 그냥 다음에 나올 사과라고 말하죠." 다른 특성이 어떻든 자신의 육종 프로그램에서 잘 저장되도록 개발한 최신 품종이 가장 좋다는 것이다.

"물론 맛이 제일 중요합니다." 그녀는 나에게 이 점만은 안심해도 좋다고 말했다. "하지만 그다음은 저장입니다. 저는 워싱턴주를 위해 사과를 개량하고 있고, 우리는 엄청나게 많은 사과를 재배하고 있어요. 수확량의 대부분을 냉장하지 않으면 판매량 측면에서 이 작물을 감당할 수 없습니다." 에반스는 새로운 사과 품종이 저온 저장고에서 최소 두 달 이상 살아남을 때까지는 맛과 질감을 평가하지 않는다. 그녀는 2019년 12월에 이 프로그램의 첫 번째 품종을 내놓았다. 그녀가 WA 38이라고 부르는 이 품종은 '코스믹 크리스프Cosmic Crisp(우주적인 아삭함)'라는 이름으로 시장에 소개되었고, 공기 조절 저장고에서 12~14개월 동안 보관해도 큰 문제가 없다.

이는 코스믹 크리스프가 슈퍼마켓 진열대에 올라갈 수 있다는 뜻이다. 가정용 브랜드라는 드문 지위를 얻으려면 어떤 식품이든 일 년 내내 거의 동일한 맛과 모양을 유지한다는 조건을 충족해야 한다. 소비자가 사과를 사러 갔을 때 이 품종이 진열대에 없다면 1,050만 달러(코스믹 크리스프 출시를 위한 마케팅 비용)로 인플루언서와 우주비행사까지

고용하여 홍보해 봐야 무슨 소용이 있을까? "핵심은 단순히 사람들이 먹을 과일을 생산하는 것이 아닙니다." 에반스는 어깨를 으쓱하며 웃었다. "사람들이 그 사과를 사고, 또 사게 하는 것입니다."

생산자와 소비자에게 모두 이득이라는 다나 달림플의 결론은 처음에는 잘 맞는 듯했지만, 오래가지는 못했다. 공기 조절 저장이 처음 등장했을 때는 재배자에게도 좋았다. 사과가 귀한 봄철에 수확물을 비싸게 팔 수 있었기 때문이다. 하지만 곧 더 많은 재배자들이 저장 시설에 투자했고, 그 시설을 채우기 위해 더 많은 나무를 심었다. 공급이 늘어나면서 가격은 떨어질 수밖에 없었다. "재배자들은 우리가 내놓은 많은 품종으로 수익을 내기 위해 정말로 많은 노력을 하고 있습니다"라고 에반스는 동의한다.

간단히 말해, 저온 저장 때문에 사과는 아무런 개성이 없는 상품이 되어버렸다. 이런 상품이 경쟁할 수 있는 유일한 방법은 가격뿐이다. 재배자들은 전통적인 품종의 독특한 맛과 외관을 포기하고 가용성 측면에서 우위를 점하려고 했지만, 6월에도 사과가 보편화되자 사과를 차별화할 수 있는 요소가 거의 남지 않았다.

이런 관점에서 볼 때, 워싱턴주 재배자들이 코스믹 크리스프라는 브랜드의 창출과 마케팅에 전례 없는 투자를 한 것은 이러한 추세를 뒤집고 소비자들이 관심을 가지고 돈을 쓸 만큼 흥미롭고 독특한 사과를 만들기 위한 조금은 절박한 시도이다.* 예전에는 뉴처럼 폭신폭신

- 최초의 브랜드 사과는 〈핑크 레이디〉였다. 코스믹 크리스프 출신의 홍보 기획자에 따르면 〈핑크 레이디〉는 "아마도 세계에서 브랜드화에 가장 성공한 농산물일 것"이나. - 원주

한 식감과 매년 여름에 가장 먼저 익는 품종으로 유명했던 엠네스 얼리Emneth Early도 있었고, 북아메리카에서 가장 오래된 품종으로 맛과 외관이 잘 변하지 않는다는 점에서 좋은 평가를 받았던 록스버리 러셋Roxbury Russet도 인기가 있었다. 냉장 필터에 걸려 사라진 두 가지 품종만 보아도 과거에는 매우 흥미롭고 특색 있는 사과가 많았다는 것을 알 수 있다.

소설가 존 스타인벡은 북부 캘리포니아의 살리나스 밸리에서 자랐다. 그는 〈에덴의 동쪽〉에서 "두 산맥 사이의 길고 좁은 협곡"이라고 이 지역을 묘사했고 "표토가 깊고 비옥하며" 겨울비가 내린 뒤에는 온갖 화려한 색깔을 뽐내다가 가을이 되면 "갈색이라기보다 황금색. 주홍색, 붉은색"으로 변하는 곳이라고 표현했다. 대수층이 커서 관개가 잘 되고 일조량이 풍부하며 태평양에서 불어오는 바람이 여름의 더위를 식혀주기 때문에 정착민들은 일찍부터 이 지역의 농업 잠재력에 주목했다. 샐러드에 열광하던 1920년대에 이 계곡을 지배하게 된 작물은 상추였다.

공기 조절 저온 저장에 의해 사과가 변했고, 상추도 똑같이 혁명적인 변화를 겪었다. 오늘날 150킬로미터 길이의 살리나스 밸리는 세계적으로 유명한 채소 산지로, 미국에서 소비되는 상추의 70퍼센트 이상이 이 지역에서 나온다. "미국 어디에도 이렇게 작은 농경지에서 널리 소비되는 상업용 작물을 이렇게 많이 재배하는 곳은 없다." 지리학자 폴 그리핀과 C. 랭던 화이트는 이 계곡에서 생산되는 상추가 미국 시장의 절반만 점유하고 있던 1955년에 이렇게 결론을 내렸다.

제1차 세계대전이 일어나기 전, 미국의 샐러드 애호가들(당시에는 드물었다)은 동부 해안 도시 외곽에서 재배하는 연한 잎의 상추나 버터 상추 같은 품종을 먹었다. 20년 후, 이 도시 중 한 곳에서 상추를 구입했다면 살리나스 밸리에서 생산된 아이스버그 상추일 가능성이 컸다. (게다가 늦가을부터 초봄까지라면 아이스버그 상추 말고는 살 수 있는 것이 없다.) 상추의 전설인 짐 러그는 "아이스버그 상추는 구두 가죽 같았다"고 설명한다. 아이스버그 상추는 잎이 두껍고 빽빽해서 부드럽고 느슨한 보스턴 빕 상추보다 훨씬 더 단단했다. 1958년에 크레이그 클레이번이 〈뉴욕타임스〉에 "인정받는 미식가라면 아이스버그 상추가 샐러드 재료 중에서 가장 질이 낮고 맛이 없다는 것을 부정하는 사람은 거의 없을 것"이라고 쓴 것처럼 비평가들에게 인기가 없었다. 그러나 단단하기 때문에 캘리포니아의 밭에서 동부 해안의 시장까지 가는 긴 열차 운송을 견디는 데는 유리했다.

살리나스 밸리의 초기 상추 개척자들이 항상 성공하지는 못했다. 처음 재배한 상추 일부는 소에게 사료로 주었다. 그다음에 나온 상추는 뉴욕에 도착하기까지 한 달 이상 걸렸는데, 도착했을 때는 끈적한 녹색 점액이 되어 있었다. 1920년대에 살리나스 밸리의 재배자들은 냉장에 눈을 돌렸다. 상자에 상추를 얼음과 함께 넣어 포장한 다음 그 위에 또 얼음을 덮었고, 운송 도중에도 얼음을 보충했다. 상추를 온전하게 보존하기 위해 화물 차량 한 대당 얼음 700킬로그램 아래에 상추를 묻어야 했고, 이전에는 로스엔젤레스라고 불렸던 이 상추에 지금은 익숙한 아이스버그라는 이름이 붙었다.* 비타민을 섭취해야 한다는 새로운 열풍에 사로잡힌 뉴욕 사람들은 당근, 감자, 양배추로 구성된 겨울 메뉴에 질려 상추를 집어 들었다.

그 후 10년 동안 미국의 상추 소비량은 두 배로 늘었다. 살리나스 밸리의 농부들은 콩을 뽑아내고, 키우던 소를 없애고, 과일나무를 뽑고 상추를 심었다. 상추는 1년에 두 번 수확할 수 있다는 이점도 있었다. 1920년대 중반에는 뉴욕시 전체보다 더 많은 얼음이 살리나스 밸리에서 생산되었다. 재배자는 상추가 상하지 않고 온전하게 운송하는 데 성공하기만 하면 한 번의 수확으로 농지 가격보다 더 많은 돈을 벌 수 있었다. 운이 좋지 않은 사람도 있었다. 제2차 세계대전이 끝난 뒤 살리나스 밸리의 상추를 담는 새로운 상자를 개발한 로버트 키케퍼는 "정말 도박과도 같은 사업이었다"고 말했다. "열차가 목적지에 도착한 뒤에 문을 열면 그 안에는 끈적끈적하게 변한 끔찍한 물체들로 가득할 때도 있었다." 존 스타인벡의 〈에덴의 동쪽〉에 나오는 가상의 인물인 애덤 트라스크에게도 이런 운명이 닥쳤다.

1915년, 뉴욕이 겨울 오렌지의 최대 시장이라는 정보에서 영감을 받은 그는 동부 해안의 도시 사람들이 살리나스 밸리의 농산물도 좋아할 것이라고 생각했다. "이 나라의 추운 지역에 사는 사람들은 완두콩, 상추, 콜리플라워처럼 겨울에 상하기 쉬운 농산물을 원하지 않을까?" 그는 이렇게 생각했다. "바로 여기 살리나스 밸리에서 그런 작물을 일 년 내내 재배할 수 있어." 이웃들은 그를 말리려고 했다. "동부 사람들은 겨울철 채소에 익숙하지 않아. 그들은 채소를 사지 않을 거

• 살리나스 밸리에서 가장 큰 상추 유통 업체인 브루스 처치 사Bruce Church Inc.에서 전해지는 이야기에 따르면, 상추를 싣고 그 위에 얼음을 수북하게 덮은 화물 열차가 지나가면 동네 아이들이 "빙산iceberg이 온다!"라고 외쳤기 때문에 이런 이름이 붙었다고 한다. - 원주

야." 하지만 트라스크는 얼음 공장을 매입하고 철도 차량 여섯 대에 상추를 싣는다. 그 결과는 "충격의 해에서도 가장 큰 충격이었다." 시에라네바다산맥을 지날 때 눈이 내려 기차가 느려졌고, 시카고에서 운행이 지연될 때 하필이면 이 지역이 겨울답지 않게 포근했다. 뉴욕에 도착한 상추는 "질펀한 음식물 쓰레기로 변해서 폐기 비용도 만만치 않았다."

상추가 복권이 아니라 안정적인 대규모 사업이 되려면 냉각 기술에서 또 다른 돌파구가 나와야 했다. 그것은 매우 낮은 압력을 만들고 유지할 수 있는 진공 펌프였다. 1929년 이스트만 코닥의 연구원들이 사진 필름을 건조하는 방법으로 개발한 이 새로운 기술은 금방 독자적인 사업이 되었다. 그 시절에 생선 기름에서 지방산을 추출하려면 열을 가해야 했는데, 생선 기름의 지방산은 매우 섬세해서 열에 파괴되거나 변질된다. 그러나 진공 펌프를 사용하면 열을 가하지 않고도 지방산을 분리할 수 있었고, 진공 펌프 사업은 이 영역을 집중적으로 파고들었다. 살리나스 밸리의 한 재배업체에서 '채소 교통 관리자'로 일하며 물류 문제와 씨름하던 강박적인 발명가 렉스 브런싱은 이 신기술에 대해 듣자마자 이 기술을 활용하면 아이스버그 상추를 얼음으로부터 해방시킬 수 있다고 생각했다.

브런싱은 이 아이디어로 고용주의 관심을 끌려고 노력했지만, 도리어 회사에서 쫓겨나고 말았다. "그는 항상 어떤 계획을 추진하고 있었다." 브런싱의 진공 냉각 회사를 인수하여 살리나스 밸리에서 가장 큰 상추 판매 업체가 된 포장 창고 사장 버드 앤틀은 이렇게 설명했다. 마침내 브런싱은 아이스버그 상추를 운송하는 나무 상자를 대체할 새 상자를 판매하고자 하는 키케퍼 박스 컴퍼니Kieckhefer Box Company로부터 일부 자금을 지원받았다. 나무는 너무 두꺼워 진공이 잘 작동하지 않았고, 얼음으로 냉각한 상추를 골판지 상자에 담아 운반하면 물에 젖어 여러 가지 문제가 생길 수 있었다. 따라서 키케퍼와 브런싱이 협력하면 둘 다 이익이 될 수 있었다.

1946년 말, 브런싱은 "보일러와 파이프 부속품으로 이루어진 이상한 미로"를 조립했다. 근처의 고속도로를 지나가던 운전자들은 이 장치를 보고 "로켓으로 추진하는 배를 만들려는 가난한 사람의 시도"라고 비웃기도 했다. 그는 원통형 챔버에 상추 상자를 넣고 장치를 켜서 모든 공기를 빨아들였다. 진공 상태에서는 물이 상온에서 끓는데, 아이스버그 상추는 수분이 96퍼센트를 차지한다. 햇볕에 데워져 따뜻한 상추를 브런싱의 챔버 안에 넣고 공기를 빼면 조직 속의 수분이 날아가면서 빠르게 열이 제거되었다. 얼음으로 냉각하면 며칠이 걸렸지만 공기를 빼면 상추의 내부 온도가 단 몇 분 만에 1도까지 떨어져 이 효과만으로도 저장 기간이 며칠이나 늘어났다. "상추 속에는 벌레가 있는데, 진공에서는 벌레가 폭발해 버린다." 키케퍼는 이렇게 설명했다. 그는 진공 냉각된 상추에서는 "어떤 주부도 벌레를 발견할 수 없다"고 지적했다.

"브런싱이 나를 재촉했어요." 포장 창고 건물을 진공 냉각 공장의 일부 소유권과 교환한 앤틀은 이렇게 말했다. 처음에는 살리나스 밸리의 대규모 상추 재배자들이 이 새로운 기술에 반대했다. 어쨌거나 그들은 이미 얼음 공장에 엄청난 돈을 투자했다. "영향력 있는 사업가들로 구성된 위원회에서 나에게 전화를 했는데, 업계에 어떤 일이 벌어질지 말했어요. 모든 사람이 일자리를 잃고 모든 얼음 회사가 파산한다는 것이었습니다." 앤틀은 이렇게 회상했다. "우리는 업계의 모든 사람에게 이 기술을 쓰라고 제안했습니다." 그는 계속해서 이렇게 설명했다. "우리의 제안은 거부당했습니다. 정말 믿을 수 없는 이야기입니다!"

초기의 저항이 거셌지만 진공 냉각기는 몇 년 만에 성공을 거두었다. 특히 상추 회사들이 진공 냉각기를 사용하면 얼음이 필요 없을 뿐만 아니라 막강한 노동조합으로 조직된 포장 노동자도 필요 없다는 것을 깨달은 다음부터 이 기술을 받아들이기 시작했다. 노동조합이 없는 현지에서 이민자를 고용하여 밭에서 상추를 수확하자마자 바로 포장할 수 있게 되었다. 이렇게 하면 상추에 벌레도 없고, 저장 기간도 훨씬 길어진다. 1950년대 중반이 되자 아이스버그 상추는 진공 냉각을 받아들였을 뿐만 아니라 미국 사람들이 가장 좋아하는 채소, 적어도 가장 많이 소비하는 채소가 되었다. 아이스버그 상추의 유통 규모가 커지면서 간소해진 덕분에 겨울철에도 신선한 상추를 먹을 수 있게 되었다. 하지만 살리나스 밸리에서 나는 상추의 경쟁력이 너무 커져서 제철에 소비되는 현지 품종까지 모두 사라지는 결과를 낳기도 했다.

채소를 더 싸게 재배할 수 있는 지역이 다른 지역을 제치고 농산물 가격을 낮추는 효과를 경제학에서는 비교 우위의 원리라고 부른다. 애덤 스미스는 〈국부론〉에서 이를 다음과 같이 간결하게 설명했다. "외국이 우리보다 더 싸게 재화를 공급할 수 있으면, 우리가 더 유리하게 생산할 수 있는 제품을 팔아 그 재화를 구매하는 것이 낫다."

살리나스 밸리의 유리한 기후에 따른 비교 우위가 냉장 덕분에 시장에서 힘을 쓸 수 있었고, 그에 따라 다른 지역에서 생산된 상추는 경쟁력을 잃었다. 또한, 대부분의 미국인에게 상추는 아이스버그 상추였다. 아이스버그 상추에 블루치즈 드레싱을 곁들이면 아주 좋은 샐러드가 되지만, 이것만으로는 다양한 품종이 가진 색다른 맛과 향을 대체할 수 없었다. 이런 상황을 바꾼 사람은 미국의 잃어버린 잎채소를 되살린 짐 러그였다. 그는 사과 저장에 혁신을 일으킨 것과 동일한 월풀 텍트롤 기술로 이 일을 해냈다.

러그는 농부가 되고 싶었지만 학교를 졸업할 무렵인 1956년에 가족이 캘리포니아의 농장을 팔아 버렸고, 어쩔 수 없이 브루스 처치 사에 연구 감독으로 취직했다. 살리나스 밸리의 원조 상추 귀족 중 한 사람이 설립한 이 회사에서 러그는 처치의 사위이자 사장인 테드 테일러 밑에서 일하게 되었다.

"테일러와 나는 산호아킨 밸리의 세이브 마트 매장에서 많은 시간을 보냈습니다." 러그는 거의 언제나 웃음을 섞어 가면서 말했다. "사람들이 아이스버그 상추 하나에 당근이나 로메인 상추 하나를 집어 드는 것을 보곤 했죠." 러그가 아이스버그 상추를 어떻게 사용할 계획인지 물으면 고객들은 로메인과 섞거나 당근을 잘게 썰어 샐러드를 만들겠다는 대답이 돌아올 때가 많았다. 테일러와 러그는 미국 주부들이 아이스버그 상추를 사는 것이 아니라 샐러드를 산다는 사실을 점차 깨닫게 되었고, 미리 씻어서 포장된 편리한 제품을 출시한다면 누구든 성공할 수 있다는 것을 깨달았다.

문제는 온전한 상추도 아메리카 대륙을 가로질러 운송하기가 쉽지 않은데, 잘게 썬 상추와 여러 가지 채소를 섞어서 만든 샐러드를 같은 길로 운송하는 것은 정말로 엄청난 일이라는 것이었다. "만들어진 샐러드를 운송하면서 싱싱한 상태를 유지하는 일은 거의 재난입니다." 나탈리아 팔라간은 이렇게 설명했다. "우선, 자른 상추에는 온갖 박테리아가 마음대로 침입할 수 있습니다. 게다가 함께 섞여 있는 여러 가지 야채는 모두 호흡 속도가 달라요. 이런 것이 2주 동안 상하지 않기를 바라나요?" 그녀는 두 손을 허공에 휘저으며 말했다. "불가능해요."

"이런 이야기는 외부인에게 비밀로 해야겠지만, 테일러는 '그거 알아? 자넨 상상력이 있고 난 돈이 있어. 그러니까 생각을 짜내 봐'라고 말하는 사람이죠." 러그는 또 한 번 웃으며 말했다. 월풀의 연구 센터는 북쪽으로 한 시간 거리의 서니베일에 있었고, 공기 조절을 통한 사과의 저장에 대해 읽은 러그는 이 기술을 상추에도 적용할 수 있다는 것을 즉시 알아챘다. 문제는 테드 테일러가 워싱턴주의 사과 재배 농가처럼 상추를 몇 달 동안 보관하고 있다가 출하하기를 원하지 않았다는 것이다. 그러므로 상추를 운송하는 도중에 호흡 속도를 느리게 조절해야 했고, 따라서 창고 크기로 구현된 기술을 어떻게든 봉지 정도의 크기로 축소해야 했다.

"차등 투과막 덕분에 포장 샐러드 제품이 홈런을 칠 수 있었습니다." 러그는 이렇게 설명해 주었다. 차등 투과막은 생명에 필수적이다. 세포를 둘러싸고 있는 막은 나이트클럽의 문지기처럼 어떤 분자는 우선 통과시키고 다른 분자는 천천히 통과시키거나 아예 통과시키지 않는다. 1960년대에 이르러 고분자 과학자들은 동일한 원리로 작동하는 필름을 설계할 수 있게 되었다. 산소 또는 이산화탄소가 특정 속도로 확산되도록 여러 가지 플라스틱을 섞어 압출하는 것이다. 여러 해 동안 시험한 끝에 러그는 다섯 개의 층을 결합하여 필요한 기능을 얻는 데 성공했다. "첫 번째 층과 마지막 층은 피막입니다." 그는 이렇게 설명했다. "가운데 층에는 멋진 무늬가 인쇄되어 있고, 그것을 둘러싼 두 층 중에 하나는 산소를, 다른 하나는 이산화탄소를 조절합니다."

놀랍게도, 봉지(상추를 담는 값싼 일회용 비닐) 자체가 키드와 웨스트의 공기 조절 창고의 축소판이다. 세심하게 설계된 필름의 미세한 구멍을 통해 산소가 특정한 속도로 들어오고, 이산화탄소는 다른 속도로 배출된다. 이런 방식으로 아메리카 대륙을 횡단해 슈퍼마켓 진열대에 놓일 때까지 잎 주변의 공기를 이상적인 비율로 유지한다. 러그는 봉지에 담을 모든 야채의 호흡 속도를 측정했다. "아이스버그 상추는 꽤 게으르지만, 로메인은 조금 더 열성적이었어요." 그는 이렇게 말했다. "연한 잎이 들어가면 마치 갓 자른 잔디처럼 뜨거워요." 그는 어린 시금치의 호흡이 특히 거칠다고 말했다. "시금치에 제대로 된 잎이 다섯 개밖에 없을 때 포장했지요"라고 그는 덧붙였다. "그렇게 이른 시기에는 정말 숨을 거칠게 내쉽니다."

러그는 최대한 소비자가 만족할 수 있는 비율로 샐러드 조합을 구성했지만, 마찬가지로 중요한 점은 개별 야채들의 호흡 속도에 균형을 맞추는 것이었다. "호흡이 느린 야채와 빠른 야채를 적절히 섞어 필요한 필름의 수를 줄였습니다"라고 그는 설명한다. "그 뒤에는 많은 과학이 있었습니다." 1989년, 브루스 처치 회사는 〈프레시 익스프레스Fresh Express〉라는 이름으로 최초의 봉지 샐러드를 출시했다. "아이스버그 상추, 로메인, 당근 등으로 구성된 〈패밀리 클래식〉 브랜드였죠"라고 러그는 말한다. "1991년에는 라디치오, 엔다이브, 에스카롤을 섞어 〈유러피안〉 샐러드를 선보였고, 1992년에는 〈시저스 슈프림〉이 나오자마자 큰 인기를 끌었습니다."

아이스버그 상추의 소비량은 짐 러그의 공기 조절 봉투가 샐러드의 모습을 바꾼 뒤에 절반으로 뚝 떨어졌고, 지금은 냉각 기술이 발전하지 않았던 시절의 향수를 불러일으키는 맛으로 자리 잡았다. 미리 잘라서 봉지에 담은 녹색 채소의 판매량은 급증했다. 이에 따라 살리나스 밸리의 농산물 사업은 가뭄, 식품 안전에 대한 우려, 병충해, 계속되는 노사 분규에도 불구하고 호황을 누리고 있다. 그러나 재배자들은 겨울 수확을 위해 일조량이 더 많고 노동자를 덜 보호하는 애리조나주 유마로 경작지를 옮기고 있다.

몇 년 전 〈프레시 익스프레스〉가 브라질의 거대 오렌지 주스 회사인 쿠트랄레에 매각되었을 때, 러그의 모든 기록은 그의 샐러드 봉투 시제품과 함께 버려졌다. 동료들이 그의 업적을 기리는 명판만 돌려주었고, 지금은 그의 차고에 보관되어 있다. 샐러드 봉투가 첨단 호흡 장치라는 것을 아는 사람은 거의 없다. "나는 이런 사람들도 많이 보았어요. 이게 서랍에 잘 들어가지 않네. 봉지를 뜯어서 공기를 빼고 납작하게 만들어야지." 팔라간은 이렇게 말했다. "그런 사람을 보면 이런 생각이 들죠. 세상에! 상추에 딱 맞는 공기를 만들려고 그렇게 애를 썼는데, 서랍에 들어가지 않는다고 봉지를 뜯는다고?"

과일이 주고받는 신호

"사과 위를 지나간 공기는 다른 생명들에게 해롭지 않을 것 같습니다." 저온 연구소의 소장 윌리엄 B. 하비는 1932년 영국 냉장 협회British Association of Refrigeration에서 연설할 때 이렇게 말했다. "하지만 그렇지 않습니다. 사과에서는 미묘한 뭔가가 방출되어 다른 식물들에게 엄청난 영향을 줍니다."

1930년대에 키드와 웨스트는 저장에 대해 연구했고, 사과를 오래 두면 옆에 있는 식물에게 이상한 영향을 준다는 것을 알아냈다. 묵은 사과 옆에 있던 감자에 기형적인 싹이 돋았는데, 하디에 따르면 "무엇보다 사마귀와 비슷했고" 완두콩은 싹이 뒤틀린 형태로 옆으로 자라났다. 바나나는 하룻밤 사이에 녹아내려 잎이 시들거나 떨어졌으며, 꽃봉오리가 벌어지지 않았다. 어린 사과는 "마치 늙은 사과가 젊음을 질투하여 파괴하는 것처럼" 빠르게 노화되었다. 그는 연설을 하면서 "이런 기이한 일들"을 설명하기 위해 강연장 곳곳에 붙은 사진을 가리

컸다.

키드와 웨스트는 최선을 다해 노력했지만 원인이 되는 화학물질을 측정하거나 식별하지 못했고, 하디는 그 물질이 매우 미량으로만 존재할 것이므로 틀림없이 뱀독보다 더 강력할 것이라고 결론지었다. "사과는 왜 이런 힘을 가지고 있을까요? 왜 사과는 다른 식물에게 그런 영향을 줄까요? 이러한 점과 사과가 내뿜는 물질의 정체는 생물학적인 수수께끼입니다." 하디는 이렇게 말한 뒤에 육류 저장에 대한 논의로 넘어갔다.*

저온 연구소의 대담한 연구자들은 결국 알아내지 못했지만, 이 생물학적 수수께끼의 정답은 에틸렌이었다. 에틸렌은 수천 년 전부터 이상한 현상을 일으키고 있었다. 색깔이 없고 달콤한 냄새가 나는 기체인 에틸렌은 탄화수소의 일종이며, 1660년대에 독일의 연금술사 J. J. 베처가 처음으로 분리했다. 그는 불에 탈 수 있는 모든 것에 들어 있다고 여겨지던 신비한 가연성 원소인 플로지스톤의 존재를 증명하려고 노력하다가 이 물질을 분리했다. (플로지스톤 이론은 한 세기 이상 과학계의 정설이었지만, 산소가 발견되면서 존재하지 않는다고 입증되었다.)

그 뒤로도 조지프 프리스틀리, 험프리 데이비, 욘스 야콥 베르셀리우스와 같은 위대한 과학자들이 화학적으로 에틸렌을 연구했지만, 폭발성이 매우 강하다는 것 외에는 유용한 특성이 거의 없다고 알려졌

• 저온 연구소가 수행한 수확 후 육류의 생리학적 변화에 대한 연구도 선구적이었다. 다만 상업적으로 적용하는 데 시간이 오래 걸렸을 뿐이다. 사후 강직의 생화학적 변화에 대한 초기 연구 대부분이 이 기관에서 이루어졌으며, 나중에 다른 과학자들이 육류의 저온 수축과 같은 문제를 해결하는 데 크게 기여했다. - 원주

다. 이러한 인식은 1901년부터 변화기 시작했다. 열일곱 살의 러시아인 디미트리 넬주보프는 길가에 서 있는 가스등과 가장 가까운 곳에 서 있는 가로수가 왜 비정상적으로 뒤틀리고 부풀어 오르는지 호기심을 가졌다. 그는 일련의 독창적인 실험을 통해 에틸렌이 원인임을 밝혀냈다. 가로등의 가스 불꽃을 감싸는 유리창이 밀폐되지 않아 완전히 연소되지 않은 탄화수소(에틸렌도 함유되어 있다)가 미량으로 누출되면서 주변 식물의 성장에 영향을 주었던 것이다.

그 후 수십 년 동안 넬주보프의 발견에 영감을 받은 원예학자들은 자신들이 좋아하는 과일이나 채소가 에틸렌에 어떤 영향을 받는지 연구했다. 워싱턴 DC에서 식물 탐정의 설록 홈즈로 알려진 정부 연구원 로드니 트루는 익지 않은 녹색 레몬이 에틸렌에 의해 노랗게 변한다는 것을 알아냈다. 미네소타주 세인트폴에서는 식물 과학자 R. B. 하비(또 한 사람의 로드니)가 에틸렌을 사용하여 셀러리 잎을 부드럽게 하는 방법을 알아냈는데, 이전에는 작은 골판지로 덮개를 만드는 등 번거롭고 시간이 많이 걸리는 작업이었다. "에틸렌이 일으키는 변화가 과일 판매에 큰 도움이 된다는 것이 분명해졌다." 하비는 미네소타 대학교 회보에 이렇게 썼다.

한편, 시카고 대학교의 생리학자 J. B. 카터와 A. B. 럭하트는 에틸렌이 동물에게 어떤 영향을 미치는지 알아보았다. 연구자들은 에틸렌을 흡입한 흰쥐, 기니피그, 새끼 고양이가 기절하는 것을 보고 나서 몇몇 친구들과 함께 직접 에틸렌을 흡입해 보았다. 〈미국 의학 협회 저널〉에 게재된 보고서는 기쁨으로 넘쳤다. 카터는 "행복감과 상쾌함"을 느꼈고, 럭하트는 "언제까지나 가스의 영향을 받으며 누워 있고 싶었다"라고 선언할 정도로 행복감을 느꼈고, 실험에 동참한 친구 아처 C. 수단은 "엄청나게 많이 웃고" 옆에서 바늘로 찔러도 알아차리지 못했으며, 의식이 돌아오자마자 "흥분해서 두서없이 자기가 겪은 일을 떠들어댔다." 에틸렌은 마취제로 인기를 끌 것처럼 보였지만, 아쉽게도 폭발성 기체가 있는 곳에서 전기 장치를 사용하다가는 수술실에 불이 날 수도 있다는 사실이 알려졌다. 따라서 마취제로 응용되지는 못했고, 독성학자 헨리 스필러에 따르면 에틸렌은 광란의 20년대에 상류층의 영매 집회에서 사용하는 약물이 되었다.

스필러는 센트럴 오하이오 독극물 센터에서 소장으로 일하면서 흡입제 남용을 연구하다가 에틸렌을 알게 되었다. 1990년대 후반에는 지질학자 젤레 자일링가 드 보어, 고고학자 존 헤일과 함께 고대 그리스 델포이의 아폴로 신전에서 여사제들이 신탁을 선포한 것이 에틸렌을 흡입한 결과일 수 있다는 설득력 있는 가설을 제시했다. 드 보어는 지금은 고인이 되었지만, 헤일과 스필러는 그리스 정부로부터 신전 근처에 원자력 발전소 건설의 타당성 조사를 의뢰받으면서 시작된 이야기를 들려주었다. 정부에게는 실망스럽게도 이 지역에서 수십 개의 지질 단층이 발견되었다. 그중 하나는 신전에서 여사제들이 앉아 있었을 것으로 추정되는 지하실 바로 아래에 있는 석회암 단층이었다. 이 암반의 공동에는 에틸렌을 함유한 탄화수소가 들어 있었고, 단층이 이동하면서 에틸렌이 위로 올라와 지하수에 용해된 다음 여사제들의 방으로 흘러가는 샘에서 증기로 솟구쳐 올랐을 것이다.

드 보어, 헤일, 스필러는 지질학, 역사, 독성학의 증거를 종합하여 신빙성이 있는 가설을 만들어냈다. 여사제가 신선 지하의 가장 안쪽에 있는 성소인 아디톤adyton으로 내려가 고대 그리스 연대기에서 '달콤한 냄새가 난다'고 묘사한 기체를 흡입하고, 알쏭달쏭하게 알 수 없는 말을 내뱉었다는 것이다. 1920년대 시카고에서 실험에 참여해 에틸렌 기체를 흡입하고 횡설수설했던 연구자들의 친구 아처 수단처럼 말이다. 그들의 이론을 시험하기 위해 세 연구자는 에틸렌 탱크를 마련했고, 스필러의 정원에 있는 창고에서 실험을 진행했다. 운 좋게도 이 창고가 델파이의 지하실과 크기가 똑같았기 때문이다. 스필러는 탱크에 연결된 호스를 창고의 자갈 바닥 아래에 넣어서 여사제가 앉았던 의자 대신 정원에 있던 야외용 의자 아래에서 기체가 나오도록 했다. 실험 준비를 마친 그는 이웃 여성 한 명을 불러왔다. "2분쯤 지난 다음에 우리는 그녀에게 켄터키 경마에서 어떤 말이 우승할지 물었습니다"라고 스필러그 회상했다. 안타깝게도 세 연구자는 정원 창고의 신탁에서 경마에서 돈을 딸 만한 정보를 얻지 못했다. "그녀는 어지러워했어요." 스필러는 이렇게 말했다. "그녀는 의식을 잃지 않았고 우리에게 말을 했지만, 아마 간단한 수술을 해도 될 상태였습니다."

에틸렌은 영매 집회와 원예 분야에서 큰 인기를 끌었지만, 1934년에야 저온 연구소의 키드와 웨스트의 동료인 리처드 게인이 사과에서 나오는 "알 수 없는 그 무엇"이 사실은 미량으로 방출되는 에틸렌 기체라는 것을 알아냈다. 사과는 신탁에 사용된 강력한 마취제를 스스로 생산할 수 있다. 그뿐만 아니라 이후 수십 년 동안 무화과, 멜론, 배, 복숭아 등 수십 가지 과일에도 이런 능력이 있음이 밝혀졌다.

후속 연구에서 에틸렌은 과일과 채소에서 다양하게 활용되는 신호 분자임이 밝혀졌다. 다시 말해 에틸렌은 기체 호르몬 또는 화학적 신호 물질로서 식물이 일상의 리듬을 유지하고 손상, 스트레스, 질병 위협을 서로 알려주는 역할을 한다는 것이다. 또한 식물의 성장 단계를 조절하고 과일을 생육의 다음 단계로 넘어가게 하거나 억제하는 역할을 하는 것으로 보인다. 토마토와 상추 씨앗에 에틸렌 기체를 주입하면 발아를 촉진하고, 반대로 양파와 감자에 에틸렌을 주입하면 발아를 억제한다. 에틸렌을 주입한 물을 파인애플 밭에 뿌리면 파인애플이 일제히 꽃을 피운다. 묵은 사과는 저온 연구소의 하디가 추측한 것과 반대로 질투심 때문이 아니라 자기를 희생하면서 에틸렌을 생성하여 젊은 사과가 번식의 다음 단계를 준비하도록 돕는다. 에틸렌 기체에 노출된 사과는 더 부드러워지고 산도를 낮추며 당도를 높이는 효소를 만드는 유전자를 활성화시킨다. 이렇게 해서 오래전에 멸종한 야생 동물이 맛있는 사과를 따 먹고, 씨앗이 소화되지 않고 배설되어 다른 곳에서 사과나무가 자라면서 계속해서 넓은 지역으로 퍼졌다.

오늘날에는 엄청난 에너지를 소비하는 거대한 공장에서 에틸렌을 연간 2억 톤 이상 생산하고 있어서, 다른 어떤 유기 분자보다 더 많이 만들어진다. 더 큰 탄화수소인 에탄의 분자 결합을 깨서 에틸렌을 만들기 때문에 이런 공장을 크래커라고도 부른다. 델파이의 신탁을 낳았던 바로 그 화학물질이 폴리에틸렌 비닐봉지에서 폴리에스테르 원단에 이르기까지 온갖 제품의 주원료로 석유화학 문명의 근간을 이루고 있다. 이 과정에서 에틸렌은 과일과 채소의 대규모 저장과 유통을 가능하게 하는 정교한 공기 조절에 필수적인 요소가 되었다.

공기 조절 저온 저장 시설에서는 전반직으로 대사 속도가 느려지므로 에틸렌에 대한 반응도 느려진다. 브로콜리나 사과를 더 오래 저장해야 할 때는 과망간산칼륨과 같은 화학물질이 함유된 필터를 추가로 사용해 에틸렌 기체를 제거한다. 과망간산칼륨은 공기에 들어 있는 에틸렌을 흡수하여 이산화탄소와 물을 형성한다. 최근에는 훨씬 더 정교한 방식으로 에틸렌의 영향을 감소시킨다. 1-MCP로 잘 알려진 1-메틸사이클로프로펜을 사용하는 것이다. 이 물질은 사과 자체의 에틸렌 수용체에 침투하여 사과가 에틸렌에 반응하지 못하게 한다. 1-MCP는 2002년에 스마트프레시SmartFresh라는 브랜드로 상용화되어 이미 미국에서 수확되는 사과 열 개 중 일곱 개에 사용될 뿐만 아니라 30종 이상의 다른 작물에도 사용되고 있다.

다른 과일도 상업적으로 성공하려면 온도 조절과 에틸렌 노출이 반드시 필요하다. 과일을 균일하게 하려면 적절한 시기에 에틸렌을 주입해야 하며, 균일성은 브랜드화하려고 하는 상품뿐만 아니라 상품으로서의 지위를 원하는 모든 식품이나 음료의 선결 조건이다. 에틸렌은 냉장과 함께 사용되어 전망이 없고 알려지지도 않았던 두 가지 과일을 세계적인 슈퍼스타로 거듭나게 했다. 첫 번째는 바나나였고, 그 다음은 아보카도였다.

폴 로젠블랫은 오래전부터 전화를 받을 때 "바나나!"라고 말했다.
내가 브롱크스 헌츠포인트의 드레이크 스트리트에 있는 거대한 시설인 〈바나나 디스트리뷰터스 오브 뉴욕Banana Distributors of New York〉을 처음 방문했을 때, 로젠블랫은 여전히 5개 자치구의 식료품점과 노점상에 매년 백만 상자의 바나나를 공급하는 책임자였다. 그는 결혼을 하면서 바나나 사업에 뛰어들었다. 그의 장인은 여덟 살에 노점상을 시작으로 평생 바나나를 팔아온 사람이었다. 팬데믹 이후 내가 다시 방문했을 때 로젠블랫은 은퇴했고, 사업을 확장하려던 이웃에게 회사를 매각했다. 회사를 인수한 다리고 뉴욕D'Arrigo New York도 가족 기업이다. 스테파노와 안드레아 다리고는 20세기 초에 시칠리아에서 이민을 왔다. 스테파노는 스티븐이 되어 캘리포니아로 이주한 후 아버지가 메시나에서 보내준 씨앗으로 채소를 재배하기 시작했고, 안드레아 또는 앤드루는 보스턴에서 농산물 도매업을 운영했다. 그들은 1926년에 얼음 철도 차량으로 신선한 브로콜리를 최초로 대륙 횡단 운송하는 일을 해냈다. 이 일은 냉동의 역사에 기록될 만한 작은 성취였다. 내가 최근에 방문했을 때 이른 아침부터 반갑게 맞이해 준 가브리엘라 다리고는 3대째 가업을 이어오고 있다.

벽돌 건물은 겉으로 보기에 평범했고 심지어 낡아 보였다. 건물에 붙은 간판에서 바나나의 끝 글자 'a'가 떨어져 나갔고 "모든 색깔을 모든 날에Every Color, Every Day"라는 문구는 거의 읽을 수 없을 정도로 색이 바랬다. 그러나 내부에서는 로젠블랫 밑에 있다가 회사가 인수된 뒤에도 계속 남아 일하고 있는 수석 숙성 책임자 후안 루치아노가 일주일에 200만 개 이상의 바나나를 숙성시키기 위해 환기, 습도, 공기 성분은 물론 온도까지 정밀하게 모니터링하고 조정하는 복잡한 공기 제어 체계를 조절하고 있었다.

일반적인 생각과는 달리 바나나는 최고의 냉장 과일이다. 바나나가 이국적인 사치품이 아닌 세계적인 상품이 되기 위해서는 단절되지 않는 서온 유통망이 필수다. 이런 사실은 대부분의 사람들에게 충격적일 것이다. 미국 대중들에게 강한 인상을 남긴 브랜드 마스코트인 미스 치키타의 조언을 정면으로 반박하는 것이기 때문이다. 1944년, 타이트한 빨간 드레스와 그 시대에 유명했던 카르멘 미란다가 썼던 것과 비슷한 과일 샐러드 모양의 모자를 쓰고 무대에 나타난 바나나 아가씨는 시청자들에게 "바나나는 적도의 열대 기후를 좋아하니 / 절대 냉장고에 넣지 말라"고 경고했다.

사실 냉장 기술이 등장하기 전까지 바나나는 고향인 열대 지방을 벗어나면 귀하고 값비싼 식품이었다. 에이브러햄 링컨이나 앤드루 잭슨과 같은 저명한 미국인들도 바나나를 맛본 적이 없을 것이다. 전기 가로등을 발명한 작가이자 정치 운동가인 프레드릭 업햄 애덤스는 〈대기업의 로맨스Romance of Big Business〉 시리즈의 첫 번째 책을 통해 1876년 필라델피아에서 열린 〈센테니얼 박람회〉에 전시된 바나나 잎을 처음 본 어린 시절의 생생한 기억을 묘사했다. "수많은 관람객으로 둘러싸여 있었고", 훔쳐 가거나 건드리지 못하도록 철저하게 경비하고 있었다. "무엇이든 감동을 잘 받는 어린 마음에 바나나는 그 광대한 건물에서 본 수많은 것들 중에서도 가장 깊은 인상을 주었다." 애덤스는 이렇게 덧붙였다. 그의 아버지는 일리노이에 있는 가족에게 가져다주기 위해 깜짝 놀랄 정도의 거금을 들여 "거의 검은색"으로 변한 바나나를 샀다. "여섯 개 중 두 개는 너무 많이 썩어서 버렸지만, 나머지 바나나는 나눠 먹었다." 그가 다시 바나나를 보거나 먹은 것은 오랜 세월이 지난 뒤였다고 한다.

1899년에도 〈사이언티픽 아메리칸〉은 "감자보다 영양가가 44배나 높은" 과일인 바나나가 운송이 어려워서 "상당한 규모의 시장에 접근할 수 없다"고 한탄했다. (이 기사의 작성자는 바나나를 말려서 바나닌이라는 가루로 만들면 "많은 나라의 노동 계급에게 최대한 저렴한 비용으로 건강에 좋고 영양이 풍부한 식품을 제공할 수 있을 것"이라는 희망을 품었다.) 그러나 불과 몇 년 후, 신선한 바나나는 가난한 사람들에게 싸게 팔리고 미국에 처음 도착한 이민자들에게 나눠줄 만큼 흔해졌고, 버려진 껍질이 공공의 골칫거리가 될 정도였다. 1908년 〈소년을 위한 스카우팅 Scouting for Boys〉 초판에서는 매일 할 수 있는 선행으로 "거리에 떨어진 바나나 껍질을 주워 사람들이 넘어지지 않게 하는 것"이 제시되었고, 1915년 찰리 채플린은 버려진 바나나 껍질에 미끄러지는 코미디의 유명한 장면을 만들었다.

바나나는 애플파이까지 밀어냈다. 1920년대에는 바나나가 미국인들이 가장 좋아하는 과일로 미국 내에서 재배한 과일을 앞질렀다. 오늘날 바나나는 미국뿐만 아니라 전 세계에서 가장 인기 있는 과일로 편의점, 주유소, 조식 뷔페 같은 곳에서도 쉽게 찾아볼 수 있다.

무엇이 이런 변화를 가능하게 했을까? 증기선, 기차, 착취적인 농장 문화, 심지어 CIA의 음모라는 설도 있지만, 무엇보다도 냉장이 가장 큰 역할을 했다. 바나나는 단단한 녹색일 때 수확한다. 저장 온도와 공기 성분을 조절하여 익기 전의 상태를 오래 유지하는 것이 바나나가 상업적으로 성공한 비결이다. 부패하기 쉬운 이국적인 과일이 대량으로 판매되는 표준화된 상품으로 변신하기 위해서는 한 세기에 걸친 끊임없는 노력, 창의적인 실험, 값비싼 실패, 점점 더 정교한 기술 개발이 필요했다. 슈퍼마켓의 농산물 코너에서 사계절 풍성한 식료품을 살 수 있게 되기까지는 보이지 않는 많은 노력이 있었다.

바나나가 잘 자라는 열대의 더위와 습도에서, 녹색일 때 수확한 뒤 1~2주가 지나면 익기 시작한다. 그다음부터 노란색으로 단단한 상태로 되었다가 갈색으로 변해 걸쭉해질 때까지 빠르게 진행되는 과정은 멈출 수 없다. 1880년대에 이르러 범선이 증기선으로 바뀌자 카리브해에서 미국 동부 해안까지 순풍일 때 3주쯤 걸리던 운송 시간이 날씨와 관계없이 2주 이내로 단축되었고, 최초의 바나나 기업가들이 등장했다.

기계 냉장 없이는 미국으로 운송하는 도중에 바나나의 4분의 1이 썩어버렸다. 그러던 중 1901년 획기적인 해결책이 나왔다. 영국 정부의 요청으로 두 회사(뎀프스터와 피프스로, 오늘날에도 영국 바나나 무역을 지배하고 있다)가 힘을 합쳐 새로운 자회사를 설립했다. 〈제국 서인도 직송 우편 서비스Imperial Direct West India Mail Service〉는 이름에서 알 수 있듯이 영국과 서인도 식민지 자메이카 사이의 편지, 소포와 함께 가끔 승객도 운송하는 일을 담당했는데, 적자를 기록하던 이 사업을 바나나 운송이 먹여 살리고 있었다. 이 회사는 냉동육 무역에서 빌린 냉장 기계를 증기선 여섯 척에 설치했고, 유럽에 도착하는 바나나의 양은 3년 만에 다섯 배로 늘어났다.

보스턴의 청소부에서 바나나 거부가 된 앤드루 프레스턴은 이 사실에 주목했고, 곧바로 자신의 새로운 사업인 〈유나이티드 프루트 컴퍼니United Fruit Company〉를 위해 선박 전체에 냉장을 도입하기로 결정했다. 그는 몬트리올에 본사를 둔 아메리칸 린데 냉장 회사American Linde Refrigerating Company와 계약을 맺고 보통의 과일 운반선인 비너스호를 개조하기로 했다. 아메리칸 린데의 수석 엔지니어였던 르웰린 윌리엄스의 회고에 따르면 비너스호를 "미국 냉장 기술의 결정판"으로 바꾸는 데 8주 걸렸으며, 오늘날의 가치로 약 200만 달러가 들어갔고, 단열재로 소털 30톤을 썼다고 한다.

비너스호의 첫 두 번의 바나나 운송은 실망스러웠고(선장은 편지에 화물 상태가 "조금 안타깝다"고 썼다), 프레스턴은 윌리엄스를 보스턴으로 불러 긴급회의를 열었다. "자네의 피아노는 괜찮은 것 같은데 어떻게 연주해야 할지 모르겠네." 최종적으로 프레스턴은 윌리엄스에게 이렇게 말했다. "자네가 가서 다루는 방법을 알려주면 좋겠어." 세 번째 항해 때는 윌리엄스가 승선해서 냉장 시스템이 제대로 작동하는지 확인했다. 코스타리카에서 출발한 녹색 바나나 화물 전체가 뉴올리언스에 무사히 도착했고, 프레스턴은 즉시 냉장 바나나 운반선 세 척을 더 건조해 달라고 주문했다. 이렇게 해서 유나이티드 프루트 컴퍼니의 거대한 백색 선단 Great White Fleet이 탄생했다. 이런 이름이 붙은 이유는 햇빛을 반사시켜 냉각에 도움을 주려고 배를 흰색으로 칠했기 때문이다.

냉장 덕분에 녹색 바나나는 수확지에서 최종 소비 지역까지 가는 몇 주 동안을 버틸 수 있게 되었다. 시간과 공간을 압축하는 이 기술의 능력은 어린 시절 바나나에 감동을 받은 프레드릭 업햄 애덤스의 말처럼 "온대 지방에 사는 사람들에게 조상들이 맛볼 수 없었던 과일과 식품"을 선사했다. "이것은 진정한 성과다. 이는 인류 발전의 총합에 대한 우리 시대의 공헌의 일부다." 바나나의 세계 정복을 향한 여정에는 한 가지 장애물만 남았다. 그것은 숙성이었다. 냉장 덕분에 미국 소비자들에게 바나나를 공급할 수 있게 되었지만, 에틸렌은 고객 만족의 열쇠였다.

여러 해 동안 바나나 수입업자들은 단순히 등유 난로를 켜 놓고 바나나 저장실의 문을 닫은 채 완전히 연소되지 않은 탄화수소가 제 역할을 해주기를 바랐다. 하지만 폴 로젠블랫과 가브리엘라 다리고가 "모든 색깔을 모든 날에" 공급하겠다는 약속을 지키기 위해서는 난롯불을 피우고 기도하는 정도로는 부족했다. 바나나 수입업자들이 다음 단계로 넘어가 바나나를 전 세계에 판매하려면 과일을 "깨울 수 있어야" 했다.

로젠블랫이 이 시설에서 가장 오래된 구역에 있는 저장실로 나를 안내했다. 복도를 따라 늘어선 크림색 문에 붙은 육중한 걸쇠를 열자 '쉭' 하는 소리와 함께 커다란 경첩이 돌면서 회색 방수포 아래로 최근에 가스를 주입한 바나나 상자 300개가 쌓인 낡은 단층 콘크리트 창고가 모습을 드러냈다. 창고 뒤쪽에는 합판에 어설프게 설치된 산업용 송풍기 두 대가 바나나 상자에 공기를 불어넣고 있었다.

나는 에틸렌을 조금 흡입해서 생물의 대사에 마법을 일으키고 그리스 여사제에게 신탁을 말하게 하는 효과를 직접 체험해보고 싶었다. 창고 안으로 들어서자 술집 카펫에서 나는 술과 토사물이 섞인 것 같은 달콤하면서도 약간 시큼한 냄새가 진동했다. "이 냄새가 싫어서 '바나나 창고 근처에도 못 가겠다'고 말하는 사람도 있습니다." 가브리엘라 다리고가 말했다. "나는 전혀 신경 쓰이지 않아요."

뉴욕 사람들이 언제나 먹을 수 있도록 바나나를 공급하려면 수십 개의 숙성실에서 온도와 공기 성분을 방마다 조금씩 다르게 조절하는 복잡한 조율이 필요하다. 수석 숙성 책임자 루치아노는 각 방에 24시간 동안 에틸렌을 주입하면서 이 과정을 시작한다. 보통은 17도에서 닷새에 걸쳐 바나나를 숙성시키지만, 수요와 공급의 일정에 맞추기 위해서는 18도에서 나흘 만에 창고를 비우기도 있다.

상자 중 하나에 검은색 플라스틱 실린더의 끝이 살짝 튀어나와 있었는데, 반대쪽 끝은 바나나 과육 깊숙이 박혀 있는 금속 탐침이었다. 로젠블랫은 디지털 디스플레이의 숫자를 보면서 "적절한 온도에서 숙성되고 있습니다"라고 말했다. 너무 차가우면 바나나가 '냉해'를 입어 질기고 칙칙한 색으로 변하고, 너무 뜨거우면 바나나가 물러질 수 있다.

1970년대로 거슬러 올라가는 이 방의 설계는 바나나를 묶지 않고 운반하여 손으로 쌓아야 했던 초창기의 유산이 반영된 것이다. 당시에는 공기를 다루는 기술이 그리 정교하지 않았고, 바나나 다발 사이로 공기가 잘 순환되지 않아 바나나가 고르게 익지 않았다. "전담 인력 한 사람이 한 시간마다 점검해야 했어요." 로젠블랫이 말했다. "바닥에 물을 쏟아 습도를 높이고, 바나나를 이리저리 뒤집고, 송풍기를 돌리는 등 마치 구석기 시대를 다룬 영화 같았죠."

오늘날의 바나나 저장실은 첨단 공상 과학 영화와 더 비슷하다. 2층과 3층 높이로 되어 있어 지게차로 적재하며, 처리량을 늘리고 고르게 익히기 위해 송풍 기능을 갖춘 강력한 냉각 장치가 방 가장자리를 따라 빙 둘러 설치되어 있다. 표준 바나나 화물은 사실상 화로와 같기 때문에 냉장이 필수적이다. "숙성 중인 바나나 상자에서 나오는 에너지는 작은 아파트의 난방에 사용할 수 있을 정도입니다"라고 로젠블랫은 설명했다. 실제로 그는 숙성 과정에서 나오는 열을 포집해 겨울철 자신의 사무실을 따뜻하게 유지하는 실험을 했다. 순수한 바나나 에너지로 열 교환을 하는 것이었다.

인공 빙설권의 순례자에게 〈바나나 디스트리뷰터스 오브 뉴욕Banana Distributors of New York〉의 방문은 특히 흥미롭다. 세계 최초로 방수포를 사용하지 않고 2단으로 지은 바나나 숙성실이 이 회사에 있기 때문이다. 세계 최대의 숙성실 제조업체인 〈써멀 테크놀러지스Thermal Technologies〉의 사장 짐 렌츠는 1980년대 로젠블랫이 아직 빨간 머리를 하고 포드 머스탱 스포츠카를 몰던 시절에 그의 장인을 위해 이 숙성실을 만들었다고 말했다. "정말 시대를 앞서가셨어요." 다리고가 말했다. "공간이 두 배로 넓어지고, 천장에서 공기가 순환하고, 방수포를 덮을 필요가 없는 등 훨씬 효율적이어서 더 바랄 게 없었어요."

이런 설비도 여러 해에 걸쳐 한층 더 발전했다. 렌츠에 따르면 오늘날 최첨단 3단 가압실은 17만 달러쯤의 비용이 들지만 "숙성 과정을 완벽하게 제어하고 균일성을 보장"하여 한 번에 두 트럭 분량의 바나나를 숙성시킬 수 있고, "더 보기 좋고, 더 오래 보관되며, 더 무거운 과일"을 생산할 수 있다. (멋진 가습 시스템 덕분에 무게가 늘어나며 저장 기간, 맛, 외관에 아무 문제가 없다. "바나나는 무게로 값을 받습니다"라고 렌츠는 지적한다. "껍질에서 수분이 마르지 않으면 스캐너를 통과할 때 값이 더 비싸게 매겨지죠.")•

- 최고급 과일을 기꺼이 비싸게 사는 일본에서 한 기업이 음악으로 실험을 해보았다. 숙성실에 모차르트 현악 사중주 17번과 피아노 협주곡 5번 D장조를 틀어 놓으면 바나나가 더 달콤해진다고 한다. - 원주

이에 따라 창고의 문도 밝은 노란색으로 칠해져 있다. 숙성의 정도를 나타내는 색상표에서 밝은 노란색은 6번이다. 색상표의 범위는 1(완전한 녹색)에서 7(완전한 노란색에 갈색 반점)까지이다. 소매업체들에게 가장 인기 있는 색은 2.5에서 3.5 사이이지만, 업체의 규모와 고객층에 따라 많이 달라진다. 〈바나나 디스트리뷰터스 오브 뉴욕〉에서 바나나를 공급받는 식료품 체인 〈페어웨이Fairway〉는 바나나를 며칠씩 보관하기 때문에 하루 만에 재고를 소진하는 식료품점보다 녹색이 더 짙은 바나나를 구매한다. "노점상들은 주로 라틴 아메리카 고객층을 대상으로 하는 상점과 마찬가지로 완전한 노란색을 좋아합니다"라고 로젠블랫은 말한다. 개인적으로 그는 매주 바나나를 두 개 정도만 먹으며 완전히 익은 7번 바나나를 좋아한다.

에틸렌 주입 처리를 마친 바나나는 매우 예민하다. "일단 숙성이 끝나면 다시 냉각하지 않습니다." 다리고가 말했다. 루치아노는 트럭이 도착하면 바로 바나나를 실을 수 있도록 숙성 시간을 맞추는 일을 담당한다.

"우리가 하는 일은 죽어가는 물건을 판매하는 것이죠." 다리고는 어깨를 으쓱하며 말했다. "죽기 전에 필요한 곳까지 보내려면 언제나 단거리 경주를 하듯 숨 가쁘게 달려야 합니다."

현대적인 숙성실에는 온도 변화에 따라 에틸렌을 조절하여 내보내는 주입구가 설치되어 있지만, 오래된 숙성실에는 이동식 에틸렌 발생기인 이지라이프Easy-Ripe를 사용하여 에틸렌을 낮은 농도로 균일하게 흘려보낸다. 초창기에는 고압 가스 용기의 에틸렌을 숙성실에 주입했기 때문에 쌓여 있는 바나나에 고르게 공급하기가 훨씬 더 어려웠을 뿐만 아니라 숙성에 문제가 생길 위험도 컸다고 로젠블랫이 말했다. 에틸렌은 가연성이 매우 높기 때문에 처음 이 기술을 적용했을 때는 바나나 숙성실에서 치명적인 폭발 사고가 드물지 않았다. 1936년 〈그레이트 피츠버그 바나나 컴퍼니The Great Pittsburgh Banana Company〉 폭발 사고 때는 건물 지붕이 날아가고 인근 거리의 창문이 깨졌으며, 바나나가 날아올랐다가 우박처럼 떨어져서 최소 직원 한 명이 매몰되었다.

다리고는 요즘은 루치아노가 앱으로 최첨단 숙성실의 상태를 모니터링할 수 있다고 말한다. "그는 더 이상 제대로 숙성되고 있는지 확인하기 위해 밤낮으로 이곳에 머물지 않아도 됩니다." 다리고가 말했다. 그럼에도 불구하고 그녀는 그날 아침 네 시에 출근했고, 저녁 5~6시가 되어서야 퇴근할 예정이라고 한다.

"바나나를 보살피는 것은 사랑입니다." 다리고가 말했다. "저는 사람들에게 여기서 일하는 것은 얼굴에 문신을 새기는 것과 같아서 정말 하고 싶다는 확신이 있어야 한다고 말합니다." 비록 그 존재는 거의 알려지지 않았지만, 그녀와 동료들이 정성을 쏟는 20개의 숙성실은 뉴욕 사람들이 1년 중 언제라도 곧바로 먹을 수 있는 신선한 바나나를 공급하는, 아무도 주목하지 않는 기적을 수행하는 기계 냉장과 공기 조절이 고도로 전문화된 숨겨진 구조의 중요한 연결 고리다.

바나나가 먼저 유명해졌지만, 다리고는 숙성이 과일의 시장성에 어떤 영향을 미치는지 알기 위해서는 아보카도를 살펴봐야 한다고 말했다. 20세기 내내 중앙아메리카 외의 지역에서 아보카도를 먹어보거나 접해본 사람은 거의 없었을 것이다. (실제로 대부분의 20세기 동안 아보카도를 엘리게이터 페어alligator pear, 즉 악어배라고 불렀다. 이는 멕시코 중부 지방에서 사용되는 나와틀어를 직역하면서 의미가 조금 바뀐 단어다. 원래의 단어는 아보카도와 고환을 함께 가리킨다.) 아보카도를 처음 접하는 사람들은 어떻게 먹어야 할지 난감해한다. 아보카도는 과일이긴 하지만 달지 않고 딱딱하고 미끄러우며 조리하기도 쉽지 않다. 아무도 아보카도로 무엇을 해야 할지 몰랐고, 더 큰 문제는 곧바로 먹을 수 없다는 것이었다.

"아이들이 어렸을 때, 토요일에 매장에 데리고 가서 아보카도 진열대에서 사람들의 행동을 관찰하곤 했습니다"라고 〈미션 프로듀스 Mission Produce〉의 CEO인 스티브 바너드는 이렇게 말했다. "사람들은 진열대를 살펴보고 잘 익은 아보카도를 찾지 못하면 빈손으로 돌아가곤 했죠." 결국 아보카도는 익었지만 고객이 원할 때 익지 않았고, 따라서 잘 팔리지 않았다.

바너드의 혁신은 아보카도 산업에 숙성실을 도입한 것이었다. 그는 혼자가 아니었다. 샌디에이고 카운티의 아보카도 농부 길 헨리도 같은 시기에 비슷한 실험을 하고 있었다. "아보카도는 바나나, 토마토 또는 다른 경쟁 농산물처럼 쉽게 사용할 수 있어야 소비자의 돈을 가져올 수 있습니다." 헨리는 1984년 캘리포니아 아보카도 협회의 회의에서 동료 재배자들에게 이렇게 말했다. 바너드와 헨리는 캘리포니아 대학교 데이비스 캠퍼스에서 수행한 연구를 활용하여 바나나의 숙성 방식을 아보카도에 적용했다. (이는 전혀 간단한 일이 아니다. 에틸렌 기체를 주입한 아보카도에서는 열이 많이 나기 때문에 냉각 능력이 세 배로 필요하며, 그렇지 않으면 폭발할 수 있다).

바너드는 숙성된 아보카도를 대규모로 판매할 수 있는 방법을 찾았다. 그는 로스앤젤레스 근처의 옥스나드에 있는 랄프스Ralphs 식료품점의 농산물 관리자를 설득해서 판매를 허락받았다. 그는 이 가게에서 익은 아보카도 상자 10개를 보통의 단단한 아보카도 바로 옆에 진열하고 한 개 가격을 20센트씩 더 비싸게 매겼다. 그는 금요일에 아보카도를 진열하고 월요일에 다시 왔는데, 아보카도가 있던 자리에 오렌지 무더기가 쌓여 있었다. "그걸 보자 화가 치밀어 올랐어요." 바너드는 이렇게 회상했다. "그러자 식료품점 직원이 '잘 익은 것은 토요일 오전에 다 팔렸고, 값이 싼 아보카도는 아직 여기 있습니다'라고 말하더군요."

이러한 성공에 힘입어 바너드는 남부 캘리포니아에 있는 모든 랄프스 매장에 잘 익은 아보카도를 납품하기로 계약했고, 1년 만에 이 체인의 아보카도 매출은 300퍼센트나 증가했다. 그 후 그는 짐 렌즈의 〈써멀 테크놀로지스〉와 계약을 맺고 미국 전역에 숙성실을 건설하여 처음에는 크로거, 그다음에는 월마트, 코스트코, 치폴레 등에 아보카도를 공급하기 시작했다. 인스타그램 인플루언서들의 영향력, 멕시코와의 자유무역협정, 에틸렌을 주입하는 냉장 숙성실 덕분에 1990년대 이후 미국인의 연간 아보카도 소비량은 평균 네 배나 증가했다. 최근 바너드는 상하이에 첫 번째 아보카도 숙성실을 만들었다. "중국 소비자들은 아보카도가 무엇인지 잘 모릅니다"라고 그는 말한다. "하지만 국수 한 그릇마다 아보카도 네 덩어리를 넣을 수 있다면 하루에 3만 4,000톤이 팔릴 겁니다."

선물 거래

바람이 부는 3월의 어느 날 아침, 나는 델라웨어의 윌밍턴 항으로 갔다. 세계 최대의 오렌지 주스 회사 중 하나인 브라질의 거대 기업 시트로수코가 운영하는 북아메리카 최대의 농축 주스 저장 시설을 방문하기 위해서였다. 대다수 미국인들이 인공 빙설권의 특별한 랜드마크인 이 저장 시설에서 나오는 주스를 마시지만, 내부를 본 사람은 거의 없다. 냉장 기술과 거기에서 더 발전한 공기 조절 저장 및 숙성실은 지난 세기 동안 몇 가지 과일과 채소가 지역과 계절의 제한을 벗어나 세계적인 필수품이자 무형의 브랜드가 될 수 있게 해주었다. 하지만 냉동고와 무균 저장 탱크의 도움을 받은 오렌지 주스는 이 모든 것을 뛰어넘어 금융 상품이 되었다.

헤어넷 위에 안전모를 쓰고 회색의 회사 후드 재킷을 입고 청바지 안에는 보온 내의를 입은 브라이언 포겔만은 지난 30년 동안 관리해 온 공장을 힘차게 걸으며 나를 안내했다. "나이가 들수록 추위를 더 타는 것 같아요." 그는 장갑 낀 손을 비비며 말했다. 담배를 피워 목소리가 거친 포겔만은 자기는 주스를 마시지 않는다고 곧바로 인정했다. 건조한 유머 감각과 함께 초조해하는 경향이 있는 그는 주말에 근무하지 않을 때 원격으로 주스를 모니터링할 수 있도록 무선 시스템을 설치해 달라고 상사에게 계속 요구하지만 아직도 실현되지 않았다.

우리가 처음 간 곳은 조종실이었는데, 거의 냉전 시대의 원자로처럼 보였다. 나무 탁자에 구멍을 내고 설치한 음극선관 화면에는 회로도가 희미하게 나타나 있었고, 화면 주위로 빨간색 숫자판과 크고 검은 조절 스위치가 배열되어 있었다. 회로 기판 가장자리에는 테이프로 붙여둔 포겔만의 휴대폰 번호가 보였다. 노란빛이 도는 침침한 조명, 회백색 벽, 칙칙한 카펫 타일이 낡은 느낌을 더했지만 1983년에 지어졌을 때 시트로수코의 '탱크 팜'은 최첨단 시설이었다. 이곳은 냉동 농축액을 대량으로 공급받기 위해 지은 최초의 시설이었고, 오렌지 주스를 미국인의 아침 식사 필수품으로 만든 혁명의 선봉이었다. "우리는 주스를 저장하고 혼합하여 탱크트럭으로 전국 각지로 배송합니다." 포겔만이 말했다. "북동부가 여전히 가장 큰 시장이지만, 일부 트럭은 브리티시컬럼비아까지 가기도 합니다."

우리는 보안경과 재킷을 착용하고 굽이쳐 흐르는 크리스티나 강을 따라 L자 모양으로 배치된 두 개의 거대한 흰벽으로 된 창고 중 짧은 곳을 통과했고, 포겔만은 머리가 멍해질 정도로 윙윙거리는 냉각 기계 소음을 뚫고 나에게 세부적인 기술 사항을 큰 소리로 설명해 주었다. 어둠 속에 2층 높이의 탱크 24개가 줄지어 있었고, 은빛 스테인리스의 옆면이 희미한 불빛을 반사하고 있었다. 각 탱크 안에는 끈적끈적한 갈색 슬러시가 백만 리터씩 들어 있다. 그것은 오렌지 주스이지만 당도가 여섯 배나 높고 오렌지 특유의 과일과 꽃의 향기가 전혀 나지 않는 단순한 시럽이다. 오일 성분과 공기가 제거된 이 시럽의 맛(업계에서는 처리된 맛 또는 펌프로 제거된 맛이라고 한다)은 대부분 빠진 부분에 의해 결정된다. 포겔만은 탱크에서 최대 2년 동안 냉동 보관할 수 있으며, 각 탱크를 개별적으로 냉각하지 않고 전체 공간을 영하 20도로 유지한다고 설명했다.

이 주스 보존 기술은 원래 제2차 세계대전 당시 미군의 연구비로 개발되었다. 당시 〈미군 병참 식품 개발 연구소The Quartermaster Subsistence Research and Development Laboratory〉에서는 군인들에게 비타민 C를 공급하기 위해서 휴대하기 쉽고 오래 보관할 수 있는 감귤 주스를 전투식량에 넣으려고 했다. 이와는 별도로 당시에 개발된 진공 기술의 잠재적 용도를 연구하던 물리학자들은(물론 살리나스 밸리의 렉스 브린싱도) 이 기술로 영양소를 파괴하지 않고도 음식에서 수분을 제거할 수 있다는 것을 깨달았다. 이들은 햄버거의 수분을 제거하는 연구를 하고 있었고, 당시 보도에 따르면 "최소한 먹을 만한 최종 제품에 도달했다." 그때쯤 군에서 가루 오렌지 주스를 만들어 달라는 요청이 들어왔다.

오렌지 주스는 햄버거보다 훨씬 더 까다로웠다. 최종적으로 개발된 방법은 먼저 증기로 가열된 증발기에서 오렌지 주스를 압력으로 농축한 후 분무 건조하는 2단계 공정이다. 실망스럽게도 이렇게 해서 만든 오렌지 가루는 여전히 "캐러멜화되어 갈색을 띠고 맛과 향이 다른" 문제를 안고 있었다. 다시 말해, 역겨운 맛이 났다.

문제가 해결되기 전에 전쟁이 끝났지만, 이후에 계속된 연구를 바탕으로 1946년에 설립된 〈배큠 푸드 코퍼레이션Vacuum Foods Corporation〉에서 1단계 결과(농축 오렌지 주스)를 미닛메이드라는 이름으로 상품화했다. 1950년대의 주부들은 냉동 농축된 미닛메이드 캔을 물에 타서 젓기만 하면 일 년 내내 '신선한' 오렌지 주스를 아침 식탁에 올려놓을 수 있었고, 실제로 사주 그렇게 했다. "왜 오렌지 주스를 직접 짜서 먹어야 하나요?" 빙 크로스비는 자신이 투자자로 참여한 브랜드 광고에서 이렇게 노래했다.

냉동 농축 오렌지 주스(업계에서는 frozen concentrated orange juice의 약어인 FCOJ를 널리 사용하고, "에프코즈"라고 읽는다)가 등장하기 전까지 플로리다 오렌지는 거의 주스가 아닌 과일로 소비되었고, 아침 식사를 마친 뒤에 주스를 마시고 싶은 대부분의 미국인은 토마토 주스 통조림으로 만족해야 했다. (오렌지 주스는 통조림으로 만들 수 없었다. 색깔이 탁해진 액체는 쓰고 끓인 테레빈유 같은 맛이 났다.) 그러나 냉동 농축 오렌지 주스가 등장하면서 플로리다주에서 재배되는 오렌지 열 개 중 아홉 개는 주스로 만들어졌고, 오렌지 생산량은 그 어느 때보다 많아졌다. 냉동 농축 오렌지 주스가 상업적으로 데뷔한 지 10년도 채 되지 않아 플로리다의 감귤류 재배 면적은 거의 두 배로 증가했다. 1960년대 초 작가 존 맥피가 오렌지 관련 취재를 위해 플로리다를 방문했을 때 플로리다대학교의 감귤류 전문가는 "농축액 열풍은 브라질 고무 열풍 이후 가장 큰 열풍"이라고 말했다.

생선 스틱, 아이스크림, TV디너와 반대로 냉동 오렌지 주스는 건강에도 도움이 되기 때문에 가정용 냉장고의 킬러 앱이 되었다. 깡통을 따는 정도의 수고도 필요 없이 편리하고 달콤한 맛이 보장되고 비타민

C가 가득한 음료가 매일 아침 식탁을 빛낸다면 미국인들은 새로운 가전제품을 살 만한 충분한 이유가 된다고 생각할 것이다. 1950년 1인당 연간 14잔 미만이었던 미국인의 오렌지 주스 소비량은 1960년에는 40잔 가까이로 늘어났다.

델라웨어에 위치한 포겔만은 플로리다와 브라질에서 주스를 공급받는다. 1960년대 초 플로리다에 허리케인이 불어오고 서리까지 내려 수확을 망쳤다. 냉동 농축액을 드럼통에 담아 배로 운송할 수 있게 된 브라질은 이 시기에 미국 시장에 진출했다. 오늘날에는 1,000만 리터 이상의 주스를 운반할 수 있는 특수 냉동 탱크 선박이 연간 8~10회 도착한다. 포겔만은 냉동 주스 탱크를 지나 모퉁이에 있는 2층 트레일러를 가리켰는데, 트레일러 주위에는 커다란 검정 고무호스가 둘둘 말려 있었다. 이 호스는 농축액을 운반하는 선박과 탱크를 연결한다. 포겔만은 농축액에서 형성되어 밸브와 필터에 모이는 구연산칼륨 결정체를 가리켰다. "이건 정말 골칫거리입니다." 그는 한숨을 내쉬며 말했다. "우리는 이것을 사탕이라고 부릅니다." 농축액은 얼려도 단단해지지 않고 검은 당밀처럼 끈적끈적해서 다루기 어렵기로 악명이 높다.

펌프로 농축액을 빼내기 시작하면 선박 하나를 완전히 비우는 데 걸리는 3일에서 6일 동안 멈출 수 없다. 따라서 직원들은 교대 근무를 하면서 24시간 내내 압력이 떨어지는지, 기포가 생기는지, 막히지 않는지 감시해야 한다. 이런 문제들을 재빨리 해결하지 못하면 역류하거나 와류가 생기거나 폭발할 수도 있다. "9분 안에 탱크를 채울 수도 있습니다." 포겔만이 말했다. "하지만 장비에 가해지는 압력이 너무 커지기 때문에 그렇게 하지 않습니다." 그의 강박적인 성격을 감안할 때, 나는 그가 이런 골칫거리를 줄일 뿐만 아니라 선박의 하역 시간을 단축하여 부두에서 더 빨리 처리할 수 있는 특수 설계된 새 장비를 도입할 계획을 세웠다는 소식을 듣고 놀라지 않았다.

양쪽에 늘어선 여러 탱크는 똑같이 생겼고 모두 냉동 농축액을 담고 있지만, 그 내용물은 서로 다르다고 포겔만이 말했다. 각 탱크에는 이른 시기에 수확해서 특정 색조와 단맛을 지닌 오렌지, 계절에 맞춰 수확해서 색이 짙은 오렌지, 부드러운 햄린 오렌지, 훨씬 더 달콤한 발렌시아 오렌지, 브라질산과 플로리다산 오렌지 주스가 담겨 있다. "우리는 고객이 각 탱크의 내용물에서 원하는 비율을 정확하게 조절합니다"라고 포겔만은 말한다.

완성된 주스의 색과 당도를 결정하는 혼합비는 영업 비밀이지만, 오렌지 맛이 다시 나도록 만드는 과정은 더 엄격하게 비밀이 지켜진다. 포겔만은 '풍미추가실'이라고 적힌 문을 열고, 원래의 주스를 증발시키는 과정에서 제거되어 회수되는 지용성 물질과 수용성 물질이 들어 있는 약간 작은 탱크들을 잠깐 보여주었다. "트럭에 실을 때 혼합합니다." 포겔만이 말했다. "모든 것이 주문에 따라 이루어집니다." 그는 미소를 지었다. "이런 방식으로, 주스가 신선하고 맛이 좋아집니다." 세계에서 가장 큰 주스 저장 시설 중 하나를 돌아보던 나는 그때 처음으로 오렌지 냄새를 맡았다.

냉동 주스의 잃어버린 맛을 복원하는 문제는 오히려 기회가 되었다. 제조업체가 음료를 맞춤 블렌딩할 수 있게 되면서 발렌시아 오렌지가 제철에 수확되었는지 여부와 상관없이 항상 같은 맛을 내는 미닛메이드가 탄생할 수 있었다. 감귤류 업계에 평생을 몸담았고 코카콜라 사의 주스 구매 책임자였던 짐 호리스버거는 〈블룸버그 비즈니스위크〉와의 인터뷰에서 "대자연을 가져와 표준화한 것"이라고 말했다. 주스를 처음 가공할 때 증발되어 포집된 300가지가 넘는 물질의 정확한 배합을 다시 추가하는 것이 아니라, 회사들은 자신만의 특정 레시피를 확립했다. 개별 화학물질을 혼합하고 비율을 조절하여 맞춤형 풍미 성분표를 창조한 것이다. 여기에 들어가는 각각의 화학물질은 오렌지에서 추출한 것이지만, 반드시 같은 오렌지에서 추출하거나 같은 비율로 추출한 것은 아니다. 하지만 미국 농무부의 용어를 사용하자면 "이름이 같은 과일에서 추출"했기 때문에 라벨에 착향 첨가물로 표시할 필요가 없다. 최종 제품은 자연에서 찾을 수 있는 오렌지 주스가 아니지만, 여전히 100퍼센트 천연 오렌지 주스로 표시된다.

이것이 의미하는 바는 이 오렌지 주스가 단순한 주스가 아니라, 하나의 브랜드가 될 수 있다는 것이다. 코카콜라와 펩시가 모두 콜라지만 코카콜라 팬들은 바닐라 향을 좋아하고 펩시 애호가들은 더 달콤하고 감귤 같은 맛을 선호한다. 마찬가지로 〈미닛메이드〉와 〈트로피카나〉는 모두 주스지만 미닛메이드(코카콜라 소유)는 "캔디 같은 독특한 맛"으로 유명하고, 트로피카나의 내부 사람들에 따르면 트로피카나(펩시 소유)는 그 자신의 고유한 맛을 가지고 있다고 한다. 트로피카나의 기술 총괄 책임자였던 칩 베틀은 〈아메리카 테스트 키친〉이 제작한 팟캐스트 〈프루프Proof〉에 출연해서 기자들에게 "우리는 이것을 진짜 톡 쏘는 맛이라고 불렀어요"라고 말했다. "입 안쪽이 얼얼해서 아침에 잠에서 깰 정도였죠."

윌밍턴에 있는 시트로수코 저장 시설의 주스 중 일부는 트로피카나 소유였지만, 바로 옆의 신축 건물에 보관되어 있었다. 나는 마비된 손가락으로 노트를 움켜쥐고 포겔만을 따라 약간 더 따뜻하고 훨씬 더 큰 흰색 상자 같은 건물로 들어가서 목을 길게 늘여 탄소강으로 만든 거대한 저장 탱크 세 개를 바라보았다. 거기에는 농축하지 않은 차가운 주스 600만 리터가 각각 담겨 있었다. 침전을 막기 위해 각 탱크에는 대형 아이스크림 기계처럼 한 쌍의 패들이 천천히 돌면서 휘젓고 있었고, 산화로 인한 비타민 C 손실을 막기 위해 거대한 맥주잔 위의 거품처럼 질소 기체의 층이 주스를 덮고 있었다.

나는 어머어마한 양의 액체를 머리 위로 올려다보면서 왜소해지는 기분이 들었다. 그 부피는 올림픽 규격의 수영장 일곱 개를 채울 수 있을 만큼 컸다. 탱크의 높이는 6층쯤이었고 폭도 비슷했다. 포겔만은 청소나 수리를 위해 빈 탱크에 들어가야 할 때 그와 동료들이 올라가야 하는 비계 설비를 가리키며 "이 계단은 운동이 됩니다"라고 말했다. "들어가기 전에 장비를 착용하는 데 40분이 걸립니다… 질소 때문에 구명 밧줄과 산소마스크를 써야 합니다." 내가 다녀간 지 얼마 지나지 않아 포겔만의 동료 한 명이 탱크 안에서 청소 작업을 하다가 떨어져 사망했다.

바닥에 안전하게 서서 바라본 이 방은 거대하지만 훨씬 더 조용하게 느껴졌고, 냉각 장비는 비교적 온화하게 1도의 온도에서 윙윙거리고 있었다. 우리가 탱크 안에 있다면 포겔만은 내 귀에 대고 직접 소리를 질러야 겨우 들릴 것이라고 말했다. 벽면을 에폭시 수지로 처리한 원통형 탱크 내부에서는 소리가 울려서 소음 외에는 아무것도 들리지 않을 정도라고 한다. 무균 탱크는 1980년대에 퍼듀 대학교 식품 가공 엔지니어 필 넬슨이 발명했는데, 그는 인디애나에 있는 가족 소유의 토마토 통조림 공장에서 일하며 자랐다. 그가 이 발명으로 세계식품상을 수상했을 때 잡지 〈푸드 엔지니어링Food Engineering〉에 설명한 것처럼, 그의 목표는 토마토 가공업체가 연중 시장의 흐름에 따라 소스, 주스, 케첩을 여유롭게 제조할 수 있도록 "공급 라인을 크게 확충하는 것"이었다. 넬슨의 발명으로 토마토 가공업체는 계절에 구애받지 않고 토마토를 가공할 수 있게 되었다. 오렌지 주스 업계에 도입된 무균 탱크는 연방 청문회에서 신선함의 의미에 대해 논의하는 계기가 되었다.

1980년대에 트로피카나는 오렌지 주스 업계에서 틈새시장을 노리는 업체였다. 이 회사는 소비자가 농축액에 물을 탈 필요 없이 용기에서 바로 마실 수 있는 주스를 판매한다는 아무도 시도하지 않은 아이디어를 추구했다. 미닛메이드처럼 갓 짜낸 주스를 농축하지 않고 그대로 저온 살균한 후 납작한 직육면체 형태로 얼려 플로리다 공장의 터널에 보관해 두었다가 필요에 따라 녹여 병과 상자에 포장하는 방식이었다. 이 모든 과정은 비용이 많이 들고 비효율적이었지만, 주스 맛은 오늘날보다 더 좋았다.

트로피카나가 바로 마실 수 있는 주스를 포기하고 농축 주스로 전환해야 할 위기에 빠져 있었을 때 넬슨의 탱크 기술이 등장했다. 오늘날 북미에서 가장 큰 냉동 탱크 중 하나는 플로리다 브래든턴에 있는 트로피카나의 저장 시설에서 찾아볼 수 있다. 윌밍턴 항구에 있는 시트로수코는 냉동 농축 주스와 저온 살균 냉장 주스를 거의 같은 양으로 보관하고 있지만, 거대한 무균 탱크가 도입되어 비농축NFC, not-from-concentrate 주스를 대량으로 판매할 수 있게 되었고, 이후 30년이 지나면서 미국인의 입맛은 결정적으로 변했다.

저장 공간이 더 많이 필요했지만, 트로피카나의 저온 살균 냉장 주스는 농축 주스를 판매하는 경쟁업체를 앞질렀다. 현재 미국 전체 오렌지 주스 시장에서 냉동 농축 주스는 4퍼센트 미만이고, 비농축 주스는 60퍼센트를 차지하고 있다.• "소비자들이 더 신선한 제품이라고 인식하는 것 같습니다." 플로리다 최대의 감귤 재배 협동조합 부대표 로버트 베어가 2012년 수입 관세 관련 청문회에서 미국 국제무역위원회 위원들에게 말했다. 최대 1년까지 보관하므로 "물론 신선한 오렌지 주스는 아닐 것"이라고 그는 덧붙였다. "하지만 나쁘지 않습니다."

이에 따라 코카콜라는 저장 시설의 확충에 투자하여 플로리다주 오번데일에 있는 〈심플리오렌지〉와 〈미닛메이드〉 병입 공장에 공급하기 위해 지난 10년간 1억 5천만 리터의 비농축 주스 저장소를 추가로 임대했다. 코카콜라의 호리스버거는 청문회에서 위원들에게 "이 공장은 단순한 주스 공장이 아니라 코카콜라가 소유한 공장 중 세계에서 가장 큰 시설입니다"라고 말했다. 플로리다에 1억 리터가 넘는 용량을 갖춘 이 냉동 저장 시설은 미국인들에게 매일 아침 주스를 공급하고 있으며, 미국의 국가 산업 예비 식량을 비축하고 있다. 호리스버거는 전국의 슈퍼마켓, 자판기, 패스트푸드점에 심플리오렌지와 미닛메이드를 언제든지 공급할 수 있도록 대비하고 있고, 다양한 맛과 색상

- • 나머지는 오래 보존할 수 있도록 가공한 주스와 냉동 제품을 해동한 오렌지 주스로 이루어진다. - 원주

의 수요를 충족시키기 위해 거의 9개월 분량의 주스를 재고로 보유하고 있다고 말했다. "저에게는 지켜야 할 브랜드가 있습니다. 이것이 핵심입니다." 그는 청문회에 참석한 의원들과 공무원들에게 이렇게 말했다. "우리는 재고를 항상 유지할 수밖에 없습니다." 미국 국제무역위원회의 어빙 윌리엄슨 위원장은 "이해합니다"라고 대답했다. "내가 원할 때 오렌지 주스를 마시고 싶으니까요."

냉동 농축 오렌지 주스는 쉽게 상한다는 한계를 뛰어넘어 뉴욕 인터컨티넨탈 익스체인지Intercontinental Exchange에서 거래하고 투기하고 손실에 대비하는 금융 상품이 되었다. 냉장은 주스를 언제, 어디서, 얼마나 재배하고 소비하는지를 변화시켰고, 심지어 주스의 맛까지 변화시켰다. 게다가 냉장의 시장 왜곡 효과로 주스 거래에는 도박에 가까울 만큼 특화된 틈새시장도 생겨났다. 이런 거래는 합법이지만, 많은 거래자가 불법과 합법의 경계에 가까운 거래를 감행한다. 냉동 농축 오렌지 주스 선물과 옵션을 거래하는 재무 분석가 숀 해켓은 이것을 "고위험, 고수익 게임"이라고 말한다. 해켓은 내가 만난 네 번째 오렌지 주스 투기꾼이었으며, 처음 세 명은 벌금을 냈거나 복역했거나 현재 감옥에 있다.

그는 이렇게 말했다. "이 시장은 아드레날린이 솟구치는 걸 즐기는 사람들이 좋아할 만한 구조로 되어 있습니다." 그 이유는 오렌지 주스 시장의 규모가 워낙 작아서 아이러니하게도 옥수수에 비해 유동성이 작기 때문이다. "유동성이 작으면 적은 돈으로도 쉽게 시장을 움직일 수 있기 때문에 변동성이 더 커집니다." 해켓이 말했다. "변동성이 크다는 것은 위험이 크다는 뜻이기도 하지만 기회도 그만큼 크다는 뜻입니다."

현대의 선물 계약은 1865년 시카고에서 옥수수, 귀리, 호밀과 같은 곡물을 거래하기 위해 탄생했다. 이 발명은 구체에서 추상으로의 근본적인 선환을 의미했다. 특정 농부가 특정 밭에서 재배한 특정 밀 자루를 특정 날짜에 특정 금액으로 교환하는 것에서 어떤 달의 마지막 거래일에 특정 등급의 밀 천 부셸을 특정 가격에 매매하겠다는 약속으로 바뀐 것이다. 풍작으로 곡물 가격이 떨어질 것을 걱정하는 재배자는 수확량의 일부를 미리 팔 수 있고, 흉작으로 곡물 가격이 오를 것을 걱정하는 구매자는 향후 공급량의 일부를 고정된 가격으로 확보할 수 있다. 이를 통해 시장의 양측이 모두 손실에 대비하는 장치를 마련할 수 있고, 재난이 닥쳐도 파국을 피할 수 있다. "이것이 바로 이 모든 것의 핵심입니다." 해킷이 말했다. "통제할 수 없는 상황을 원활하게 처리할 수 있도록 도와주는 것입니다."

얼마 지나지 않아 밀을 재배하지도 않고 밀을 쓸 일도 없는 사람들이 밀의 가격 등락을 예측하고 그에 따라 사고팔면 돈을 벌 수 있다는 것을 깨달았다. 실제로 곡물은 이 손에서 저 손으로 넘어가지 않는다. 이런 종류의 선물 계약을 거래하는 사람들은 담배를 입에 문 채 시장 가격의 차액을 옵션 만기일에 지불하기만 하면 계약을 이행할 수 있다.

이론상으로 거래자들은 서비스를 제공한다. 곡물 재배자와 구매자를 망칠 수 있는 위험을 일부 떠안고 분산시키고, 가격 급등락을 완화하면서 그 대가로 여기저기서 약간의 이익을 챙긴다. 실제로 그들은 시장을 조작하여 가격을 올리거나 내려 폭리를 취하는 방법도 재빨리 찾아냈다. 시카고 상품거래소의 팔각형 창구에서는 거래자들이 경기장처럼 생긴 계단에서 서로 몸짓과 고함을 주고받으며 하루 종일 땀을 흘리며 매매를 하곤 했다. "항상 미친 것 같은 아수라장이었습니다." 해켓이 말했다. "그러다 전자 플랫폼이 도입되면서 모든 것이 바뀌었습니다."

선물 시장은 옥수수, 밀, 대두 등 사일로나 자루에 수 개월간 보관할 수 있는 상품으로 시작되었다. 냉장 기술의 발달로 이런 방식의 계약은 곧 달걀과 버터 시장에도 일반화되었다. 1966년 미닛메이드가 미국인의 아침 식탁에 냉동 농축 오렌지 주스를 올려놓은 지 불과 몇 년 후, 오렌지 주스 선물 시장도 이 경쟁에 뛰어들었다.

"선물 시장을 위해서는 저장할 수 있고, 일관성이 있으며, 대량으로 운송할 수 있는 상품이 있어야 합니다"라고 해켓은 말한다. "최소한 9개월 동안 안정성이 있어야 합니다"라고 그는 덧붙였다. "냉동 농축액을 냉동실에 넣어두면 1년이 지나도 괜찮습니다." 또한 실행 가능한 시장은 규모가 크고 전 세계를 범위로 해야 한다. 냉장이라는 연금술의 알쏭달쏭한 경제적 효과 덕분에 한 계절에만 나는 과일의 상하기 쉬운 추출물이 마침내 충분한 유통 기한과 규모를 갖추게 되었다.˙

- 다른 부패하기 쉬운 상품들은 실행 가능한 시장을 형성하는 데 실패했다. 금융 저널리스트인 에밀리 램버트에 따르면, 냉동 생새우는 "많은 거래자들이 말하길, 닭고기 가격은 본질적으로 켄터키 프라이드 치킨에 의해 결정된다"는 이유로 결코 발전하지 못했다. 해켓이 가장 거래하고 싶다고 말한 상품은 감자 선물로, 냉동 감자튀김을 상업화한 억만장자 J. R. 심플롯이 계약을 불이행하기 전까지 존재했던 시장이다. 그는 "단지 시장의 잘못된 편에 섰다는 이유로" 계약을 이행하시 않았다. "거래소가 이를 허용한 것입니다." 해켓이 설명해 주었다. "그리고 바로 그 자리에서, 그 시점에 선물 시장이 종료되었습니다." - 원주

적어도 한동안은 말이다. 해켓은 요즘 냉동 농축 오렌지 주스 선물 거래가 "멸종 사태로 가는 미끄럼틀 위에 있다"고 우려한다. 한편으로 공급이 줄어들고 있다. 1960년대에 플로리다 농부들이 생산량을 늘리기 위해 넓은 땅에 복제 나무를 심었지만, 지난 몇 년 동안 감귤녹화병으로 모두 죽었다. 다른 한편으로, 미국의 오렌지 주스 수요가 수십 년째 감소하고 있다. 오렌지 주스를 마시던 사람들이 레드불이나 다른 대체 음료로 옮겨가고 있다. 한 브랜드의 설탕물을 버리고 다른 브랜드의 설탕물을 찾는 것이다. 냉장 기술은 오렌지 주스를 세상에 가져왔다가 빼앗아갔다. 8월에 브랜드 사과를 슈퍼마켓 진열대에 올려놓았지만 수백 개의 오래된 품종을 없애 버렸고, 북부 지방에 바나나를 소개했지만 그 대가로 열대 지방을 파괴한 것처럼 말이다.

무엇보다 해켓은 냉동 농축 오렌지 주스를 직접 마시지도 않는다. "여기 플로리다에는 말 그대로 나무에서 갓 따서 짜낸 정말 맛있는 오렌지 주스가 있습니다." 해켓이 말했다. "냉동 농축액에 문제가 있다는 말은 아니지만, 신선한 주스와 비교할 수는 없지요."

과일과 채소 중 축복받은 작물 몇 가지는 한 세기에 걸친 연구로 대사 체계가 상세히 밝혀졌다. 오늘날 우리는 사람보다 사과의 수명을 늘리는 방법을 더 잘 알고 있다. 키드와 웨스트는 과일을 이런저런 방식으로 처리하고 어떻게 반응하는지 관찰하면서 연구해야 했다. 수확 후 식물의 변화를 연구한 나탈리아 팔라간과 같은 새로운 세대의 과학자들은 다양한 조건에서 사과 세포 내부에서 일어나는 일을 정확히 볼 수 있을 뿐만 아니라, 과일의 생화학적 변화와 그 반응을 조절하는 유전자의 측면에서 왜 그런 일이 일어나는지 이해할 수 있는 도구를 가지고 있다. 팔라간은 이러한 장점을 이용해 더욱 정밀한 저장 방법을 설계한다. 그녀는 최근의 실험에서 블루베리 저온 저장고의 산소 농도를 24시간이 아닌 7일 동안 서서히 낮추면 과일의 저장 기간이 25퍼센트 늘어난다는 것을 보여주는 그래프를 제시했다. 그녀는 또 다른 여러 개의 그래프에서 이유를 찾아냈다. 과일이 호흡하는 공기를 갑자기 바꾸면 대사에 큰 충격을 준다는 것이다. 그녀는 그래프에서 호흡 스트레스를 보여주는 날카로운 변화(과일의 공황 발작에 해당한다)를 가리키며 이렇게 말했다. "블루베리는 '세상에, 무슨 일이야? 왜 산소가 없지?'라고 생각할 겁니다."

앞으로는 세포가 죽어가는 메커니즘을 더 깊게 이해하여 과일과 채소를 재배하는 방식을 바꾸고 유전자 수준에서 식물을 재설계할 수 있을 것이다. "우리는 수확 전 조건이 수확 후 품질에 어떤 영향을 주는지 알아가고 있습니다"라고 팔라간은 말한다. 언젠가는 블루베리의 수명 연장 방법에 수확 전 몇 시간 동안 식물의 액체 섭취량을 줄이는 처방과 호르몬 및 미네랄의 현장 분무 일정까지 포함될 것이다. 가까운 미래에 과일과 채소의 영구 저장이 가능하지는 않겠지만, 영구 저장에 점점 가까이 다가갈 것이다.

위스콘신 대학교의 채소 육종가 어윈 골드먼은 "이런 것들이 효과가 있다는 것이 정말 놀랍습니다"라고 말했다. 그는 '채소하다'라고 동사로 써야 한다고 생각하는데, 이는 인간이 좋아하는 식용 작물을 조작하여 영원히 시들지 않게, 원예학의 도리언 그레이로 만드는 전반적인 방식을 가리키는 동사라고 말한다. 골드먼에게 '채소하다'는 "인간이 식물을 가져다가 아주 덜 익었을 때 수확할 수 있도록 육종하여 부드럽고 사랑스럽고 먹음직하게 만드는 것"뿐만 아니라 수확한 과일이나 잎의 저장 기간을 무한히 늘릴 수 있도록 대사를 역설계하는 방법도 포괄하는 말이다. "우리는 식물에게 많은 것을 요구하고 있지요." 골드먼이 말했다.

물론 영원한 젊음을 그린 오스카 와일드의 도리언 그레이 이야기에서도 그렇듯이, 우리가 원하는 것을 얻으면 예상치 못하고 바람직하지 않은 결과가 따르기도 한다. 냉장을 통해 상하기 쉬운 바나나, 사과, 아보카도가 상품으로 유통되고, 한 계절에만 수확할 수 있기 때문에 일어나는 과잉 생산이 공기 성분 조절 창고를 통해 자본 축적의 기회로 전환되며 숙성실을 통해 수요가 공급을 촉진할 수 있다. 냉장 공급망 덕분에 북아메리카에서 자생하며 열대 과일과 비슷한 포포pawpaw 대신 바나나를 수입해서 먹게 되었고, 공기 성분을 조절하는 저장고 덕분에 코스믹 크리스프 사과 품종과 인플루언서를 이용한 판매가 가능했으며, 숙성실 덕분에 아보카도 토스트가 밀레니얼 세대의 밈으로 떠오르고, 냉동 주스가 조식 뷔페의 주류를 이루게 되었다.* 키드와 웨스트는 식량 손실과 부족을 막겠다는 숭고한 목표로 연구를 시작했고, 나탈리아 팔라간은 식량 시스템을 더 지속 가능하게 만들겠다는 열망에서 동기를 부여받았다고 말했다. 그러나 팔라간은 자신들의 발견이 이윤 추구를 위해 수요와 공급을 모두 재구성하는 시장 경제로 구현되고 있으며 앞으로도 계속 그렇게 되어갈 것이라고 덧붙였다.

바나나를 예로 들어보자. 바나나는 냉장 덕분에 지리적 제약을 벗어나 세계에서 가장 인기 있는 과일이 될 수 있었다. 하지만 바나나가 새로운 냉장 생태계에 적응하는 과정에서 중앙아메리카 국가들에 생물학적·정치적 재앙이 일어났다. 야생에는 붉은 바나나, 동그란 바나나, 파인애플 맛이 나는 바나나 등 수백 가지의 다양한 식용 바나나가 존재한다. 이 모든 바나나를 가장 잘 보존하고 숙성시키는 방법을 연구하는 것은 비경제적이기 때문에 바나나 업계에서는 크고 튼튼한 그로 미셸Gros Michel을 선택했다. 이렇게 해서 온두라스와 과테말라 전역에서 열대우림의 놀라운 생물 다양성이 파괴되고 그 자리에 복제된 "빅 마이크"** 바나나 한 품종만 심은 재배지가 들어섰다. 그 결과 생산성은 높아졌지만 해충과 질병에 매우 취약한 산업 생태계가 만들어졌다. 동남아시아에 치명적인 토양 기반의 곰팡이가 상륙하자 바나나 밭은 순식간에 폐허가 되었다. 온두라스의 수출은 절반 이상 줄었고, 유나이티드 프루트는 이 지역을 포기할 것을 고민했다.

결국 바나나 거물들은 덜 매력적이고 덜 맛있으며 쉽게 멍이 들지만 질병에 강한 대체 품종인 캐번디시를 찾아냈고, 우리는 지금까지 이 바나나를 먹고 있다. 실행 가능한 유일한 '해결책'은 기존의 상업적 틀에 맞출 수 있는 바나나, 즉 대규모로 재배, 운송, 저장, 숙성시킬 수 있는 특징을 가진 기업 친화적인 바나나를 찾는 것이라고 생각했다.

• 푸푸 말고도 저장의 과학에게 선택되지 못한 과일이 또 있다. 1970년대의 아보카도처럼 망고, 복숭아, 키위, 멜론은 슈퍼마켓에서 실망스러울 정도로 떡떡하고 덜 익은 경우가 많다. 이 과일들도 에틸렌에 반응한다. 짐 렌츠에게 복숭아 숙성실을 믿듣지 않은 이유를 알아보니 기술 문제나 과일 생리학의 미묘한 차이 때문이 아니었다. "바나나는 농산물의 전체 매출에서 10퍼센트를 차지합니다." 렌츠가 설명해 주었다. "다른 과일은 그만큼 팔리지 않기 때문에 많은 시간을 들여 연구하지 않습니다." - 원주

•• 그로 미셸은 프랑스어로 큰 미셸이라는 뜻으로, 이를 그내로 영어로 옮기고 마이클 대신 빌칭으로 쓴 표현이다. - 옮긴이

오늘날 중앙아메리카의 단일 재배지와 숙성실은 캐번디시 바나나로 가득 차 있다. 그러나 이 바나나도 새로운 곰팡이 변종이 나타나면 똑같은 일이 반복될 것이며, 역사를 돌이켜볼 때 이는 완전히 예측 가능한 일이다.

새앙은 바나나에서 끝나지 않았다. 온두라스의 첫 번째 그로 미셸 농장이 질병에 굴복하기 10년 전, 미국 작가 O. 헨리는 온두라스에서 보낸 시간을 바탕으로 쓴 단편소설에서 **바나나 공화국**이라는 용어를 처음으로 사용했다. 이 용어는 외국 기업에 휘둘리는 꼭두각시 정부를 가진 모든 나라를 가리킬 때 사용되지만, 유나이티드 프루트가 고객으로 삼는 중앙아메리카가 모델이었다. 유나이티드 프루트 컴퍼니가 최대 지주였던 과테말라의 최근 역사는 그 상황과 결과를 잘 보여준다. 1950년대에 민주적으로 선출된 정부가 유나이티드 프루트의 유휴 토지를 수용하여 땅이 없는 농민들에게 나눠주려고 하자, 바나나 농장주들은 CIA를 조종하여 정부를 전복시키고 군사 독재를 세웠다. 그 결과로 과테말라는 수십 년 동안 폭력적인 내전에 휩싸였고, 수만 명이 '실종'되었다.

중앙아메리카의 모든 정치적 문제를 바나나 산업 탓으로 돌리는 것은 공정하지도 정확하지도 않지만, 댄 쾨펠이 《바나나: 세계를 바꾼 과일의 운명》에서 썼듯 "라틴 아메리카 전역에서 바나나와 관련된 개입으로 생겨난 불안정성 때문에 취약한 제도가 전통으로 굳어져, 진정한 민주주의와 공정한 경제 정책이 자리 잡기 어려워졌다. 일반 대중의 지지를 받지 못하고 해외의 상업적 이해관계로 유지되는 정부라는 라틴 아메리카의 전통은 유나이티드 프루트의 작품이다."

프레더릭 업햄 애덤스는 1914년 유나이티드 프루트 컴퍼니의 "열대지방의 정복"에 대한 찬사에서 "상업적인 바나나는 자연에 대한 인간의 자랑스러운 승리 중 하나"라고 결론을 내렸다. 한 세기가 지난 지금, 그러한 승리는 한순간일 뿐이며 대가는 지속 가능하지 않다는 것이 분명해졌다. 냉장이 약속하는 풍요로움은 다양성과 맛의 감소를 동반하고, 시장에 가져다주는 안정성은 더 큰 위험을 감수해야 하며, 풍요로움에 대한 보장은 취약성도 그만큼 커지면서 빛이 바랬다.

5장

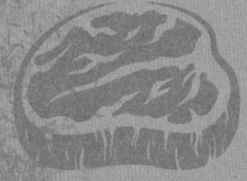
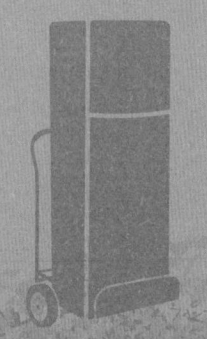

제3의 극지방

FROSTBITE

디젤 냉각기 써모킹

신문에 나온 프레드 맥킨리 존스의 20대 시절 사진에는 키가 크고 잘생긴 남성이 어뢰에 바퀴가 달린 것 같은 1920년대의 늘씬한 경주용 자동차에 몸을 기대고 있는 모습이 담겨 있다. 그는 가죽 모자와 고글을 쓰고 달콤하고 수줍은 미소를 짓고 있다. 사진 설명에는 존스가 "미네소타주 홀록에서 유일한 흑인"이라고 나와 있다.

그는 우연히 캐나다 국경 근처의 이 작은 도시에서 살게 되었다. 1893년 오하이오주 신시내티 또는 강 건너 켄터키주 코빙턴에서(기록은 조금씩 일치하지 않는다) 흑인 어머니와 아일랜드인 아버지 사이에서 태어나 어렸을 때 고아가 되거나 버려졌고, 한 가톨릭 신부의 손에 이끌려 6학년까지 학교를 다녔다. 또 한 사람의 칭송받지 못한 냉장의 영웅, 차가움의 기계에 바퀴를 달아준 사람은 순탄치 않은 유년기를 보냈다.

존스가 10대였을 때 미국 거리에 자동차가 막 등장하기 시작했고

(헨리 포드의 모델 T가 1908년에 나왔다), 그는 교회나 정규 교육보다 이 놀라운 현대식 기계에 훨씬 더 끌렸다. 그는 어른스러워 보이기 위해 긴 바지를 빌려 입고 자동차 정비소를 찾아갔고, 주인을 설득하여 다음 주 월요일부터 정비사 조수로 일하라는 허락을 받았다. "하지만 내가 자동차를 손으로 만져보기 위해 사흘을 기다렸을까?" 그는 나중에 회상했다. "나는 사흘씩이나 기다릴 수 없었다. 토요일 새벽 여섯 시에 정비소로 갔고, 주인이 와서 문을 열어줄 때까지 서 있었다."

그는 기계에 대한 타고난 천재성을 드러내며 불과 3년 만에 공장장으로 승진했다. 존스는 전차에서 계산자를 주웠다는 소년에게서 처음으로 계산자를 샀고, 독학으로 공학을 배웠다. "나는 통신 강좌 두세 개를 이수했다"라고 그는 말했다. "하지만 책을 읽고, 공부하고, 직접 해보면서 많은 것을 배웠다." 크로더스라는 정비소 주인은 자기가 판매하는 자동차를 광고하기 위해 주말에 자동차 경주에 출전했고, 존스는 몇 대의 경주용 자동차를 설계하고 제작했다. 하지만 자신의 작품이 경쟁하는 모습을 보기 위해 경주에 가는 것을 크로더스가 허락하지 않자 존스는 반항했다. 그는 정비소를 닫고 경주에 갔고, 주인은 이를 달가워하지 않았다.

존스는 당시를 이렇게 회상했다. "모두가 나를 좋아하고 내가 일을 잘한다고 말했지만, 도대체 누가 허락 없이 자리를 비워도 된다고 했는가? 크로더스는 좋은 사람이었고 나는 분명히 꾸중을 들어야 했지만, 감수성이 예민한 아이였던 나는 바로 그만두고 시카고로 여행을 떠나기로 결심했다."

존스는 시카고에 간 다음 세인트루이스로 가려고 했지만 기차를 잘못 타서 일리노이주 중남부에 있는 에핑엄에 도착했다. 그는 식사를 하기 위해 이 도시의 유일한 호텔에 갔다가 고장 난 화로를 수리해 주었고, 손님으로 와 있던 철도 재벌의 막내아들 월터 힐의 눈에 띄었다.˙ 힐은 미네소타주 할록 근처의 레드 리버 밸리에서 아버지의 농장을 관리하고 있었는데, 농장 기계를 관리할 정비공이 필요했다. 이렇게 해서 스무 살의 프레드 존스는 할록에 정착했고, 지역 신문은 그를 언급할 때 언제나 "할록의 유일한 유색인 소년"이라고 쓰는 것을 잊지 않았다.

제1차 세계대전에 참전하기 위해 잠시 떠났다 돌아온 것 말고 존스는 이후 16년 동안 미네소타 북부의 작은 마을에서 지역의 여성과 결혼했다가 이혼하고, 직접 설계한 자동차로 비포장 트랙 경주에 출전하여 우승하고, 사냥과 낚시를 즐기고, 마을 밴드에서 색소폰을 연주하며 지냈다. 그는 친구와 함께 라디오 방송국을 만들어 〈그에게 돈이 생길 때마다〉라는 프로그램을 방송했고, 할록 영화관에서 영사기를 돌리기도 했다. 1920년대에는 유성 영화가 등장하여 인기를 얻고 있었다. 3천 달러짜리 음향 재생 장치를 구입할 돈이 없었던 존스는 고장 난 농기계 부품을 재활용해서 직접 이 기계를 설계하고 제작했다.

이 특별한 발명품에 대한 소식은 날카로운 눈매에 머리가 벗겨지기 시작한 미니애폴리스의 사업가 조지프 누메로에게 전해졌다. 그는 쉰

• 월터의 아버지 제임스 J. 힐은 F. 스콧 피츠제럴드의 〈위대한 개츠비〉에서, 개츠비의 아버지가 닉 캐러웨이에게 개츠비가 살았다면 "그는 위대한 사람이 되었을 것"이라고 말하는 장면에서 언급된다. "제임스 J. 힐 같은 사람. 이 나라를 세우는 데 도움이 되었을 거야." - 원주

목소리에 속사포 같은 말솜씨를 가진 사람이었다. 누메로가 존스를 영입하고 장비를 생산하기 전까지 누메로의 회사인 시네마 서플라이즈 인코퍼레이티드Cinema Supplies Incorporated도 유성 영화로의 전환에 어려움을 겪고 있었다.

나중에 누메로는 존스를 고용할 때 다른 엔지니어들이 흑인과 함께 일하기 싫어할까 봐 걱정했다고 고백했다. "그는 존스와 함께 다른 엔지니어들이 있는 방으로 가서 그를 소개했다." 〈에보니Ebony〉의 기사는 이렇게 설명했다. "그 뒤 누메로는 무슨 일이 일어날까 봐 두려워 재빨리 방을 빠져나왔다."

한두 시간 뒤에 돌아가 보니, 존스는 엔지니어들에게 둘러싸여 몇 주 동안 그들을 괴롭혔던 문제를 해결하는 방법을 설명하고 있었다. 누메로가 몇 시간 뒤에 다시 가 보니 방이 텅 비어 있었다. 존스를 쫓아냈거나 모두 한꺼번에 그만둔 것은 아닌지 불안했던 누메로는 길거리로 나갔다가 길 건너편 식당에서 모든 사람과 함께 커피를 마시며 설계도에 대해 이야기하고 있는 존스를 발견했다. 당시의 일을 묻는 〈에보니〉 기자에게, 존스는 무슨 문제가 생길 거라곤 상상도 못했다며 순진하게 되물었다. "그 사람들이 다르게 행동할 이유가 뭐가 있겠어요?"

존스가 냉동 분야에 뛰어든 것은 1937년에 누메로가 했던 한가한 자랑 때문이었다. 어느 더운 여름날, 누메로는 에어컨 회사 임원인 알 파인버그와 지역 트럭 운송 회사 사장인 해리 워너 같은 친구들과 어울려 골프를 치고 있었다. 당시만 해도 트럭은 폴리 페닝턴이 철도 차량의 냉각에 사용하라고 권장한 방식을 그대로 따르고 있었다. 단열한 차량에 얼음을 가득 채우고 자연 환기에 의존해 차가운 공기를 순환시키며 주로 밤에 운행하는 것이었다. 얼음이 녹아 고기나 농산물이 상하면 큰 손실을 피할 수 없었는데, 특히 여름철에 드물지 않게 발생하는 일이었다.

워너는 최근 시카고에서 갓 도축한 닭을 시장으로 운송하다가 부패해서 버려야 했다. 그는 답답한 마음에 에어컨 전문가인 친구 파인버그를 붙들고 영화관은 기계로 냉방을 할 수 있는데 도대체 왜 트럭은 안 되는지 물어보았다. 파인버그는 그렇게 간단한 문제가 아니라고 방어적으로 대답했다. 여러 사람이 시도했지만 이동식 냉각기는 너무 섬세해서 철도 차량이나 트럭에 장착하면 달리는 동안 계속해서 일어나는 진동과 충격을 견디지 못할 뿐만 아니라 장치가 너무 커서 트럭 적재 공간의 절반을 차지할 정도였기 때문이다.

누메로는 단지 에어컨 전문가 친구를 놀리기 위해 "해리, 파인버그가 트럭용 냉각기를 만들지 못한다면 내가 만들 거야!"라고 큰 소리를 쳤다. 모두가 웃었고, 누메로는 별생각 없이 친구를 놀리려고 했던 말을 곧바로 잊어버렸다. 그러다가 몇 주일 뒤에 워너가 전화를 해서 새 트럭을 보냈으니 냉각기를 장착해 달라고 말했다.

"한번 대충 살펴보고 나서 워너에게 불가능하다고 말할 생각이었지요." 10년쯤 뒤에 누메로는 〈새터데이 이브닝 포스트The Saturday Evening Post〉와의 인터뷰에서 이렇게 말했다. "하지만 존스가 나를 이겼어요. 그는 트레일러에 올라가서 몇 가지 치수를 재고 계산을 한 다음 고개를 내밀고는, 개조할 수 있을 것 같다고 말했어요. 그리고 우리는 그 문제를 해결했습니다."

존스는 경주용 자동차를 설계해 본 적이 있어서 최대한 가볍고 단순하며 충격에 강한 차량을 만드는 요령을 알고 있었다. 하지만 그가 처음 만든 디젤 구동 기계는 무게가 1톤에 달했고 트레일러 아래에 장착해야 했기 때문에 도로의 먼지와 진흙에 잘 막히는 문제가 있었다. 또한 제작에 3만 달러가 들었는데, 이는 오늘날 프로토타입 제작에 350만 달러를 지출하는 것과 비슷한 수준이다. 하지만 시험 운행에서 트레일러의 내용물을 원하는 온도인 10도 이내로 유지하는 데 성공했다. 존스는 냉방 전문가들이 불가능하다고 여겼던 세계 최초의 진정한 이동식 냉각 장치를 개발해낸 것이다.

누메로는 곧바로 영화 사운드트랙 사업을 RCA에 매각하고 생명보험을 담보로 대출을 받아 미국 써모 컨트롤 컴퍼니US Thermo Control Company를 설립했다. 이후 몇 년 동안 존스는 설계를 개선했다. 그는 가벼운 알루미늄을 사용해 무게를 430킬로그램까지 줄였고, 장치를 트레일러 앞쪽으로 옮겨 더 깨끗하게 유지하고 수리하기도 쉽게 만들었다.

워너는 이 초기 기계 몇 대를 주문했고, 시카고의 대형 육류 포장 회사인 〈아머Armour〉도 이 기계를 주문했다. 하지만 미국이 제2차 세계대전에 참전하고 나서야 이 새롭고 견고한 이동식 디젤 동력 냉각기(써모킹Thermo King이라는 이름이 붙었다)가 인기를 끌기 시작했다. 써모킹은 혈액과 혈청을 보관하고 야전 병원의 냉방에 사용되었을 뿐만 아니라 음식을 신선하게 보관하고 무더운 태평양 섬 기지에서 군인들이 시원한 코카콜라를 즐길 수 있게 해주었다. "해변에 상륙한 뒤 30분 만에 가동할 수 있었다"라고 존스는 설명한다. "그리고 낙하산으로 떨어뜨릴 수 있을 만큼 가벼웠다."

당시에 벌어졌던 인종 차별을 고려할 때, 존스가 자신의 뛰어난 능력으로 성장시킨 회사의 지분을 갖지 못한 것은 실망스럽지만 놀라운 일은 아니었다. 미군이 차세대 야전 냉각기 개발을 위해 미국 최고의 엔지니어들을 워싱턴 DC로 초청했을 때, 다른 참석자들은 "정부 비용으로 워싱턴의 최고급 호텔에서 숙박"하는 동안 유일한 흑인인 존스는 흑인이 묵을 수 있는 허름한 호텔에 머물러야 했다. (이 그룹이 결국 결정한 프로토타입은 육군과 해병대의 표준 야전 취사장이 되었으며, 〈에보니〉 잡지에 따르면 이것도 존스의 설계였다.)

그는 발명품으로 부자가 된 적도 없었고 사치를 누리지도 않았다. 두 번째 부인인 루실은 존스가 양복 두 벌에 구두 두 켤레와 최소한의 옷장만을 가졌다고 말하면서 한탄했다. 그는 한 번에 두 벌의 옷을 입을 수 없으니 그보다 더 많이 가지면 낭비라고 생각했다. "너무 많은 돈을 벌면 감각을 잃게 됩니다." 그는 이렇게 말하곤 했다.

존스는 명예에도 관심이 없었다. 하워드 대학교의 명예 학위 수여를 거절하면서 너무 바빠서 받을 수 없다고 말했고, 대중 연설도 하지 않았다. 그는 루실과 함께 회사 건물 위 펜트하우스에 살면서 저녁이면 목욕 가운을 입고 몇 시간이고 앉아 머릿속으로 공학 문제를 생각했다고 한다. 루실은 "그의 두뇌가 활발하게 돌아가고 있다는 걸 알았다"라고 회상했다. "하지만 겉보기에는 낡은 흔들의자를 즐기는 것 같았다. 그는 올빼미형 인간이었다. 새벽 두세 시까지 발명(50개의 특허를 받았다)을 위해 뭔가를 썼다. 그러고는 늦잠을 잤다."

그러나 존스는 1953년 미니애폴리스의 작지만 성장하는 흑인 커뮤니티를 지원하기 위해 설립된 사회봉사 단체이자 아프리카계 미국인 최초로 시집을 출간한 노예 여성의 이름을 딴 필리스 휘틀리 클럽Phyllis Wheatley Auxiliary의 공로상 수상을 수락하는 짧은 연설에서, 자신의 성공 비결을 말해준 적이 있다. 먼저 그는 이렇게 말했다. "손을 더럽히는 것을 두려워하시 마세요. 일하는 것을 두려워하지 마세요. 배운 것이 언제 유용하게 쓰일지 모르기 때문입니다." 두 번째 조언은 탐욕스럽게 독서를 하라는 것이었다. "다른 사람들이 무엇을 알고 있는지 알아보세요"라고 그는 말했다. "책을 사지 않아도 됩니다. 도서관을 이용하세요! 독서를 통해 스스로를 교육할 수 있습니다." 마지막으로 그는 미니애폴리스의 아프리카계 미국인들에게 이렇게 말했다. "자신을 믿어야 합니다. 다른 사람이 틀렸다고 말하는 것을 듣지 마세요. 불가능은 없다는 것을 기억하세요. 여러분이 옳다는 것을 증명하세요."

제2차 세계대전이 끝난 뒤, 한편으로 존스가 루실과 결혼할 무렵이 되어서야 미국은 진정한 의미로 써모킹을 받아들일 수 있었다. 1896년 엔진이 달린 화물 차량이 도입된 이후 1937년 존스가 발명하기 전까지 수십 년 동안 미국 농부들은 얼음을 가득 채운 트럭으로 저마다의 일정에 따라 농산물을 직접 시장에 공급했다. 대공황과 모래폭풍으로 농촌 소득이 급감하면서 고통에 시달리던 농부들은 트럭 운송에 의존하는 경우가 많았다. 중고 트럭을 사서 기름을 넣어 운행하면 돈이 많이 들지 않았기 때문에, 공장 일자리를 찾아 도시로 떠나지 않고 농사를 계속 지으면서 생계를 유지할 수 있었다.

1930년대 후반에 자동차가 급성장하면서 철도 회사들이 조금 긴장하긴 했지만, 해리 워너의 상한 닭 때문에 프레드 맥킨리 존스가 독창성을 발휘하기 전까지는 여전히 열차가 우위에 있었다. 그때까지만 해도 미국의 도로 사정은 그리 좋지 않았고, 트럭으로 얼음이 녹기 전까지 달릴 수 있는 거리는 수백 킬로미터를 넘지 못했다. 게다가 계절과 지역에 따라 이동할 수 있는 거리는 더 짧아지기도 했다. 반면에 철도는 막대한 자본을 투자하여 선로를 따라 일정한 간격으로 얼음 공장과 얼음 공급소를 건설해 상추, 오렌지, 소고기가 캘리포니아에서 시카고까지 먼 거리를 이동하는 동안 차가운 상태를 유지할 수 있는 전국적인 인프라가 구축되었다.

써모킹 장치가 제공하는 안정적인 기계식 냉각은 이를 변화시켜 냉장 트럭의 장거리 운송이 가능하게 했다. 이는 미국의 식품 생산 및 가공 지형을 또 한 번 바꿔놓았다. 써모킹의 도입은 제2차 세계대전 직후에 식품 시스템에 일어난 몇 가지 변화 중 하나에 불과했다. 하지만 이 기술이 없었다면 미국의 농장은 지금처럼 단일화되고 생산성이 높아질 수 없었을 것이며, 미국 슈퍼마켓이 판매하는 상품이 이렇게 편리하고 저렴해질 수도 없었을 것이다.

평화 조약이 체결되기는커녕 초안이 작성되기 훨씬 전부터 탱크와 폭탄 제조에 동원되었던 공장들이 트랙터와 비료를 만들기 시작했고, 정부의 열렬한 지원으로 미국 농업은 점점 더 산업화되었다. 다양한 작물을 기르는 소규모 가족 농장은 단일 작물을 기르는 기계화된 농장에 밀려났고, 1955년 하버드 비즈니스 스쿨의 한 교수는 여기에 기업식 농업agribusiness이라는 이름을 붙였다. 한편, 1940년대 후반과 1950년대에 걸쳐 매년 약 100만 명이 미국의 농장을 떠나 급성장하는 대도시 근교로 이주했다. 농촌에 남은 사람들은 도시 외곽에 새로 들어선 슈퍼마켓에 식료품을 트럭으로 운반하며 생계를 유지했고, 이런 슈퍼마켓은 1948년과 1958년 사이에 두 배로 늘어났다. 실제로 1944년 제대군인법에 따라 재향군인청이 보증한 최초의 사업 대출을 받은 버지니아의 잭 칠스 브리든은 워싱턴 DC 교외에서 슈퍼마켓에 식육을 공급하는 도매업을 설립하기 위해 냉장 트럭을 구입했다.

전쟁이 끝난 직후, 존스는 철도 차량에 사용하기 위해 써모킹 장치를 개조하기도 했다. 1949년 〈키츠슨 카운티 엔터프라이즈〉는 "할록의 유색인 소년이었던 사람이 자신의 발명품 목록에 철도용 냉각 장치를 추가했는데, 이 장치는 말을 할 줄 모르는 것을 제외하면 뭐든 다 할 수 있다"고 보도했다. 그럼에도 1962년 말, 누메로는 〈미니애폴리스 스타The Minneapolis Star〉에 부패하기 쉬운 식품을 운송하는 데 사용되는 냉장 철도 차량의 1~2퍼센트만 구식 얼음 냉장이 아닌 기계 냉장을 사용한다고 불만을 토로했다. 기존의 얼음 기반 인프라에 너무 많은 자본이 들어갔기 때문에 "철도를 얼음에서 써모킹으로 바꾸는 것은⋯ 쉬운 일이 아니었다"라고 이 신문은 설명했다.

얼음은 음식을 차갑게 유지하지만 써모킹 장치처럼 일정한 온도로 유지하지는 못했다. 얼음이 녹아 습도가 높아지면 보관이 어려워지는 식품도 있었는데, 특히 육류는 기계 냉장으로 운송할 때 더 좋은 상태로 도착했다. 열차는 고정된 경로에 고정된 시간표에 따라 운행했고, 주로 도시 사이를 연결하고 있었다. 하지만 트럭은 자유롭게 고속으로 오갈 수 있는 새로운 도로망을 통해 언제 어디서든 농산물을 산지에서 소비자에게 운반할 수 있었다.

앞에서 보았듯이, 미국인들은 수십 년 동안 지역에 따라 매우 다양한 식단을 섭취해 왔다. 1919년 초, 한 지리학자는 매사추세츠에 사는 사람이 "캘리포니아나 플로리다에서 온 오렌지"를 마시고 "로키산맥 근처의 고원에서 태어나 일리노이 사료 공급장에서 살을 찌운 후 시카고로 올라가 검사, 도축, 냉장된" 양고기와 함께 "6월에는 버지니아에서, 7월에는 뉴저지에서, 11월에는 뉴욕, 메인 또는 미시간에서 온" 감자를 먹을 수 있다고 언급했다. 냉장 트럭 운송은 이러한 공급망을 연장하기보다는 대도시를 우회하고 재배자와 포장업자를 통합하여 대부분 보이지 않는 곳에서 대규모로 이루어지는 오늘날의 식품 생산 시스템을 만들었다.

이러한 변화는 특히 냉동 편의식품과 육류에서 두드러진다. 냉장 트럭이 없다면 인구 9천 명도 안 되는 소도시에서 70만 킬로그램의 냉동 감자튀김(북아메리카 공급량의 15퍼센트)을 생산하거나 인구가 3천 명도 안 되는 곳에서 매일 7,200마리의 소를 도축하기는 불가능하다. 식료품점 진열대가 값싼 가공식품으로 가득 차 있지만 이것을 생산하는 사람들과 소비자 사이의 연결이 끊긴 것도 써모킹이 남긴 유산이다.

1920년대부터 기업가들과 과학자들이 식품을 급속 냉동하는 방법을 연구해왔지만, 써모킹이 등장하기 전까지는 아무도 이를 널리 보급하는 방법을 알아내지 못했다. 1927년, 냉동식품의 선구자인 클래런스 버즈아이가 새로운 다중 냉각판 장치(냉동식품 산업의 시초로 널리 알려져 있다)를 완성하여 특허를 출원한 바로 그해 여름, 그는 손질한 해덕대구를 70만 킬로그램 넘게 갖고 있으면서도 생선이 부족한 내륙의 고객들에게 전달할 방법이 없어 고민에 빠졌다. 냉동고를 갖춘 슈퍼마켓과 가정용 냉장고는 말할 것도 없고 적절한 운송 수단이 없었기 때문에 냉동식품은 비싸고 신기한 식품으로 남아 있었다. 1946년, 모든 냉동식품의 소매 총량은 오이와 양배추를 전통적인 방식으로 처리한 피클과 사우어크라우트 같은 저장 식품의 총량에도 미치지 못했다.

냉동식품의 육상 운송에서 온도 제어가 확실해지고 비용도 내려가자 상황이 바뀌었다. 트럭으로 운송하는 냉동식품은 맛이 더 좋고 값도 싸졌고, 미국인들은 점점 더 많은 양을 구매하며 이에 호응했다. 생선 스틱과 TV디너를 공급하는 데 필요한 냉장 인프라의 개발은 지리학자 타라 가넷이 '눈덩이 효과'라고 설명한 것처럼 유통 기술의 확장이 새로운 냉동식품의 도입을 촉진했고, 반대 경우도 마찬가지였다. 1946년에 미닛메이드의 냉동 오렌지 주스 농축액이 판매되기 시작했고 1953년에는 생선 스틱이 출시되었으며, 1954년에 스완슨 프로즌 푸드Swanson Frozen Foods의 한 임원이 칠면조, 으깬 감자, 완두콩을 기내식 트레이에 분리해서 담아내는 아이디어를 낸 후 오븐용 TV디너가 탄생했다.

모든 것이 열렬한 환영을 받았다. 냉동 감자튀김을 만들기 위한 감자 판매량은 제2차 세계대전이 끝난 뒤 첫 10년 동안 무려 1,800퍼센트나 증가했다. 미국인의 식단은 점점 더 계절에 구애받지 않고, 일률적이고, 편리함을 추구하는 식단으로 바뀌었고 가정에서 조리해서 가족이 함께하는 식사는 서서히 쇠퇴하기 시작했다. 수익성이 높은 새로운 시장에 뛰어든 재배자들은 값비싼 급속 냉동 장비를 최대한 많이 활용하기 위해 규모를 키워야 했고, 재배 조건이 좋지 않은 지역의 소규모 농장은 경쟁에서 살아남을 수 없었다.

한편, 냉장 트럭이 얼음을 채운 철도 차량을 밀어내면서 시카고의 대형 육류 포장업체와 도시의 (노조에 가입된) 노동력을 피하고 소를 가장 싸게 키울 수 있는 시골의 옥수수 경작 지역을 바탕으로 하는 완전히 새로운 소고기 공급 경로가 생겨났다. 써모킹으로 육류 포장업자들이 철도의 독재에서 벗어나기 전에는 소를 시카고 근처의 작은 사육장으로 옮겨 도축 전 '마감 사육'을 했다. 냉장 트럭이 도입된 뒤로는 옥수수 산지에서 최대한 싸고 빠르게 1년생 송아지의 체중을 늘린 다음 근처에 무질서하게 들어선 단층의 냉장 건물로 운송했다. 1960년대 캔자스, 콜로라도 평야, 네브래스카 주에서는 수만 마리의 소를 수용할 수 있는 공장형 사육장이 일반화되었다. 10년이 지나면서 매일 수만 마리의 소를 도축할 수 있는 대규모 포장 공장도 함께 생겨났고, 악명 높았던 시카고 도축장은 1971년에 마지막으로 성곽 양식의 돌문을 닫았다.**

이러한 변화의 파급 효과는 오늘날까지 미국 육류의 지리적, 생태적 특성을 형성하고 있다. 도시 축산업 종사자들은 1930년대부터 노

- 이 생선은 1928년 소매용 냉각 장치의 발명을 기다리며 냉동창고에서 보관되어 있었고, 1929년 버드아이가 신생 회사를 제너럴 푸드에 매각한 후 1930년 매사추세츠주 스프링필드에서 내륙으로 160킬로미터 떨어진 곳에 위치한 몇몇 시범 매장에서 '냉동식품'으로 출시되었다. - 원주
- 이 문은 현재 국립역사기념물이며, 불도저로 철거되어 공업 단지로 바뀐 180만 제곱미터 규모 축사의 마지막 흔적 중 하나이다. 한때 세계적으로 유명했던 이 도시의 육류 포장 구역의 또 다른 흔적은 농구 팀 이름에 남아 있다. 1966년 시카고 불스는 지금은 철거된 이 시설의 부속 경기장에서 첫 시즌을 치렀다. - 원주

동조합에 가입되어 있었다. 그러나 시골에 새롭게 들어선 가공 공장에는 노조가 없었기 때문에 직원들의 임금이 훨씬 낮았다. 인건비와 사료비를 절감한 새로운 육류 포장업자들은 소고기 가격을 낮추면서도 더 많은 수익을 올릴 수 있었고, 그에 따라 미국인들은 더 많은 고기를 먹었다. 그러나 진정한 돌파구는 시골에 생긴 신생 업체 중 하나인 아이오와 비프 패커스Iowa Beef Packers(요즘은 첫 글자만 쓴 IBP로 더 잘 알려져 있다)가 도입한 '습식 숙성' 소고기 상자였다. 이 회사는 사체를 절반 또는 1/4로 잘라 마스터 퍼베이어스와 같은 도매업체에 납품하지 않고 직접 소비 부위로 분리하여 비닐봉지에 진공 포장하고 골판지 상자에 담아 배송하기 시작했다.

이미 살펴본 바와 같이, 새로운 습식 숙성은 수축을 줄이고 전통적인 숙성에 드는 시간과 냉각 비용을 없앴으며, 숙련된 도소매 정육점의 고임금 직종 전체를 거의 멸종에 이르게 하는 결과를 초래했다. 운송비도 절감되었다. 소고기를 미리 손질하고 비닐봉지로 포장하여 상자에 담으면 한 번에 더 많은 양을 트럭에 실을 수 있기 때문이었다. 근육에서 뼈와 지방을 제거하여 판매 가능한 고기의 비율이 훨씬 높아졌을 뿐만 아니라, 천장의 레일에 사체를 매다는 것보다 바닥에 상자를 쌓는 것이 훨씬 효율적이었다. 1975년까지 IBP는 세계에서 가장 큰 소고기 포장업체였다. 원래의 5대 업체는 오늘날 더 큰 규모의 새로운 4대 업체로 대체되었다. 카길, JBS, 내셔널 비프 패킹, 2001년에 IBP를 인수한 타이슨이 그 주인공이다. 이들은 미국 소고기 생산의 70퍼센트를 장악하고 있으며, 경쟁 업체를 압도하는 규모로 운영되고 있다.

이러한 규모는 식량 생산이 노동력, 토지, 물, 햇빛이 풍부하고 저렴한 지역으로 집중되면서 달성되었고, 이는 미국 농부들의 생산성이 높고 미국 식품이 저렴한 이유의 큰 부분을 차지한다. 또한 미국 식품 시스템의 여러 가지 치명적인 결과에 대한 책임도 여기에 있다. 비인도적이고 위험한 작업 환경에서 저임금에 시달리는 노동자들, 대평원과 캘리포니아 센트럴 밸리Central Valley 아래의 고갈된 대수층, 병원성 및 항생제 내성 박테리아가 쉽게 번지는 거대한 사육장, 한때 토양의 필수 영양분이었던 분뇨가 거대한 호수가 되어 독성 에어로졸 입자를 만들고 독성 조류藻類가 자라는 등, 몇 가지만 나열해도 이 정도이다.

써모킹은 의도하지 않게 이런 일을 도왔다. 더 중요한 것은 도시와 근교의 소비자들이 볼 수 없는(냄새도 맡을 수 없는) 먼 곳에서 생산이 이루어져서 이런 문제를 감추도록 도왔다는 것이다.

냉장 트럭의 영향은 엄청나게 크고 광범위했지만, 그 범위는 국가 단위였고 전 세계가 아니었다. 제2차 세계대전 이전까지 대륙 간 냉장 화물은 거의 대부분 선박이 담당했고, 이마저도 주로 바나나, 냉동 육류, 가끔씩 사과, 배, 버터를 운송하는 정도였다.

전쟁이 끝난 뒤에는 항공 운송도 가능해졌다.* 다른 많은 물류 혁신과 마찬가지로 항공 운송도 군대에 의해 시작되었다. 제2차 세계대전 중 군대는 전선으로 식량을 운송하기 위해 수송기를 자주 사용했다.

• 초기의 항공 교통에서는 부패하기 쉬운 화물이 드물었지만 완전히 없었던 것은 아니다. 런던에서 파리로 가는 첫 정기 항공편에는 고급 레스토랑으로 가는 뇌조 화물을 싣고 승객 한 사람이 탔던 것으로 보인다. - 원주

전쟁 직후에는 봉쇄된 서베를린의 민간인에게 식량을 공급하기 위해 비행기를 띄웠고, 테겔 공항이 건설되어 육류, 생선, 건조된 감자를 안정적으로 공급할 수 있게 되었다. 이 공항으로 치즈 9톤이 운송되어 최초의 냉장 식품 항공 운송으로 기록되었다.

11개월에 걸친 베를린 공수 작전은 비행기로 운반한 식량만으로 인구 200만의 도시를 먹여 살릴 수 있음을 증명했다. 여기에 든 비용은 오늘날의 가치로 40억 달러에 달한다. 구호 활동에 엄청난 비용이 들기는 했지만, 전쟁 후에 부패하기 쉬운 상품의 상업적 항공 운송은 이렇게 시작되었다. 물론 이때의 품목은 가장 섬세하고 비싼 식품으로 한정되었다. 1960년 보잉의 홍보 영상에는 개조된 군용 수송기에 랍스터 상자를 싣는 장면이 "항공 시대의 새로운 유통 패턴" 중 하나로 등장한다. 1969년, 〈시카고 트리뷴〉의 런던 특파원 아서 베이시는 런던의 최고급 만찬 파티에서 "제트기 덕분에 모든 날이 딸기를 먹을 수 있는 날"이라고 보도했다. "이번 달에는 캘리포니아에서, 다음 달에는 뉴질랜드, 케냐, 이스라엘, 칠레에서 딸기가 날아온다." 베이시는 이렇게 설명했다. "돈이 있는 사람들은 기꺼이 추가 비용을 지불한다."

바로 다음 해에 최초의 점보제트기 보잉 747이 도입되면서 전 세계의 여객기 운항 횟수가 늘어났고, 화물을 운송할 수 있는 공간도 늘어났다. 하지만 항공 운송은 오늘날에도 매우 비싸기 때문에 신속한 운송이 가치에 직결되는 상품에만 이용되고 있다. 살아 있는 조개류나 화훼처럼 수명이 짧은 사치품은 항공 운송이 적합하지만, 상추 같은 일상적인 식품은 흉작이나 공급망 중단으로 슈퍼마켓 진열대가 빌 염려가 있을 때만 고객의 불만을 막기 위해 항공 운송을 하는 것이 경제적으로 합리적일 수 있다. 마찬가지로, 대부분의 수확물이 배나 트럭으로 도착하기 전이어서 공급이 부족한 계절에 이득을 얻기 위해 이른 시기에 수확한 오이나 당근을 비행기로 운송할 수도 있다.

연료비에서 무역 관세에 이르기까지 여러 가지 변수에 의해 종종 일시적인 시장 왜곡이 일어난다. 최근 운송업체들이 연료 소비를 줄이기 위해 더 느리게 운행하면서 신선 식품이 다시 항공 운송으로 돌아오고 있다. 네덜란드의 피망은 화물선으로 일주일이면 뉴욕에 도착했지만, 이제는 12일이 걸리기 때문에 비행기로 운송한다. 지난 몇 년 동안 미국 북서부 태평양 연안에서 재배된 가장 크고 아름다운 체리는 미국 슈퍼마켓에서 거의 찾아볼 수 없었다. 대신, 체리는 특별 전세기에 실려 한국이나 중국으로 날아가 계절에 무관한 신선함의 상징에 기꺼이 킬로그램당 20달러 이상을 지불하는 고급 고객들에게 판매되었다. 배에 실려 긴 항해 끝에 태평양을 건넌 체리가 비행기로 날아온 것만큼 싱싱하지는 않기 때문이다. 그러나 최근에는 트럼프 시대의 중국과의 무역 전쟁, 칠레나 우즈베키스탄에서 공급되는 저렴한 체리의 부상, 중국 국내 콜드 체인의 개선 등으로 국내산 체리 저장 기간이 길어지면서 미국산 체리가 위협받고 있다. 시애틀에서 상하이까지 체리로 가득 찬 비행기를 띄우는 것이 경제적으로 얼마간 의미가 있는 시기는 금방 끝날지도 모른다.

진 세계 신선 식품 교역량의 1퍼센트도 되지 않는 소량의 냉장 식품을 비행기로 운송하는 것이 냉장 열차나 트럭과 같은 방식으로 식단과 풍경을 바꾸기 어려워 보일 수 있다. 하지만 이는 초밥의 전 세계적인 인기와, 바다의 최상위 포식자에게 미치는 영향을 고려하지 않은 것이다.

사샤 이센버그가 〈스시 이코노미〉에서 설명했듯이, 1970년에 일어난 두 가지 혁신("참다랑어를 먼 거리에 있는 식당에 제공할 수 있게 되었고, 스시 애호가들의 입맛이 지방을 좋아하는 쪽으로 변했다.")으로 쓸모없는 쓰레기 생선이었던 참다랑어가 세계에서 가장 비싼 음식이 되었다. 첫 번째 돌파구를 마련한 사람은 일본항공JAL의 젊은 임원 오카자키 아키라였다. 그는 이 항공사의 독특한 화물 문제를 해결하는 임무를 맡았다.

당시 일본은 고품질 반도체, 카메라, 오디오 장비, 게임기, 의료 기기 등을 제조하고 수출하면서 전후 '경제 기적'의 정점에 있었다. 1970년대까지 일본의 무역 흑자는 해마다 증가했지만, 미국의 무역 적자는 세계 최대 규모를 기록하고 있었다. 따라서 일본항공의 비행기는 귀중한 전자제품과 광학 렌즈를 가득 싣고 도쿄를 출발해 뉴욕으로 갔지만, 돌아갈 때 일본으로 싣고 갈 화물을 찾기가 어려웠다.

오카자키는 최근 다큐멘터리에서 "빈 비행기를 채울 화물을 찾아야 했습니다"라고 말했다. 그는 미국의 연방 무역 통계 자료를 면밀히 검토했고, "매우 쉽게 상하는 비싼 해산물이 항공 운송의 경제성과 완벽하게 부합한다"는 결론을 내렸다. 뉴잉글랜드의 어부들은 대서양 참다랑어를 반려동물의 사료로 싸게 팔아치우고 있었지만, 참치에 열광하는 도쿄에서는 훨씬 더 비싸게 팔 수 있었다.

이제 남은 유일한 과제는 지구 반 바퀴를 여행한 뒤에도 생선을 먹을 수 있는 정도를 넘어서 날것으로 제공할 수 있을 만큼 싱싱하게 보관하는 방법을 찾는 것이었다. 일반적으로 생선은 눈송이처럼 잘게 부서진 얼음에 보존하지만, 이는 너무 무거워서 항공 운송이 불가능했다. 드라이아이스를 사용하면 생선이 검게 변한다. 오카자키의 동료 중 한 명은 일산화탄소를 흡입해서 죽은 시체는 잘 썩지 않는다는 이야기를 들었고, 그는 값이 싼 날개다랑어를 일산화탄소로 채운 자루에 넣어 운송하는 실험을 했다. 날개다랑어의 살은 매력적인 붉은색 그대로였지만 부패해 있었다. 우레탄 스프레이를 사용한 실험에서는 냄새가 방 전체로 퍼질 정도였다. "우리는 많은 시도를 해보았습니다." 오카자키는 차분한 목소리로 회상했다.

오카자키는 3년 동안 시행착오를 거듭했고, 마침내 캐나다 전문가 두 사람의 도움으로 특수 보존 용기(오늘날에는 '참치 관tuna coffin'이라고 부른다)를 개발했다. 1972년 8월 14일('날아다니는 생선의 날')에 도쿄의 츠키지 시장에 불과 나흘 전 캐나다 프린스에드워드 섬 앞바다를 헤엄치던 거대한 은빛 참치가 경매에 나왔다. 젖은 콘크리트 바닥에서 살짝 얼어 김이 모락모락 나는 참치를 시장의 참치 상인들이 믿을 수 없다는 표정으로 지켜보는 가운데, 꼬리 위를 살짝 자르자 횟감으로 최상의 상태인 체리 빛깔의 살이 드러났다.

그 영향은 즉각적이었다. 적어도 츠키지 시장의 한 도매상인은 참치가 바다를 건너 항공편으로 도착한 사건이 세계 수산 시장의 가장 큰 변화라고 생각했다. 참치의 산지에서도 이 변화는 똑같이 중요했다. 1960년대 매사추세츠주 글로스터는 쇠퇴하고 있었고, 한때 풍성했던 대구와 연어 등의 어족 자원이 고갈되고 있었다. 1970년대에 일본항공의 경영진과 도쿄 참치 상인들이 나서면서 열풍이 일어났고, 미국에서 새롭게 떠오르던 여피족들이 스시를 즐겨 먹으면서 이후 10년 동안 열풍은 한층 더 뜨거워졌다. "날아다니는 생선의 날" 이후 20년 동안 참치 어획량은 2,000퍼센트 증가했고, 참치의 평균 가격은 놀랍게도 1만 퍼센트나 올랐다.

 오카자키는 "이것이 스시가 전 세계로 발돋움하는 출발점이 될 줄은 상상도 못했습니다"라고 말했다. 냉장 참치 보존 용기가 발명된 지 40년이 지난 후, 대서양에 풍부했던 참다랑어는 심각한 멸종 위기에 빠질 정도로 빠른 속도로 항공 이동을 하게 되었다.

냉동 컨테이너 속에서 보낸 청춘

1976년 코넬 대학교에서 물리학 학위를 받은 바바라 프랫은 20대를 냉장고 안에서 보냈다. 그 후 7년 동안 그녀는 업계에서 '리퍼reefer'라고 부르는 냉동 복합운송 컨테이너 안에서 페루산 아스파라거스, 멕시코산 망고와 함께 전 세계를 돌아다니면서 일했다. 잘 알려지지 않은 그녀의 모험은 오늘날 세계화된 식품 시스템의 토대를 마련했다.

우리는 뉴욕시에서 북쪽으로 차로 한 시간 거리에 있는 웨스트체스터 카운티에 자리 잡은 70만 제곱미터 규모의 과수원에서 9월 하순의 화창한 날에 만났다. 햇살이 내리쬐는 상쾌한 공기는 사과 봉지를 가득 채우는 방문객 가족들의 행복한 수다로 가득했다. 프랫의 가족은 40여 종의 사과, 호박, 크리스마스트리 숲을 자랑하는 이 땅에서 3대째 농사를 짓고 있다. 그녀의 증조부는 금주법 시절 뉴욕에서 불법으로 발효 사과주를 팔아 대출을 갚았고, 그녀의 아버지는 1960년대 후반에 일반인에게 과수원을 개방했다. 요즘 그녀는 남편과 아이들과 함께 농장을 관리하면서 세계 최대의 컨테이너 회사 중 하나인 머스크 Maersk에서 냉장 서비스를 담당하는 상근 이사로 일하고 있다. 냉동 컨테이너는 현재 전 세계 컨테이너 용량의 6~7퍼센트에 불과하지만, 해운회사들은 같은 용량의 표준적인 40피트 '건식' 컨테이너˚보다 훨씬 더 많은 운송비를 받을 수 있다.

냉동 운송 컨테이너는 프랫이 아직 두 살도 되지 않았던 1956년의 비 오는 목요일에 상업적으로 데뷔했다. 지금은 어디에나 있는 이 금속 상자는 42세의 말콤 맥린이 창안한 아이디어였다. 가난한 노스캐롤라이나 농부의 아들로 태어난 그는 트럭 운송으로 성공적인 제국을 건설했고, 평생 배를 타본 적이 없었지만 모든 것을 팔아 어려움을 겪고 있던 증기선 회사를 인수했다. 당시의 어떤 기자는 맥린의 주력 선박인 '아이디얼 X Ideal X'라는 이름의 낡은 유조선을 "볼트가 박힌 낡은 양동이"라고 묘사했다. 그의 "번쩍거리는 새 트레일러"의 혁신적인 정렬 장치는 크레인으로 끌어 올려 갑판 위에 놓고 걸쇠를 비틀기만 하면 고정되도록 설계되었지만, 점토 모형 시험만을 거쳤다. 내구성 시험은 맥린과 팀원들이 컨테이너 지붕 위에 올라가서 쿵쿵 뛰어 보는 걸로 대신했다. 금욕적인 스코틀랜드 혈통의 맥린은 여덟 시간에 걸쳐 58개의 컨테이너를 갑판 위로 들어 올리고 아이디얼 X호가 뉴저지 엘리자베스에서 출항하는 동안 내내 불안감을 감추지 못했다.

다음 날 〈뉴욕타임스〉 39면에 실린 짧은 기사는 맥린이 단순히 "항해의 양쪽에서 돈을 벌 수 있는 방법을 개척했다"고 설명했을 뿐 핵심

- 내부 치수는 대략 길이 12미터, 높이와 폭이 2.4미터이다 - 옮긴이

을 전혀 전달하지 못했다. 실제로 맥린은 전 세계의 공급자와 소비자를 완전히 새로운 구조로 연결하여 세계화를 앞당기는 물류 혁명을 일으켰지만, 〈뉴욕타임스〉의 반응은 이런 점을 간과했다. 운송용 컨테이너의 등장에 대한 반응은 거의 없었다고 말해도 지나치지 않다.

하지만 닷새 뒤에 아이디얼 X가 휴스턴에 도착하고 58개의 컨테이너가 배에서 하선되어 58개의 트레일러에 실린 채 같은 날 오후 각기 다른 길로 출발했을 때, 갓 출범한 맥린의 팬아틀란틱 증기선 회사 PanAtlantic Steamship Company의 성공은 확실해졌다. 이 회사는 트럭에서 선박으로, 다시 트럭으로 옮기는 복합 운송 네트워크의 선구적인 전망을 더 잘 표현하기 위해 시랜드 서비스 주식회사 Sea-Land Service, Inc.로 사명을 바꾸고 규모를 키웠다. 그 후 몇 년 동안 다른 회사들도 맥린의 사례를 주목하고 따라 하기 시작했다.

선적 컨테이너의 첫 번째 항해를 주목한 시선은 거의 없었기 때문에, 아무도 컨테이너 안에 무엇이 들어 있었는지 기록하는 데 신경을 쓰지 않은 것 같다. 기계식 냉장을 빠르게 도입했던 맥주가 컨테이너 운송의 시작이었을 가능성이 있다. 확실히 맥린은 새로운 사업에 대한 초기 계산에서 맥주를 모델 화물로 사용했고, 맥주를 새로운 컨테이너로 운송하면 일반 운송보다 94퍼센트 더 저렴하다는 것을 보여주었다. 이러한 엄청난 비용 절감은 맥주 통, 솜 가마니, 나사 상자 따위를 일일이 배에 싣고 내리는 데 필요한 시간과 인력을 줄임으로써 가능했다. 컨테이너가 도입되기 전까지 화물선은 바다에서의 긴 항해뿐만 아니라 정박지에서 화물을 싣고 내리는 데 많은 시간을 보냈다. 해상 부역에 소요되는 시간과 비용을 모두 줄임으로써 오늘날의 신속한 글로벌 공급망을 가능하게 만든 것이 맥린의 혁신과 아이디얼 X의 첫 항해가 지닌 진정한 의미였다.

컨테이너 운송은 엄청난 이점에도 불구하고 대중화되기까지 많은 시간이 걸렸다. 철도와 트럭 운송 회사들은 처음에 이 새로운 복합 운송 수단을 받아들이기를 꺼려했다. 기존의 화물 차량과 트레일러에 상당한 매몰 비용이 발생했기 때문이다. 1960년대 내내 부두 노동자들은 일자리를 잃을지도 모른다는 불안감으로 항의했고, 항만 당국은 컨테이너를 처리하는 데 필요한 새로운 크레인과 시설에 투자할 가치가 있는지 고민했다. 한편, 컨테이너의 표준 규격과 설계에 합의하여 컨테이너 안에 들어 있는 상품처럼 컨테이너 자체가 서로 호환될 수 있도록 하는 국제 협상은 계속 질질 끌고 있었다.

그러나 1970년대가 되자 컨테이너의 승리가 확실해졌다. 미국 동부 해안에 등록된 항만 하역 노동자 수가 3분의 2로 줄었고, 전 세계 10개국 중 9개국에서 이 거대하고 새로운 컨테이너선을 처리할 수 있도록 더 깊은 항구를 건설하고 크레인도 설치했다. 그 뒤로 오늘날의 세계를 탄생시킨 역사가 펼쳐졌다. 전 세계에서 거래되는 모든 물품의 60퍼센트가 운송 컨테이너 속에서 수명의 일부를 보내며, 여러 컨테이너에 실려 전 세계를 여행한 부품을 조립해 만든 제품들이 우리의 삶을 채운다.

처음에 신선 식품은 컨테이너 혁명에 참여하지 않았다. 초기의 컨테이너는 건조한 화물의 운송에만 사용되었고, 팔레트와 상품 상자에는 온도에 대한 특별한 요구 사항이 없었다. 맥린의 컨테이너가 등장한 지 25년이 지난 뒤에도 부패하기 쉬운 상품 대부분은 수십 년 동안 그랬던 것처럼 유나이티드 프루트의 바나나 운반선인 거대한 백색 선단처럼 특수 설계된 냉장 선박의 화물칸에 실린 벌크 화물로 운송되었다. 참다랑어가 붉은 육류와 바나나에 이어 냉장 운송으로 생산, 소비, 가격에 혁명을 일으킨 몇 안 되는 식품 중 하나였던 1970년대에만 해도, 다른 대륙으로 운송되는 부패하기 쉬운 식품은 전 세계 생산량의 극히 일부에 불과했다.

벌크 화물 냉장 선박은 열대의 바나나와 지구 반대편의 육류를 일 년 내내 북반구의 식탁에 성공적으로 운송함으로써 식단, 풍경, 경제에 변화를 가져왔지만, 부패하기 쉬운 식품을 운송하는 문제에 대한 완벽한 해결책은 아니었다. 육류와 과일의 대량 운송은 애초에 해운 업계가 컨테이너화를 통해 피하려고 했던 비효율성을 그대로 안고 있었다. 비싼 항만 인건비, 사람이 손으로 옮기는 과정에서 손상과 지연이 일어날 가능성이 크다는 것 등의 문제였다. 바나나 운송에는 또 다른 특별한 문제가 있었다. 전통적으로 바나나는 큼지막한 줄기에 붙은 채 운송되었고, 장거리 운송 노동자들은 흘러내리는 끈끈한 수액으로부터 몸을 보호하기 위해 특수 장비를 착용해야 했다.

게다가 모든 벌크 냉장 선박은 더 큰 문제를 겪었다. 화물칸은 모두 같은 온도를 유지할 수밖에 없기 때문에 대부분의 선박은 한 번에 한 가지 농산물만 운송할 수 있었다. 앞에서 보았듯이 바나나는 사과를 저장하는 낮은 온두에서 저장할 수 없고, 사과는 냉동 고기만큼 낮은 온도에서 저장할 수 없다. 생산자들은 소를 수천 마리씩 도축하거나 수만 개의 바나나를 수확하여 배가 가득 찰 만큼의 수량이 확보될 때까지 보관해야 한다. 또 화물을 실은 선박이 목적시에 도착하면 바나나 수천 킬로그램이 시장에 넘쳐나면서 공급 과잉이 일어나 가격이 하락하고 폐기물이 발생하게 된다.

바나나와 육류 생산자들은 물품을 금속 상자에 담아 다른 모든 금속 상자들과 함께 운송함으로써 가격 절감 효과를 누리고 싶어 했다. 해외 수출이 불가능한 꿈이었던 칠레의 포도 농부와 뉴질랜드의 키위 농부들은 컨테이너 혁명에 더욱 열성적으로 참여했다. 이들에게 필요한 것은 각 상자를 개별적으로 냉각하는 방법뿐이었다.

1960년대에 해운 회사들은 배의 화물칸에 있는 중앙 냉각 장치에서 차가운 공기를 배관으로 공급하는 이른바 포트홀 컨테이너를 실험했다. 이 냉각 시스템은 해상에서 잘 작동하지 않았고, 육지에서는 전혀 작동하지 않았다. 마침내 캐리어 사(써모킹과 함께 오늘날까지 냉장 운송 시장을 지배하고 있다)의 엔지니어들이 존스의 트럭을 단열 운송 컨테이너의 전면 벽에 볼트로 고정할 수 있는 구조로 개조했다.* 이렇게 해서 리퍼reefer가 탄생했다. 이는 냉동 컨테이너refrigerated container를 줄인 말이다. 냉동 컨테이너는 여전히 20피트(6미터) 또는 40피트(12미터)의 표준 규격을 준수하여 교체 가능한 사각형 강철 상자이지만, 자체 냉각 장치가 있어 선박이나 부두의 전기 콘센트나 디젤 발전기에 연결해 도로와 철도로 운반할 수 있게 되었다.

최초의 리퍼는 1968년에 나왔다. 향정신성의 리퍼(대마초를 가리키는 속어이기도 하다)는 한 세대를 풍미했지만, 물류의 리퍼는 한동안 인

---

* 캐리어는 현대 에어컨의 아버지라 불리는 엔지니어 윌리스 하빌랜드 캐리어가 설립한 회사다. 그는 1902년 브루클린 인쇄소에서 습도 조절을 위해 에어컨을 설계했다. - 원주

기를 끌지 못했다. 리퍼는 일반적인 건식 컨테이너보다 4~5배나 비쌌고, 부패하기 쉬운 내용물을 보호하는 능력도 들쭉날쭉했다. 해양 운송 중의 혹독한 환경과 긴 운송 시간(국내 운송은 4~5일이 걸리지만 대륙 간 운송은 최소 2~3주가 걸린다)이 더해져 완전히 새로운 문제가 발생했다.

"어떤 때는 냉장 화물이 잘 도착할 때도 있고 그렇지 않을 때도 있었는데, 왜 그렇게 되는지 무슨 일이 벌어지고 있는지 아무도 몰랐습니다." 머스크Maersk의 바바라 프랫은 무전기로 농장 운영을 지시하고 레모네이드 값이 얼마인지 크리스마스트리를 언제부터 파는지 등에 대한 질문을 받으면서 말했다. "50퍼센트, 심지어 전액 손실도 드물지 않았습니다." 도미니카공화국에서 생산된 커피 원두에 운송 도중 곰팡이가 피었다. 태평양을 건너 아시아로 보낸 과일과 채소 화물은 계속 얼어붙은 채로 도착했다. 북유럽에서 보낸 튤립은 미국에 도착했을 때 냉해를 입었고, 멕시코산 멜론은 대서양을 건너는 동안 썩어버렸다.

"당시에는 냉장 운송에 대해 아는 것이 거의 없었습니다." 프랫은 이렇게 회고했다. "지금처럼 신뢰할 수 있는 휴대용 기록 장치나 위성 통신이 없었기 때문에 리퍼 내부는 블랙홀과도 같았습니다. 무슨 일이 일어나고 있는지 알 수 있는 유일한 방법은 화물과 함께 안에 들어가서 직접 확인하는 것뿐이었습니다."

프랫은 이미 델라웨어 대학교의 수확 후 생리학 대학원 과정에 지원하여 입학 허가를 받았는데, 마침 어떤 전직 교수에게 연락이 와서 냉동 컨테이너 연구에 관심이 있는지 물어보았다. 그녀가 할 일은 운송 중 부패하기 쉬운 제품을 연구하고 어디에서 문제가 발생하는지 파악할 수 있는 이동식 실험실을 설계하고 운영하는 것이었다. "전에는 여행을 많이 해본 적이 없었기 때문에 좋은 기회인 것 같았습니다." 프랫이 말했다. "2년쯤 이 일을 하려고 했는데, 물론 그 매력에 푹 빠져서 떠나지 못했지요."

그녀의 첫 번째 임무는 표준 40피트 컨테이너 안에 실험실을 만드는 것이었다. 그녀는 사우스저지에 있는 캠핑카 전문 회사에 부탁해서 시랜드의 기업 색상에 맞춰 바닥에 흑백 체스판 무늬의 리놀륨 장판을 깔고 반짝이는 빨간색 캐비닛으로 실험실을 꾸몄다. 이층 침대 두 개, 전자레인지, 샤워실, 물론 냉장고도 있었다. 창문도 하나 만들었는데, 치안이 확실하지 않은 항구에서 일어날 수 있는 불상사에 대비해 방탄 창문을 설치했다. 무엇보다도 프랫의 새 보금자리인 시랜드의 이동식 연구소에는 현미경, 여러 가지 화학물질을 분자량에 따라 식별할 수 있는 장치, 옷장 크기의 최첨단 컴퓨터 등 과학 장비가 빼곡히 들어차 있었다.

1978년 여름이 다가왔을 때 프랫의 실험실은 아직 첫 항해를 떠날 준비가 되지 않았지만, 제너럴 푸드는 곧 시작되는 카카오 수확 철을 맞아 지난해의 손실을 만회하고 싶어 했다. "우리는 주사위를 던져서 성공시키기로 결정했습니다." 그녀가 말했다. 실험실은 산토도밍고 항구로 향하는 컨테이너선에 실려 있었고, 카카오 콩에 곰팡이가 피는 문제를 해결하기 위해 그녀와 동료 한 사람이 그곳으로 날아갔다.

프랫의 연구에서 핵심은 150개의 센서에서 오는 정보를 수신하는 컴퓨터였다. 프랫은 현장에서 빈 냉동 컨테이너 두 개의 내부에 위치와 높이를 다르게 하면서 여러 개의 센서를 설치하고, 컨테이너 외부 단자에 연결하여 나중에 소금기에 부식되지 않는 긴 회색 전선으로 실험실과 연결할 수 있게 해 두었다. 이 컨테이너에 카카오 콩을 채운 뒤에 프랫의 이동식 실험실과 함께 부두로 운반하여 배에 실었다. 해상에서 기기가 진동과 움직임을 덜 받도록 배의 가운데에 컨테이너들을 모두 모아 놓게 했다. "크레인 작업과 컨테이너 선적이 모두 끝난 뒤에 필요한 곳에 전선을 배치했습니다"라고 프랫이 설명했다. 그녀는 쌓아 올린 냉동 컨테이너 사이의 비좁은 통로를 따라 조심스럽게 전선을 연결하고 케이블 타이로 묶어 "스파게티가 온 사방에 흩어져 있지 않도록" 했다.

그런 다음 잎담배부터 고철까지 온갖 물건으로 채워진 수백 개의 다른 컨테이너로 둘러싸인 12미터 길이의 컨테이너 안에서 그녀와 동료들이 교대 근무를 시작했다. 온도, 습도, 공기 흐름, 다양한 공기 성분의 미세한 농도 변화 등 냉동 컨테이너 내부에서 일어나는 모든 정보가 전선을 통해 전달되었다. "처음 몇 번의 테스트에서는 교대로 며칠 밤을 보내며 측정값이 모두 기록되는지 확인했습니다." 그녀는 이렇게 설명했다. "컴퓨터의 신뢰성을 확인한 뒤에는 그렇게 할 필요가 없었어요. 배에 있는 숙소에서 잠을 자고 승무원들과 함께 식사를 했죠."

낮 동안 프랫은 카카오 콩 샘플 실험을 수행하고 주변 컨테이너에서 들어오는 데이터를 분석하여 일종의 냉장 법의학으로써 습도 문제와 위치에 따라 온도가 불균일하게 치솟는 문제를 해결했다. "우리는 모니터링하고 있는 컨테이너의 여러 부분에서 어떤 일이 일어나고 있는지, 우리가 측정하고 있는 여러 변수 간의 관계가 냉각 장치에 어떻게 작동하는지 확인하려고 했습니다"라고 그녀가 말했다. "매우 흥미로웠습니다. 선구적인 일이었으니까요. 이전에는 아무도 해결하지 못했던 문제를 우리가 해결했습니다."

그 후 7년 동안 그녀는 부패하기 쉬운 상품들과 함께 전 세계를 오가며 문제를 해결했다. 실험실은 표준 컨테이너 내부에 설치되어 있었기 때문에 현장에서 고속도로로, 터미널에서 배로, 부두에서 물류 센터로, 미국 서부 연안에서 아시아의 항구로, 지중해에서 멕시코로 갔다가 본부인 뉴어크로 돌아가는 등 컨테이너가 가는 곳이면 어디든 갈 수 있었다. 프랫은 언제나 컨테이너 연구실에 상주했고, 다양한 연구에 따라 그때마다 다른 담당 직원들이 동반했다. "해마다 일 년 중 30~50퍼센트의 시간 동안 여행을 했고, 한 번 떠나면 2~3주씩 걸렸습니다"라고 그녀는 말했다. "견디기 힘들 정도의 일정은 아니었어요."

컨테이너 안에서 여행하면서 프랫은 냉동식품과 신선 식품 등 100가지가 넘는 다양한 식품을 연구하고, 온도와 습도를 테스트하거나 모니터링하고, 컨테이너 내부의 공기 흐름을 추적하고, 과일과 채소의 호흡 속도를 분석하고, 곰팡이의 성장을 추적하는 등 여러 가지 상하기 쉬운 상품을 운송하기 위한 모범 사례에 도달하기 위해 노력했다. 프랫과 그녀의 동료들은 냉동 컨테이너에 농산물을 얼마나 많이 채우면 공기 순환에 문제가 생겨 온도가 불균일해지는지 알아낸 최초의 사람들이었다.

내가 롱아일랜드에 있는 미국 상선학교 US Merchant Marine Academy 기록 보관소를 뒤져 발견한 먼지 쌓인 시랜드 홍보 슬라이드에는 하얗게 반짝이는 이동식 실험실이 트레일러에 견인되어 런던 국회의사당 앞에 있는 사진과 도쿄의 번화한 거리에 서 있는 사진이 나와 있다. 실제로 프랫은 처음에 상상했던 만큼 관광을 많이 하지 못했고, 심지어 배가 항구에 정박해 있을 때도 일을 하고 있었다. 그녀의 모험은 이 실험실에서 이루어졌다. "'아하' 하는 순간이 많았어요"라고 그녀는 말한다. 그녀의 연구 결과를 바탕으로 표준 냉동 컨테이너의 전체 환기 시스템을 재설계해서, 냉각된 공기가 천장에서 유입되는 일반적인 트럭과 다르게 바닥에서 유입되도록 했다.

오늘날, 바바라 프랫이 컨테이너에서 보낸 7년 덕분에 냉동 컨테이너 운송은 매우 저렴하고 신뢰성이 높아졌고, 가장 상하기 쉬운 식품도 바다로 운송할 수 있게 되었다. 프랫과 그녀의 동료들이 수행한 연구는 페루산 아스파라거스가 미국 식료품점으로 가는 열흘 동안 행복하게 항해할 수 있고 뉴질랜드 키위가 인도양을 지나 수에즈 운하와 지브롤터 해협을 거쳐 영국 슈퍼마켓 진열대에 도착할 때까지 최대 7주를 견딜 수 있는 세상으로 직접 이어졌다. 상하기 쉬운 농산물을 저렴하고 효율적으로, 무엇보다도 온전한 상태로 전 세계의 바다로 운송할 수 있는 이 새로운 능력은 식생활과 경제뿐만 아니라 생태계 전체를 다시 만들었다.

드물게 냉동 컨테이너가 원활하게 작동하고 실험을 계속 지켜보지 않아도 되는 날이면 프랫은 함교에 올라가 배를 조종하고 작동하는 방법을 배우면서 재미있게 지냈다. 폴리 페닝턴과 마찬가지로 그녀는 대개 유일한 여성이었다. "나중에 알았지만, 나를 고용한 이유 중 하나는 부장이 시랜드의 CEO에게 내가 가라테 유단자여서 배 안에서 자신을 방어할 수 있다고 말했기 때문이었어요." 그녀가 말했다. 이는 사실이 아니었지만, 다행히도 프랫이 배우지도 않은 가라테 실력을 발휘할 일은 없었다. "당시는 남자들의 세상이었고 지금도 상당히 그렇지만 나는 아무런 문제가 없었습니다."

파인애플, 아이스캔디, 크랩 케이크, 소고기 버거는 냉동 컨테이너 속에 밀봉된 채 대형 아파트만한 배를 타고 수에즈 운하와 파나마 운하를 지나 결국 먹는 사람보다 더 먼 거리를 여행하는 경우도 많다. 미국의 슈퍼마켓에서 판매되는 야생 연어는 알래스카 해역에서 잡혔을지 모르지만, 그 후 거의 두 달에 걸쳐 냉동 컨테이너 안에서 이 연어가 노닐었을 태평양을 건너 중국으로 갔다가 미국으로 돌아온다. 냉동 컨테이너 운송비는 생선의 소매 가격에서 거의 1센트도 차지하지 않으며, 뼈를 발라내는 일은 기계화가 불가능한 섬세한 작업이다. 그리고 중국 노동자의 임금은 미국에 비해 5분의 1도 되지 않는다. 이런 사실들을 알아야 알래스카에서 잡은 연어가 왜 이렇게 먼 여행을 하는지 이해할 수 있다.

전 세계에서 생산되는 과일과 채소의 거의 3분의 2가 생산지를 벗어나 다른 나라에서 소비된다. "소비자로서 우리는 지금 일 년 내내 같은 과일과 채소를 먹을 수 있습니다." 프랫은 이렇게 말했다. 이는 음식 작가 조안나 블라이스먼이 '영구적인 글로벌 여름'이라고 말한 것과 같은 상황이다. 전 세계 소비자들이 일 년 내내 여름을 누리기 위해서는 똑같이 영구적인 인공 겨울이 있어야 한다.

우리가 슈퍼마켓 진열대에서 기대하는 변함없는 풍요로움을 위해 농산물 공급 업체들은 끊임없이 확장되는 콜드 체인에 의존하고 있다. 이들은 계절에 따른 자원 부족을 완화하는 일을 한다. 예를 들어 7월부터 12월까지 캘리포니아에서 제철이 아닌 딸기를 싼값에 대량으로 공급하기 위해 전 세계에서 나는 딸기를 돌아가며 매입한다.

미국 슈퍼마켓에 익은 아보카도의 공급을 책임지는 스티브 바너드는 '달력 채우기'라고 부르는 과정이 어떻게 이루어지는지 설명해 주었다. "우리는 페루에도 있고, 칠레에도 있고, 콜롬비아에도 있고, 과테말라에도 있어요. 이 지역들은 모두 해발 고도와 위도가 달라요. 그리고 각각의 수확 시기를 알 수 있습니다." 바너드가 설명해 주었다. "우리의 목표는 1년 중 한 시기에 수확하는 두 지역을 확보하는 것이며, 세 지역을 확보하기도 합니다." 비교 우위의 논리가 세계 전체로 확장된다. 캘리포니아에서 멀리 떨어진 지역에서 온 단역 배우들이 농업 미스터리 연극에서 각자 세심한 안무로 역할을 수행하는 것이다. 이 공연은 경외심을 불러일으킬 만하지만 평소에는 아무도 관심이 없다. 서구 세계 어디에서나 식료품점 농산물 코너는 늘 풍요롭고 변함없기 때문에, 어쩌다 문제가 생겨서 진열대가 일시적으로 비었을 때만 사람들의 주의를 끈다.

냉동 컨테이너 혁명이 일어난 지 40년이 지난 지금, 캘리포니아는 점점 더 외국의 대체 공급자들에 밀리고 있다. 오늘날 미국에서 소비되는 신선한 과일의 절반 이상과 신선한 채소의 3분의 1가량이 외국에서 들어온다. 전 세계의 여러 지역에서 수입되는 망고, 라임, 아보카도, 포도, 아스파라거스 소비량이 미국에서 재배하는 복숭아, 오렌지,

양배추, 셀러리 같은 농산물의 소비량을 추월했다.

프랫은 신뢰할 수 있는 이동식 냉각 장치가 생산자와 소비자 모두에게 단점보다 장점이 더 많다고 생각한다고 말했다. 물론 미국인 열 명 중 한 명만이 과일과 채소를 권장량만큼 섭취한다는 상황을 고려할 때, 미국인의 식탁에 이런 식품을 더 많이 공급하는 데 도움이 된다면 무엇이든 유용할 것이다. 양배추와 오렌지가 할 수 없었던 일을 아보카도와 망고가 할 수 있다면 건강상의 이점은 대단히 클 것이다. 그러나 일 년 내내 신선하고 저렴한 블루베리를 구매할 수 있는 기회를 제공하려는 프랫의 노력에도 불구하고, 미국 농무부 자료에 따르면 1970년 이후 미국인의 평균 과일 및 채소 소비량은 아주 미미하게 개선되었다. 게다가 지난 10년 동안 이 수치는 다시 감소하고 있다.

농부들에게는 혜택이 더 분명해 보인다. 프랫은 "재배자에게는 제품을 판매할 수 있는 시장이 여러 곳에 있기 때문에 좋은 기회입니다"라고 설명했다. 태평양 연안 미국 북서부의 사과 농부들은 고맙게도 막대한 수확량의 최대 30퍼센트를 해외로 수출하고 있으며, 칠레는 1인당 GDP가 이웃 나라들을 추월하여 '라틴 아메리카의 호랑이'로 성장하는 데 과일 수출이 큰 도움이 되었다.

한편으로 이러한 혜택은 일반적으로 대규모 재배자에게 더 유리하다. 복잡한 수출 요건을 관리하고 슈퍼마켓이 요구하는 서류 작업과 품질 관리를 충족하기 쉽기 때문이다. 프랫은 자신의 가족 농장도 글로벌 시장에서 경쟁할 수 있는 규모에 미치지 못하고, 경쟁할 수도 없다고 인정했다. 고객이 와서 직접 수확하는 방식으로 운영하는 이 농장은 가격으로 경쟁하는 표준 상품이 아닌 체험을 판매함으로써 생존

한다. 하지만 지금 호황을 맞고 있는 칠레나 페루의 농부들도 결국은 워싱턴주의 사과 재배자들처럼 쓴맛을 볼 것이다. 농산물 구매자들은 땅값과 인건비가 더 낮은 지역으로 언제든 훌쩍 떠나버릴 것이기 때문이다. 궁극적으로 워싱턴주의 사과 재배자들이 겪었듯이, 국제적 수요를 충족하기 위해 규모를 확대하는 칠레나 페루의 농부들도 곧 알게 될 것이다. 농산물 구매자들이 땅값이 싸고 인건비가 저렴한 지역으로 이동함에 따라 금방 가격이 하락해서 좋은 시절도 잠시라는 것을 말이다.

프랫의 냉동 컨테이너 혁신이 환경에 미치는 영향도 마찬가지로 불분명하다. 식량을 수천 킬로미터 밖으로 운송하기보다 현지에서 재배해서 먹는 것이 환경에 더 좋다는 생각이 합당해 보인다. 하지만 실제로는 상황에 따라 다르다. 어떤 이유로 겨울에 신선한 토마토를 먹기로 결심했다면, 지구 반대편에서 토마토를 운송하는 것보다 현지에서 하우스 품종을 재배하는 데 에너지가 더 많이 들 수도 있다. 해상 운송은 일반적으로 디젤 트럭 운송보다 오염이 적기 때문에, 직관과 반대로 더 먼 거리를 운송할 때 오염이 줄어든다. 하지만 육상 운송에 전기를 사용하면 계산이 달라질 수 있다.

이러한 비용-편익 분석은 지역의 수자원 가용성이나 생물 다양성의 붕괴, 토지 점유, 인구 이동과 같은 사회경제적 결과를 고려하면 훨씬 더 어려워진다. 페루의 아스파라거스는 전 세계에서 단위면적당 수확량이 가장 많지만, 밝은 녹색의 아스파라거스는 세계에서 가장 빠르게 고갈되는 대수층에서 퍼 올린 물로 재배된다.

한편으로 냉동 컨테이너(그리고 부패하기 쉬운 상품의 글로벌 무역)는 여전히 증가하고 있다. 컨테이너를 타고 전 세계를 여행하던 시절은 이미 오래전에 끝났지만, 프랫은 그 뒤로도 냉장 물류 분야에서 일하고 있다. "매일 새로운 이슈, 새로운 문제, 새로운 질문이 생겨납니다." 그녀가 말했다. "때로는 새로운 상품의 운송에 관한 것이지만, 상품을 새로운 지역으로 운송하거나 보관 기간을 늘리는 문제일 때도 있습니다." 오늘날 냉동 컨테이너 장치는 모두 디지털화되었고, 프랫은 무슨 일이 일어나고 있는지 책상 앞에서 모두 확인할 수 있다. 하지만 "아직 모든 해답을 얻지는 못했다"고 그녀는 말한다.

지난 수십 년 동안 냉동 컨테이너는 초저온을 유지하고 습도와 공기 성분을 동적으로 관리할 수 있는 육상의 식품 저장용 대형 고정식 박스만큼이나 첨단 기술을 갖추고 있다. 아이스크림은 온도가 조금만 변해도 얼음 결정이 생겨 부드러운 식감을 망칠 수 있기 때문에 여전히 어려운 과제이지만, 프랫은 이제 횟감으로 사용하는 참다랑어와 같은 섬세한 화물도 안정적으로 운송할 수 있다고 말했다. 〈컨테이너 매니지먼트 매거진〉에 따르면 벌크 화물 냉장 선박은 몇 년 내에 컨테이너에 밀려 사라질 것으로 예상된다. 요즘은 바나나도 컨테이너로 운송하며, 냉동 컨테이너 다섯 대 중 한 대에는 녹색 바나나 다발이 들어 있는 것으로 추정된다. 유나이티드 프루트의 자회사인 치키타는 최근 마지막 남은 거대한 백색 선단을 매각했고, 머스크는 운송 중에 에틸렌으로 처리하는 실험을 시작했다. 이제 바나나 숙성실도 육류 저장고와 같은 운명을 마주할 수 있다.

오후의 햇살이 길어지고 과수원의 인파가 줄어들기 시작하자 나는 프랫에게 작별 인사를 하고 집으로 가져갈 사과 한 봉지 값을 치렀다.

떠나기 전에 그녀에게 이동식 실험실이 어떻게 되었는지 물어보았다. 그녀는 1986년이나 1987년에 마지막 항해를 했다고 말했는데, 확실하지는 않지만 인도에서 망고를 시험 운송한 것으로 기억한다고 알려주었다. 그 후 매각되어 칠레로 옮겨졌고, 남아메리카의 농장 어딘가에 인공 빙설권의 랜드마크로 지금도 잊힌 채 남아 있을지 모른다. "그 이후로 한 번도 본 적이 없어요." 그녀는 작은 한숨을 내쉬며 말했다.

새로운 북극의 건설

　미주리주 남서부 깊은 곳, I-44 주간(州間) 고속도로의 66번 국도 출구에서 차로 4분만 가면 지하 세계로 가는 통로가 나온다. 매일 트레일러 500대와 열차 한 편 이상이 세심하게 설계된 경사로(허용 가능한 최대 곡률과 최대 기울기로 이루어져 있다)를 따라 지표면에서 30미터 아래에 있는 30만 제곱미터 규모의 치즈 동굴인 '스프링필드 언더그라운드'로 굴러 내려간다.

　체다, 에멘탈러, 로크포르 등 유럽의 유명한 치즈는 대개 천연 동굴에서 2개월에서 1년 이상 숙성된다. 이 과정을 아피나주affinage라고 하며, 좋은 치즈의 독특하고 복합적인 풍미를 만드는 데 큰 역할을 한다고 알려져 있다.˚ 미주리주에서는 크라프트도 지하에 치즈를 보관한다. 주로 노란색 대형 드럼통에 담아 다섯 개씩 쌓아두었고, 옆에는 오스카 마이어 회사의 육류와 젤로 푸딩이 쌓여 있다. "파마산, 체다, 아메리칸, 벨비타 등 모든 치즈의 시작은 동일합니다." 루이스 그리세머가 설명해 주었다. 그의 아버지는 1946년에 스프링필드 언더그라운드를 설립했다. 경사로 입구에 나와 있던 그리세머가 나를 반갑게 맞이해 주었고, 우리는 그의 냉장 제국을 둘러보기 위해 은색 타코마 픽업 트럭에 올랐다.

"아버지는 농업용 석회 수요가 많을 때 노천 광산으로 시작했습니다." 그리세머가 말했다. 제2차 세계대전 이후, 폭탄을 만들기 위해 제조했던 질산암모늄이 질소 비료로 농작물에 사용되기 시작했다. 그 덕분에 모래폭풍으로 황폐해졌던 이 지역의 토양이 다시 비옥해졌지만, 산성도가 높아지자 과학자들은 농부들에게 분쇄 석회석(농업용 석회라고 알려졌다)을 밭에 뿌려 균형을 맞추도록 권장했다. "그러다가 1950년대에 고속도로가 건설되면서 골재가 필요해졌습니다." 그리세머가 설명했다. "롤라에서 오는 I-44 주간고속도로는 여기에서 캐낸 암석으로 건설되었습니다."

1960년대 초까지 그리세머의 아버지는 상당한 규모의 공간을 비워냈고, 거대한 회색 코끼리 다리처럼 생긴 10미터 높이의 원석 기둥이 떠받치는 23,000평방미터의 지하 동굴이 생겨났다. 남쪽으로 불과 몇 킬로미터 떨어진 곳에 새로운 크라프트 치즈 공장이 문을 열고 치즈 위즈, 크라프트 내추럴 슈레디드, 슬라이스 치즈와 덩어리 치즈, 아메리칸 싱글 치즈를 생산하고 있었다. 오늘날까지도 이 공장은 미국에

- 이 지하 석회암 동굴은 천연 냉장고로, 일반적으로 7도에서 14도 사이의 서늘한 온도로 일정하게 유지된다. 이런 동굴은 보통의 냉장창고와 달리 통풍이 잘되고 습도도 80퍼센트 이상으로 높아 치즈를 보관하기에 적합하다. 또한 동굴마다 박테리아, 효모, 곰팡이의 고유한 조합이 있다. 예를 들어 프랑스의 로크포르 쉬르 술종 동굴에는 치즈의 특징인 푸른 정맥을 만드는 페니실리움 균주가 서식하고 있다. - 원주

서 마카로니 앤 치즈를 가장 많이 만드는 곳으로 남아 있다. (공장 입구의 콘크리트 받침대에는 거대한 노란색 엘보우 파스타 튜브가 설치되어 있다.)

누구의 아이디어였는지는 아무도 기억하지 못하지만, 두 회사는 서로의 요구를 충족시켜 줄 수 있다는 것을 깨달았다. 지상에서 보관하던 치즈를 지하에서 보관하면 크라프드는 냉장 비용을 절감하고 광산은 새로운 수입원을 창출할 수 있었다.

그리세머는 나를 차에 태우고 최근에 채굴이 끝나 냉장 공간으로 바꾸기 위해 마무리 작업을 하는 구역으로 갔다. 1만 8,000평방미터 규모의 구역이 스프링필드 언더그라운드의 19번째 지하 '건물'로 바뀔 것이다. 그리세머는 채굴이 끝난 지하 공간을 냉장창고로 바꾸는 데 총 8개월쯤 걸릴 것으로 예상했다. 우리는 트럭에서 내려 먼지가 자욱하고 습한 공기 속을 돌아다녔다. 공사가 끝나지 않은 구역으로 가는 길은 노란 가림막으로 막혀 있었다. 거칠게 다듬어진 면은 대부분 어둠에 싸여 있었고, 구석에는 물이 고여 있었다. 수면 위로 안개와 먼지가 떠돌았고, 건설용 임시 LED 조명이 주위를 밝히고 있었다.

지하 공간을 창고로 만들기 위해 암반 기둥 주위의 바닥에 콘크리트를 부어서 조립식 벽을 만든다. 스티로폼 블록을 쌓은 다음 노출된 양쪽 벽면에 분무 콘크리트를 뿌려서 마감한다. 지상에 있는 암모니아 시설에서 냉기를 끌어내리기 위해 염수 배관을 설치하고, 광산에 설치된 통풍관은 용도를 바꿔 트럭의 배기가스를 지상으로 배출하는 데 사용한다. 기둥 사이에 랙을 설치할 때는 레이저를 이용하여 정렬하며, 공간의 부피 측량도 레이저를 이용한다. 사용료는 점유하는 공간에만 부과하며, 따라서 크라프트는 치즈가 놓이는 선반을 냉장하는 데 드는 비용은 지불하지 않아도 된다. "공사비도 쌉니다. 지붕 공사를 할 필요가 없고, 스프링클러만 설치하면 되기 때문입니다." 그리세머가 말했다. "그리고 우리는 기둥 사용료를 받지 않습니다."

"편의시설이 많아지면 지하를 이용하는 이점이 줄어듭니다." 그는 계속 말했다. "데이터 센터를 짓는다면 지상에 비해 95퍼센트의 비용이 들지만, 산업용 창고는 지상에 짓는 비용의 3분의 2만으로 지을 수 있습니다."

이러한 초기 비용 절감 효과는 그 뒤로도 내내 전기료 절감으로 이어진다. 크라프트는 지하 저장 공간의 온도를 유지하는 데 드는 전기가 일반 시설의 3분의 1이라고 추정한다. 스프링필드는 매거진 〈포브스〉에서 "미국에서 날씨가 가장 나쁜 도시로 선정되었지만, 광산 내 온도는 일 년 내내 14도를 유지한다. "에너지 요금은 매달 똑같습니다. 그만큼 열 질량이 크기 때문이죠." 그리세머가 말했다. "열 질량, 이것이 핵심입니다." 정전이 되어도 수은주는 변동이 없다.

반대로 온도를 낮추는 데 시간이 걸린다는 단점도 있다. 그리세머는 암석에서 충분한 열을 배출하여 새로운 냉장 공간을 2도까지 낮추는 데 한 달 반이 걸린다고 말한다. 암석을 얼린 다음에는 쉽게 해동할 수도 없다. 균열이 생겨 지하 구조물 전체가 무너질 수 있기 때문이다. "이곳은 20년 넘게 얼어 있었습니다." 그는 하이랜드 데어리 아이스크림이 가득 쌓여 있는 방을 가리키며 말했다. "이것은 위험 요소입니다. 냉동 상태를 계속 유지해야 하기 때문이죠." 그는 이렇게 덧붙였다. "고객이 없어 사용료를 받지 못할 때는 유지비를 감당하기 어렵습니다."

한참 지난 뒤에는 바위기둥과 분무 콘크리트 벽이 모두 똑같아 보이기 시작했고, 지하에서 전화 수신이 되지 않았다. "트럭 운전사들이 헷갈리기도 합니다." 그리세머가 말했다. 우리 앞에서 트럭 한 대가 기둥을 향해 후진하고 있었고, 나는 충돌이 자주 일어나는지 물었다. "기둥이 파손된 적은 한 번도 없습니다." 그리세미가 웃으며 말했다. "트럭이 많이 파손되긴 하지만 기둥은 괜찮아요."

그리세머는 지하에서 40년 이상을 보냈고, 최근에 CEO 자리를 조카에게 물려주었다고 말했다. 그는 단지 호기심으로 다른 지하 공간에도 가 보았다고 말했다. "캔자스시티는 정말 인상적이었어요." 그가 말했다. "캔자스시티에는 해동할 수 없는 지하 공간이 엄청나게 넓어요." 그는 캔자스시티 북동쪽 미주리강 바로 건너편에 있는 헌트 미드웨스트 서브트로폴리스Hunt Midwest SubTropolis가 가장 큰 곳이라고 알려주었다. "하지만 트럭이 들어갈 때 항상 문제가 많아요. 천장이 너무 낮기 때문이죠. 높이가 3~4미터에 불과해요"라고 그는 말했다. "그래서 부피로 따지면 여기가 가장 큰 곳일지도 모르죠."

스프링필드가 있는 오자크 지역 전체가 석회암 광산과 천연 동굴로 가득 차 있어 도시 탐험가와 음모론자의 상상력을 자극한다. 2012년, 은퇴한 프로레슬링 선수이고 미네소타 주지사를 지낸 제시 벤투라는 자신의 텔레비전 프로그램에서 한 회 전체에 걸쳐 스프링필드 언더그라운드에 대한 소문을 다루었다. 이 지하 시설이 일루미나티가 만든 벙커이며 "이 강력한 조직은 미국 심장부에 있는 지휘소에서 정부를 전복하고 세계를 장악하려고 한다"는 이야기였다. 벤투라와 그의 일행이 매시간 수십 대의 크라프트 트럭이 드나드는 터널에 들어서자,

음성 해설은 "새로운 세상으로 가는 문이지만 우리 세상의 종말"이라고 설명했다.

"우리 집 텔레비전에서는 그 채널이 나오지도 않아요." 그리세머가 말했다. "지역 언론에서 걸려온 전화에 이렇게 대답해 주었죠. '우선 나는 가톨릭 신자이기 때문에 오푸스 데이에 소속되어 있습니다. 그리고 더 많은 이야기를 해줄 수 있지만, 너무 많이 아는 사람은 목숨을 보장할 수 없습니다.'"

고속도로를 따라 한 시간쯤 더 가면 나오는 미주리주 카시지에는 아메리콜드가 또 다른 폐광에서 거대한 지하 냉장 시설을 운영하고 있는데, 여기도 일루미나티의 비밀 기지로 의심받고 있다. 이 시설을 안내해준 게이브 게리는 터널이 얼마나 멀리 뻗어 있는지 아무도 모른다고 말했다. "여전히 굴착을 계속하고 있습니다. 가끔 폭발을 느낄 수 있습니다." 그가 말했다. "일부는 물에 잠겨 있는데, 직접 보지는 못했지만 봤다는 사람이 있습니다." 터널을 탐험한 도시의 탐험가들은 수정처럼 맑은 지하 호수가 있고, 거북이와 물고기가 사는 생태계가 번성하고 있다고 한다.

스프링필드보다 카시지의 지하 공간이 더 넓고 테니스 코트도 두 면을 갖추고 있지만(경기를 해 본 사람들은 온도가 항상 쾌적하지만 동굴 벽의 울림 때문에 혼란스러울 수 있다고 말한다.) 냉장 공간은 더 작다. 그럼에도 불구하고 게리는 서쪽에 있는 월마트 매장의 모든 냉동식품이 이 시설에서 공급된다고 말했다. 호스티스Hostess 사의 트윙키, 딩동, 호호스 같은 제품으로 가득 찬 방 옆에 치즈가 가로 1미터, 세로 1.2미터의 엄청난 무더기로 쌓여 있다고 한다. 그는 지하 냉장이 에너지 비용을 줄이는 데 도움이 된다는 점에는 동의했지만, 그것이 오자크 지역의 지하에 많은 식품이 저장되는 주된 이유는 아니라고 말했다. "물류 때문이죠." 그가 말했다. "항상 경로를 살펴봐야 해요." 스프링필드 언더그라운드, 아메리콜느 카시시, 심지어 캔사스시티의 서브트로폴리스까지, 이 모든 곳이 미국의 중심부에 있으며 대륙을 횡단하는 미국의 중추인 66번 국도를 따라 이어져 있다.

미국에서 차가움을 운송하려는 노력은 식품의 지리적 분포를 재편성했다. 새로운 공급망에 의해 냉장창고의 위치와 구조도 바뀌었다. 루이스 그리세머와 마찬가지로 나도 친척들을 방문하거나 휴가 여행을 갈 때는 언제나 그 지역의 상하기 쉬운 물류 현장을 둘러보곤 했는데, 남편은 불만이 많았다. 매사추세츠의 분홍색으로 물들인 나무 벽으로 된 크랜베리 터널부터 로스앤젤레스 시내의 냉장창고에서 지금도 사용 중인 고풍스러운 소금물 냉각 파이프까지, 미국 각지에 남아 있는 냉장 공간들은 형태와 조직의 변천에 얽힌 이야기를 들려준다.

처음에 냉장창고는 주로 도심의 철도 종착역과 도매시장 옆에 들어섰다. 이 창고들은 좁은 도시 공간에 맞추면서 열효율을 높이기 위해 여러 층의 건물로 지어졌다. 도시 한복판에서 아주 잘 보이는 식품 보관소였으므로 도서관과 은행을 짓는 건축 회사에서 설계했다. 목표는 견고하고 안정적이며 무엇보다도 믿음직한 건물을 만드는 것이었다.

최초의 냉장창고는 1865년 뉴욕의 풀턴 마켓에 세워진 것으로 추정된다. 천연 얼음과 소금으로 냉각하고 송풍기를 돌려 환기했을 것이다. (언제부터 운영되었는지, 어떻게 생겼는지, 정확히 어디에 있었는지 기록한 사람은 없는 것으로 보이며 지금은 사라지고 오랜 세월이 지났다.) 최초의 기계식 냉장창고는 한참 뒤인 1881년 보스턴에서 문을 열었고, 나중에 퀸시 마켓에 더 큰 창고가 들어서서 지하 염수 배관망을 통해 주변 사업장과 가정에 냉기를 판매했다.

이런 사업 형태를 '배관 냉장'이라고 불렀고, 잠시 호황을 누렸다. 1916년까지 미국의 약 스무 개 도시와 마을에서 냉장 네트워크를 자랑했고, 30킬로미터에 이르는 지하 배관망으로 시장, 호텔, 레스토랑, 심지어 개인 주택의 '식품 보존 캐비닛'에도 냉기를 공급했다. 이러한 개념(전기나 가스처럼 배관을 통해 냉기를 공급하고 계량기로 요금을 받는 편의 시설로 본다)은 냉각을 대하는 관점이 완전히 다르다는 것을 의미하지만, 냉각 기계가 크기와 비용 면에서 크게 줄어들어 다루기 쉬워지면서 도태되었다.

창고업에서 일어난 그다음 혁명은 다른 많은 혁명과 마찬가지로 제2차 세계대전으로 일어났다. 물류의 효율을 크게 높인 목재 팔레트와 지게차는 1930년대에야 상업적으로 도입되었으며, 미군이 이 조합을 대규모로 사용한 첫 번째 사례이다.

미국은 일본이 진주만을 공격하자 전쟁에 뛰어들었고, 점점 더 확장되면서 멀어지는 전선에 막대한 식량과 군수품을 지원해야 했다. 미군 병참사령부는 이런 요구에 빠르게 대처하기 위해 4방향 팔레트(지게차의 갈퀴를 어느 쪽에서나 집어넣을 수 있어서 이런 이름이 붙었고, 지금은 어디에서나 볼 수 있다)를 발명하고 표준화했다. 이 팔레트의 제작을 맡은 업체들은 주문량이 너무 많아서 애를 먹었다. 버지니아의 한 목재 공장 소유주의 아들은 자동화 조립이 도입되지 않았던 그 시절에는 나무에 못을 박아 팔레트를 만드는 사람들이 엘리트 운동선수 같은 대우를 받았다고 회상했다. "여섯 시간 정도가 팔이 견딜 수 있는 한계였습니다." 그는 〈팔레트 엔터프라이즈Pallet Enterprise〉 잡지와의 인터뷰에서 이렇게 말했다. "망치질을 마치자마자 투수처럼 오른팔을 따뜻하게 하기 위해 새킷을 입곤 했습니다."

팔레트와 지게차의 조합은 강력했다. 1943년 중반부터 병참지원부대에서 전반적으로 이를 도입했고, 2년이 지나자 군용 화물창고에서 1인당 처리하는 화물 중량이 두 배로 늘어났다. 오늘날 세계 최대 규모의 재사용 가능한 팔레트 재고를 관리하는 오스트레일리아 기업 브램블스Brambles의 역사에서 저자 데이비드 매뉴얼은 팔레트를 사용하는 미국인들이 처음으로 새로운 물류 기술을 선보였을 때 오스트레일리아 사람들이 받은 "기계화된 근육의 경이로운 인상"을 기록했다. "미국인들이 선박용 장비로 먼저 지게차를 내린 다음 놀라운 속도로 팔레트에 적재된 화물을 내리는 모습을 지켜본 오스트레일리아 사람들은 깜짝 놀라 눈을 둥그렇게 떴다."

전쟁이 끝난 뒤에 냉장창고 관리자들이 이 새로운 방식을 가장 먼저 도입했다. 팔레트와 지게차 시스템으로 레고처럼 수직과 수평으로 규칙적으로 쌓아 올리는 방식은 생산성을 높였을 뿐만 아니라(따라서 인건비도 절감했다), 냉장 시설의 형태와 위치에 새로운 제약을 부과했다. 이제는 도심의 위압적인 고층 건물이 필요하지 않았다. 팔레트를 공중으로 40미터까지 들어 올릴 수 있는 지게차에게는 높은 단층 건물이 최적 환경이었다. 팔레트를 얹는 선반 구조물이 그대로 지붕을 떠받치고, 새로 개발된 폴리우레탄 폼을 조립식 벽의 단열재로 사용한다. 이렇게 해서 특징 없는 상자 같은 외관에 내부에는 강철 비계 골격이 좁은 통로를 가로지르는 건물이 탄생했다.

이런 방식의 냉장창고는 특히 써모킹의 기여로 여러 지역으로 퍼져 나갔다. 주간고속도로 옆의 값싼 땅에 이런 창고가 점점 더 많이 들어서면서 새로 생긴 시골의 육류 포장업체와 교외 슈퍼마켓을 연결하게 되었다. 이렇게 해서 냉장창고의 새로운 건축 구조가 탄생했고, 최근까지 미국 전역에 널리 퍼져 있다.

"1969년 초에 선반으로 지지하는 건물을 우리가 처음으로 만들었다고 자부합니다." 미국 최대의 냉장 보관 업체 중 하나로 군림하다가 최근에 아메리콜드로 인수된 클로버리프 콜드 스토리지Cloverleaf Cold Storage의 공동 소유주였던 애덤 페이게스가 말했다. "지금은 사라졌지만 아이오와주 수시티에 있었습니다." 페이게스는 미국의 저온 저장 창고가 생산자나 인구 밀집 지역 근처에 들어서는 경향이 있다고 말했다. 냉장창고의 지도를 만들고 아무도 주목하지 않는 지리적 조건을 추적해서 찾아낸 패턴에서 나는 식품 시스템의 기본 논리와 세계 경제의 성쇠를 읽어낼 수 있었다.

내가 일했던 남부 캘리포니아 아메리콜드 창고가 그곳에 있는 이유는 로스앤젤레스 근처에 식료품을 소비하는 사람들이 많이 모여 있기 때문이다. 페이게스 가족의 업체는 1952년 아이오와주에서 육류 포장업체에 서비스를 제공하기 위해 설립되어 생산자 쪽에 집중했다. "완벽한 세상이라면 포장업자들은 모든 것을 신선하게 판매할 것입니다." 그는 이렇게 설명했다. "언제나 최고 속도로 운영해야 하기 때문에, 그렇게 할 수 없습니다." 소를 키워서 도축할 때까지는 수정 후 짧아도 2년 4개월이 걸리기 때문에 소고기 산업은 수요와 공급의 변화에 빠르게 대처하기 어렵다. "바로 그렇기 때문에 우리 같은 업체가 필요합니다." 페이게스가 말했다. "우리는 따뜻한 고기를 얼려 두고 팔릴 때까지 보관합니다."

스프링필드 언더그라운드는 크라프트 사에게 이와 비슷한 서비스를 제공한다. 치즈 생산량과 미국 전역의 치즈 판매량 사이의 일시적 불일치를 완화하기 위해 치즈를 비축해 두는 것이다. 하지만 페이게스는 냉장창고에서는 제품이 선반에 오래 방치되는 것을 좋아하지 않는다고 말한다. "우리는 회전율로 수익을 얻습니다." 그는 이렇게 말했다. "우리 가족의 오래된 농담 중에는 창고가 가득 차도 파산할 수 있다는 말이 있습니다."

육류, 유제품, 생선, 과일, 채소의 냉장창고는 생산지를 그대로 따라가는 경우가 많다. 아이다호 벌리에 있는 세계 최대의 감자튀김 공장 옆에는 똑같이 거대한 냉장창고가 있고, 캘리포니아의 딸기 산지 왓슨빌의 주민 5만 명은 아메리콜드 시설을 포함해 여섯 개가 넘는 냉장창고 옆에서 살고 있다.

항구도 주요 통로이지만, 부패하기 쉬운 식품은 종종 가장 붐비는 항구(뉴어크와 롱비치)를 피하고 거의 지연되지 않는 이웃의 작은 항구를 이용한다. 동부 해안에서는 델라웨어주 윌밍턴 항구가 미국에서 가장 많은 양의 과일과 주스를 처리한다. 베레드 노히는 나와 함께 항구 시설을 둘러보면서 "이곳은 한때 바나나 반입이 세계 1위였어요"라고 말했다. (현재 1위는 벨기에의 앤트워프 항구다.)

노히는 윌밍턴 항구에서 14년 동안 일했지만, 이 항구가 번성하게 된 것은 그녀가 일을 시작하기 전인 1980년대에 뉴질랜드 키위, 칠레 포도, 모로코 감귤을 실은 냉장 컨테이너가 이 항구에 도착하기 시작하면서였다고 한다. 이는 바바라 프랫의 연구에 의해 컨테이너로 과일 운송이 가능해진 직후에 일어난 일이다. 현재 시트로수코의 오렌지 주스 저장 시설은 윌밍턴에 있다. 돌Dole과 치키타도 대서양 연안의 중부 지역에 있는 항구를 허브로 사용하며, 델몬트는 뉴저지의 글로스터 해양 물류 터미널에서 강을 따라 조금 거슬러 올라간 곳에 있다.

"이것은 우리의 틈새 시장입니다." 노히가 말했다. "우리는 급속 냉각, 저온 처리, 훈증, 공기 성분 조절을 통해 과일을 소중히 다룰 수 있습니다." 윌밍턴은 뉴어크에 비해 아주 작지만(연간 처리량이 400여 척에 불과하며, 북쪽에 있는 뉴어크의 처리량은 일곱 배 이상이다), 항구와 고속도로 사이에 신호등이 하나뿐이어서 시카고나 몬트리올까지 하룻밤 사이에 과일을 운송할 수 있다는 점을 자랑한다.

최근에 윌밍턴은 새로운 세대의 경쟁자와 마주치기 시작했다. 사우스캐롤라이나주 찰스턴, 조지아주 사바나, 플로리다주 잭슨빌은 말할 것도 없고 또 다른 윌밍턴이라고 할 수 있는 노스캐롤라이나주에 수백만 달러 규모의 냉장창고가 착공된다는 소식이 한 달이 멀다 하고 계속 날아들고 있다.

"이 모든 것이 파나마 운하 확장 공사와 관련이 있습니다." 페이게스는 이렇게 설명했다. 2016년까지만 해도 대서양과 태평양을 연결하는 이 인공 수로는 세계 무역을 지배하는 거대한 컨테이너선을 수용하기에는 너무 좁아서, 미국의 최대 수출 시장인 동아시아로 보내는 모든 냉장육과 농산물이 롱비치나 오클랜드 같은 서부 해안의 항구를 거쳐 갔다. "이제 미국 동부 해안의 항구들이 직접 경쟁할 수 있게 되었습니다." 페이게스는 이렇게 말했다. "특히 환경 규정과 노동 규정이 까다로운 캘리포니아에서는 사업하기가 어렵기 때문에 이제는 파업이나 새로운 배기가스 배출 규정 때문에 우리를 죽일 수 있는 항구에 얽매일 필요가 없어집니다."

미국의 국내 공급망에서 소비자 중심의 냉장창고는 도시 외곽의 고속도로가 인접한 값싼 땅에 밀집하는 경향이 있다. 예를 들어 펜실베이니아주 앨런타운 인근의 한 물류 단지에서는 유에스 푸드US Foods, 아메리콜드, 밀러드 리프리저레이티드 서비스Millard Refrigerated Services 등이 모두 냉장 시설을 운영하고 있다. 이 지역은 뉴욕시와 남동쪽 필라델피아로 바로 연결되는 두 개의 주요 고속도로와 동부 해안 철도의 여러 노선이 교차하기 때문에 인기를 얻고 있다.

"로스앤젤레스와 같은 예외적인 상황도 있습니다." 대형 슈퍼마켓 기업의 공급망 컨설턴트인 마크 울프랏이 말했다. "로스앤젤레스 시장의 교통량과 상품 흐름을 보면 랄프스와 크로거Kroger 같은 식료품 회사는 도심 근처에 창고를 두고 있습니다." 로스앤젤레스가 특별한 이유는 정치적 지형 때문이다. 지도상으로는 하나의 거대한 대도시처럼 보이지만 실제로는 수십 개의 독립된 도시로 구성되어 있으며, 각 도시의 관료들은 토지 이용, 세금, 환경 정책을 독자적으로 결정할 수 있다. 로스앤젤레스 시내에서 남쪽으로 불과 몇 킬로미터 떨어진 공업 지역인 버논시는 공무원의 부패로 악명이 높지만(텔레비전 쇼 〈트루 디텍티브 시즌 2〉의 빈치에게 영감을 준 것으로 알려져 있다), 공공요금이 최저 수준이라고 알려져 있다. 이 지역은 거리마다 들어서 있는 냉장창고로 유명하지만(내가 일했던 아메리콜드 창고도 여기에 있다) 주택은 30채에 불과하다.

물류센터와 슈퍼마켓 사이의 최대 거리는 내가 아메리콜드에서 경험한 표준적인 창고 운영 일정에 따라 결정된다. 창고 운영 일정은 이른 아침에 제조업체에서 보내오는 트럭에서 물건을 내리고 오전에 팔레트를 정리한 다음, 슈퍼마켓으로 보낼 여러 가지 물건을 선별하여 팔레트에 담는 작업으로 이루어진다. 슈퍼마켓으로 가는 출고 화물에는 대개 300~400개의 서로 다른 제품이 포함된다. 그중 많은 제품이 최적의 보관 온도와 습도가 모두 제각각이기 때문에, 냉장 트럭의 일률적인 환경에 머무는 시간을 최대한 짧게 해야 한다. "따라서 우리는 물류 센터를 매장에서 400킬로미터 이내에 두어 운전기사가 대여섯 시간이면 갈 수 있도록 노력합니다." 울프랏이 설명해 주었다. "그보다 훨씬 더 멀리 가면 변질될 위험이 있습니다."

이 시스템(상품을 대량으로 받아서 보관하고 분류하여 반지름 400킬로미터 이내의 슈퍼마켓으로 보내는 중앙 집중식 물류 창고)은 냉장 트럭 운송의 출현과 함께 미국에서 등장했다. 울프랏은 미국 슈퍼마켓의 물건 값이 선진국에서 가장 싼 이유가 바로 이 시스템 덕분이라고 평가했다.

그는 홀푸드와 월마트의 공급망과 가격 차이를 예로 들어 설명했다. 월마트는 현재 미국 전체 신선 식품의 15퍼센트 이상을 공급하고 있지만, 1990년대까지만 해도 식품을 취급조차 하지 않았다. "월마트는 콜드 체인에 대해 잘 알고 유통 센터를 짓고 직원을 고용하는 방법을 아는 사람들을 고용했습니다." 울프랏이 설명했다. 월마트는 본거

지인 아칸소주 리틀락에 식품 유통 센터 한 개로 시작하여 400킬로미터 이내의 모든 매장에 식료품 코너를 추가했고, 텍사스에서도 똑같은 일을 했다. "이렇게 미국 전역을 모두 채울 때까지 계속 비약적으로 확장했습니다"라고 울프랏은 말한다. 그 결과 매우 효율적인 물류 인프라가 구축되었고, 이는 소비자 가격 인하로 이어졌다. "사람들이 월마트 매장에 가면 도대체 어떻게 저렇게 할 수 있는지 궁금해 합니다"라고 그는 말한다. "이것이 그 비결의 일부입니다."

반면에 홀푸드 매장은 전국에 흩어져 있어서, 반지름 400킬로미터 이내에 전용 물류 센터를 지을 만큼 충분히 밀집되어 있지 않다. "그래서 어떻게 할까요?" 울프랏이 물었다. "결국 유통을 도매업체에 외주로 맡깁니다." 도매업체는 유통 비용에 자체 이윤을 더해서 청구하고, 홀푸드는 이를 판매 가격에 반영한다. "그래서 '홀 페이첵'이라는 별명이 생겼습니다"라고 울프랏은 말한다. 홀푸드의 식품이 비싼 이유는 건강이나 환경에 더 좋기 때문이라고 할 수 없다. 공급망이 매우 비효율적이기 때문에 홀푸드에서 사면 식료품 값이 더 비싸다.

20세기 후반 내내 이러한 불문율이 북아메리카의 슈퍼마켓 진열대와 냉장창고에 영향을 미쳤다. 하지만 물류의 논리는 언제나 여러 가지 변수의 영향을 받는다. 오늘날 인구통계학적 변화와 새로운 경제 동향이 맞물리면서 물류 환경은 다시 변하고 있다.

데이브 프리스트가 창고 직원에게 말했다. "여기 오신 분에게 안전벨트를 채워 주세요. 콜드 체인에 관한 책을 쓰고 있는 작가인데, 크레인에 한 번 올라가 보고 싶다고 합니다." 잉글랜드 북부 출신의 친절한 프리스트는 뉴콜드 웨이크필드의 총책임자이다. 스프링필드 언더그라운드만큼 많은 식품 팔레트를 보관할 수 있는 이 시설은 잉글랜드 북동부 옛 탄광 위에 흰색의 정육면체로 쌓아 올린 12층짜리 전자동 냉동창고다.

"시트콤으로 바꾸면 더 재미있지 않을까요?" 내가 바닥에서 천장까지 이어지는 철제 빔 측면에 매달린 작은 회색 캐빈에 올라서자 그는 계속 말했다. 내가 서 있는 곳에서 볼 때, 이 장면은 시트콤보다 디스토피아 공상 과학 영화가 더 잘 어울릴 것 같았다. 나는 혼자서 안전장치를 난간에 걸고 폭이 90센티미터도 안 되는 좁은 협곡에 매달려 있었다. 비계와 골판지 상자로 이루어진 벽이 어둠 속에서 위, 아래, 앞으로 끝없이 뻗어 있었다. 주변에서는 금속으로 만들어진 장치들이 웅웅거리는 낮은 소리를 내면서 팔레트를 뒤섞고, 새로 도착한 물건을 제자리에 넣고, 오래된 물건을 하역장으로 밀어내면서 마치 3차원 테트리스 게임을 하듯 끊임없이 내부에서 움직이고 있었다. 영하 20도의 기온은 폐가 상할 정도로 추웠지만, 공기 자체가 숨을 쉬기 어려웠다. 천장이 너무 높아 불이 났을 때 스프링클러가 소용이 없으므로, 산소 농도를 일반 공기의 21퍼센트에서 16~17퍼센트로 낮게 조절하고 있기 때문이었다.*

• 산소가 19.5퍼센트 미만인 공기를 마시는 상황은 연방 지침에 따라 안전하지 않다고 간주되지만, 그 자리에서 죽지는 않는다. 진정한 위험은 산소가 부족할 때 뇌 기능이 나빠져 판단력을 상실하기 때문에 온다. 앞에서 보았듯이 극심하게 추울 때는 판단력이 더 나빠진다. 일부 행정 구역에서는 유지보수 및 수리를 위해 뉴콜드의 냉동고에 들어가는 작업자는 호흡 장치를 착용해야 하지만, 나처럼 잠깐 머물 때는 그럴 필요가 없다. - 원주

귀가 찢어질 듯한 끼익 소리와 함께 내가 탄 캐빈이 앞으로 튕겨져 나갔다. 대각선 방향으로 허공을 가르며 올라가는 동안 모든 것이 덜컹거렸고, 양옆으로 전자레인지용 감자튀김과 감자 와플 상자들이 흐릿하게 멀어져 갔다. 출발한 지 30초쯤 지나자 속도를 늦추다가 멈춰 섰고, 36미터 아래의 발밑에 비닐로 감싼 딸기 아이스캔디 팔레트가 보였다. 기둥 반대편에는 내 뒤로 정육면체 금속 캐빈이 레일을 따라 굴러들어왔다. 캐빈은 몇십 센티미터쯤 더 진행해서 2리터짜리 켈리 코니쉬 바닐라 데어리 아이스크림 통이 가득 담긴 팔레트 아래에 멈춰 섰고, 팔레트를 몇 센티미터쯤 들어 올린 다음 크레인으로 가져가서 건물의 다른 곳에 내려놓을 준비를 했다. 이 모든 일이 사람의 개입 없이 일어났다. 건물을 조종하는 알고리즘이 지시를 내렸고 기계가 그대로 따랐다. 지켜보고 있는 나는 머리가 어지럽고 입이 떡 벌어졌다.

잠시 후, 나는 바닐라 아이스크림과 함께 협곡을 급강하하여 컨베이어 벨트 근처에 내렸다. 아이스크림을 실은 팔레트는 반출함을 향해 굴러갔고, 나는 안전장치를 풀고 에어록을 지나 인간 세상으로 힘차게 발을 내디뎠다. 차갑고 산소가 부족한 공기를 채우는 하얀 조명을 뒤로하고 내가 문턱을 넘어서자, 프리스트는 웃으며 박수를 쳤다. 그는 영국의 인기 예능 프로그램을 언급하며 "마치 〈스타즈 인 데어 아이즈Stars in Their Eyes〉의 무대에서 내려오는 것 같네요"라고 말했다.

이 짜릿한 체험은 건물 내부를 들여다보는 소수의 외부인(잠재적인 고객과 보건 검사관)에게도 제공되지 않는다. 프리스트는 세계에서 가장 크고 기술적으로도 가장 진보한 이 냉동고에 대한 열정이 넘쳐 나에게 이 체험을 선사했다. 그는 나에게 이 건물의 허파를 보여주었는데, 이 장치는 압력솥의 밸브처럼 '펑' 하는 소리와 함께 여분의 산소를 외부로 배출한다. 지게차로 30분이 걸리는 트럭의 짐을 5분 만에 해치우는 자동 하역 시스템도 보았다. 레일, 센서, 컨베이어벨트가 로봇으로 통합된 시스템이었다. "예전에는 구식 콜드 체인에서 일했습니다." 프리스트가 말했다. "그런데 이곳에 오니 마치 〈이상한 나라의 앨리스〉가 된 것 같았습니다. 방금 체험하신 부분을 제가 처음 봤을 때 이렇게 생각했죠. '나에게 이 일자리를 제안하면 바로 받아들여야겠다.'"

뉴콜드는 2012년 네덜란드에서 설립되어 이미 세계에서 네 번째로 큰 냉장 보관 회사로 성장했으며, 미국에 네 개의 지사를 설립하고 계속해서 지사를 건설하고 있다. 이 회사의 급부상은 현재 콜드 체인을 재편하고 있는 몇 가지 변화를 잘 보여준다. 우선, 다층 건물이 다시 등장했다. 프리스트의 자부심이자 기쁨인 이 건물은 비슷한 규모의 일반 냉장창고보다 건설 비용이 두세 배 더 들겠지만, 크게 보아 완전 자동화로 모든 것을 훨씬 더 조밀하게 수직으로 쌓아 공간을 절약하며, 전력이 40퍼센트 절감된다.

배출량 감소도 좋고 투자 수익률 측면에서 에너지 비용 절감도 좋지만, 업계의 관점에서 볼 때 뉴콜드 창고의 진정한 매력은 창고 운영에 필요한 인력이 줄어든다는 점이다. 거의 모든 작업이 자동화되어 있으므로 고장이 났을 때만 창고 내부에 들어갈 인력이 필요하다. "최근까지만 해도 기업들은 냉동고와 같은 힘든 환경에서 열심히 일할 수 있는 블루칼라 인력을 쉽게 구할 수 있었습니다." 마크 울프랏이 말했다. "그런 시대는 끝났습니다." 선진국의 인구가 빠르게 고령화되고 있을 뿐만 아니라, 미국에서도 최저임금이 많이 오른 지금은 자동화

시스템에 대한 가파른 초기 투자가 훨씬 더 합리적으로 보인다.

에너지 효율이 높고, 첨단 기술이 적용되고, 사람이 필요 없으며, 새로운 세대의 디지털 소비자들이 기대하는 빠른 배송을 위해 창고는 점점 더 도시와 가까워지고 있다. 현재 미국의 냉장 시설은 제2차 세계대전 직후에 일어났던 호황 이래로 빠르게 확장되고 있다. 이는 다시 투자 자본을 끌어모았다. 지금 세계를 선도하고 있는 뉴콜드와 리니지 로지스틱스는 모두 같은 해에 사모펀드의 투자로 설립되었다. "최근까지만 해도 냉장창고 업체는 대부분 가족 기업이었습니다." 페이게스는 자신의 가족 기업도 업계의 통폐합 물결에 휩쓸려 사라졌다고 말한다. "엄청난 자금이 유입되면서 상황이 극적으로 변하고 있습니다."

미국은 이미 1억 5천만 세제곱미터 이상의 냉장창고 공간으로 세계 최대 규모의 인공 겨울을 자랑하고 있다. 미국의 인구 증가는 답보 상태이지만, 이 정도로는 더 이상 충분하지 않다. 냉장창고 산업은 향후 몇 년 안에 다시 절반 가까이 성장할 것으로 예상되며, 대부분의 확장은 해안 도시와 그 주변에서 이루어질 것이다. 팡파르도 예고도 없이, 지금 우리 주변 곳곳에서 새롭고 향상된 북극이 건설되고 있다.

이러한 발전도 놀랍지만, 전 세계적인 냉장 시설 열풍은 더 놀랍다. 인도, 멕시코, 나이지리아 같은 개발도상국에서 사람들이 도시로 이주하고 부유해지면서 가장 먼저 하는 일 중 하나는 육류, 생선, 유제품, 부패하기 쉬운 과일을 더 많이 먹는 것이다. 지구상의 모든 사람이 미국인만큼의 냉장 공간이 필요하다면 수백만 개의 냉장창고를 건설해야 하고, 지구상에 기계로 냉각되는 공간은 수십 배로 늘어날 것이다.

이러한 관점에서 볼 때, 세계는 세 번째 극을 건설하기 위해 이제 겨우 첫 삽을 떴다고 할 수 있다.

"쓰촨에서 우리는 먹는 사람입니다." 세계 최초의 냉동 만두 억만장자인 첸쩌민이 말했다. "중국에서는 '아무리 가난해도 먹는 즐거움이 있다'고 말합니다." 그는 미소를 지으며 자신의 불룩한 배를 툭툭 쳤다. "나도 먹는 걸 즐깁니다."

이제 여든이 된 첸은 만두 거물이 되리라고는 생각하지 못했다. 중국의 문화대혁명 시기에 성인이 된 거의 모든 사람이 그랬듯이 그도 직업을 선택할 수 없었다. 고등학교 시절에 그는 기계에 푹 빠진 소년이었다. "나는 전자 회로와 광석 라디오 같은 것을 만들면서 놀았어요"라고 그는 말했다. "대학에 갈 때는 반도체 전자공학 전공을 지원했습니다." 하지만 국가는 첸에게 외과 의사가 되라고 했고, 그는 성실히 학업을 마쳤다. 의사로 일하면서 여가 시간에는 요리를 배워 쓰촨식 피클, 쿵파오 치킨, 만두로 친구와 가족들에게 명성을 쌓으며 즐겁게 지냈다.

상하이와 베이징의 중간쯤에 있는 지방 도시 정저우의 제2인민병원 부원장이 되고 나서도, 첸은 여전히 일상이 따분하다고 생각했다. "바쁘게 지낼 만큼 일이 많지 않았습니다." 그는 턱 밑에 손을 괴고 진지하게 눈을 깜빡이며 말했다. "건물을 돌아다니며 점검하고 회의도 했지만, 대부분의 시간을 신문을 읽고 차를 마시는 데 보낸 것 같았어요." 그는 여러 가지 기발한 장치를 많이 만들었다. 병원의 낡은 장비를 고치고, 이웃의 라디오를 수리하고, 정저우 최초의 세탁기를 만들기도 했다. 물론 요리도 했다. 수십 년 동안 그의 설날 선물인 직접 만든 찹쌀 주먹밥은 친구와 이웃들 사이에서 전설이 되었다.

1980년대에 중국이 서방에 문호를 개방하자, 마오쩌둥의 후계자 덩샤오핑은 "일부 사람들이 먼저 부자가 되어야 한다"고 선언했다. 삶이 따분할 뿐만 아니라 두 아들의 결혼식 비용까지 부담해야 했던 첸은 자기가 먼저 부자가 되고 싶었다. 얼마 지나지 않아 그는 주먹밥 만드는 재주를 활용해야겠다고 생각하기 시작했다.

중국식 완탕과 주먹밥은 전통적으로 많은 사람들이 함께 모여 대량으로 만든다. 반죽을 주무르고, 밀대로 밀어서 펴고, 속을 채우고, 손으로 빚어서 작은 조각으로 만드는데, 하루 동안만 신선함을 유지한다. 첸은 매콤한 돼지고기 완탕과 달콤한 참깨로 만든 속을 채운 주먹밥을 더 오래 보존하기 위해 자신의 의학 지식을 활용했다. "의사는 장기나 혈액을 차가운 환경에서 보존해야 합니다"라고 첸은 말한다. "의사라는 직업은 냉장과 뗄 수 없는 관계입니다. 나는 이미 냉장이 물리적으로 가장 좋은 보존 방법이라는 것을 알고 있었습니다."

첸은 병원의 고장 난 의료 장치에서 뜯어낸 부품으로 2단 냉동고를 만들어 찹쌀 주먹밥을 하나씩 집어넣었고, 안쪽에 큰 얼음 결정이 생겨 식감이 손상되지 않도록 빠르게 냉각했다. 그가 얻은 첫 번째 특허는 주먹밥의 생산 공정에 관한 것이었고, 두 번째 특허는 냉동하면서 손상되지 않도록 보호하는 포장에 관한 것이었다. 얼마 지나지 않아 첸은 이 두 가지 혁신적인 기술을 만두에도 적용할 수 있다는 것을 깨달았다. 1992년, 당시 쉰 살이었던 첸은 온 가족의 만류를 뿌리치고 병원 일을 그만두고 작은 인쇄소를 빌려 중국에서 최초로 냉동식품 사업을 시작했다. 그는 자신의 신생 만두 회사 이름을 중국 공산당 제11기 중앙위원회 제3차 전체회의(1978년 중국 시장 개방의 첫걸음을 내디딘 회의)의 약자인 '산촨'(삼전三全, 3차 전체회의를 줄인 말)으로 지었다.

현재 산촨은 중국 전역에 공장을 두고 있다. 내가 방문해 첸과 대화를 했던 곳은 가장 큰 공장으로, 5천 명의 직원을 고용하고 하루에 무려 400톤의 만두를 생산한다. 첸은 유리 벽으로 된 스카이워크에서 공장 현장을 보여줬는데, 우리 아래에 후드가 달린 흰색 전신 작업복과 흰색 마스크, 흰색 덧신을 착용한 수십 명의 남녀가 흰색 타일로 덮인 거대한 냉장실 안에 일렬로 늘어선 100대 가까운 만두 기계를 돌보고 있었다. 분홍색 작업복을 입은 사람이 몇 분마다 구석에 있는 스테인리스 이중문을 통해 다진 돼지고기가 담긴 통을 수레로 끌고 들어와., 삽으로 만두 기계의 거대한 원뿔형 깔때기에 쏟아부었다. 한쪽 구석에서는 노란색 작업복을 입은 품질 관리 검사원이 다루기 힘든 기계를 조종하며 컨베이어 벨트에서 불량 만두를 양손으로 꺼내고 있었다. 라인 끝에서는 시간당 10만 개가 넘는 만두가 베이지색 조약돌처럼 쏟아져 나와 입을 벌린 봉투에 끝없이 들어가고 있었다.

첸의 독창성 덕분에 정저우 곳곳에서 이와 같은 장면을 그대로 따라 하는 공장이 생겨났고, 스모그 가득한 이 산업 도시는 중국 냉동식품의 수도가 되었다. 산촨의 라이벌인 시니어Synear는 1997년에 정저우에 설립되었으며, 두 회사는 중국 냉동식품 시장의 3분의 2를 차지하고 있다. 주간지 렌동쉬핀바오(냉동식품보)에 따르면 이 업계의 10대 중국계 기업 중 다섯 개가 정저우에 있으며, 이 잡지사도 정저우에 본사를 두고 있다.

지난 10년 동안 중국에서는 냉장 산업이 비약적으로 발전했고, 그에 따라 미국에서는 오래전에 끝나 버려 더 이상 볼 수 없는 변화를 관찰할 수 있는 특별한 기회가 되었다. 현대 중국에서는 고층 빌딩, 쇼핑몰, 고속 열차로 생활이 크게 달라졌지만, 냉장고는 여전히 개인에게 중대한 진보를 상징한다. 중국의 정치 체제는 말할 것도 없고 수천 년에 걸친 농업과 요리의 역사는 1880년대 미국과 맥락이 상당히 다르지만, 국가 전체가 식품 시스템에 냉장을 빠르게 도입하면서 일어나는 일을 지켜보면 미국식 식품 유통의 특성과 부패하기 쉬운 식품이 시간과 공간의 제약에서 벗어날 때 얻는 것과 잃는 것에 대해 새로운 관점을 얻을 수 있다.

40세 이상의 중국인이라면 아직 냉장고가 없는 사람을 제외하고 거의 모든 사람이 가정용 냉장고를 처음 구입한 순간을 기억할 수 있다. 현재 베이징 외곽에서 냉동창고 세 곳을 소유하고 운영하는 마흔 아홉 살의 물류 사업가 리우페이쥔은 설날이 될 때까지 고기를 창밖에 매달아 차갑게 보관했던 것이 어린 시절의 기억으로 남아 있다고 말했다.

중국에서는 가장 부유한 도시(베이징, 상하이, 선전, 광저우 등)에서도 1980년대 후반이 되어서야 전력망이 안정되고 가정의 가처분 소득이 늘어나면서 냉장고가 많은 가정의 필수품이 되었다. 1992년 첸이 산찬을 설립할 때만 해도 냉장고를 소유한 시민은 열 명 중 한 명도 되지 않았다. 첸의 신생 기업에게는 다행히도 중국처럼 인구가 많은 나라에서는 그 정도 비율만으로도 충분히 많은 소비자를 확보할 수 있었고, 냉장고를 보유한 가정은 빠르게 증가하여 2007년에는 도시 가정의 95퍼센트로 늘어났다.

이제 적어도 중국의 도시에서는 가정용 냉장고가 일반화되었지만, 냉동창고 공간과 운송은 여전히 뒤떨어져 있다. 그 결과로 매장에 진열된 수입 과일(워싱턴주에서 항공 운송된 체리 등)이 국내산보다 훨씬 더 신선할 때도 많다. 미국의 육류 업체 타이슨은 미국 도축장에서 처리한 닭을 상하이나 톈진 같은 중국의 항구 도시로 보낼 때 첸의 말처럼 냉동 닭발에 다리가 꼭 필요하지는 않다는 것을 금방 알아챘다.* 미국 식품 회사들에게 중국 시장 정보를 제공하는 경영 컨설턴트 마이크 모리아티는 "닭고기를 완벽한 상태로 공급하고 3일 뒤에 상온 창고 어딘가에서 '신선'하게 보관한다면서 젖은 헝겊을 덮어놓은 것을 보았습니다"라고 회상했다.

최근 중국의 경제 성장은 초기에 중국의 발전을 촉진했던 수출 중심 전략과 달리 내수 시장 확대에 점점 더 의존하고 있다. 실제로 소규모 가족 농장으로 생계를 유지하던 대부분의 농촌 사람들이 국가 정책으로 도시로 이주하여 소비자가 되었고, 남은 소수의 농민들이 기업식 농업을 운영하게 되었다. 하지만 콜드 체인이 제대로 작동하지 않으면 이 농장들이 생산량을 늘릴 수 없었고, 한때 농민이었던 사람들이 농산물을 살 수 있는 방법도 없었다. 따라서 초기의 부패하기 쉬운 물류 부문을 직간접적으로 돕기 위해 공산당이 나섰다.

• 닭다리feet는 깃털이 나지 않은 다리 부위를 뜻하며, 닭발paw은 뒷발톱 아래의 부위를 말한다. 냉장의 신기한 연금술이 일으킨 또 다른 변화에는 미국에서 홀대받던 닭발의 지위가 달라졌다는 점도 있다. 외국의 닭발 수요가 많아서 미국 육류 포장업체에서 닭발은 가슴살과 날개에 이어 세 번째로 가치 있는 부위가 되었다. - 원주

지난 15년 동안 냉장창고를 건설하려는 모든 사람에게 세금 감면, 보조금, 토지 우선권 등의 혜택이 주어졌다. 2008년 올림픽을 앞두고 베이징 시 당국이 야심 차게 추진한 '슈퍼마켓화' 계획은 부분적으로 성공을 거두었다. 이는 선풍기와 가끔 차가운 수돗물로 음식을 식히는 노천 '습식' 시장에 사람의 침이 튀지 않도록 투명한 보호막을 갖춘 현대식 공기 조절 식품 진열대를 보급해서 육류와 야채의 거래를 안전하게 만드는 사업이었다. 2010년 중국 정부의 강력한 국가발전개혁위원회는 제12차 5개년 국가 계획의 핵심 우선순위 중 하나로 중국의 냉장 및 냉동 용량 확대를 꼽았다. 이 문서는 나의 뛰어난 번역가도 쩔쩔매는 난해한 문장으로 "덩샤오핑 이론과 3개 대표 중요 사상에 따라… 현대 물류 산업을 적극적으로 발전시켜야 한다"고 선언하고 있다. 이후 10년 동안 중국의 냉장창고 용량은 두 배 이상 증가했다.

리우페이췬은 신세대 신선 식품 물류 기업가 중 한 명이다. 베이징 5번 순환도로 외곽의 한적한 식당 옆에 있는 창문 없는 창고에서 리우페이췬은 나에게 냉동실을 안내해 주었다. 4단으로 이루어진 선반에는 새우만두가 담긴 팔레트들이 빼곡히 쌓여 있었다. 희미한 불빛 속에서 하겐다즈 아이스크림과 알래스카산 냉동 게다리가 담긴 상자도 보였다. 리우는 이 제품들이 설날을 맞아 온라인 판촉행사로 소비자에게 직접 배송될 예정이라고 말했다.

리우는 1996년 산찬과 같은 냉동식품 브랜드가 베이징에 처음 진출했을 때 판매 사원으로 일하기 시작했다. 그는 이렇게 말했다. "슈퍼마켓에서 시식과 판촉 행사를 진행했어요… 처음에는 사람들이 만두를 외면했지만 정말 빠르게 인기를 끌었습니다. 진짜 걸림돌은 소비자의 수요가 아니라 냉장과 유통이라는 걸 금방 깨달았습니다." 결국 리우는 자신의 회사인 익스프레스 채널 푸드 로지스틱스를 창업하기로 결심했다. 그는 2008년에 닭 창고가 있던 자리에 첫 번째 창고를 짓고 월마트와 같은 식료품점, 중국판 아마존닷컴인 티몰닷컴 같은 이커머스 사이트, 고급 레스토랑 공급업체를 위해 냉장 및 냉동식품을 보관하고 배송했다. 이 시설은 리우가 현재 베이징에 소유하고 있는 세 개의 창고 중 가장 오래된 창고이며, 시내 화물 밴도 보유하고 있다. 그는 최근 상하이에 첫 번째 창고를 임대하기 시작했으며, 계속 확장하는 상하이의 고급 시장을 겨냥해서 최상급 참치 횟감을 보관하는 데 필요한 영하 57도의 초저온 냉동창고도 건설 중이다.

실제로 지난해에 15일 동안 해외 냉장창고를 조사하러 갔을 때 데리고 간 통역사가 베이징에 돌아오자마자 자신의 냉장창고 사업을 시작하기 위해 그만둘 정도로 콜드 체인 물류는 현재 매우 뜨겁다고 리우는 덧붙였다.

한편, 얼음으로 냉장하는 철도 운송이 미국의 육류 포장 산업을 시카고로 집중시키고 캘리포니아를 미국의 과일과 채소 바구니로 탈바꿈시킨 것과 비슷한 일이 중국에서도 일어났다. 중국의 양돈 산업은 20년 만에 돼지를 몇 마리씩 키우는 가족 농장에서 수만 마리를 수용하는 26층짜리 돼지 호텔로 성장했다. 돼지는 매일 사람보다 3.5배나 많은 양의 인분을 배출하므로, 그 결과 생긴 분뇨 호수가 이미 중공업보다 더 큰 오염원이 된 것은 놀랄 일도 아니다. 베이징 채소 연구 센터의 식물 과학자들은 저온 저장에 가장 잘 견디는 중국의 채소 품종을 선택하고 최적화하기 위해 열심히 연구하고 있다. 한편으로 공산당 지도자들은 남쪽에서 재배한 채소를 북쪽으로 이동시키는 계획을 추진하고 있다. 이 계획은 중국 최남단의 열대 섬 하이난(중국인들의 신혼여행지로 인기를 끌고 있다)에 서른 개의 새로운 물류 센터가 고속 냉장 열차로 베이징까지 연결되는 국가 겨울 채소 기지를 조성하는 것을 목표로 하고 있다.

미국 사람들이 매년 먹는 모든 식품의 약 70퍼센트가 콜드 체인을 거쳐 간다. 반면에 내가 중국을 방문했을 때, 중국에서는 육류 공급량의 4분의 1 미만이 냉장 상태로 도축, 운송, 보관 또는 판매된다는 설명을 들었다. 과일과 채소의 비율은 5퍼센트에 불과하다. 현재 중국은 전국적으로 1억 3천만 세제곱미터의 냉장창고 공간을 보유하고 있으며, 양적으로 미국을 빠르게 따라잡고 있다. 그러나 이는 1인당 0.14세제곱미터 미만으로 현재 미국인의 3분의 1에도 미치지 못하며, 중국의 냉장 공간 확장 열풍이 끝나려면 아직 멀었다는 뜻이다.

상하이의 오래된 골목길을 돌아다니다 보니 냉장의 도달 범위가 고르지 않다는 것을 알게 되었다. 방과 후 집에 혼자 있던 10세 소녀가 마지못해 비디오 게임을 잠시 멈추고 집안의 꽉 찬 냉동고에서 자신이 가장 좋아하는 냉동 만두(후추 소고기) 한 봉지를 꺼내 보여주었다. 소파로 돌아온 아이는 신선한 만두나 냉동 만두보다 맥도날드가 더 좋다고 말하고 나서 다시 비디오 게임에 몰두했.

몇 집 더 떨어진 곳에서는 청록색 아이섀도에 염색한 갈색 머리카락의 중년 여성이 전선 위에 걸쳐놓은 여러 개의 막대에 빨래를 너는 섬세한 작업을 잠시 멈추고 냉동 만두는 절대 사지 않는다고 말했다.

그녀는 자신의 말을 강조하기 위해 손에 든 속옷 빨래를 흔들었다. "집에서 만두를 빚는 것은 중국인의 관습입니다." 마당 건너편 작은 단칸방에 젊은 가족이 살고 있었는데, 그 방에는 놀랍도록 큰 냉장고가 있었다. 그들은 이 냉장고가 가장 중요한 소유물이라고 설명했다. 아내는 이렇게 말했다. "우리 부부에게는 아기가 있어요… 매일 장을 볼 시간도 없고, 냉장고가 있으면 음식을 건강하고 안전하게 보관할 수 있습니다. 첨가물은 들어가지 않아요."

이런 생각은 도시 사람들 사이에서 점점 더 널리 퍼지고 있다. 지난 10년 동안 슈퍼마켓은 중국 식품 소매업계에서 가장 빠르게 성장했고, 소비자들은 한 번에 많이 사고 쇼핑 횟수는 줄어드는 경향을 보인다. 농촌 지역에서는 여전히 재래시장에서 매일 저녁 식사 재료를 구입하지만 도시에서는 냉장 육류, 유제품, 냉동식품의 판매가 급격히 증가하고 있다.

하지만 모든 중국인이 냉장 혁명을 받아들일 준비가 되어 있는 것은 아니다. 저장성의 수도인 경치 좋은 항저우 외곽에 자리 잡은 레스토랑 룽징 카오탕의 50대 셰프 다이젠쿼은 모든 음식을 현지에서 나는 재료로 요리하면서 식품 산업의 최신 경향에 저항하고 있는 체인점 주방장이다. 냉동 만두를 좋아하는지 물어보았더니, 그는 코듀로이 모자를 벗고 삭발한 머리를 양손으로 문지르면서 차분하지만 분노가 묻어나는 목소리로 이렇게 말했다. "제 의견을 가감 없이 말한다면, 그건 음식이 아닙니다."

저녁 식사에 쓰기 위해 호수에서 노를 저어 물고기를 잡는 짧은 시간만 빼고 두 번의 화려한 식사를 하는 동안 다이젠쿼은 6개월 전에 항아리에 담아 말린 야채와 버섯, 식초로 절인 무, 발효시켜 '고약한' 냄새가 나는 두부, 땅콩을 나에게 대접했다. 대나무 벽으로 둘러싸인 건조 창고에는 반으로 갈라 소금에 절인 은빛 생선과 돼지고기 덩어리가 질서정연하게 걸려 있었다. 다이젠췬은 건조 창고를 돌아보는 중에 아이패드를 꺼내 동영상을 보여주며 지형에 따라 무 보존 방법이 어떻게 달라지는지 설명해 주었다. 언덕에 사는 사람들은 소금에 절이기 전에 햇볕에 말리고, 평지 사람들은 그 반대로 한다는 것이다. 배에서 내려 함께 갔던 어부들이 나무 도마 위에서 잡은 고기를 손질하고 내장을 발라내는 동안 그들의 우두머리 왕 씨가 노란 진흙에 보존해서 특히 맛있는 오리 알을 나에게 선물로 주었다. 그의 말에 따르면 실온에서 30일 동안 보관할 수 있다고 한다.

    나머지 재료는 그날 수확하거나 채집한 것들이었다. 다이 씨는 가죽으로 제본한 다이어리에 구매 일지를 쓰고 있는데 모든 닭고기, 찻잎, 겨자잎, 목이버섯의 출처를 기록한다. 그중 여러 항목에는 농부가 그 재료를 수확하거나 도축하는 모습이 담긴 사진도 붙어 있다. 그날 내가 받은 음식상에 냉장고에서 나온 재료는 하나도 없었다. 1911년에 미국에서 열렸던 성대한 저온 저장 연회와 정반대의 음식이었으며, 나는 "완전한 자연의 맛"을 즐겼다. 사실 음식은 환상적이었다. 여러 가지 맛이 동시에 느껴지면서도 담백하고, 이전까지 먹어본 중국 요리보다 더 미묘하면서도 다양한 질감과 풍미를 맛볼 수 있었다.

    다이젠췬은 음식을 거의 입에 대지 않은 채 담배를 피우고, 술을 마시고(녹차로 시작해서 현지에서 찹쌀로 빚은 맑은 술인 바이주를 마셨다), 여러 가지 음식에 대해 몸짓을 섞어가면서 단정적으로 자신의 의견을 말했다. 그는 이탈리아 요리는 기괴하고(너무 무겁고 오페라 가수에게나 어울린다), 스페인의 유명한 레스토랑 엘 불리의 전직 수석 셰프 페란 아드리아는 "반혁명적"이라고 말했다. 마지막으로 식사가 끝날 무렵, 나는 2012년 영국 왕립학회가 식음료 역사상 가장 중요한 발명품으로 냉장을 꼽았다고 언급했다. 바이주를 너무 많이 마셔 얼굴이 이미 빨개진 다이젠쥔과 다른 남자들은 모두 웃음을 터뜨렸다.

그는 한참 웃고 나서 이렇게 말했다. "우리 같은 사람에게 그 말은 참 우스꽝스럽게 들립니다!"

6장

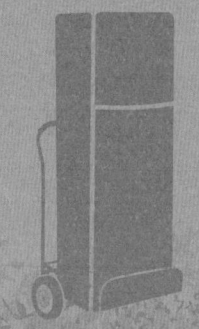

빙산의 일각

FROSTBITE

가정용 냉장고의 등장

 "당신의 냉장고는 정말 오랜만에 보는, 데이트하기에 아주 좋은 냉장고입니다." 존 스톤힐이 말했다. "결혼하셨나요?" 스톤힐은 세계 최초이자 유일한 냉장고 데이트 전문가 존 스타인버그가 사용하는 가명이다. 그날 아침 일찍 나는 냉장고를 찍은 사진을 아무런 수정도 하지 않고 그에게 전송했다. 몇 시간 뒤에 우리는 로스앤젤레스 중심가의 멋진 커피숍에서 만났고, 나는 싱글 오리진 아메리카노를 마시며 그의 평결을 들었다.

 서로의 냉장고를 비교해서 최상의 짝을 찾도록 돕는 것이 스타인버그의 특별한 재능이라는 점을 감안하면, 내가 남편이 있고 지금 다른 남자를 찾고 있지 않기 때문에 우리의 만남이 조금 어색하다는 것은 사실이다. "모든 것이 달라셨어요." 그는 고개를 저으며 말했다. "왜냐하면 당신의 냉장고를 보면 '세상에, 이 여자 정말 멋지다'라는 생각이 들거든요!" 스타인버그가 냉장고에 대해 깨달은 것은 20대 후반에 어머니가 주선해 준 데이트에서였다. 데이트 상대였던 젊은 여성은 스타인버그만큼이나 좋은 학교를 나온 유대인 의사였고, 둘은 서로 잘 어울렸다. 그녀의 집에 함께 간 스타인버그는 집을 잠깐 둘러본 후 냉장고를 열어 음료를 꺼냈다. "말 그대로 내 인생에서 가장 역겨운 냄새가 나는 냉장고였습니다." 스타인버그가 말했다. "이봐요, 우리 모두 바쁜 한 주를 보내지요. 우리 모두 냉장고에 가끔은 오래된 중국 음식이 남아 있을 때가 있어요. 그래도 이 냉장고는 냄새가 너무 심해서 여름철 붐비는 유원지의 간이 화장실 냄새가 났어요."

적어도 스타인버그의 말로는, 냄새 나는 냉장고의 주인도 엉망이었다고 한다. 그녀와 헤어진 후 그는 다시는 여자의 냉장고가 보내는 신호를 무시하지 않겠다고 다짐했다. "곧바로 냉장고부터 살펴봐야 할 지경에 이르렀어요"라고 그는 말한다. "스베드카 보드카가 보이면 '그래, 1년에 4만 달러는 벌겠지, 〈피플〉도 읽고 〈카다시안 따라잡기〉를 보겠지'라고 생각했죠."

마침내 스타인버그는 적절한 여성을 만났다. 세 번째 데이트에서 그녀의 집에 초대를 받았고, 프렌치 도어가 달린 GE 스테인리스 냉장고 안에는 고급 조미료 몇 가지와 피지에서 날아온 생수, 멋진 샴페인 한 병이 놓여 있었다. "저는 스스로에게 말했죠, **그녀는 고급스럽지만 가정적인 성향은 아니라고요.** 그리고 실제로 그랬어요."

몇 년 뒤 스타인버그는 친구에게 이 이야기를 했고, 친구는 그에게 '냉장고 점검'이라는 블로그를 시작해보라고 말했다. 독자들이 특정 냉장고의 주인과 데이트할 때 어떤 느낌일지 분석해 달라고 사진을 보내고, 자기의 냉장고 사진도 함께 보내면 궁합 점수를 매겨 주었다.

당시 스타인버그는 텔레비전 프로듀서로 승승장구하고 있었기 때문에 냉장고 데이트 서비스는 그저 재미로 시작한 것이었다. "어느새 저는 공중파 텔레비전 아침 쇼에 출연하게 되었습니다"라고 그는 말했다. "그러다 〈데일리 메일〉에서 저를 취재했고 갑자기 전 세계에 알려졌죠."

스타인버그는 자신도 모르게 인류가 가장 광범위하게 공유하는 강박 중 하나를 활용한 것이다. 그것은 타인의 은밀한 곳을 들여다보고 싶은 욕구이며, 남의 냉장고를 들여다보고 내용물에 따라 그를 판단하는 것이다. 프랑스의 유명한 미식가 장 앙트완 브릴랏-사바린은 "당신이 무엇을 먹는지 알려주면 당신이 어떤 사람인지 알려주겠다"고 말했다. 존 스타인버그는 이를 조금 비틀어서, 냉장고를 보여주면 당신이 어떤 사람인지 알려주겠다고 말한 것이다. 책장은 추상적이고 의도적으로 선별되는 경우가 많고, 욕실 수납장을 들여다보는 것은 지나치게 사적이라는 느낌이 든다. 21세기에 타인의 영혼을 들여다볼 수 있는 창은 소박한 냉장고라고 할 수 있다.

LG전자의 마케팅 설문조사에 따르면 미국인의 82퍼센트가 다른 사람의 냉장고를 들여다보고 그 사람을 판단한다고 답했는데, 그렇지 않은 18퍼센트가 있다는 점이 더 놀랍다. 암울한 뉴스만 찾아보기, 분란 일으키기, 차단하기와 함께 냉장고 엿보기는 온라인에서 가장 인기 있는 놀이 중 하나다. 2015년에 등장하여 잠시 인기를 누렸던 페리스코프 라이브 스트리밍 앱은 출시된 지 몇 시간 만에 대부분의 채널이 냉장고 투어 요청으로 뒤덮였다. 코로나19 초기에 틱톡 사용자들은 냉장고에서 신발과 같은 예상치 못한 물건을 꺼내는 모습을 촬영하는

'냉장고 챌린지'에 열광했지만, 지금은 냉장고를 채우는 동영상을 보면서 몇 시간씩 보내는 경우가 더 많다. 인스타그램에서는 웰빙 인플루언서들이 라벨이 붙은 타파웨어와 색깔별로 구분된 주스가 가지런히 정돈된 냉장고를 보여준다. 레딧의 커뮤니티인 〈냉장고 탐정The Fridge Detective〉은 사람들이 냉장고 사진을 올리면 수만 개의 댓글이 달려 냉장고 주인의 나이, 거주지, 직업 등을 자유롭게 추측하는 한편, 수박을 잘라서 그대로 냉장고에 넣어두면 안 된다거나, 마트에서 파는 후무스(병아리콩을 으깨어 만든 음식) 중에 어떤 브랜드가 제일 좋은지 등에 대해 다양한 의견이 올라온다.

조 바이든의 냉장고에는 오렌지 맛 게토레이가 꼭 있어야 하고, 고 데이비드 보위는 냉장고에 자기 소변을 넣어두었다는 소문(물론 마녀가 훔치지 못하도록)에서 의심할 바 없이 뭔가 알 수 있는 것이 있다. 그러나 타인의 냉장고를 보고 내리는 판단은 냉장고 주인의 성향만큼이나 보는 사람의 편견도 반영된다. 2020년, 〈뉴욕타임스〉는 특정 냉장고의 주인이 도널드 트럼프에게 투표할 것인지 추측하는 퀴즈를 만들어 분란을 조장하려고 했다. 수십만 건의 응답을 받은 후, 신문은 코코넛 워터를 마시는 사람이 반드시 민주당 지지자는 아니며, 특정 상표의 냉동 미트볼을 사재기한다고 해서 MAGA(Make America Great Again, 미국을 다시 위대하게 만들자) 구호에 동조하지는 않는다고 썼다. "전체적으로 볼 때 냉장고를 들여다보고 사람들의 정치 성향을 구분하려는 것은 동전을 던져서 알아보는 것만큼이나 불확실하다"고 이 신문은 결론을 내렸다.

커피를 다 마실 때쯤 스타인버그는 냉장고 데이트의 한계를 인정했다. "제가 하는 말이 확실하다는 건 아닙니다"라고 그는 말했다. 스타인버그는 자기가 맡은 텔레비전 프로그램의 제작 회의 시간에 늦었다며 미안하지만 곧 떠나야 한다고 말했다. 하지만 작별 인사를 하기 전에 나의 냉장고를 평가해 주었다.

처음에는 칭찬으로 시작했지만, 나는 혹평을 듣고 마음이 상할 각오를 하고 있었다. "당신은 분명히 완벽하지 않아요" 스타인버그가 말했다. 하지만 여러 종류의 맥주에다 냉동실에 초대형 큐브 얼음 트레이를 갖고 있어서 점수를 얻었다. 스타인버그는 이것이 과음을 하는 경향이라기보다 유쾌한 사교를 선호한다는 증거가 될 수 있다고 했다. 냉장고에 대한 해석은 대개 조금 관대한 편이었다. 그는 냉장고 속에 쌓여 있는 수십 개의 작은 그릇을 보고 모든 세대에 나타나는 사재기 본능이라기보다 내가 모험심이 강하고 다양한 취향을 가지고 있다고 해석했다. "궁극적으로 당신은 개성이 강하고 고집도 좀 있는 미식가 같아요." 그는 살짝 얼굴을 찡그리며 말했다. "하지만 전반적으로 당신은 삶을 잘 관리하고 있군요."

한 세기 전에 살았을 스타인버그의 증조할아버지였다면, 속에 무엇이 들어 있든 전기로 작동하는 냉장고가 있다는 사실만으로도 깜짝 놀랐을 것이다. 오늘날 미국의 가정에는 가스레인지보다 냉장고가 더 많다. 냉장고는 선망의 대상에서 가정의 필수품으로 놀라울 정도로 빠르게 성장했다. 냉장고의 내용물이 우리의 진정한 모습을 드러내든 그렇지 않든, 냉장고의 모양과 소리의 변화는 훨씬 더 큰 사회적, 기술적 경향을 반영하며 가정과 도시 모두를 재편성했다.

차가움을 마음대로 이용한다는 아이디어는 19세기 초 메릴랜드의 농부 토머스 무어가 토끼털을 단열재로 사용하여 '냉장고'를 만든 19세기 초로 거슬러 올라간다. 이 냉장고는 단열된 양철 상자에 음식을 얼음, 소금과 함께 담고 타원형 삼나무 통에 넣고 뚜껑을 덮는 것이었다. 무어가 이런 방식의 얼음 상자를 처음 고안하지는 않았지만(베이징 고궁박물원의 소장품 중에는 똑같은 원리로 18세기 건륭제 때 만든 정교한 에나멜 상자가 있다), 이것이 요즘과 같은 냉장고로 발전하는 출발점이었다. 토머스 제퍼슨이 무어의 특허에 서명했고, 직접 이 제품을 사기도 했다. 1840년대에는 여러 회사에서 아이스박스를 제조하여 판매하기 시작했다. 19세기 말에는 뉴욕과 같은 대도시에서 대부분의 가정에 아이스박스가 보급되었다.

무어의 발명 이후 수십 년 동안은 아이스박스가 냉장고였다. 이 아이스박스는 금속 걸쇠가 달린 단단한 나무 캐비닛으로 발전해서, 금고와 옷장을 합친 것처럼 보였다. 아래에는 물받이가 있어 녹은 물을 받았고 위에는 별도의 칸에 얼음 덩어리를 넣었는데, 거의 매일 보충해야 했다. 다행히도 얼음 배달부가 집집마다 얼음을 배달해 주었는데, 소문에 따르면 이 사람들은 그보다 더 많은 일을 했다. 무거운 얼음을 들어 올리느라 단련된 근육을 가진 배달부들은 남편들이 일하러 나간 낮 동안 얼음을 배달했기 때문에 야릇한 소문이 돌기도 했다. 유진 오닐의 희곡 〈아이스맨이 온다 The Iceman Cometh〉는 남편이 위층에 있는 아내에게 "아이스맨이 아직 안 왔어?"라고 묻는다는 당시에 유행한 농담에서 따온 것이다. 대답은 다음과 같다. "아니, 하지만 그는 숨을 헐떡거리고 있어."

음란한 유머는 제쳐두고, 습도가 높고 오늘날의 권장 온도인 4도를 훨씬 웃도는 데다 온도 변화도 심해서 당시의 아이스박스는 대다수 가정에서 사용하는 육류, 유제품, 남은 음식보다는 딸기와 잎채소를 보관하는 데 더 적합했다. 기계를 이용하는 냉장고가 나오기까지는 매우 오랜 시간이 걸렸다. 1880년대부터 수십 명이 창고와 선박을 냉각하는 거대한 기계의 크기를 줄이려고 노력했지만, 제1차 세계대전이 끝나고 나서야 몇 가지 기술의 발전으로 가정용 냉장고가 실용화되었다.

1920년대에는 동일한 문제에 대해 여러 가지 해결책이 경쟁적으로 등장했다. 여기에는 막대한 이익이 걸려 있었다. 아이스박스와 가격 경쟁을 할 수 있는 냉장고를 개발하는 사람은 미국 도시의 모든 가정을 고객으로 삼을 수 있었기 때문이다. 이 무렵 미국 도시는 가스관과 전기를 모두 갖추게 되었고, 급증하는 중산층 여성들은 아이스박스에서 얼음이 녹은 물을 비우고 습기로 끈적거리는 내부를 청소하고 거의 매일 장을 봐야 하는 일상에서 벗어나기를 열망했다.

1918년에 켈비네이터 사가 최초의 전기냉장고를 성공적으로 출시했다. 자동차 업계에서 일하던 엔지니어가 디트로이트에 설립한 이 회사는 고객의 지하실에 기계를 설치한 다음 바닥에 구멍을 뚫어 차가운 공기를 부엌의 상자로 보냈다. 알프레드 멜로우스는 인디애나주 포트웨이에 있는 자기 집 뒤뜰의 세탁장에서 기계와 식품 보관함이 모두 하나의 작은 상자에 들어 있는 세계 최초의 독립형 전기냉장고를 수작업으로 만들었다. 그는 2년 만에 3만 4천 달러, 지금 돈으로 수십만 달러의 손실을 입고 제너럴 모터스에 회사를 매각했고, 제너럴 모터스는 이 제품을 〈프리지데어〉라는 이름으로 광고했다. 제너럴 일렉트릭은 전기를 더 많이 판매하기 위해 이 시장에 뛰어들었는데, 하루 24시간 일주일 내내 작동하면서 많은 에너지를 소비하는 가전제품은 금광과 같은 아이디어였다. 우아한 이탈리아 가구 같은 모양의 다리에 흰색 에나멜 상자로 이루어진 GE의 1927년형 모니터 탑Monitor Top은, 모든 기계에 들어 있는 밀폐된 실린더가 미 해군 최초의 철갑 전함인 USS 모니터의 대형 회전 포탑을 닮았다고 해서 붙여진 이름이다.

켈비네이터, 프리지데어, GE 냉장고는 모두 전기모터가 달린 압축기를 갖고 있는데, 이는 내가 킵 브래드퍼드와 함께 직접 만든 냉장고와 같은 방식이다. 반면에 일렉트로룩스-서벨은 다른 메커니즘을 사용했다. 스웨덴 공대생들이 설계한 이 제품은 압축기를 사용하지 않고 가스를 태워 냉매를 가열하므로 모터가 필요 없었다. 1926년에 출시된 이 냉장고는 움직이는 부품이 없어 조용하게 작동하고 고장이 거의 나지 않아 '상식적인 기계'라는 별명을 얻었다. 그러나 최종 승리자는 전기냉장고였다. 이 냉장고는 온도가 올라가 모터가 작동할 때마다 소음이 너무 커서 아파트가 흔들리고 자다가 깰 정도라고 소비자들이 불평했는데도 말이다. 현대의 기계는 훨씬 더 조용하지만 모니터 탑의 승리는 냉장고의 전기 압축기에서 나오는 저음의 웡웡 소리가 현대 생활의 배경 음악이 되었다는 것을 의미하며, 〈더 벨벳 언더그라운드〉가 악기를 조율할 정도로 어디에나 존재한다. 이 밴드의 창립 멤버인 존 케일은 초당 60회로 웡웡거리는 가정용 냉장고 소리를 "서구 문명의 드론"이라고 말했다.

루스 슈워츠 카원은 사회가 기술 발전에 미치는 영향에 대한 고전적인 비유인 "냉장고는 어떻게 윙윙거리게 되었나"라는 에세이에서 전기냉장고가 가스를 사용하는 경쟁자를 이길 수 있었던 이유는 제너럴 일렉트릭의 거의 바닥을 모르는 예산 덕분이라고 말한다. 토머스 에디슨의 특허로 벌어들인 엄청난 현금을 보유한 GE는 냉장고 광고에 아낌없이 투자했다. 냉장고를 잠수함에 태워 북극으로 보내기도 했고, 할리우드 스타가 출연하고 모든 것이 전기로 작동하는 주방을 주제로 하는 영화의 제작비 전액을 지원하기도 했다. 모니터 탑은 처음 출시되었을 때 포드 모델 T보다 더 비쌌지만 백만 대 이상 팔려나갔다.

카원의 요점은 전기냉장고가 일렉트로룩스-서벨 냉장고를 이긴 것은 품질이 좋았기 때문도 아니고, 소비자들이 그 제품이 더 좋다고 생각했기 때문도 아니라는 것이다. 자본주의 경제에서 소비자가 선택할 수 있는 기술은 수익에 의해 결정된다. 그런데 수익은 판매량뿐만 아니라 기존의 제조 및 유통 시스템에 대한 적응, 사용 가능한 마케팅 자원, 공공요금 상승에 따른 비용 등 다양한 변수에 따라 달라진다. 장기적으로는 천연가스를 사용하는 냉장고보다 재생 가능한 전기로 작동하는 냉장고가 더 나은 선택이었을 수도 있지만, 어쨌든 모니터 탑이 승자가 되면서 다른 여러 가능성은 사라졌다. 일렉트로룩스-서벨이 패배하면서 가정 쓰레기에서 포집한 가스를 연료로 사용하면서 조용하고 안정적으로 작동하는 냉장고는 검토 단계에도 이르지 못했다.˙˙ 오늘날 소비자들은 냉장고에서 쉭쉭, 딸깍, 졸졸 흐르는 소리와 함께 팬

- ˙ 현대인의 눈에는 이 실린더가 레고 맨의 머리처럼 보인다. - 원주
- ˙˙ 런던 과학박물관의 소비자 기술 큐레이터인 헬렌 피빗은 1930년대에 적어도 영국의 한 가정에서 양의 똥을 일렉트로룩스-서벨 냉장고의 동력원으로 사용했다고 말한다. - 원주

속도가 변하면서 여러 가지 소리가 나는 것을 당연하게 받아들인다. 여기에 초당 60회씩 윙윙거리는 소리는 제외되는데, 이 소리는 사람들이 인지할 수 있는 한계 아래로 떨어져 가정의 백색 소음으로 생활 속에 자리 잡았다.*

　냉장고는 소음과 함께 슬며시 가정으로 침투했고, 결국은 집의 구조를 바꿨다. 처음에 냉장고는 식품을 보관하는 기존의 방법을 보완하는 부속물에 불과했다. 많은 가정에는 음식을 차갑게 보관하기 위해 대리석이나 타일 선반이 설치된 북향의 찬장 또는 식품 저장실이 있었고, 야외로 통하는 입구는 방충망으로 막혀 있었다. 채소를 보관하는 별도의 지하 저장고도 있었다. 냉장고가 널리 보급되자 건축 환경이 변했고, 그 결과 냉장고는 선택이 아닌 필수가 되었다. 중앙집중식 난방에 단열이 잘 되는 교외의 주택에는 춥고 바람이 잘 통해서 식품 저장실로 사용할 만한 곳이 없다. 도시에 새로 들어선 아파트 단지에서는 집 바깥에 육류 저장고를 짓거나 지하에 채소 저장고를 둘 수 없다. 전 세계의 많은 온대 지역에서 실내 기후는 더 균일해졌고, 더 따뜻해졌다. 1970년대 후반에 체계적인 측정을 시작한 이후 영국 주택의 실내 온도는 평균 6도쯤 더 올라갔다.

　가정의 공간은 점차 냉장고를 중심으로 재편성되었고 상점, 도시, 일상생활도 마찬가지였다. 점점 더 많은 미국 가정이 셀프서비스 슈퍼마켓(1916년에 처음 생겼다)에 차를 몰고 가서 쇼핑 카트(1940년대에 도입되었다)에 한 번에 일주일 분량의 식품을 담았고, 이 모든 식품을 점점 더 대형화된 냉장고에 보관할 수 있게 되었다. 일종의 공생 관계가 형성된 것이다. 냉장이 식품의 대량 생산을 가져왔고, 대량 판매와 대량 소비를 촉진했다. 이러한 모든 힘이 합쳐져 냉장고가 조연에서 주연으로 발돋움했고, 마침내 가정의 중심이었던 벽난로를 밀어낸 것은 피할 수 없는 일처럼 보였다. 모니터 탑이 등장했을 때 미국 가정의 3퍼센트 미만이 기계식 냉장고를 소유하고 있었지만, 대공황이 일어나고 10년이 지나 미국이 제2차 세계대전에 뛰어들 무렵에는 절반 이상의 가정에 냉장고가 보급되었다.**

부부 사회학자인 로버트와 헬렌 린드는 1925년에 인디애나주 먼시 주민들의 생활 변화를 탐구했고, 연구 보고서의 한 장인 "그들은 왜 그렇게 열심히 일하는가?"에서 다음과 같은 결론을 내렸다. 20세기에 먼시 주민들이 "인간의 가장 강력한 충동과는 너무나 이질적으로 보이는" 활동에 "매일 오랜 시간 동안 최고의 에너지를 쏟는" 이유는 적어도 부분적으로 냉장 때문이다. 가정용 냉장고를 구입하여 "일 년 내내 녹색 채소와 신선한 과일"로 채워야 했고 온수, 하수, 전기, 전화 서비스 등의 공공요금과 함께 "생활의 모든 영역에서 돈을 써야 하는 새롭고 긴급한 상황의 확산"으로 인해 도시 거주자들이 자기에게 할당된

• 이 낮은 윙윙 소리는 실제로 초당 60회 근처에서 항상 조금씩 변한다. 전력 수요의 변화에 대응하기 위해 전력망이 조금씩 흔들리기 때문에 일어나는 일이다. 런던 메트로폴리탄 경찰은 2005년부터 음향 포렌식에 사용하기 위해 끊임없이 변화하는 주파수의 교향곡을 녹음하기 시작했다. 이 소리는 어디에나 존재하여 대부분의 녹음에도 들어가 있기 때문에, 법 집행 기관은 영국에서 녹음된 자료의 60헤르츠 지문을 기록과 대조하여 정확한 시각을 확인할 수 있다. LG에서 실시한 연구에 따르면 일반 가정에서 냉장고 문을 열 때마다 하루 평균 107번 압축기가 작동하여 그 순간의 고유한 음향 지문 생성에 기여한다. - 원주

•• 냉장고는 스토브와 온수기를 포함한 백색 가전제품의 판매를 늘리기 위해 프랭클린 루즈벨트 대통령이 뉴딜 시대에 설립한 가정 및 농장 전기화 관리국Electric Home and Farm Authority을 통해 가장 많은 융자를 받은 가전제품이었다. - 원주)

소중한 시간을 만족도가 현저히 낮아 보이는 일에 사용하도록 부추기는 요인 중 하나였다고 할 수 있다.

이 노동자들 중에는 여성도 있었는데, 여기에서도 냉장고가 중요한 역할을 했다. 린드 부부는 1911년 미국 농무부 보고서를 인용하면서 냉장이 도입되기 전까지는 구할 수 있는 식품의 종류가 많지 않아 여성들이 몇 시간 동안 부엌에서 노예처럼 일해야 했고 양배추, 뿌리채소, 설탕과 같이 일 년 내내 언제나 구할 수 있는 식재료를 보존 식품, 피클, 과일 소스, 엄청난 양의 샐러드로 바꾸는 일에 얽매어 있었다고 비판했다. 이 지역의 종자 가게 주인은 린드 부부에게 1890년에는 먼시 주민의 80퍼센트가 직접 농산물을 재배했지만("그 당시의 정원은 텃밭이었다"), 1925년에는 절반 정도만 채소밭을 유지했고 채소의 종류도 많이 줄어들었다고 말했다. 많은 가정에서 직접 텃밭을 가꾸고, 수확하고, 처리하는 일을 포기하고 신선한 과일과 채소를 다른 곳에서 구입했다.*

고달픈 집안일에서 해방된 여성들은 유급 일자리를 찾아 가정을 떠나기 시작했고, 제2차 세계대전이 일어나자 이 추세는 급증했다. 1900년에는 기혼 여성의 5퍼센트만 집 밖에서 일했지만 1940년에는 36퍼센트로 증가했고, 2000년에는 61퍼센트로 증가했다. 최근 몇 년 동안 많은 경제학자들이 냉장고가 여성의 고용에 얼마나 기여했는지 알아내려고 시도했다. 냉장고는 세탁기, 진공청소기, 상하수도 완비

---

* 아이러니하게도 볼 가족의 유리병 공장은 당시 먼시에서 많은 사람을 고용하고 있었다. 볼 유리병은 오늘날에도 잼을 담는 데 사용된다. - 원주

등 짧은 기간에 도입되어 노동력을 줄이는 데 기여한 수많은 혁신 중 하나에 불과했기 때문에 이를 정확히 파악하기는 쉽지 않다. 현재 받아들여지고 있는 최선의 추정은 냉장고를 포함한 가정용 기술이 20세기 여성 노동력 증가의 최대 절반을 차지했다는 것이다. 하지만 이러한 분석에는 피임약과 합법적 낙태와 같은 의학 발전의 영향뿐만 아니라 여성이 집안에서 처리하는 다른 일이 늘어났다는 점이 반영되지 않았다는 주장도 있다. (후자의 요인은 냉장고 보급이 이혼율 증가와 상관관계가 있다는 최근의 발견에도 어느 정도 관련이 있을 수 있다. 냉장고가 이혼을 부추겼다는 연구 결과를 발표한 학자는 냉장고가 여성을 가정에서 해방시켰다고 주장한 바로 그 사람이다.)

이런 변화는 다른 곳에서도 일어났지만 더 늦게 일어났고, 지역별로 차이가 있었다. 예를 들어 1948년에는 영국 가정의 2퍼센트만이 냉장고를 보유하고 있었다. 1950년대 내내 주부들은 정육점에 매주 세 번, 식료품점에 일곱 번 이상 장을 보러 다녔다. 1970년에는 냉장고 보유율이 60퍼센트에 육박했고, 최초의 교외형 슈퍼마켓인 테스코 Tesco가 문을 열었다. 냉장고 덕분에 일주일 단위로 쇼핑을 하게 되면서 미국과 영국 전역의 마을과 도시 중심부 상가는 서서히 소멸했다. 한 정부 연구에 따르면 도시 외곽에 슈퍼마켓 하나가 들어서면 중심가의 소규모 상점은 4분의 3까지 위축된다고 한다.

냉장고 소음이 가정으로 들어오게 된 이야기에서 보았듯이, 도시 중심가의 소규모 상점이 위축되는 것도 필연적인 결과는 아니다. 1973년 영국과 가정용 냉장고 보급률이 거의 비슷하고 여성 노동력 비율도 비슷했던 프랑스는 9,000제곱미터를 크게 초과하는 매장을 건설하지 못하게 하는 법안을 통과시켰다. (참고로 월마트 슈퍼센터의 평균 규모는 17,000제곱미터다). 이탈리아와 서독도 비슷한 규제를 시행했다. 오늘날 유럽 대륙의 많은 도시와 마을의 중심부에는 미국인 관광객이 거부할 수 없을 정도로 걸어 다니기 좋고 인간적인 규모의 활기찬 상가가 남아 있다. 한편 프랑스에서 냉장고의 평균 내부 용적은 300리터 미만이지만 미국에서는 500리터이며, 최신 유행의 프렌치 도어 모델은 일반적으로 내부 용적이 700리터 이상이다. 캐나다의 건축가 도널드 총은 작은 냉장고가 좋은 도시를 만들고 좋은 도시에는 작은 냉장고만 필요하다고 말한 적이 있다.

가정용 냉장고의 기본 메커니즘은 1930년대 전기냉장고의 승리 이후 크게 변하지 않았으며, 킵 브래드퍼드가 알려 주었듯이 매우 단순해서 극단적으로 튼튼하다. 이는 제조업체에게 도리어 골칫거리였다. 1932년, 광고업계의 경영자 어니스트 엘모 칼킨스는 계획된 노후화와 효과적인 디자인을 결합하여 수요를 유도하는 "소비자 공학"이라는 개념을 설명하는 책의 서문을 썼다. 그는 이 책에서 "상품은 자동차나 안전면도기처럼 사용하는 것과, 치약이나 비스킷처럼 써서 없애버리는 것 두 가지로 나뉜다"라고 썼다. "소비자 공학은 우리가 지금 단순히 사용하는 재화를 소진할 수 있도록 해야 한다. 올해의 핸드백이 훨씬 더 매력적인데 왜 작년 핸드백을 원할까?" 낭비를 걱정하는 사람들에게 칼킨스는 단호하게 말한다. "물건이 닳아 없어지는 것은 번영을 가져다주지 않는다. 물건을 사야 번영이 온다."

냉장고는 쉽게 닳지 않는다. 초기의 모니터 탑은 수십 년 동안 음식을 차갑게 보관해 왔고, 2013년 〈뉴욕 포스트〉는 미국에서 가장 오래 작동하는 냉장고로 뉴욕 몽고메리의 한 경매업자 부부가 사용하는 85년 된 모델을 선정했다. 그러나 GE, 프리지데어, 켈비네이터, 그리고 점점 더 많은 회사들이 칼킨스의 조언에 따라 소비자의 열광을 이끌어내기 위해 디자인에 집중하기 시작했다. 월풀의 냉장 부문 책임자였던 저스틴 레인키는 이렇게 말했다. "모든 것은 미학입니다." 그는 나중에 삼성으로 옮겨갔다가 지금은 터키 브랜드인 베코에 있는데, 이 회사는 미국 시장에서는 비교적 신생 기업이지만 유럽에서 가장 큰 가전제품 제조업체 중 하나다. "외형과 배치 방식이 가장 중요한 요소이고, 그다음은 기능이 승부를 가릅니다."

1930년대에 이미 제조업체들은 슬라이드 선반, 내장 라디오, 페달을 밟으면 열리는 문을 갖춘 냉장고를 출시했다. (페달은 참신해 보였지만 냉장고 문이 바깥쪽으로 열리기 때문에 무릎을 쉽게 다친다는 사실이 알려졌다.) 크로슬리 쉘배더는 냉장고 문 안쪽에 선반을 배치하는 기발한 아이디어로 큰 인기를 끌었다. 이것은 두 아이의 엄마 콘스턴스 레인 웨스트가 20대 때 낸 아이디어였다. 이 발명의 특허는 1953년까지 유효했고, 이 기간이 끝나자 다른 제조업체들도 서둘러 냉장고 문 안쪽에 선반을 추가했다. 보온 기능이 내장된 도어 장착형 버터 컨디셔닝 선반, 녹은 물방울을 처리해주는 해동 서랍, 어린이용 서랍, 색깔을 바꿀 수 있는 패널 등 다양한 시도가 있었고, 앞으로도 계속 시도될 것이다. "결국 같은 것이 계속 되돌아옵니다"라고 레인키는 말한다.

최근 수십 년 동안 냉장고에 대한 관심 대부분은 새로운 내부 배치에 대한 것이었다. 1940년대 후반에 독립된 냉동실이 처음 도입되었다. 냉동실은 아이스박스에 얼음이 들어가던 것과 같은 방식으로 냉장고 상단에 장착되었고, 그 이유도 같았다. 차가운 공기는 가라앉는다는 것이다. 냉장실과 냉동실을 동일한 압축기로 냉각했기 때문에 가장 차가운 부분을 상단에 배치하는 것이 합리적이었다. 10년이 지날 무렵, 아마나Amana 사의 엔지니어들은 팬을 사용하여 나란히 배치된 냉장실과 냉동실에 차가운 공기를 순환시키는 방법을 알아냈다. 이 양문형 배치에서는 냉장실과 냉동실이 둘 다 냉장고 전체 길이를 차지하며, 폭은 절반만 차지한다. 그리고 이 회사는 1957년에 표준적인 배치를 뒤집어 냉동실이 아래에 있는 프렌치 도어 냉장고를 세계 최초로 출시했다.

20세기의 남은 기간 동안 냉장고는 이 세 가지 배치 방식밖에 없었다. 거의 40년 만에 처음으로 새로운 배치 방식을 시도한 프렌치 도어 냉장고의 개발과 출시를 지휘한 메리 케이 볼저는 20년 이상 아마나의 냉장고 제품 개발 분야에서 일하다가 은퇴했다. 아마나는 나중에 메이택을 거쳐 월풀에 인수되었다. "정말 놀라운 경험이었어요." 그녀는 당시에 흥분했던 기억이 아직도 생생하다고 말했다.

프렌치 도어 냉장고는 두 개의 문이 중앙에서 양쪽으로 열리고 가장자리에 경첩이 있는데, 아이러니하게도 프랑스에서는 이런 형식을 미국식 냉장고라고 부른다. 당시에는 아마나가 양문형 냉장고 시장을 장악하고 있었다. 냉동실을 하단에 배치한 새로운 구조의 프렌치 도어 냉장고는 값이 비싼 데다 문을 열지 않고 얼음과 물을 추출하는 기능도 없었는데, 이 기능이 반드시 있어야 한다고 생각하는 고객들이 점점 많아졌다. 볼저는 "냉동실과 냉장실이 나란히 있는 냉장고는 문을 열지 않고 얼음과 물을 가져오기가 쉽습니다"라고 설명한다. "냉동실에서 얼음을 만들어 바로 추출하기 때문에 큰 문제가 되지 않습니다." 그러나 프렌치 도어 냉장고에 얼음 디스펜서를 설치하는 것은 기술적으로 골치 아픈 일이다. 냉동실이 아래에 있어서 얼음을 어떻게든 윗부분으로 보낸 다음 녹아서 뭉치지 않도록 유지해야 하기 때문이다. "얼음끼리 달라붙어 덩어리가 생기면 얼음이 나오지 않아 소비자가 문을 열고 얼음을 버려야 합니다." 볼저가 설명했다. "그러면 얼음이 없어지고, 다시 만들어질 때까지 기다려야 하기 때문에 불만이 생깁니다."

볼저는 이 새로운 배치 방식을 개발하면서 엄청난 양의 소비자 조사를 실시했고, 그 결과에 대해 이렇게 말했다. "소비자의 95퍼센트가 '내가 얼음과 냉수 디스펜서를 포기하고 프렌치 도어를 살 거라고 생각한다면, 당신은 미쳤다'라고 답했습니다." 프렌치 도어는 고객의 요구가 아니었고, 회사의 엔지니어들이 제안한 것이었다. "2001년에 프렌치 도어를 출시했을 때 엔지니어들은 3만 5천 대를 판매할 것으로 예상했습니다." 볼저가 말했다. 이러한 상황에서 볼저는 판매량을 낮게 예측하는 것이 좋다고 생각했다. "그런데 곧바로 주문이 밀려들었습니다." 그녀가 말했다. "주문이 쏟아져 들어왔죠." 아마나는 첫 해에 예상보다 세 배나 많은 10만 대 이상의 프렌치 도어 냉장고를 판매했고, 볼저는 생산량만 충분했으면 2만 대를 더 팔았을 것으로 추정한다.

볼저는 프렌치 도어 구조의 놀라운 인기 비결로 시각적으로 보기 좋은 대칭을 꼽았는데, 이는 2000년대부터 유행하기 시작한 개방형 주방과 관계가 있다. "이제 사람들은 주방에서 놀면서 시간을 보냅니다"라고 그녀는 말한다. "예전에는 그런 일이 일어나지 않았죠." 새롭게 출범한 채널인 〈푸드 네트워크Food Network〉에서 자주 보는 것과 같은 전문 주방에서 영감을 받은 스테인리스 기구들도 비슷한 시기에 비슷한 이유로 인기를 끌었다. "사람들은 좋은 맛과 최첨단 디자인이 반영된 냉장고를 원했습니다"라고 볼저는 말한다. "그리고 그들은 신용카드를 가지고 있었습니다."(2000년대에는 미국 가정의 70퍼센트 이상이 신용카드를 하나 이상 가지고 있었지만, 주방 기구의 디자인에 기꺼이 카드를 내민 것은 양문형 또는 냉동실이 아래에 배치된 프렌치 도어 냉장고가 출시되면서부터였다.)

1930년대에 어니스트 칼킨스가 정확하게 지적했듯이, 사람들은 일반적으로 냉장고가 고장 났을 때만 새로운 냉장고를 구입한다. "손님들이 와서 프렌치 도어를 보고 나서 '이걸로 주문할게요. 기다릴 수 있어요. 지금 쓰는 냉장고도 멀쩡하거든요' 한다고 판매 직원들이 말했습니다." 볼저가 말했다. "그런 이야기는 그때가 처음이었습니다. 보통은 이렇게 말하죠. '어머나, 냉장고가 고장 났어요. 오늘 집에 설치할 수 있는 제품은 어떤 게 있나요?'" 마침내 가전제품 회사는 작년에 산 냉장고를 바꿀 만큼 멋진 냉장고를 만들었다.

냉장고가 바꾼 신선함의 개념

"냉동실이 가득해요. 세일하는 물건을 더 샀지요." 마흔한 살의 어머니가 말했다. "고기도 여유 있게 쟁였고, 저 안쪽에 햄도 통째로 들어 있을걸요. 랄프스 슈퍼마켓에서 공짜 햄을 줬거든요. 그리고 다른 것들… 치즈와 아이스크림. 많아요. 남는 것들."

2001년부터 2005년까지 4년에 걸쳐 캘리포니아 대학교 로스앤젤레스 캠퍼스의 인류학자들은 맞벌이 중산층 미국인의 일상과 가정환경에 대한 전례 없는 연구에 몰두했다. 연구팀은 수천 시간의 체계적인 관찰과 비디오 녹화 영상을 통해 로스앤젤레스에 거주하는 서른두 가구의 생활을 분석한 자료를 만들었고, 이것을 "오늘날의 고고학"이라고 불렀다. 냉장고가 중심으로 떠올랐다. 연구팀은 이 가족들이 식품을 많이 쌓아 두어 "냉장고가 넘쳐나서 보조 냉장고와 차고에 둘 정도"라고 썼다. 조사한 가정의 절반 가까이가 차고에 냉장고를 한 대 더 가지고 있었으며, 전국적으로 네 가구 중 한 가구는 냉장고가 두 대 이상이다. (수십 대를 가진 사람도 있다. 마사 스튜어트는 주방 스물한 개에 냉장고 50~60대가 있다고 말한 적이 있다. 여기에는 벽면 두 개를 가득 채운 1920년대에 만들어진 냉장고도 있는데, 이 냉장고들은 아직도 작동된다.)

연구팀은 전형적인 로스엔젤레스 가정에 있는 냉장고의 바깥은 "잡동사니들이 빽빽하게 겹겹이 쌓여 있다"고 기록했나. 냉장고 문에는 평균적으로 52개의 개별 품목이 사용 가능한 표면적의 90퍼센트를 채우고 있지만, 일부는 그 세 배를 자랑하기도 했다. 27번 가족의 어머니는 "사진, 메모, 주소, 전화번호 등 몇 년이 지나도 잘 쓰지 않은 것들"이라고 말했다. 한 가지 패턴이 나타났다. 냉장고 문이 더 어지럽고 너무 많은 것들이 붙어 있을수록 그 가족은 소유물의 바다에 빠져 허우적거릴 가능성이 높았고, 어머니(아버지나 자녀가 아니라)의 타액에는 스트레스 호르몬인 코르티솔 수치가 높았다. 연구팀은 "미국 가정의 상징적인 장소라 할 수 있는 냉장고 문이" 특정 가정이 후기 자본주의의 소비 광풍에 참여하는 강도를 알려주는 "척도가 될 수 있다"고 결론을 내렸다.

냉장고와 가정에서 드러나는 풍요로움은 편안함을 주기도 하지만 답답함을 주기도 한다. 연구에 참여한 32개 가족은 식량이 떨어질까 봐 음식을 쟁여두지만 가득 찬 냉장고에서 아무것도 찾지 못해 좌절하기도 했다. 랄프스에서 공짜로 받은 햄을 남긴 16번 가족의 어머니는 냉동실이 남편의 골칫거리라고 고백했다. "남편이 싫어해요. 꽉 차 있거든요." 그녀는 연구원들에게 말했다. "얼음통에 치킨 너겟이 들어 있어서, 얼음을 만들 수 없어요."

대형마트는 2+1 행사와 대량 구매 할인을 통해 과잉 비축을 부추긴다. "우리는 코스트코 가족입니다." 23번 가족의 어머니가 차고에 둔 냉동고와 보관 선반에 꽉 찬 물건들을 살펴보며 말했다. "그냥 자꾸 사게 되네요." 이렇게 쌓여 있는 식품 대부분은 미리 만들어져 전자레인지에 데우기만 하면 되는 냉동 피자, 생선 스틱, 부리토 등이다. 캘리포니아대학교 로스앤젤레스 캠퍼스 연구팀은 가족들이 저녁 식사를 위해 처음부터 요리하는 대신 간편식을 데워 먹으면서 절약한 시간은 '실제로' 단 몇 분에 불과하다는 것을 알아냈다. "진정한 차이는 계획 단계에서 필요한 노력입니다." 연구팀은 이렇게 결론을 내렸다. "요리를 담당하는 가족 구성원이 한 주간의 식사를 계획하는 데 시간이 적게 듭니다."

냉동 요리와 냉동 식재료는 요리하는 데 걸리는 시간과 맛이 항상 같다는 점에서 예측 가능하다. 다른 물건에 가려져 냉동실에 오래 있어도 쭈글쭈글해지거나 색이 변할 수는 있지만 부패해서 버릴 가능성은 거의 없다. 다른 신선 식품은 더 쉽게 부패할 수 있다. 16번 가족의 어머니는 "저희는 신선한 야채와 과일도 많이 먹어요"라고 말했다. "글쎄요, 늘 떨어지지 않게 사 둔다고 말해야겠네요." 그녀는 웃으며 스스로 표현을 고쳤다.

대량 구매, 과시적 구매, 살림을 넉넉하게 꾸린다는 자부심 때문에 미국인의 냉장고는 점점 더 커지고 있고, 이런 추세는 꺾일 것 같지 않다. "냉장고를 고를 때 고객들은 내게 용량이 가장 중요하다고 생각합니다." 베코Beko의 저스틴 레인키가 말했다. "하지만 거리에 나가 아무에게나 돈을 더 많이 갖고 싶은지 묻는다면 '네, 당연히 돈을 더 많이 가지면 좋겠습니다'라고 대답할 것입니다." 고속도로에 차선을 하나 더 만들면 교통 체증이 더 심해지는 것처럼, 냉장고 용량이 커지면 필연적으로 채워질 수밖에 없다는 것이 유도된 수요Induced Demand 이론이다. 더 많아진다고 해도 결코 충족되지 않는다.

크고 꽉 찬 냉장고의 진짜 문제는 일반 가정에서 그 많은 음식을 상하기 전에 소비할 방법이 거의 없다는 것이다. 게다가 지리학자 다다가넷이 설명했듯이 냉장고를 지나치게 신뢰하는 '안전망safety net' 신드롬도 있다. 냉장고에 넣어두기만 하면 "음식을 언제나 더 오래 보관할 수 있다고 생각하게 되지요. 어느 날 갑자기 상한 것을 발견하는 순간을 제외하면 말이죠." 일정이 바뀌고 모든 것이 너무 바빠지면 처음부터 요리하려는 야심 찬 계획은 폐기되고, 그 결과 많은 가정에서 냉장고는 음식물 쓰레기 전문가 조나단 블룸의 말처럼 "더 깨끗하고 차가운 쓰레기통"이 된다. 냉장고는 한편으로 냉장고 데이트 전문가 존 스타인버그의 마음을 따뜻하게 해줄 만큼 좋은 취향을 공개적으로 보여주기도 하고, 다른 한편으로는 곰팡이 핀 딸기와 유통기한 지난 요구르트로 가득 찬 부끄러운 음식의 무덤이 되기도 하는 이중적인 상황의 상징이 되었다.

쓰레기 연구자 윌리엄 래스제는 냉장고의 이상과 현실 사이의 불편한 긴장을 잘 알고 있다. "쓰레기를 연구하면서 정신적 현실과 물질적 현실이 완전히 일치하는 사람은 매우 드물다는 것을 다시 깨닫게 되었다." 그는 애리조나 대학교에서 32년 동안 쓰레기를 연구한 뒤에 발표한 책 〈쓰레기!Rubbish〉의 서문에서 이렇게 썼다. (이 분야에서 '캡틴 플래닛Captain Planet'이라는 별명으로 알려진 래스제는 2012년에 세상을 떠났다.) "래스제가 마야 문화를 연구할 때 발굴되는 거의 모든 것이 그 사람들이 버린 것임을 알게 된 순간 깨달음을 얻었습니다." 그의 친구인 사회학자 앨버트 버거슨이 말했다. "그는 **왜 이런 기술을 우리 문화에 대해 배우는 데 사용할 수 없을까** 하고 생각했습니다."

레스제와 그의 학생들이 수행한 여러 가지 흥미로운 연구 중에는 음식물 쓰레기에 대한 것도 있었다. 이 연구는 껍질이나 뼈처럼 먹을 수 없는 것을 제외하고 먹을 수 있는 부분 중에 버린 것들을 조사했고, 참가자들이 직접 보고한 내용과 그들이 버린 쓰레기봉투의 내용물을 비교하는 방식으로 진행되었다.

그의 첫 번째 발견은 많은 피험자들이 자신이 어떻게 행동하는지 잘 모른다는 것이었다. 아무도 자신이 음식을 많이 낭비한다고 생각하지 않았지만, 모두 하루에 1인당 110그램에 달하는 상당한 양의 음식을 버렸다. 중산층 가정은 일반적으로 가난한 가정보다 음식을 더 많이 버렸고, 놀랍게도 부유한 가정보다 더 많이 버렸다. 불황일 때는 경제적 스트레스로 인해 사람들이 부패하기 쉬운 음식, 특히 육류를 더 많이 사고 결국은 먹기 전에 상해서 더 많이 버린다는 반직관적인 결론에 도달했다.

연구자들은 고무장갑을 끼고, 적절한 예방 주사를 맞고, 애리조나에서 37도가 넘는 여름철 무더위 속에서 쓰레기통을 뒤졌다. 하지만 가정에서 배출되는 음식물 쓰레기의 정확한 양을 측정하기는 쉽지 않았다. 일부는 주방 싱크대의 분쇄기를 통해 사라지고 일부는 학교나 직장에서 버려진다. 미국인들이 구매하는 음식의 15퍼센트가 섭취되지 않고 버려진다는 래스제의 추정은 비교적 보수적인 값이며, 이 문제에 대한 미국 정부의 추정은 훨씬 더 암울하다. 네이터에 따르면 미국인들은 일 년 중 매일 300그램 이상의 음식을 쓰레기 매립지로 보내고 있으며, 소매점에서 나오는 폐기물을 포함하면 공급되는 전체 식량의 30퍼센트 이상을 버리고 있다.

문제는 거대한 냉장고에 보관된 모든 음식을 다 먹을 수 없다는 것뿐만 아니라 눈에 보이지도 않는다는 것이다. 냉장고 깊은 곳에 신선한 치즈나 레몬을 두고도 단순히 찾지 못해서 다시 산 적이 없는 사람은 없을 것이다. "소비자들의 이야기를 들어보면, 정리하기 편하면 좋겠다는 말이 늘 나옵니다"라고 메리 케이 볼저는 말한다. 볼저가 소비자 조사를 통해 테스트한 아이디어 중 하나는 선반에 돌림판을 설치하는 것이었다. 소비자들은 이 아이디어는 마음에 들지만 구석에 쓸 수 있는 공간이 없어진다는 점만큼은 마음에 들지 않는다고 말했다. 실제로 1940년대에 제너럴 일렉트릭은 돌림판이 달린 냉장고를 출시했지만, 아이들이 너무 빨리 돌려서 병과 양념통이 사방으로 날아다니는 일이 자주 벌어지자 곧바로 생산을 중단했다. 내가 이 이야기를 들려주자 볼저는 웃었다. "우리는 양쪽에서 쉽게 내용물을 꺼낼 수 있고 냉장고 안의 물건을 옮길 필요가 없는 풀아웃 팬트리를 생각해 봤어요." 그녀가 말했다. "사람들은 호의적으로 받아들였지만 곧바로 아이들이 매달리면 어떻게 될지 걱정했습니다."

최근 인터넷에 연결된 '스마트 냉장고'가 음식물 쓰레기 문제에 대한 대책이라고 선전되고 있으며, 냉장고 속 내용물을 추적하고 유통기한이 다가오면 알려주는 기능을 갖추었다. "아직 아무도 이 문제를 해결하지 못했습니다." 저스틴 레인키는 한숨을 쉬며 말했다. 대부분의 사람들은 냉장고에 넣은 모든 것을 스캔하거나 기록하는 수고를 하지 않으며, 슈퍼마켓은 지금까지 구매 데이터를 냉장고 제조업체와 공유하지 않으려 하는 것으로 나타났다. 고객이 너무 많이 사서 일부를 버려도 월마트의 수익에 해가 되지는 않기 때문이다. "설령 데이터가 연동된다고 해도 내가 산 식료품의 절반이 아버지 집으로 가는지 계산대에서 어떻게 알 수 있을까요?" 볼저는 이렇게 말했다.

"사람들은 이것이 논리적으로 혁신을 위한 다음 단계라고 생각했습니다." 볼저는 이렇게 덧붙였다. 그녀는 스마트 냉장고는 전혀 스마트하지 않다고 확신한다. "소비자들은 실제로 그런 기능을 원한다고 말한 적이 없습니다. 그들은 단순히 음식을 더 오래 신선하게 보관하는 냉장고를 원합니다."

미국에서는 냉장 식품이 신선하지 않다는 생각이 점차 사라졌다. 1939년에 폴리 페닝턴이 지적했듯이, 비록 25년 이상이 걸렸지만 미국 소비자들은 마침내 냉장이 신선도를 보장한다고 생각하게 되었다. 이 변화에는 그녀의 노력이 적지 않게 기여했다. 오늘날에는 냉장고 속에 있으면 신선하다는 생각이 너무 강해서, 상온에서도 오래 보관할 수 있는 식품을 단지 냉장을 하지 않는다는 이유로 덜 건강하다고 생각하는 경향이 있다.

볼더 출신의 히피였다가 화이트웨이브를 창업하여 백만장자가 된 스티브 데모스도 이러한 인지 편향을 피할 수 없었다. 1977년 실크 두유를 출시했을 때, 그는 슈퍼마켓에 많은 웃돈을 내고 냉장 코너에 제품을 진열했다. 당시 두유는 상온에서 유통기한이 1년 이상이었고, 납작한 직사각형 포장으로 중앙 통로 진열대에서 판매되었다. 게다가

콩은 미국인들이 간 다음으로 가장 싫어하는 식품으로 평가되었다. 데모스의 도박은 두유를 우유의 신선함을 그대로 담은 것처럼 포장함으로써 미국인들이 생각을 바꾸도록 설득할 수 있다는 것이었고, 그 도박은 성공을 거두었다.

신선하다는 생각은 시간, 계절, 지리적 제약으로 결정되어 왔지만, 이제는 점점 더 다른 것들과의 관련성에 의해 결정되고 있다. 신선 식품은 냉장해야 하는 식품이며, 따라서 냉장 코너에 있는 식품은 신선하다고 생각한다. 하지만 신선 식품의 전통적인 기준이 무너지면서 불확실성이 남아 있다. 일부 식품 포장에 인쇄된 판매 기한sell-by 또는 유통기한best-before은 냉장 식품이 신선한지 확인하고 싶은 소비자에게 주는 가장 확실한 답변일 것이다. 누가 어디에서 식료품을 생산했는지 알 수 있었던 시대에는 냄새를 맡거나 눌러보기만 해도 그 식품이 얼마나 신선한지 알 수 있었을 것이다. 그러나 오늘날 냉장 유통 식품 체인의 끝자락에 놓인 소비자에게 신선도는 하나의 신념 체계이다. 소비자는 인쇄된 날짜로 보장받고 싶어 한다.

알 카포네가 판매기한을 발명했다는 도시 전설은 분명 매력적이지만, 신선함을 보장하는 날짜가 인쇄된 최초의 라벨은 1930년대에 샌프란시스코 맥주 회사에서 도입한 것으로 보인다.˚ 그러나 유통기한 표시가 널리 보급된 것은 1970년대였다. 각 슈퍼마켓과 식품 생산업체는 제품의 유통기한을 추적하고 재고를 관리하기 위한 자체 시스템을 갖추고 있었기 때문에 포장에 인쇄된 날짜는 일관성이 없었다. '포장일', '출고일', '판매기한'을 나타내기 위해 알파벳과 숫자로 이루어진 수십 개의 부호를 사용했고, 이 부호들은 지역과 상품에 따라 조금씩 다른 의미를 담고 있었다. 냉장고에 있는 식품이 얼마나 신선한지 알고 싶어 하는 소비자들에게 신뢰할 만한 정보를 제공하는 곳은 없었다. 뉴욕주 소비자보호위원회는 거의 1년에 걸쳐 주요 제조업체와 소매업체의 재고 관리 시스템을 수집하고 해독하여 그 결과를 '블라인드 데이트: 구입한 식품 암호를 해독하는 방법'이라는 제목의 무료 책자를 발간했다. 1977년에 이 위원회는 사본을 보내 달라는 요청을 첫 주에 1만 4천 건 이상 받았다고 신문에 밝혔다.

정부의 여러 위원회가 이 문제를 숙고하는 동안 슈퍼마켓 체인들은 자체 표시 제도를 도입했으며, 이 과정에서 매장의 진열대에 있는 '신선한' 식품이 얼마나 오래 지나도 괜찮은지에 대한 명확한 기준을 세우는 지뢰밭을 피해서 자체 기준을 적용했다. 1972년, 영국의 슈퍼마켓 마크 앤드 스펜서 Marks & Spencer는 슈퍼모델 트위기 Twiggy를 내세워 광고를 시작했다. 대서양 연안 중부의 대형 체인점인 자이언트 푸드와 캘리포니아의 랄프스 슈퍼마켓도 1970년대에 판매기한을 도입했다. 오늘날 영국이나 미국 연방 차원에서 판매기한을 법으로 의무화하고

• 이 이야기는 여러 가지 버전이 있는데, 가장 일반적인 버전은 카포네나 그의 동생 랄프의 친구나 가족이 상한 우유를 마시고 병에 걸리거나 죽었고, 그 뒤로 시카고의 어린이들을 보호하기 위해 우유에 날짜 표시를 하도록 압력을 넣었다는 것이다. 좀 더 냉소적인 버전에서는 카포네 가족이 유제품 병입 사업을 하고 있었고, 그들의 공장에 날짜를 인쇄할 수 있는 장비가 있었기 때문에 사업 확장과 고객들의 질병에 대한 책임 감소라는 두 가지 혜택을 모두 누릴 수 있었다고 지적한다. 이런 이야기 대부분은 공공의 적 1호로 알려긴 가포네가 탈세 혐의로 유죄 판결을 받고 수감되었던 알카트라즈 교도소가 문을 닫은 뒤에 들어선 국립공원 관리인들이 유포한 것으로 보인다. 안타깝게도 카포네 가족이 했거나 하지 않은 일에 의해 우유에 판매기한 라벨이 도입되었다는 증거는 전혀 없다. 하지만 랄프의 손녀인 디어드레 카포네는 이 이야기가 사실이며 이 노력으로 할아버지가 "바틀스 Bottles"라는 별명을 얻었다고 주장한다. - 원주

있지는 않지만(분유 제외), 워싱턴 DC를 비롯한 스무 개 주에서 식품의 판매기한에 규정을 두고 있다. 이러한 규정들은 우스꽝스럽다고는 할 수 없겠지만 변덕스러운 경우도 있다. 예를 들어 뉴햄프셔주에서는 크림에 판매기한을 표시하지만 우유에는 하지 않거나, 몬태나주에서는 우유를 살균 후 12일이 지나면 판매할 수 없지만 다른 주에서는 적어도 일주일 더 지나도 상관없다는 등이다.

그 결과 광범위한 혼란이 일어났다. 2020년 메릴랜드 대학교의 연구원 데바스미타 파트라는 이러한 날짜 표시의 근거(또는 근거 부족)를 평가한 연구에서 일반적으로 사용되는 날짜 표시의 유형이 최소 50가지 이상이라는 것을 알아냈다. FDA의 어떤 대변인은 "날짜에는 너무 여러 가지 의미가 있기 때문에 결국 아무 의미도 없다"고 재치 있게 말했다. 최종 유통기한 또는 판매기한을 느낄 수 있을 정도로 식품의 맛이 떨어지기 시작하는 시점을 합리적으로 추측하고 날짜를 조금 줄여서 표시한 정도에 불과하다.

식품의 날짜 표시가 소비자의 안전을 지키는 데 도움이 된다는 증거, 심지어 날짜 표시가 있는 스무 개 주의 소비자가 다른 서른 개 주의 소비자보다 식중독에 적게 걸리는지에 대한 증거는 부족하다. 한편, 완벽하게 안전한 식품을 단지 날짜가 지났다는 이유만으로 버린다는 연구 결과도 계속 나오고 있다. FDA에 따르면 미국에서만 매년 120억 킬로그램(320억 달러 상당)의 식품이 단순히 라벨의 날짜가 지났다는 이유로 먹지 않고 버려지고 있다. 안타깝게도 식품을 보존하기 위해 만들어진 가전제품이 엄청난 양의 폐기물을 발생시키는 아이러니한 상황이 벌어지고 있다.

《사람의 부엌》을 쓴 류지현 디자이너는 "냉장고에서 음식을 구해내는 것"이 자신의 목표라고 설명한다. 그것은 관찰에서 시작되었다. 기계식 냉장고가 등장하면서 지하실이나 식료품 저장고와 같은 식품 보관 공간이 사라졌을 뿐만 아니라 당근이나 달걀 하나도 고유의 대사 과정과 특성을 지닌 생명이며, 우리의 동료 유기체라는 인식도 함께 사라졌다. 이런 관점에서 볼 때 냉장고는 편리한 해결책이 될 수 있지만, 우리가 먹는 대부분의 음식을 보관하는 더 나은 방법이라는 뜻은 아니다.

과거에는 가정에서 식품을 보관하는 방법이 다양했기 때문에, 식품의 고유한 특성에 따라 가장 적합한 환경에서 보관할 수 있었다. 브리치즈나 카망베르 같은 부드러운 치즈는 냉장고보다 습도가 높고 따뜻한 환경을 선호하므로 계단 아래 찬장에 설치한 대리석 선반에 두는 것이 더 좋다. 감자는 서늘하고 어둡고 습한 지하실에 보관하는 것이 좋다. 감자가 냉장고에 있으면 검게 변하고 맛이 없어지는 경향이 있는 반면, 상온에서 햇빛에 노출되면 녹색으로 변하고 싹이 돋는다. 상하기 쉬운 식품들을 함께 두면 좋지 않은 경우도 있다. 사과에서 방출되는 에틸렌 때문에 피망과 오이가 물러지고 썩을 수 있으며, 우유와 달걀은 주변의 양배추나 망고에서 방출되어 향기를 내는 화학물질을 흡수할 수 있다.

식품 생산자들은 이 사실을 잘 알고 있다. 워싱턴주의 광활한 사과 창고나 온도와 습도를 세심하게 조절하고 송풍기로 공기 흐름을 관리하는 마스터 퍼베이어스의 육류 저장고를 생각해보라. 가브리엘라 다리고처럼 과일과 채소를 취급하는 도매업체에서는 아보카도를 딸기와 같은 조건에서 보관하는 것은 꿈도 꾸지 못할 것이다. 수확 후 생리학의 전문가인 나탈리아 팔라간은 가정용 냉장고에 복숭아를 보관하는 것을 보면 몸서리를 친다고 말했는데, 복숭아처럼 단단한 씨앗이 핵을 이루고 있는 과일은 저온에서 오히려 맛이 떨어지고 쉽게 부패하기 때문이다.

류지현은 신선 식품에 대한 이해(어떻게 다루고 얼마나 오래 보관할 수 있는지 등)를 보존 전문가의 전유물이 아닌 일반 상식으로 만드는 방법을 고민한 끝에, 냉장 이전의 전통적인 식품 보관 기술을 활용한 독창적인 벽걸이 형태와 조리대 형태의 저장고를 고안했다. 과일, 채소, 달걀 등 모든 식품을 획일화된 냉장고에서 벗어나 주방 곳곳에 세심하게 배치된 환경친화적인 틈새 공간에 보관할 수 있게 된 것이다. 결국 맥주와 아이스크림은 차가워야 하지만 농산물은 그렇지 않다. 단지 보존만 잘하면 된다.

현재 토마토를 보관하기에 가장 좋은 장치를 연구하고 있는 류지현은 과학적 연구뿐만 아니라 "농부와 할머니들에게 들은 이야기"를 바탕으로 설계한다고 설명했다. 그녀는 뿌리채소를 보관하는 용도로 밀랍으로 처리한 단풍나무로 U자형 선반을 만들었다. 유리 패널 위쪽에는 당근과 부추가 묻혀 있는 축축한 모래에 필요에 따라 수분을 보충할 수 있는 작은 깔때기가 꽂혀 있다. 당근은 주황색 윗부분과 깃털 같은 녹색 잎만 모래 위로 나와 있어서 마치 채소가 아직 땅속에 묻혀 수확할 준비가 된 것처럼 보이는데, 바로 이 점이 핵심이다. 류지현은 뿌리채소를 생육 조건과 비슷하게 약간 축축하고 느슨한 모래에 똑바로 세워서 보관하면 더 오래 보관할 수 있고 맛도 더 좋다는 점을 알아냈다.

아름다운 대리석으로 된 다른 장치는 접시 바닥이 원형 계단처럼 되어 있어서 양배추와 로마네스코 브로콜리의 줄기만 바닥에 얕게 깔린 시원한 물에 닿는다. 밀폐된 감자 서랍은 위에 있는 사과 서랍으로 배기구가 나 있어 사과에서 방출되는 에틸렌이 감자의 싹을 틔우는 것을 억제한다는 사실을 이용한다. 류지현이 디자인한 장치를 주방에 설치한 고객은 쇼핑을 끝내고 집으로 돌아와 냉장고 서랍에 모든 것을 넣는 대신 당근을 모래 선반에 넣고 피망은 특별히 가습이 되는 다른 선반에 넣고, 사과는 감자 서랍 위에 올려놓고 콜리플라워는 대리석 접시에 놓으면 된다.

류지현의 달걀 보관용 벽걸이는 달걀의 신선도를 바로 알 수 있다(달걀이 물에 가라앉으면 신선하고 뜨면 신선하지 않다는 뜻이다). 하지만 미국에서 이런 벽걸이를 사용하려면 가정에서의 관행뿐 아니라 식품법의 변화가 필요할 것이다. 이 문제는 달걀을 낳기 한 시간쯤 전부터 시작되는데, 이때부터 암탉의 껍질샘에서 단백질, 지질, 인 등으로 구성된 보호 코팅이 분비된다. 이전까지는 달걀 껍데기의 수천 개 기공이 열려 있어 산소와 이산화탄소가 배아에 전달된다. 마지막에 생성되는 층을 업계에서는 '블룸' 또는 '큐티클'이라고 부르며, 암탉의 몸 밖으로 나왔을 때 마주칠 수 있는 박테리아로부터 보호하기 위해 기공을 막는다. 미국, 일본, 오스트레일리아 등의 몇몇 국가에서는 달걀 생산자가 갓 낳은 달걀을 비누와 뜨거운 물로 씻어 박테리아를 제거하지만, 이때 보호 큐티클도 제거되기 때문에 달걀을 냉장해야 한다. 큐티클을 그대로 두고 닭에게 살모넬라 백신을 접종하는 다른 나라에서는 달걀을 냉장하지 않고 설탕, 밀가루와 같은 상온 보관 식품과 함께 상자에 담아 판매한다.

미국 시스템을 지지하는 사람들은 냉장 보관하면 계란의 저장 기간이 길어진다고 주장한다. 냉장하지 않은 계란은 3주쯤 보관할 수 있지만, 세척한 냉장 계란은 최대 105일 동안 보관할 수 있다. 비평가들은 대부분의 계란이 21일 이내에 소비된다는 점과 FDA가 의무화하지 않기로 한 살모넬라 백신 접종이 세척 및 냉장보다 발병을 줄이는 데 훨씬 더 효과적이라는 점을 고려할 때, 계란을 세척하고 유통 전 과정에서 냉장 보관하는 데 사용하는 에너지가 불필요한 낭비라고 지적한다. 두 공급망 모두 '신선한' 계란을 생산하지만, 서로 다른 방법으로 생산한다. 류지현의 계란 보관 장치는 신선도를 판단할 수 있는 권한을 소비자에게 돌려줄 뿐만 아니라, 신선함을 유지하는 다른 방법도 있다는 사실을 강조한다.

식품 보존의 잠재적 이점과 에너지 절약 가능성은 차치하고서라도, 류지현의 식품 선반과 냉장고의 가장 중요한 차이점은 정교하게 디자인된 벽걸이와 조리대 형태의 장치를 통해 우리가 식품을 바라보게 한다는 점이다. 매일 과일과 채소를 바라보면서 우리는 더 건강하게 먹고, 낭비를 줄일 수 있다. 명시적으로 드러나지는 않지만 더 중요한 점은, 우리와 동등하게 생물학적이며 부패하기 쉬운 동료 유기체와의 관계를 회복하기를 바라는 그녀의 진정한 의도이다.

류지현은 우리가 식품을 냉장고 속으로 던져 넣을 때 "우리는 식품을 돌보는 책임을 기술에게 떠넘겨버린다"고 말한다. 류지현의 장치를 사용한다고 냉장고를 완전히 치워버릴 수 있는 것은 아니지만, 지금과 같은 대형 냉장고나 여러 대의 냉장고를 가질 필요는 없어진다. 그리고 식품과의 새로운 연결, 그 상하기 쉬운 성질에 대한 존중은 냉장고에 들어가는 식품에도 적용될 수 있을 것이다.

냉장고 디자이너들은 음식에 더 친화적인 가전제품을 만들고 싶어 한다. 메리 케이 볼저는 메이택 사가 잎채소와 단단한 과일에 적합하도록 공기 성분을 조정하는 서랍을 개발했다고 말했다. "우리는 많은 테스트를 거쳤고, 그 결과는 훌륭했습니다"라고 그녀는 말한다. "하지만 이 기술에 의해 냉장고 가격이 300달러쯤 더 비싸졌고, 사람들은 **'그냥 상추를 새로 사겠다'**는 반응을 보였습니다."

저스틴 레인키는 사과, 아보카도, 망고에서 나오는 에틸렌 때문에 녹두가 노랗게 변하거나 상추가 시들기 전에 에틸렌을 흡수하도록 설계된 특수 필터 카트리지를 도입한 제조업체도 있다고 말했다. "사업가로서 우리는 수익이 계속 들어오는 것을 좋아합니다"라고 그는 지적했다. "카트리지를 계속 판매할 수 있다면 더할 나위 없이 좋겠지만, 이런 방식의 판매는 제대로 시작하지도 못했습니다." 이것은 그가 시장 조사에서 자주 보아온 문제다. "식품 보존에 대한 이야기는 소비자들이 이해하기 어려운 경우가 많습니다." 그와 동료들은 미국인들이 신선도 유지의 과학적 원리를 이해하지 못하며, 보존 기간 연장의 잠재력을 인정하지 않는다는 것을 알아냈다.

"소비자가 진정으로 원하는 것은 식품이 원히는 시간에 원하는 상태로 있는 것뿐입니다." 레인키가 말했다. 예를 들어 딸기를 60일 동안 신선하게 보관할 수 있는 냉장고 기술에 대해 어떻게 생각하는지 물었을 때, 소비자들의 반응은 그리 호의적이지 않았다. "많은 사람들이 '60일이라고요? 역겨워요! 그렇게 오래 보관하고 싶지 않아요'라고 대답했습니다."

이에 굴하지 않고 레인키와 베코의 동료들은 공기 중 곰팡이 포자를 제거하는 의료기기급 필터를 설치하고 더욱 정밀한 온도 제어 기술을 개발하는 능 냉상고 내부의 신선도 문제를 해결하기 위해 계속 노력하고 있다. 이들의 최신 기술은 LED 조명에 타이머를 사용하여 태양의 일주기를 서랍 속에서 재현하는 것이다. 베코의 하베스트프레시HarvestFresh 냉장고에서 야채는 매일 밤 열두 시간 동안 어둠 속에서 잠을 자다가 아침에 파란빛에 깨어나고, 한낮에는 두 시간 동안 녹색빛으로 휴식을 취한 다음 오후와 저녁에는 붉은빛으로 다시 잠을 청한다.

이 시스템의 효과(수확 후 전문가 나탈리아 팔라간은 의심하지만)는 제쳐두고, 베코 사는 식품을 신선하게 유지하거나 낭비를 방지한다는 것보다 1920년대에 인기를 끌었던 보호 식품처럼 좋은 영양분을 더 많이 섭취할 수 있다고 홍보하고 있다. "하베스트프레시에 대해 우리가 말하고 싶은 것은 이것입니다." 레인키가 말했다. "비타민 A와 C를 더 많이 섭취할 수 있습니다." 레인키는 건강에 초점을 맞춘 메시지에 귀를 기울일 사람도 많지는 않다고 말한다. "만약 내가 월풀과 같은 대기업 제품을 많은 사람들에게 판매한다면 다른 전략을 쓰겠지요… 하지만 우리는 아직 미국에서 비교적 신생 기업이기 때문에, 이런 메시지에 귀를 기울이는 사람들만 설득해도 충분합니다."

스마트 냉장고는 과대광고와 악평이 난무하지만, 결국은 사람들이 바라는 대로 상한 음식을 가려내는 감지 장치를 장착하게 될 것이다.

아마존은 최근 냉장고에 장착된 카메라와 다양한 센서를 사용하여 표면의 흠집, 과일과 채소의 무게 변화, 너무 많이 익은 농산물이나 상한 고기에서 생성되는 휘발성 물질을 찾아내는 시스템에 관한 두 가지 특허를 출원했다. 이 시스템은 곧 먹을 수 없게 될 식품을 찾아서 냉장고 소유자에게 알려준다. 미국의 대형 소매업체 타겟Target은 자신들의 창고에서 스캐너 시스템을 훈련시켜 궁극적으로 소비자가 사용할 수 있는 신선도 감지기를 지원할 수 있는 데이터를 구축하고 있다. 또한 베코의 모기업이 소유한 독일 브랜드 그룬딕은 냄새 기반 신호등 시스템을 도입하여 라벨에 적힌 날짜와 관계없이 육류와 생선이 상하면 빨간색, 아직 먹을 수 있으면 녹색으로 점멸하는 기능을 갖춘 냉장고를 출시했다.

100년이 조금 넘는 과거에, 냉장은 신선함의 전통적인 의미를 무너뜨려 부패하기 쉬운 식품에 대한 이해에 의심을 드리웠다. 오늘날 우리가 직접 이 지식을 다시 구축하는 대신, 스마트 냉장고가 개입하여 해답을 제시하는 것으로 보인다. 기술로 생긴 문제를 기술로 해결하자는 것이다.

차가움이 선사하는 새로운 맛의 세계

2010년 공공 데이터 활동가인 왈도 재퀴스는 완전히 처음부터 시작해서 치즈버거를 만들기로 결심했다. 그는 아내와 함께 버지니아 시골에 전기와 수도가 연결되지 않은 집을 지었고, 정착하자마자 닭을 키우고 넓은 채소밭을 가꾸기 시작했다. 자급자족의 열정으로 가득 찬 그는 빵을 굽고, 소고기를 다지고, 상추, 토마토, 양파를 수확하고, 치즈를 만드는 등 필요한 모든 단계를 계획했다. 그러다 그는 이 계획이 너무 야심만만하다는 것을 깨달았다. 실제로 완전히 처음부터 치즈버거를 만들려면 밀을 직접 심고, 수확하고, 갈아서 가루로 만들고, 겨자를 심어 기르고, 우유와 레닛으로 치즈를 만들기 위해 임신한 소와 고기로 도축할 수 있는 소를 최소한 두 마리 이상 사육해야 했기 때문이다.

이때쯤에 재퀴스는 포기했다. 그가 수제 치즈버거 계획을 중단한 이유는 밀을 빻거나 소를 도축하기 힘들어서가 아니라 일정 때문이었다. 토마토는 늦여름이 제철이고 상추는 봄과 가을에 수확할 준비가 된다. 그는 냉장이 도입되기 이전의 전통적인 농업으로 목표를 달성하려고 했다. 따라서 그가 기르던 젖소가 새끼를 낳은 뒤인 봄에 치즈를 만들어야 하기 때문에, 레닛을 얻기 위해 송아지를 도축하고 송아지에게 먹일 우유는 다른 용도로 사용해야 한다. 한편, 송아지는 전통적으로 날씨가 추워지기 시작하는 가을에 도축한다. 토마토를 오래 보관할 수 있는 케첩으로 만들고 고기, 상추, 빵이 모두 준비될 때까지 6개월 동안 지하실에서 치즈를 숙성시키면 완전히 처음부터 치즈버거를 만들 수 있을지도 모른다. 하지만 현실적으로 보아 "치즈버거는 거의 한 세기 전까지는 존재할 수 없었을 것"이라고 그는 결론을 내렸다. (실제로도 한 세기 전에는 존재하지 않았다. 치즈버거의 기원에 대해 몇 가지 경쟁하는 이야기가 있지만, 모두 1920년대와 1930년대를 기원으로 한다.)

로컬 푸드와 식량 자급을 찬양하기 위해 수행한 재퀴스의 실험을 통해 치즈버거를 만든다는 것은 고도로 산업화된 식품 시스템, 특히 콜드 체인이 아니면 거의 불가능하다는 것이 밝혀졌다. 냉장 덕분에 즐길 수 있게 된 맛있는 음식은 치즈버거뿐만이 아니다. 하루 일과를 마치고 얼음처럼 차가운 맥주를 따르는 경쾌한 기대감, 청량음료나 칵테일에서 얼음 조각이 톡톡 터지는 상쾌한 느낌, 여름에 아이스크림콘을 핥는 순수한 기쁨, 이러한 차가움의 감각적 즐거움에 유혹되어 우리가 냉장과 처음 사랑에 빠진 과정을 살펴보지 않고는, 냉장이 식생활을 어떻게 변화시켰는지에 대한 탐구는 완전해질 수 없다.

앞에서 보았듯이 프레드 팹스트와 아돌퍼스 부시 같은 양조업체는 자연 얼음을 이용한 저장에 최초로 투자했고, 그다음에는 기계식 냉장을 도입했다. 이 기술이 없었다면 미국식 라거 맥주를 일 년 내내 대규모로 생산할 수 없었을 것이다. 반면에 비싼 새 냉장 기계를 사용할 수 없었던 19세기 캘리포니아의 수완이 뛰어난 양조업자들은 조금 더 높은 온도에서도 발효가 일어나는 라거 효모 균주를 찾아냈다. 뜨거운 맥아즙을 펌프로 퍼 올려 실외의 얕은 팬에서 식힐 때 김이 무럭무럭 났기 때문에 스팀 맥주라는 이름이 생겼을 것이다. (북한에서도 비슷한 방식의 맥주가 등장한 것으로 보이는데, 이 역시 냉장 시설이 부족했기 때문일 것이다. 애호가들에 따르면 샌프란시스코에 본사를 둔 앵커 스팀 Anchor Steam과 비슷한 맛이라고 한다).

사계절 언제나 얼음을 싸게 구할 수 있게 되자 상쾌한 줄렙, 코블러, 스위즐, 리키와 같은 청량음료들이 곧바로 나타났다. 술의 역사를 연구하는 데이비드 원드리치는 **칵테일**이라는 이름과 중류주에 여러 가지 재료와 설탕을 섞어 마시는 관습의 기원이 영국으로 거슬러 올라간다고 말한다. 그러나 혼합 음료가 미국의 풍부한 얼음을 만난 19세기 후반에야 칵테일의 예술이 탄생했다. 마찬가지로 고대 중국, 로마, 페르시아에서도 눈이나 얼음을 과일 주스나 유제품과 섞어 초기의 차가운 디저트와 샤르바트 또는 셔벗을 만들었지만, 아이스크림이 부유층을 넘어서 대중화되기 시작한 것은 19세기 중반이 되어서였다.

차가운 음료와 디저트를 먹을 수 있게 되자 완전히 새로운 미각의 어휘가 생겨났다. 처음에는 차가운 맛에 충격을 받은 사람들도 있었다. "맙소사! 사람들이 아이스크림을 처음 맛본 후 입을 떡 벌리는 모습을 보았다." 1851년 런던의 한 아이스크림 상인은 이렇게 회상했다. "젊은 아일랜드인" 고객은 아이스크림 한 숟가락을 먹더니 동상처럼 가만히 서 있다가 "포효하듯 '오 예수님! 나 죽네! 냉기가 나를 덮쳤어'라고 외쳤다."

차가움에 의한 뇌 발작을 최초로 기록한 사람은 1770년대 시칠리아를 여행하던 스코틀랜드인 패트릭 브라이던으로 보인다. 어떤 영국 해군 장교가 공식 만찬에서 아이스크림을 한입 가득 먹었다가 심한 쇼크를 일으켰다. "처음에 그는 심각한 표정을 지었고, 입안의 공간을 늘리기 위해 뺨을 부풀렸다"라고 브라이든은 기록했다. "격렬한 차가움에 곧 인내심이 바닥나자 그는 아이스크림을 입안에서 좌우로 돌리기 시작했고, 눈물을 왈칵 쏟았다." 얼마 지나지 않아 그는 "끔찍한 저주와 함께" 아이스크림을 뱉어냈고, 분노한 나머지 가까이 있던 하인을 때리려는 것을 주위에서 말려야 했다.

아이스크림을 먹다가 발작을 일으키는 과학적인 원인은 아직도 명확하게 밝혀지지 않았다. 이 증상은 누구나 겪는 것은 아니며, 가장 그럴듯한 설명은 머리로 피가 몰리고 그로 인해 두개골 내부에 뇌의 압력이 커지면서 갑자기 앞이 보이지 않을 정도로 통증이 몰려온다는 것이다. 몇 년 전, 폭발에 관련되어 군인들이 두통을 겪는 메커니즘을 이

• 실제로 차가운 음료를 마시다가 죽은 사람도 있다. 1764년 스물여섯의 나이로 사망한 불행한 토머스 테처의 예를 보자. 윈체스터 대성당 묘지 한구석에 있는 그의 비석에는 이렇게 적혀 있다. "여기에 햄프셔 사병이 평화롭게 잠들어 있다. 차가운 맥주를 마시다가 때 아니게 쓰러진 이 사람으로부터 구인들은 교훈을 얻어, 더울 때는 독한 술을 마시거나 진혀 마시지 말지어다." 이 주제에 대한 의학 문헌은 많지 않지만, 차가운 음료를 마시고 갑자기 의식을 잃고 심정지를 일으킨 사례는 몇 가지 기록되어 있다. 흥미롭게도 국제적인 알코올 중독자 치유 모임인 알코홀릭스 어노니머스Alcoholics Anonymous의 창립자는 테처의 비석에 새겨진 이 문구를 '불길한 경고'로 보고 1939년 저서에서 인용했으며, 이 무덤은 치유 프로그램에 참여하는 사람들의 순례지가 되었다. - 원주

해하기 위해 재향군인 뉴저지 의료 시스템 연구원들이 혈류를 모니터링하면서 열세 명의 피험자에게 뇌의 발작을 유도했다. 통증은 주요 동맥이 급격하게 확장되면서 일어났는데, 이는 공황 상태에서 뇌를 따뜻하게 유지하기 위해 혈액을 위로 펌프질하기 때문에 생긴다. 확장되었던 동맥이 수축하자마자 두통은 사라졌다.

 차가움의 맛이 통증을 일으키기도 하지만, 반대로 즐거움도 준다. 차가운 음식을 먹거나 마셨을 때 체온은 변하지 않거나 아주 미미하게 변하지만, 놀랍도록 상쾌한 느낌이 든다. 이번에도 과학적인 이유가 정확히 알려져 있지 않지만, 입안의 온도 수용체가 차가움을 느끼면 갈증이 해소되었다고 뇌에 알려주는 것 같다. 우리 몸은 체내의 수분이 얼마나 있는지 알아보기 위해 다른 방법도 사용하지만(주로 피가 묽거나 짙은 정도로 파악한다), 이론에 따르면 따뜻한 혀에서 수분이 증발하여 생기는 시원한 느낌이 액체를 섭취했다는 조기 경보로 작용한다고 한다. (이 이론을 지지하는 한 연구에 따르면 물이 부족한 쥐, 생쥐, 기니피그, 햄스터는 모두 뜨거운 금속 튜브나 상온의 튜브보다 차가운 금속 튜브를 반복적으로 핥았다. 시원한 느낌이 갈증이 해소되었다는 착각을 일으키기 때문일 것이다).

 차가움은 결과적으로 음식과 음료를 더 달게 하는데, 특히 얼음에 집착하는 미국에서 이런 경향이 더 크다. 사람의 기본적인 미각 수용체 중에서 적어도 세 가지(단맛, 쓴맛, 감칠맛 또는 고소한 맛) 이상은 온도에 매우 민감하다. 음식이나 음료로 혀의 온도가 15도 이하가 되면 이 세 가지 미각 수용체에서 뇌로 연결되는 통로가 닫혀 신호가 극도로 약해진다. 미지근한 콜라나 녹은 아이스크림이 너무 달게 느껴지는 것도 이런 이유 때문이다. 따라서 차갑게 마시는 음료는 뇌에게 단맛이 난다고 알리기 위해 설탕을 아주 많이 넣어야 한다.* 1929년 코카콜라 사장은 자판기 음료의 맛을 잘 유지하기 위해 회사 내에 교육 기관을 설치했고, 직원들에게 "팔리려면 차가워야 한다"고 가르쳤다. 미국인들이 흔히 하는 것처럼 얼음물이나 청량음료와 함께 음식을 먹으면 더 달아야 하며, 이는 미국에서 햄버거 빵, 피자 소스, 샐러드드레싱 등 고소한 맛을 내는 제조 식품에 설탕이 많이 들어가는 이유를 설명해 줄 수 있다. 혀가 차가우면 모든 음식은 조금 더 달아야 제대로 된 맛을 느낄 수 있다.

냉장고 제조업체에게 <차가움으로 요리하기>(1932년 켈비네이터가 배포한 레시피 팜플렛 제목)는 다음과 같은 세 가지를 의미했다. 첫째는 하인이 없는 여주인을 위해 미리 조리된 음식으로, 내놓기 직전에 손질할 필요가 없어서 여주인이 손님과 함께 시간을 보낼 수 있다는 것, 둘째는 여러 가지 젤라틴에 마요네즈를 넣어 만드는 수십 가지 '샐러드', 셋째는 남은 음식이다. 1920년대와 1930년대의 가장 독특한 레시피 중 많은 것들('피넛버터 샐러드'는 피망, 셀러리, 휘핑크림, 땅콩버터의 조합이 돋보였다)은 아마도 지위의 상징으로 가장 잘 이해될 수 있을 것이다. 특히 젤라틴 요리는 맛이 좋다기보다 냉장고가 있다고 과시하는 용도로 인기가 있었다.

• 이것은 미지근한 맥주가 더 쓴맛이 나는 이유이기도 하다. (어떤 사람들은 쓴맛을 즐기기도 한다. 영국에서는 쓴맛이 강한 전통 에일 맥주를 차갑게 마시지 않는다.) 짠맛과 신맛의 수용체가 다른 신호 채널을 사용하기 때문에 이런 맛이 어떻게 영향을 받는지는 아직 확실하지 않지만, 차가운 음식이 더 짜게 느껴진다는 증거가 있다. - 원주

이런 레시피 중 몇 가지는 "이것과 저것을 조금만 넣으면 남은 음식은 사라지고… 켈비네이터의 냉기가 잘 어우러진 유쾌한 조합으로 바뀐다"는 약속과 함께 〈차가움으로 요리하기〉의 "냉장고의 남은 음식" 편에 등장했다. 음식의 역사를 연구하는 헬렌 베이트에 따르면 **남은 음식**이라는 용어는 20세기 조에 처음 만들어졌다. 이전까지 상하기 쉬운 음식은 빨리 먹어 없애야 했기 때문에 별도의 요리 범주가 될 수 없었다. 저녁 식사가 끝나고 남은 음식은 동물에게 먹이거나 그대로 데워서 아침에 다시 먹거나 끓는 냄비에 넣어 육수를 만들었다. 냉장은 이런 상황을 바꿨지만, 요리사들에게는 새로운 과제가 주어졌다. 어젯밤에 먹던 음식을 다음 날 저녁까지 알아볼 수 있는 형태로 보관할 수 있게 되자, 똑같은 요리를 피하기 위해 다른 요리의 재료로 용도를 변경하여 활기를 불어넣어야 한다는 압박감이 생겼다. 1930년대부터 1950년대까지 가정용 냉장고가 보편화되면서 치즈, 생선, 채소 한두 가지를 마요네즈와 젤라틴과 함께 조합하는 등 남은 음식을 새로운 요리로 바꾸는 방법에 대한 조언이 끊임없이 쏟아져 나왔다.

켈비네이터는 과장된 광고도 했지만, 냉장고에 넣어두면 남은 음식의 맛이 더 좋아질 수 있다는 주장은 적어도 완전히 거짓말은 아니었다. 어쨌든 차가운 곳에서도 화학 반응은 느리지만 계속 진행되며, 일부는 풍미를 향상시킨다. 몇 년 전 〈쿡스 일러스트레이티드Cook's Illustrated〉에서는 방금 만든 비프 칠리, 양파 수프, 크림 토마토, 검은콩 수프와 이틀 전에 만든 것을 함께 내놓아 이 문제를 조사했다. 시식에 참여한 사람들은 "더 달콤하다", "맛이 더 강렬하다", "균형 잡힌 맛"이라고 말하면서 냉장고에서 숙성된 요리에 손을 들어 주었다.

그 이유를 설명하기 위해 이 잡지의 과학 편집자는 수프와 스튜가 냉장고에 있는 동안 유제품의 유당과 양파의 탄수화물이 포도당으로 분해되고, 육류의 단백질은 글루타메이트와 같은 아미노산으로 분리되어 풍미를 향상시킨다는 사실을 지적했다. 다른 연구자들은 고기의 콜라겐이 처음 조리할 때 방출되어 냉장고에서 젤리 형태로 굳었다가 다시 데울 때 녹아서 부드러운 식감을 만든다고 말한다. 카레처럼 향신료가 많이 들어간 요리는 냉장고에 보관하기에 좋다. 그 이유는 많은 향신료 분자가 지방에 용해되므로 시간이 지날수록 요리 전체에 고르게 분산되면서 전체적으로 균형 잡힌 맛을 내기 때문이다. 또한 요리에 담긴 물은 시간이 지남에 따라 전분에 스며들어 풍미를 더하는 경향이 있으므로 냉장고에 넣어둔 검은콩 수프의 맛이 더 좋아졌을 것이다. 하지만 재가열한 라자냐가 더 맛있다고 해도 냉장하면서 생기는 맛의 변화가 모두 환영할 만한 수준은 아니다.

냉장은 오래 두고 먹기 위해 식품을 완전히 변형시키지 않는 최초의 보존 방법이다. 건포도는 결코 신선한 포도와 비교할 수 없지만, 냉장된 포도는 대개 신선한 포도로 받아들여진다. 그러나 실제로 냉장된 포도는 덩굴에서 바로 딴 포도를 먹는 것과 같지 않다. 다만 진짜 신선한 포도와 비교해서 이건 포도가 아니라고 말할 정도로 맛이 나쁘지 않을 뿐이다.

오늘날 산업화된 세계에서는 밭에서 바로 딴 포도를 먹어본 사람이 거의 없기 때문에 그 차이가 크게 중요하지 않다. 기계식 냉장이 처음 등장했을 때는 그렇지 않았다. 1911년 시카고의 멋진 저온 저장 연회 뒤에는 반대하는 논평이 곧바로 쏟아져 나왔고, 그중에는 차가움의 궁극적인 승리를 쓸쓸하게 예측하는 견해도 있었다. "시카고 〈인터오션〉은 이 만찬을 보도하면서 "단 한 가지 위안이 있다"고 결론을 내렸다. 냉장 이전의 음식 맛을 기억하는 미국인들은 결국 사라질 것이며, "자라나는 세대는 그 차이를 모르고 무지 속에서 만족할지도 모른다."

이 예측은 현실이 되었다. 오늘날 습식 숙성 소고기와 건식 숙성 소고기를 맛으로 구분할 수 있는 사람은 거의 없으며, 목초지와 계절에 따라 젖소에게서 갓 짜낸 우유 맛이 다양했던 시절을 그리워하는 사람은 더더욱 드물다. 그러나 냉장의 맛에 길들지 않은 지역에서는 전통적인 저장 식품이나 갓 수확한 식품이 여전히 인기를 끌고 있다. 알래스카 원주민들은 고래와 바다코끼리 고기는 자연적으로 냉각된 지하 저장고에 보관해야 제맛이 난다고 말한다. 영구 동토층이 따뜻해지면서 저장이 잘되지 않아 대형 냉동고를 사용하기도 하지만, 고기 맛은 예전과 같지 않다. 알래스카 최북단 지역의 작은 마을인 카크토빅의 한 주민은 캐나다의 CBC 방송에서 "얼음 저장고 음식보다 더 맛있는 것은 없다"고 말했다. 일본 니가타의 전통 유키무로, 즉 눈 저장고에 보관한 소고기를 먹어본 나도 동의한다. 거대한 눈 더미와 함께 단열된 방에서 몇 주 동안 저장한 고기는 건식으로 숙성한 소고기의 부드럽고 깊은 풍미를 넘어 훨씬 더 부드럽고 달콤한 맛이 났다.

한편, 중국에서는 냉동 만두가 적어도 젊은 세대 사이에서는 어느 정도 받아들여졌지만 생선은 살아 있지 않으면 신선하지 않다.˙ 지난 시의 아무런 특징 없는 대학교 건물 3층, 시간 온도 내성 연구실Time Temperature Tolerance Lab과 소형 기기실 사이에 있는 '잠자는 물고기의 방'을 방문했다. 파란색 플라스틱 통이 다섯 개씩 네 줄로 늘어서 있고, 각각의 통에 넙적한 회색 가자미가 들어 있었다. 통은 소금물 파이프로 냉각 시스템에 연결되어 물이 얼기 직전의 온도를 유지하고 있었다. 왜소한 몸집에 흰 코트를 입고 안경을 낀 남자가 냉각을 이용해 물고기를 잠들게 하는 방법을 매우 낮은 목소리로 알려주었다. 가장 가까운 통에 드리워진 그물을 가장자리에서 잡고 조심스럽게 들어 올려 잠든 가자미를 보여주었다. 눈도 깜빡이지 않고 움직임도 거의 없었지만, 차가운 물의 흐름에 따라 최면에 걸린 듯이 바닥을 천천히 맴돌고 있었다. 이렇게 잠들어 있는 물고기를 돌돌 말아서 투명한 플라스틱 관에 넣어 중국 어디로든 우편으로 보낼 수 있다. 3일 이내에 목적지에 도착하기만 하면 꺼내자마자 잠에서 깨어나 다시 헤엄치기 시작한다. 물고기가 잠들면 처음 잡혔을 때 방출되는 스트레스 화학 물질이 줄어들기 때문에 "신선한 것보다 더 신선하다"고 연구자가 설명했다. "우리가 이 방법을 개발했습니다." 그는 되살아난 가자미의 지느러미처럼 손을 흔들며 말했다.

    미국에서는 맛보다 편리함과 가격을 중시하고 냉장 공급망이 오래전부터 정착되어 있어서, 딱딱하고 시큼한 슈퍼마켓 복숭아와 뻣뻣하고 맛이 떨어지는 완두콩이 환영받지는 못하더라도 받아들여지긴 한다. 하지만 아무리 무딘 사람이라도 냉장 과일 중 특히 토마토는 갓 수확한 토마토에 비해 훨씬 맛이 떨어진다는 것을 인정한다. 미국의 세

- 중국에서는 월마트조차도 수조에 담긴 활어를 고객이 직접 뜰채로 떠내서 구매하며, 물을 채운 스티로폼 상자에 해안에서 내륙으로 운송하는 활어를 마취 상태로 담는 것과 같은 엉성한 시스템에 의존하고 있다. - 원주

프 제임스 비어드는 "가장 영광스러운 과일"이 "거의 완전한 미식적 손실"로 변한 "비극적 쇠퇴"를 한탄했고, 〈뉴욕타임스〉의 비평가 크레이그 클레이본은 가게에서 파는 품종이 "맛없고 흉물스럽고 혐오스럽다"고 직설적으로 표현했다. "딱딱하다", "플라스틱 같다", "물컹하다", "어쩌고저쩌고." 해리 클리는 슈퍼마켓 토마토에 대한 모든 설명을 들었고, 그도 동의한다. "맛이 전혀 없어요"라고 그는 말한다. "끔찍하죠." 내가 클리와 처음 이야기를 나눴을 때 공교롭게도 그와 나는 모두 뒷마당에서 토마토를 가꾸다가 막 들어온 뒤였다. "저는 우리가 개발한 품종만 키웁니다." 그는 나에게 이렇게 말했다. 클리는 경력의 대부분을 냉장 공급망 속에서도 살아남아 맛있게 먹을 수 있는 토마토를 만들기 위해 노력해 왔다.

클리는 심리학을 전공했지만 화학의 매력에 빠져들었다. "마약과 인간 행동에 관한 심리학 수업 덕분입니다"라고 그는 설명한다. "물론 1970년대에는 마약에 관한 수업이면 무엇이든 들었죠." 그는 전공을 바꾸어 생화학을 공부하기 시작했고, 그 후 분자 공학을 전공하여 유전자 기술이 아직 생소하던 시절에 자기 학교에서 최초로 유전자 복제에 성공했다.

당시 대부분의 식물 과학자들은 미국산 토마토가 맛이 없는 이유는 플로리다(미국 전체 생산량의 절반쯤을 차지하며, 10월에서 6월 사이에 동부 해안 슈퍼마켓에서 볼 수 있는 거의 모든 토마토가 플로리다산이다)의 재배자들이 딱딱하고 녹색일 때 따서 에틸렌 기체를 주입하여 빨간색으로 익히기 때문이라고 생각했다. 덕분에 바나나와 마찬가지로 부드럽고 질척거리는 과일을 막대한 손실 없이 전국으로 배송할 수 있게 되었다.

또한 골든 딜리셔스 사과와 마찬가지로 재배자들은 과일이 맛을 내기도 전에 너무 일찍 수확하게 되었다.

클리는 유전공학을 이용해 토마토의 숙성을 늦춰 열매가 더 오래 녹색인 채로 덩굴에 매달려 좋은 맛을 내는 성분을 축적할 수 있을지 궁금해했다. "따지 않은 채 오래 숙성시키면서도 수명이 길게 만드는 겁니다." 클리는 이렇게 설명했다. "모두에게 이득이 될 것입니다."

혹독한 냉장 운송을 견딜 수 있는 유전자 변형 토마토를 만들려고 시도한 연구자들은 또 있었다. 1980년대에 칼진Calgene*의 과학자들은 잘 익은 토마토가 물러지는 과정을 늦추기 위해 펙틴 대사를 조절하는 유전자를 조작했다. 그들의 노력으로 미국에서 판매된 최초의 유전자 변형 작물인 플라브르 사브르Flavr Savr 토마토가 탄생했다. 그러나 이 시도는 성공하지 못했다. 이 품종은 수확량이 적었고, 결과물인 과일은 너무 물러서 대규모 운송과 저장에 적합하지 않았다. 하지만 클리가 깨달은 더 큰 문제는 숙성에만 집중해서 개발하다 보니 상업용 토마토 품종이 덩굴에 달린 채 붉게 익는 최상의 조건에서도 맛이 좋지 않다는 사실을 칼진의 과학자들과 자신이 몰랐다는 점이었다.

"상업용 토마토는 아주 단단하고, 운반하기에 대단히 적합하고, 오래 저장할 수 있도록 육종된 품종입니다." 클리는 이렇게 설명했다. "이 토마토는 훌륭한 맛을 내는 능력을 잃었습니다." 1977년 〈뉴요커〉가 맛없는 토마토 문제를 조사하기 위해 플로리다에 사람을 보냈을 때, 플로리다의 재배자들은 실험적인 새 품종인 MH-1에 기대를 품었

---

* 생명공학 회사로 1996년 몬산토에 인수되었다 - 옮긴이

지만 맛 때문이 아니었다. 플로리다 토마토 위원회의 책임자는 "MH-1은 두 사람이 스무 걸음 떨어져서 던지고 받아도 토마토가 상하지 않는다"고 자랑했다.

새 천년이 시작될 무렵에 클리는 몬산토에서 플로리다 주립대학교로 자리를 옮겼고, 숙성을 늦추려는 노력에서 벗어나 토마토의 맛에 화학적으로 접근하기 시작했다. 어떤 분자가 중요한지 이해하기 위해 그와 동료들은 토마토 품종 수백 가지를 재배하고 산, 당분, 다양한 조합의 휘발성 유기 화합물 등 700여 가지 물질의 함유량을 정확히 측정했다. 그런 다음 그는 맛의 화학적 변화가 가장 큰 150가지 이상의 품종을 골라 소비자 조사단에게 주고 가장 맛있는 토마토를 찾았다.

이 과정은 여러 해가 걸렸지만 맛이 가장 좋다고 평가된 토마토의 분자 구성을 분석하여 이상적인 토마토가 가져야 할 스물다섯 가지 휘발성 물질을 확인했고, 어떤 당분과 산을 함유해야 하는지도 대략 알아냈다. "완벽한 토마토가 무엇인가에 대한 답은 여러 가지가 있습니다"라고 클리는 말한다. 그는 일반적으로 젊은 사람들은 단맛을 좋아하는 반면, 나이가 많은 소비자와 여성은 휘발성 물질이 많을 때의 풍부한 맛을 더 좋아한다는 것을 알아냈다. 흥미롭게도 가장 사랑받는 향미 화학물질은 모두 필수지방산, 아미노산, 항산화제 등 필수 영양소에서 나오며, 이는 가장 맛이 좋은 토마토가 건강에도 가장 좋은 토마토일 수 있음을 시사한다.

그는 또한 더 튼튼한 토마토를 얻기 위해 맛을 희생할 필요가 없다는 것도 알아냈다. 이 두 가지는 상호 배타적인 성질이 아니다. 맛의 손실은 일 년 내내 구할 수 있는 값싸고 동그랗고 빨간 토마토를 맛 좋은 토마토보다 더 중시하는 시장에서 우발적으로 발생한 피해였다. "캘리포니아에서 열린 토마토 컨퍼런스에 참석했을 때 가장 큰 재배지를 운영하는 경영자 중 한 명이 청중 앞에 서서 '맛이 더 좋은 토마토에 밀려 판매에 실패한 적은 없다'고 말한 것이 아직도 기억납니다"라고 클리는 말했다. "재배자들은 토마토의 무게와 크기에 따라 돈을 받습니다"라고 그는 계속 말했다. "생산한 토마토가 맛이 좋거나 맛이 형편없어도 한 푼도 더 받거나 덜 받지 않습니다."

지난 4년 동안 클리는 가장 중요한 맛의 유전자 일곱 가지를 조합하여 수확량, 병충해 내성, 냉장 운송 능력이 상업용 품종과 동일한 토마토를 육종하는 작업을 해왔다. "마치 직소 퍼즐을 맞추는 것과 같습니다"라고 그는 말한다. 그는 전통적인 육종 기술만을 사용하여 현대의 상업용 토마토와 좋은 맛을 내는 유전자를 가진 품종을 교배한 다음, 자손이 양쪽 부모로부터 최고의 유전자를 물려받았는지 확인한다. "그런 다음 이 과정을 몇 번이고 반복합니다."

2022년 8월 말, 토마토의 맛을 연구한 지 20년이 넘은 클리는 자신과 팀이 마침내 비밀을 풀었다고 말했다. "바로 지난주에 우리가 원했던 일곱 가지 유전자를 모두 갖춘 토마토를 얻었습니다"라고 그는 말했다. 소비자 조사단도 맛이 좋다고 했고 수확량도 많았지만, 클리는 토마토가 재배자들이 수용하기에는 아직 너무 작다고 걱정했다. "조금 더 역교배를 해야 할 것 같아요"라고 그는 말했다. "문제는 당도와 크기를 둘 다 잡을 수 없다는 점입니다. 과일이 크면 당도가 떨어지고 그 반대도 마찬가지입니다."

이제 반쯤 은퇴한 클리는 자신의 탐구가 아직 끝나지 않았다고 말했다. 13도 이하에서 4일 이상 있으면 토마토의 DNA가 변화하여 휘발성 향미 화학물질을 만드는 능력이 완전히 사라진다. "당분과 산은 영향을 받지 않고 휘발성 물질만 영향을 받습니다"라고 클리는 말한다. "하지만 토마토의 맛이 더 나빠지는 것은 분명합니다." 토마토 포장업체와 트럭 운송 회사는 토마토를 13노 이상으로 유지할 수 있다. 하지만 가정용 냉장고는 대개 4도로 유지하고, 냉장실이 하나뿐인 슈퍼마켓은 육류와 유제품에 맞춰 1도로 유지한다. "10년 뒤에는 이러한 반응의 유전학을 이해하고 저온에서도 토마토가 잘 견디게 하는 방법을 알아낼 수 있을 것입니다"라고 클리는 말한다. "아마도 제 경력의 범위를 넘어서는 일이겠죠."

밭으로 돌아가서, 토마토를 언제 수확해야 하는지에 대한 문제가 남아 있다. 클리는 완전히 자라서 숙성될 준비를 마친 '성숙한 녹색' 단계에서 수확한 토마토에 에틸렌을 주입하면 당분, 산, 휘발성 물질이 완전히 발달한다고 설명한다. (맛 테스트에서 소비자들은 종종 덩굴에서 숙성된 토마토와 성숙한 녹색 단계에서 수확해 가스를 주입한 토마토를 구분할 수 있지만, 클리는 거의 구별하기 어렵다고 말한다.) 문제는 수확할 때 현장에서 육안으로 성숙도를 판단하기가 까다롭기 때문에 최대 40퍼센트의 토마토가 '미성숙 녹색' 단계에서 수확되는데, 이는 토마토가 익을 준비가 되지 않았기 때문에 빨간색으로 변한 뒤에도 결코 익지 않는다는 것을 의미한다. 따라서 과학자들은 상업용 토마토의 맛을 개선하기

- 거의 모든 과일에 해당된다. 많은 사람들은 대개 큰 사과나 딸기를 선택하지만, 거의 틀림없이 작은 것보다 맛이 훨씬 떨어진다. - 원주

위해 밭에서 성숙도를 판단할 수 있는 방법을 개발해야 한다.

클리의 접근 방식(토마토를 위해 공급망을 뜯어고치는 것이 아니라 토마토를 냉장 식품 시스템에서 맛있게 먹을 수 있도록 재설계하는 것)은 비용과 시간이 많이 들지만 결과는 고무적이다. 지난 20년 동안 한결같은 그의 노력 덕분에 미래에는 맛있는 샐러드와 샌드위치가 더 많이 나올 것이다. 토마토와 비슷하게 유통 과정에서 단단한 성질을 유지하는 것이 중요하기 때문에 소비가 위축되는 망고와 딸기 같은 과일을 개량하는 육종가들은 클리의 연구를 참고할 만하다.

물론 클리가 추구하는 토마토는 미닛메이드와 트로피카나 오렌지 주스와 같다. 냉장의 악조건을 피하기 위해 세심하게 설계해서 맛을 과학적으로 최적화한 과일이다. 방대하고 복잡한 인프라(다양한 품종으로 가득 찬 냉장 무균 탱크와 별도로 추출하여 소비자 기호에 맞게 혼합한 향미 물질)를 동반하는 오렌지 주스 산업의 논리가 토마토의 유전자 기계에 그대로 적용된다. 슈퍼마켓의 오렌지 주스처럼, 이것들은 존재할 필요가 없는 문제에 대한 해결책을 제시한다. 애초에 신선한 토마토를 여름철에만 먹으면 된다. 여름에는 과즙이 많고 고소하며 톡 쏘는 맛이 뛰어난 토마토를 근처 농장에서 구입할 수 있다.

"현실은 대부분의 사람들이 앨리스 워터스처럼 먹고 싶어 하지 않는다는 것입니다." 클리는 제철에 나는 로컬 푸드만을 사용하는 것으로 유명한 샌프란시스코의 셰프를 언급하며 말했다. "아무리 맛이 없어도 사람들은 1월에 토마토를 먹고 싶어 할 텐데, 이것은 수확 후 처리와 냉장 없이는 불가능합니다." 클리는 냉장고의 영향으로부터 음식을 구하기보다 냉장 케이크도 즐길 수 있기를 원한다. 이는 식품을 냉장고에서 해방시키자는 류지현의 주장보다 더 실용적인 접근 방식이며, 인간의 행동을 고려할 때 성공할 가능성이 더 크다.

나는 토마토에 관해서는 앨리스 워터스를 확고하게 지지하지만, 튼튼하고 맛도 좋은 미래의 토마토를 맛보고 싶었다. 그해 가을, 클리는 나를 플로리다로 초대했지만 곰팡이 감염으로 실험용 밭이 황폐해지는 바람에 대신 씨앗 한 봉지를 보내주었다. 내가 좋아하는 비상업적 품종과 함께 클리가 보내준 체리, 자두, 공 모양의 토마토를 정성 들여 심었다. 며칠이 지나자 토마토가 싹을 틔워 사방으로 뻗으며 토마토 잎 특유의 매콤한 녹색 향기가 주위를 가득 채웠다. 부지런히 물을 주고 액체 비료를 뿌린 노력은 풍성한 열매로 충분히 보상을 받았다. 슈퍼마켓에서 파는 토마토처럼 보였지만(내가 여러 세대에 걸쳐 가꾸는 품종의 주황색, 보라색, 노란색 줄무늬와 구근 모양의 융기에 비해 선명한 노란색 탁구공 같았다) 과즙이 많고 시큼하며 고소하고 맛도 좋아서 냉장고에 넣지도 못하고 다 먹어 버렸다.

런던에서 신흥 시장에 주로 투자하는 펀드 매니저인 타소스 스타소풀로스는 10년 넘게 냉장고를 통해 미래를 내다본다. 그의 통찰에 따르면, 한 사회가 냉장고를 도입한 다음에는 오렌지와 토마토가 냉장에 적합한 품종으로 바뀌는 정도 이상의 큰 변화를 겪게 된다. 냉장고는 그 사회의 식단 전체를 바꾸며, 스타소풀로스는 이러한 변화를 예측하고 투자 정보로 이용한다.

2009년에 냉장이 주는 깨달음을 얻기 전에도 이미 스타소풀로스는 대상 지역의 역사와 문화까지 고려하는 철저한 심층 조사로 업계에서

명성을 얻고 있었다. 다른 투자자들이 일반적으로 블룸버그 데이터나 대형 소비재 기업의 예측에 의존해 인도 사람들이 앞으로 무엇을 구매할지 추론하는 반면, 스타소풀로스는 며칠 동안 전국을 돌아다니며 사람들과 직접 대화를 나눴다. 그는 이 과정을 매우 흥미롭게 생각했고, 불법 정착촌과 노동자들이 사는 곳에 가서 사람들과 많은 시간 동안 이야기를 나누었지만 여전히 원하는 통찰을 얻지 못했다.

"문제는 제가 사람들에게 '월급이 오르면 식단이 어떻게 달라질까요?'라고 물으면, 사람들은 모두 '아무것도 바꾸지 않을 겁니다'라고 대답한다는 겁니다." 스타소풀로스가 설명했다. "하지만 사람들이 돈을 많이 벌면 식단도 바꾼다는 것을 우리는 알고 있습니다."

그는 어느 날 오후에 뭄바이에서 내륙으로 수백 킬로미터 떨어진 아우랑가바드 시에서 한 여성과 대화를 했는데, 그녀도 그의 질문에 똑같이 대답했다. 그녀의 가족은 매우 가난했고 집에 있는 식품은 콩, 쌀, 피클과 같은 전통적인 것들뿐이었다. 스타소풀로스는 즉석에서 그녀에게 함께 쇼핑을 하러 가자고 제안했다. 그는 이 여성에게 몇 루피를 주고 그녀를 따라 길모퉁이 가게로 갔다. 그녀는 영국산 초콜릿, 코카콜라, 짭짤한 스낵 몇 가지를 샀는데, 스타소풀로스의 분류에 따르면 모두 사회경제적으로 한 계층 위의 사람들이 주로 사는 것들이었다.

"냉장고가 답이라는 것을 깨달았습니다!"라고 그는 말한다. "냉장고는 사람들이 여윳돈이 생기면 무엇을 살 것인지 당사자도 모르게 미리 알려줍니다." 존 스타인버그는 데이트할 상대를 고르기 위해 냉장고를 조사하고 캘리포니아대학교 로스앤젤레스 캠퍼스 연구팀은 21

세기의 가정생활을 이해하기 위해 냉장고를 분석했지만, 타소스 스타소풀로스는 냉장고에 들어 있는 음식을 조사하여 돈을 버는 방법을 알아냈다.

스타소풀로스는 냉장고 사진을 소득에 따라 분류하여 냉장고 속 식품이 어떻게 바뀌는지 알아보았다. 이렇게 해서 가난한 가정이 냉장고를 처음으로 샀을 때부터 냉장고의 여정이 드러났다. "그들에게 냉장고는 효율을 높여주는 장치입니다." 스타소풀로스가 말했다. 그들은 전통 요리를 만들기 위한 재료나 남은 음식을 보관하는 데 냉장고를 사용한다. 중산층으로 올라서면 냉장고에 청량음료, 맥주, 아이스크림과 같은 간식과 세계적인 브랜드의 식료품을 채우기 시작한다. 스타소풀로스는 이렇게 설명한다. "처음으로 가처분 소득이 생기면⋯ 이전까지 부족했던 이 모든 것을 가족에게 주고 싶고, 그러다 보면 과시하고 싶어집니다."

한 가족이 진정으로 풍요로워지면 냉장고의 내용물은 또 한 번 바뀐다. 냉동실에 온 가족이 좋아하는 아이스크림 한 가지가 있었다면, 이제는 가족 구성원 각자가 좋아하는 아이스크림을 여러 가지로 사게 된다. "예전에는 그냥 '**그래, 우리는 아이스크림을 먹을 수 있어**'라는 식이었죠"라고 그는 말한다. "이제 모든 것이 나에 관한 것이 됩니다. **나는 초콜릿이 좋고 딸기는 싫어.**" 다양한 문화권의 식품과 건강에 좋다는 제품들(무지방, 다이어트, 프로바이오틱스 등)도 이 소득 수준에서 냉장고에 채워진다. 스타소풀로스의 기준에 따르면 이는 자기계발의 열망이 반영된 것이며, 그 밑바닥에는 서구의 개인주의적 가치관으로의 전환이 있다.

재활용 가능한 포장을 사용하는 공정무역, 유기농, 동물을 학대하지 않는 제품 등의 집단적 미덕을 표현하는 식품이 냉장고에 가득 차면 피라미드의 정점에 올라선 것이다. "이것이 바로 북유럽 국가의 모습입니다"라고 그는 말한다. "인도는 대부분 효율성 단계에 있고, 중국은 탐닉 단계에 있으며, 브라질은 이미 건강을 추구하는 단계에 있습니다."

스타소풀로스는 중국 중산층의 냉장고는 인도의 냉장고가 미래에 어떻게 채워질지 예측하는 데 큰 도움이 되지 않으며, 대신 인도 중산층의 냉장고와 중국 부유층의 냉장고를 통해 그 나라의 소비가 미래에 어떻게 변할지 알 수 있다고 말했다. 인도의 냉장고 분석을 바탕으로 그는 우유를 버터, 치즈, 요거트, 아이스크림으로 만드는 유제품 가공업에 투자하기로 결정했다. 그는 인도 가정의 소득이 증가함에 따라 이러한 품목이 식단에 추가될 것이라고 예측했다. 최근 우유 가공 제품의 매출이 두 자릿수 성장률을 기록하고 있을 뿐만 아니라 그의 투자가 기준 이상의 수익률을 얻어 이 예측이 옳았음이 증명되었다.

냉장고의 신호를 읽으면 어디에 투자해야 할지도 알 수 있다. "과거에는 얌 차이나Yum China에 투자한 적이 있습니다." 그가 언급한 얌 차이나는 중국 현지의 KFC, 피자헛, 타코벨과 같은 패스트푸드 업체를 거느리고 있는 모기업이다. "그런데 2014년에 그곳의 냉장고를 보면서 정말 걱정이 되기 시작했습니다." 중국 중상류층 가정에서는 이미 패스트푸드를 밀어내고 세련됨의 상징인 세계 각국의 요리가 자리를 잡았으며, 덜 부유한 사람들도 그 뒤를 따라갈 수밖에 없었다.

그는 냉장고가 보급되면 음식 외에도 그 나라의 보험과 개인 과외

교습 시장이 성장하는 확실한 전조라는 것을 알아냈다. "냉장고가 있으면 여성들이 집 밖에서 일할 수 있고, 그때부터 가정의 재정에 대한 발언권을 갖게 됩니다"라고 그는 말했다. "여성은 남성보다 장래를 더 생각하는 경향이 있습니다. 아이들의 교육을 중시하고, 어려운 일이 닥칠 것에 대비하고 싶어 합니다."

이런 종류의 연구는 장기적으로 성과가 나겠지만, 효과가 빠르게 나타나지 않고 비용도 많이 든다. 스타소풀로스에 따르면 각 연구를 계획하는 데 6개월, 현지에서 인터뷰하고 자료를 수집하는 데 며칠, 돌아와서 분석하는 데 몇 주가 걸린다고 한다. 그의 연구는 매우 심층적이기 때문에 인터뷰 대상자와 상당히 긴밀한 관계를 맺게 된다. 그는 인터뷰 대상자들과 수년간 위챗WeChat 대화를 유지하며, 투자 가치가 있는 기업들이 해결하지 못하는 사회적 요구에 대해서는 자선 사업에 돈을 내기도 한다.

그러나 이러한 분석을 통해 식습관과 라이프스타일 변화를 예측하고 투자하는 그의 동기는 순전히 금전적인 것이다. 그의 냉장고 연구는 경제 발전에 따른 식생활의 변화를 보여준다. 이러한 변화는 환경과 건강에 모두 영향을 미친다. 스타소풀로스는 건강을 생각하는 미식가이자 한때 비건 채식주의자였다고 말하지만, 냉장고에 의해 촉발되고 다시 냉장고에 반영되는 소비 패턴의 변화에 대해 어떤 판단도 내리지 않는다고 말했다. "사람들이 먹고 싶어 한다면 저는 상관하지 않습니다"라고 그는 말했다. "중요한 것은 변화가 어떤 방향으로 일어나는가 하는 것입니다."

냉장고 식단의 명암

　젤레나 베크발락이 수집한 유골은 런던 중심부의 회전 교차로 아래에 보관되어 있는데, 〈위대한 유산〉에서 끔찍한 유혈 장면으로 핍의 반발을 샀던 스미스필드 시장이 있던 곳에서 불과 몇 걸음 떨어져 있다. 이미 오래 전에 죽었지만, 그들의 뼈에는 오늘날 가장 중요한 질문에 대한 해답의 단초가 남아 있다. 냉장의 도입으로 사람들이 더 건강해졌을까?

　과거와 현대를 비교할 때 기계식 냉장의 확산이 경제와 환경에 미친 영향, 심지어 요리 비용까지 고려해도 적어도 영양과 인체 건강 측면에서는 축복이었다는 것이 통설이다. 이러한 가정은 널리 퍼져 있지만, 놀랍게도 근거가 빈약하다고 알려졌다.

　우선, 그것은 인류 발전의 결실 덕분에 우리는 선조보다 더 건강하게 살고 있다는 또 다른 근본적인 주장 위에 서 있다. 이 주장도 거의 입증되지 않았으며, 타당해 보이기는 하지만 검증하기는 쉽지 않다.

그 이유는 부분적으로 현대 의학이 태동하기 전에는 공중 보건에 관한 정확한 자료가 없기 때문이다. 출생률과 사망률을 알 수 있다면 전체 인구의 평균 수명이 어떻게 변했는지 알 수 있다. 그러나 그 사람들이 건강한 삶을 누렸는지 병을 앓았는지에 대해서는 그리 많은 것을 알 수 없다. 한편으로 기록이 제대로 남아 있지 않을 뿐만 아니라, 과거의 사망 기록에 나오는 설명은 오늘날의 질병(심장병, 암, 비만, 제2형 당뇨병, 자가면역질환 등)과 거의 일치하지 않는다. 따라서 조상들이 정확히 어떤 질병을 앓았는지 파악하기는 쉽지 않다.

2015년, 베크발락은 자신의 방대한 유골 수집품을 통해 발전의 낙관적인 이야기가 올바른지 확인할 수 있다는 생각이 들었다. 지난 250년간의 급속한 기술 발전이 인류 건강에 좋은 영향을 미쳤을까, 그렇지 않을까? 당시의 진단 기록이 부족하다면 유골이 개인의 근본적인 건강 상태에 대해 귀중한 단서가 될 수 있다. "예를 들어 전이성 암종이 분명했던 존 폴 로우라는 신사가 있는데, 교구 기록에는 사망 원인이 '쇠약으로 인한 사망'이라고만 나와 있습니다"라고 그녀는 말했다. 로우는 1834년 59세에 사망하여 런던 중심부의 세인트 브라이드 교회에 묻혔고, 제2차 세계대전 때 독일군의 폭격으로 교회가 파괴되면서 유골이 발굴되었다.

베크발락은 지난 20년 동안 런던 박물관의 인간 생물고고학 센터에서 인간 골학骨學 큐레이터로 일했다. 테라스 카페에서 차와 비스킷을 먹으며 이야기를 나누는 동안 베크발락은 창밖으로 그녀의 지하실 위에 조성된 평범한 정원을 손으로 가리켰다. 박물관 깊숙한 곳, 희미한 조명이 비추는 콘크리트 지하실에는 그녀가 수집한 유골들이 철제 선반 위의 번호가 매겨진 골판지 상자에 보관되어 있으며, 매장된 장소별로 분류되어 있다. "전체적으로 약 2만 구를 관리하고 있습니다"라고 베크발락은 말한다. "모두 완전한 것은 아니지만 세계에서 가장 규모가 크다고 할 수 있습니다."

유골은 대개 도시 개발 전에 진행하는 고고학 발굴로 수집되며, 영국과 프랑스를 잇는 해저 터널을 건설할 때 성 판크라스 성당 아래에서 발굴한 온전한 로마 석관에서부터 제2차 세계대전 후 재건 과정에서 발견된 중세 페스트 희생자 구덩이에 이르기까지 다양한 유골이 있다. 가장 오래된 것으로는 템즈 강변에서 발견된 기원전 3,600년 전 신석기 시대의 두개골이 있으며, 1666년 런던 대화재 희생자의 유골도 있고, 1852년 매장법으로 런던의 공동묘지가 영구히 폐쇄될 때 수습한 유골 274구는 가장 최근의 수집품이다.

이 기간 동안 런던은 오두막 몇 채가 있던 습지 계곡에서 인구 230만 명, 철도, 공장, 석탄 난로, 가스등을 갖춘 세계 최대 규모의 도시로 성장했다. 베크발락과 동료 게이너 웨스턴은 영국의 산업혁명이 시작된 1760년 이전에 사망한 약 2,300명의 유골을 디지털 엑스레이와 CT 스캔으로 분석하여 이러한 변화가 건강에 어떤 영향을 미쳤는지 밝히기로 했다.

많은 사람들이 베크발락의 유골을 연구했지만 이 정도의 대규모로 연구한 적은 없었다. 최근까지 기술적으로 가능하지 않았기 때문이라고 그녀는 말했다. "디지털 방사선 촬영이 없었다면 작업을 마쳤을 때 우리는 모두 해골이 되어 있었을 것입니다." 베크발락은 이렇게 말했다. 베크발락과 웨스틴은 거의 3년 동안 지하에서 하루에 최대 30구의 유골을 대상으로 두개골, 요추, 골반, 좌측 대퇴골, 제2중수골을 촬영하고 질병으로 뼈에 생길 수 있는 모호한 흔적을 하나하나 분석했다.

베크발락과 웨스턴이 찾던 단서 중에는 만성 폐렴 환자의 갈비뼈가 웃자라면서 생기는 짙은 갈색 줄무늬, 골수종과 전이성 암이 뼈에 나타나는 징후인 빗방울 같은 구멍과 종양 병변이 있었다. "예를 들어 전립선암에 걸리면 뼈가 웃자라 표면이 밝고 울퉁불퉁해지는 경향이 있습니다." 베크발락이 말했다. "그다음에는 관절의 마모를 볼 수 있습니다. 또한 여성에게는 HFI, 남성에게는 DISH가 나타날 수 있으며, 모두 비만과 관련이 있을 수 있습니다." HFI는 전두골 내면 과골증 hyperostosis frontalis interna의 약자로 두개골 앞쪽에 산호초처럼 물결 모양으로 뼈가 웃자라는 대사 증후군과 관련된 질환이다. DISH는 미만성 특발성 골격 과골증diffuse idiopathic skeletal hyperostosis의 약자로 제2형 당뇨병 및 체질량 지수 상승과 관련된 관절염의 한 형태이며, 베크발락과 웨스턴의 설명에 따르면 척추 주변의 힘줄과 인대에 "짙은 왁스와 같은 물질이 흘러내리다가" 단단하게 굳는 질환이다.

뼈에 남아 있는 단서는 판결이 아니라 증거다. 여성의 두개골 엑스선 사진에서 HFI의 특징인 웃자란 뼈가 보인다고 해도, 베크발락과 웨스턴은 그녀가 과체중이었고 대사성 질환이 사망 원인이라고 단정할 수 없다. 단지 가능성이 높다는 것만 알 수 있다. "건포도를 먹다가 질식했을 수도 있습니다"라고 베크발락은 말한다. "그냥 우리는 알 수 없습니다."

그럼에도 불구하고 베크발락과 웨스턴은 샘플 크기가 충분히 커서 어느 정도 확신을 가지고 패턴을 찾아낼 수 있었다. 경제적 지위와 거주지에 따라 차이가 있지만 만성 폐렴, 암, 비만의 흔적은 산업화 이전보다 이후에 살았던 사람의 유골에서 더 자주 나타난다. 연구팀은 "대부분의 경우 런던의 산업화는 런던 시민의 건강에 대한 끔찍한 공격이었다"는 결론을 내렸다.

"여러 가지 복잡한 변수와 함정이 있습니다." 베크발락은 이렇게 말했다. "하지만 그것이 유골이 우리에게 알려주는 정보입니다."

베크발락과 웨스턴의 연구는 기존의 통념과 달리 현대 문명의 혜택에는 상당한 대가가 따랐다는 사실을 확인시켜 준다. "이것을 앤테벨럼antebellum* 수수께끼라고 부릅니다." 노스캐롤라이나 주립대학교의 경제학 교수인 리 크레이그는 이렇게 말했다. 그의 연구는 계량경제학의 분석을 역사에 적용하는 계량경제사라는 잘 알려지지 않은 하위 장르에 속한다.

앤테벨럼은 1861년에 시작된 미국 남북전쟁 이전의 수십 년을 가리킨다. 크레이그에 따르면 '앤테벨럼 수수께끼'란 그 기간 동안 미국과 서유럽에서 "표준 경제 지표는 상승한 것처럼 보이지만 생활수준과 관련된 생물학적 지표는 하락했다"는 뜻이다. 다시 말해 베크발락의 유골 연구에서 알 수 있듯이 '진보'(도시화와 산업화라는 형태의)가 건강을 훨씬 더 악화시킨 것으로 보인다.

다음 질문은, 영국과 미국이 기계화되고 현대화되면서 일어난 다른 많은 생활방식의 변화와 비교해 냉장이 이러한 건강 악화에 특별한 함의가 있는가 하는 점이다. 안타깝게도 산업화가 시작된 후 공중 보건

---

* 라틴어로 전쟁 이전이라는 뜻이다 - 옮긴이

이 나빠졌다고 밝히기보다 이 질문에 대답하기가 훨씬 더 복잡하고 까다롭다. 냉장의 도입과 그에 따른 결과는 오염의 증가에서 도시 상하수도 시설 건설, 신체 활동 감소, 백신과 항생제의 도입에 이르기까지 공중 보건의 여러 가지 혁신과 재앙이 얽힌 채 오랜 세월에 걸쳐 불균일하게 일어났기 때문이다. 그럼에도 불구하고 크레이그는 해답을 찾았다고 말했다. 그 답은 0.5밀리미터에 있었다.

크레이그와 그의 공동 저자인 배리 굿윈과 토마스 그렌스는 같은 시기에 일어난 모든 생활방식의 변화와 기계식 냉장이 인간의 건강에 미친 영향을 분리하여 정량화한 최초이자 유일한 연구팀이다. 냉장에 대한 크레이그의 관심은 앤테벨럼 수수께끼를 풀려고 노력하는 과정에서 나왔다. 이는 베크발락과 웨스턴이 런던 사람들의 유골에서 관찰한, 예기치 못한 산업화 이후 건강 악화의 미국판이라고 할 수 있다.

앤테벨럼 수수께끼는 1979년에 처음 제기되었다. 인간 생리의 변화와 경제 성장을 연결한 연구로 나중에 노벨상을 받게 되는 로버트 포겔이 남북전쟁 이전 15년 동안 미국 남성의 평균 키가 2.5센티미터쯤 줄어든 것으로 보인다는 사실을 밝혀냈다. 이는 이상한 일이었다. 경제학자들은 다른 모든 조건이 동일할 때 부모가 부유할수록 항상 자녀의 키가 크다는 사실을 밝혀냈기 때문이다. 그런데도 1830년대에 태어나 군대에 입대한 신병은 1820년 이전에 태어난 신병들보다 분명히 키가 작았고, 미국인의 평균 소득은 이 기간 동안 꾸준히 증가했다. 후속 연구에 따르면 적어도 키가 가장 작았던 시기는 1880년대였는데, 우연히도 구스타부스 스위프트의 냉장 철도 차량이 도시의 육류 공급을 변화시키기 시작한 시기에 태어난 집단이었다. 그 후 성인의 키는 서서히 회복세를 보였고, 결국 GDP의 추세를 따라잡았다.

신체 계측학자들은 평균 키가 갑자기 줄었다가 수십 년에 걸쳐 서서히 회복된 원인에 대해 논쟁을 벌였다. 포겔은 "1840년 이후 식단의 상당한 감소" 때문이라고 결론을 내렸고, 이는 농업 생산성이 인구 증가를 따라잡지 못해서 일어난 일이라고 추측했다. 다른 사람들은 질병이 세균에 의해 전파된다는 것을 완전히 이해하기 전의 시대에 사람들이 도시에 많이 모여 살면서 일어난 전염병의 증가와 연결하기도 했다.

크레이그가 데이터를 분석한 결과, 미국인들이 대공황의 늪에서 벗어날 수 있었던 데에는 냉장 기술이 일정 부분 기여했다는 결론에 도달했다. 실제로 크레이그는 1900년까지 기계식 냉장 덕분에 미국인의 키가 최소 0.5밀리미터 이상 자랐으며, 그 이상일 가능성이 높다고 계산했다. 이 수치는 작아 보이지만 크레이그는 실제로 10년 동안 전체 평균 신장 증가율이 5퍼센트에 불과하다고 지적했다. (나머지 95퍼센트에 해당하는 1센티미터는 공중 보건과 위생의 개선에 따른 것일 가능성이 높다.) 게다가 0.5밀리미터는 전체 인구의 평균값이지만, 크레이그는 가난한 사람들의 키가 훨씬 더 크게 증가했을 것이라는 추가 연구 결과를 알려주었다.

수많은 변수를 포괄하는 현상에 대해 이렇게 정확한 수치를 뽑아내는 능력은 대단해 보인다. 크레이그는 웃으면서 "이것이 바로 경제사학자가 부리는 마법"이라고 말했다. "분명히 허점이 있는 데이터에서도 많은 것을 찾아내는 방법을 배울 수 있습니다." 크레이그는 계산 과정을 설명하면서 자신이 사용한 수학적 기법이 불과 수십 년 전에 개발되었다고 말했다. 데이터와 씨름하여 최종 수치를 얻는 데도 비슷한 시간이 걸렸다. 한 논문에서 그와 동료는 군 입대 기록과 지역 농업의 초과 수확량을 사용하여 어렸을 때 섭취한 단백질의 양과 최종 성인 신장을 연결하는 통계석 척도를 구했다. 이 계산에 따르면 키가 1센티미터 더 자라는 데 10킬로그램의 단백질이 필요했다. 또 다른 연구에서는 정부 기록을 사용하여 냉장 덕분에 1인당 연간 버터 소비량이 156킬로그램 증가했다는 결론을 얻었다. 마지막으로 그는 키와 1인당 소득 사이의 관계에 대한 또 다른 동료의 추정치를 활용했다.

크레이그와 동료들은 이 자료들을 사용하여(버터, 치즈, 우유, 돼지고기, 소고기로 공급된 추가 칼로리와 단백질만을 고려하여) 1890년대에 부패하기 쉬운 식품의 소비가 냉장 덕분에 증가하면서 매년 미국인에게 평균 5,500칼로리와 400그램의 단백질이 추가로 공급되었다고 결론을 내렸다. 이러한 영양 섭취의 증가로 성인의 평균 키가 아주 조금 커지고 가구당 GDP가 15달러 증가했으며, 그 효과는 매년 누적되었다. 영양 섭취가 많아지면 다른 질병에 대한 저항력도 높아진다. 예를 들어 저체중인 사람은 1700년대와 1800년대에 유럽에서 유행했던 결핵으로 사망할 확률이 훨씬 더 높다.

"냉장이 위대한 발명 중 하나라고 하는 데에는 그럴 만한 이유가 있습니다." 크레이그는 이렇게 말했다. "영양분을 더 많이 공급하면서 건강 악화를 뒤집는 데 중요한 역할을 했습니다."

베크발락의 유골은 산업화가 인간의 건강을 해쳤다는 것을 알려주고, 크레이그의 계산은 냉장이 이를 개선하는 데 도움이 되었음을 보여준다. 둘 다 조사 기간이 중요하다는 것을 보여준다. 런던 박물관에 있는 유골은 모두 1852년 이전에 죽은 사람들의 것이다. 그 무렵 에드워드 제너는 천연두 백신을 발명했고(1796년), 존 스노우는 콜레라가 오염된 수도에서 발생했다는 사실을 밝혀냈다(1849년). 그러나 런던의 공동묘지는 템스 강에서 지독한 악취가 발생한(이로 인해 런던에 새로운 하수 시스템이 건설되었다) 1858년 이전에 문을 닫았다. 이는 오스트레일리아에서 냉동 소고기와 양고기가 영국에 처음 도착한 1879년보다 훨씬 전이었고, 알렉산더 플레밍은 한참 뒤인 1928년에야 페니실린을 발견했다.

다시 말해, 베크발락과 웨스턴이 분석한 서구 산업화 이후의 유골은 급속한 도시화와 산업화로 공기, 물, 음식이 오염되기 시작했지만 이러한 문제를 해결하기 위한 냉장 등의 새로운 인프라, 규제, 의학, 기술이 나타나기 전의 불행한 시기에 살았을 가능성이 충분히 있다.•

마찬가지로 크레이그의 분석은 지난 한 세기 동안의 신장 데이터 맥락에서 기계식 냉장의 태동기인 10년만을 조사했다. 추세가 어떻게 보이는지는 시작과 끝이 어디인지에 따라 달라지므로, 크레이그의 매우 구체적인 연구 결과는 냉장 기술이 장기간에 걸쳐 인류 건강에 축복이 되었는지에 대한 결정적인 해답이 될 수 없다는 것을 의미한다.

• 물론 전적으로 운의 문제는 아니다. 공공정책을 연구하는 역사학자 사이먼 슈레터가 지적했듯이, 도시화와 산업화의 영향은 정치와 계급 관계에 따라 달라져서 어떤 나라에서는 파괴적으로 작용하고 다른 나라(특히 스웨덴)에서는 그 영향이 완화되는 쪽으로 작용했디. - 원주

이 질문은 지금까지 연구자들에게 너무도 어려운 과제였다. "이 분야의 연구는 작은 질문들에 초점을 맞추고 있습니다." 크레이그는 변명하듯이 말했다. 최근 기술역사학자 조나단 리스를 비롯해 여러 학문을 넘나드는 학자들이 시기별 사망률에 냉장이 미치는 영향에 초점을 맞추려고 시도했다. 그는 여러 상관관계가 너무 빈약하다는 것이 밝혀져서 포기했다고 나에게 말해주었다.

인간의 키에 미칠 수 있는 모든 영향을 분리하여 냉장이 구체적으로 어떻게 기여했는지 찾아내기는 불가능해 보이기 때문에(유골 엑스선 사진을 사용하거나 평균 키를 전체 인구의 건강 지표로 사용할 때의 한계는 말할 것도 없고), 냉장이 우리가 먹는 음식을 어떻게 변화시켰는지에 초점을 맞추는 것이 더 간단해 보일 수 있다. 하지만 안타깝게도 이것조차 대답하기 쉬운 질문은 아니다.

리스는 인디애나주 먼시에 대한 린드 부부의 연구를 언급했다. 이 연구에 따르면 "1890년 이 도시에는 겨울과 여름의 두 가지 식단이 있었다." 겨울철 식단은, 한 지역 주부에 따르면 대부분 육류, 페이스트리, 감자로 구성되었으며 피클, 보존 식품, 지하 저장고에 보관하는 순무, 양배추, 사과 등이 다양성을 더하고 "전분질의 단조로운 음식"에 변화를 주었다. "신선한 과일이나 녹색 채소는 생각도 못했고, 있다고 해도 구할 수도 없었을 것이다"라고 그녀는 말했다. 린드 부부가 "1890년에 흔했던 양배추 샐러드가 없었다면 겨울 식단에 신선한 농산물이 거의 없었을 것이다. 반면에(여름철의 채소 위주 식단과는 대조적으로) 먼시 주민들의 전형적인 겨울 식사는 "하루 세 번 고기"라고 현지 식료품점 주인이 말했다. "아침은 튀긴 감자, 메밀 케이크, 따뜻한 빵을 곁들인 폭찹 또는 스테이크, 점심은 따뜻한 구운 고기와 감자, 저녁은 점심에 먹던 구운 고기를 식은 채로" 먹었다.

이러한 겨울 식단에 이어 "봄철의 병"이 찾아왔다. 인디애나폴리스의 한 약사에 따르면, 4월이 되면 "녹색 채소가 부족해서 거의 모든 사람이 병에 걸리곤 했다." 마찬가지로 식품 역사가인 리지 콜링햄은 봄이 되면 대부분의 북유럽 사람들은 "본격적인 괴혈병에 걸리지 않아도 괴혈병 전 단계에 있었다"고 결론을 내렸다. 매년 5월 남부에서 첫 번째 콩과 토마토가 나오기 시작하면 인디애나 주부들은 의사, 요리책, 신문 칼럼을 통해 "모든 종류의 샐러드"를 긴급하고도 넉넉하게 사용하여 봄철의 병을 치료하라는 권유를 받았다.

그러나 1925년, 얼음 철도 차량과 냉장 선박이 등장하면서 먼시의 가장 가난한 시민들을 제외한 모든 사람이 캘리포니아산 오렌지, 상추, 중앙아메리카산 바나나로 겨울철 식단을 보충할 수 있게 되었다. 린드 부부의 연구에 포함된 35년 동안 먼시 시민들은 직접 재배한 농산물을 적게 소비하고 일 년 내내 냉장 과일과 채소를 많이 섭취했다. 리 크레이그의 데이터에서 알 수 있듯이 단백질 섭취량도 증가했을 것이다.

다시 말하지만, 1890년부터 1925년까지 인디애나주의 한 소도시 주민의 식단 변화는 우리에게 많은 것을 알려줄 수 있다. 식민지화 이전에 같은 곳에 살았던 아메리카 원주민도 "봄철의 병"에 걸렸을까? 영국의 일부 역사학자들은 1750년 이전의 평균 식단이 우리가 상상하는 것보다 훨씬 다양하고 영양가가 높았다고 주장한다. 콩, 베리, 채취한 녹색채소와 허브, 야생 사냥감 등은 농민들이 의존하던 전분질 주식과 유제품에 다양성과 비타민을 더했고, 19세기에 급격한 산업화와 도시화가 진행되면서 영국인의 식단은 육류, 밀, 설탕, 유제품으로 축소되었다.

그러나 냉장 이전 시대의 식단은 요리책, 신문 기사, 일기, 가구 조사, 무역 협회 자료, 과부에 대한 식량 배급 기록 등 여러 가지 출처에서 수집한 단편적인 정보로 추정했기 때문에 확실하게 알기는 어렵다. 데이터가 존재한다고 해도 미국과 영국에서 산업화와 도시화가 한창 진행 중이던 1850년 이전으로 거슬러 올라가는 경우는 거의 없다. 게다가 대부분의 데이터는 실제 섭취량보다는 시장 가용성과 판매량을 추적하기 때문에 버린 식품과 직접 재배한 농산물은 고려되지 않는다. 이처럼 시간에 따른 소비 수준의 변화를 정량화하려는 시도는 마치 구름을 조사하는 것과 같아서 어떤 것도 확실하게 알 수 없다.

현존하는 데이터를 바탕으로 우리가 말할 수 있는 것은 19세기 후반 미국에서 신선한 과일, 치즈, 버터, 달걀 판매가 10년이 지날 때마다 증가했으며, 이는 적어도 부분적으로는 저온 저장과 냉장 운송의 도입 덕분이라는 점이다. 1870년대 냉장 열차가 도입된 이후 1960년대까지 1인당 육류 소비량은 증가했지만 그 이후에는 감소했다. 그 자리를 가금류가 차지하면서 전체 육류 소비량은 기록이 시작된 이래로 계속 증가했다. 데이터에 따르면 20세기 초에는 과일 판매량도 조금 증가했다. 채소는 기록 보관 측면에서 소홀히 취급된 의붓자식이며, 과거에는 감자만이 기록할 필요가 있다고 보았다.

과일과 채소의 영양소 수준 변화를 고려하면 문제는 더욱 심각해진다. 미국 농무부의 분석에 따르면 오늘날 시판되는 토마토는 대체 품종보다 맛이 떨어질 뿐만 아니라 비타민 C가 30퍼센트, 티아민이 30퍼센트, 칼슘이 60퍼센트 이상 적게 함유되어 있다고 한다. 이러한 영양소 고갈 패턴은 아스파라거스에서 오렌지에 이르기까지 모든 식품에서 관찰되고 있다. 실제로 한 연구에 따르면 오늘날 오렌지를 여덟 개 먹어야 조부모 세대에서 한 개로 섭취했던 것과 같은 양의 비타민 A를 섭취할 수 있다고 한다. 식물에 함유된 라이코펜이나 플라보노이드와 같은 피토케미컬이 건강에 유익하다는 증거는 점점 더 많아지고 있지만 이런 물질에 대한 데이터는 없다. 미국 정부가 일일 권장 섭취량을 설정하지 않았기 때문에 농무부는 이런 데이터를 집계하지 않는다.

   과학자들은 수확량이 많고 냉장에도 잘 견디는 품종을 개발하는 과정에서 육종가들이 실수로 맛뿐만 아니라 필수 비타민과 미네랄도 잃었을 수 있다고 의심한다. 또한, 냉장하면 식품을 더 오래 먹을 수 있지만 일반적으로 영양가가 높아지지는 않는다. 시금치는 냉장고에 일주일 동안 보관하면 비타민 C의 4분의 3과 티아민의 13퍼센트가 손실되며, 브로콜리는 비타민 C와 베타카로틴의 3분의 1, 식물성 생리활성 물질의 절반 이하만 유지된다. 냉장으로 인해 미국식 식단에서 육류와 유제품 섭취가 증가했으며, 이 변화는 시간이 지날수록 다른 필수 영양소의 감소가 동반되면서 그 영향이 더 커졌을 수 있다.

   하지만 모든 요인이 나빠지는 쪽으로만 가지는 않았다. 냉장이 소비 패턴을 바꾸고 그에 따라 건강에 영향을 미친 중요한 경로 중 하나는, 부패를 막는 용도의 소금이 적게 사용되면서 위암 발생률이 극적으로 감소한 것이다. (식이 소금을 많이 섭취하면 헬리코박터 파일로리균에 의해 위암의 위험이 증가하는데, 전문가들은 두 사람 중 한 사람은 이 미생물에 감염되어 있다고 추정한다.) 위암은 1930년대까지만 해도 미국에서 가장 치명적인 암이었지만 지금은 10위권에도 들지 못하며, 공중보건학자 언스트 L. 윈더가 말했듯이 공중 보건의 "계획되지 않은 승리"이다. 포르투갈, 일본, 영국 등에서도 냉장고가 보급된 뒤로 비슷한 감소세가 나타났다. 또한 하비 워싱턴 와일리의 시험에 자진해서 참여했던 피험자들이 보여주었듯이, 냉장 이전에 음식을 신선하게 보관하기 위해 사용한 방부제 중에는 소금보다 훨씬 나쁜 것들도 많았다. 냉장고를 사용하면서 포름알데히드와 살리실산을 없앤 것은 의심할 바 없는 진보였다.

미생물의 수준에서 보면 냉장의 축복은 당연한 것처럼 보인다. 설사, 이질, 기타 위장 장애는 19세기 말 미국인의 주요 사망 원인이었으며, 적어도 부분적으로는 식중독이 원인이었다.

아쉽게도 식중독 통계는 불완전하고 기껏해야 신뢰할 수 없는 것으로 널리 알려진 또 다른 데이터이다. 20세기 동안 미국이나 영국에서 식중독 발생률이 감소했는지에 대한 질문에는 결정적인 답이 없다. 데이터에서 분명히 나타나는 것은 식중독 사망자가 급격히 감소했다는 것이며, 한 연구에 따르면 1900년부터 1980년 사이에 90퍼센트 이상 감소했다. 이러한 사망률 감소가 냉장이 식료품과 음료에서 병원성 박테리아의 번식을 억제했기 때문인지, 항생제가 세균성 배탈에 효험이 있었기 때문인지는 아직 밝혀지지 않았다.

간단한 상식 수준에서 보면 냉장이 도움이 된 것 같다. 중국이 도시화되고 국민경제와 사회발전 5개년 계획에 콜드 체인 구축을 추가하기 전인 2007년에 중국인들은 평균 일주일에 두 번쯤 소화 장애를 앓았다. 내가 2014년 상하이를 방문했을 때, 도시 수요의 5분의 1을 공급하는 돼지고기 가공업체는 여전히 기계식 냉각 장치를 갖추지 않고 있었다. 기온이 약간 낮은 밤에 바람이 잘 통하도록 측면이 개방된 창고에서 도축을 하는 것이 전부였다. 내장을 꺼낸 돼지는 스모그가 낀 공기 속에서 몇 시간 동안 김이 모락모락 나는 채로 매달아 두어 박테리아가 기하급수적으로 증식했다.

한편으로, 미국식 냉장 식품 시스템(특정 지역 또는 기업으로 식품 생산이 집중되면서 규모는 거대해지고 유통은 전 세계로 확장된다)의 복잡성 때문에 다양한 문제가 발생했다는 증거가 있다. 최근 대장균과 살모넬라처럼 더 새롭고 치명적이며 점점 더 많은 항생제 내성 병원균이 확산되고 있는 것은 수십만 마리의 동물을 밀집된 축사에 가둬두기 때문이다. 이러한 병원균은 긴 공급망을 통해 식품이 여러 번에 걸쳐 분배되는 과정에서 더 널리 퍼질 수 있다. 하버드 공중보건대학의 방문 과학자 매들린 드렉슬러에 따르면 "이로 인해 새로운 전염병이 은밀하게 퍼집니다. 감염률은 낮지만… 여러 지역에서 수많은 희생자가 발생합니다."

그렇기는 하지만, 설사는 더 이상 미국에서 10대 사망 원인에 포함되지 않는다. 코로나19와 사고로 인한 사망을 제외하면 대부분의 미국인은 이제 심장병, 암, 간경화 및 만성 간 질환, 당뇨병, 알츠하이머병으로 사망한다. 이러한 질병은 당분, 지방, 붉은 육류 중심의 '서구식 식단'과 관련이 있는 경우가 많다. 냉장이 붉은 육류 섭취에 어느 정도 책임이 있다는 것은 쉽게 알 수 있다. 또한 많은 미국인이 과일과 채소보다 정크푸드를 선호하는 이유 중 적어도 한 가지는 산업화된 슈퍼마켓 농산물의 맛이 너무 밋밋하기 때문이라는 합리적인 주장도 있다. 앞에서 보았듯이, 얼음처럼 차가운 음료에 대한 선호가 의도치 않게 더 단 음식을 선호하게 만들었을 가능성도 있다.

최근에 연구자들은 이러한 질병들을 만성 염증과 연결하기 시작했다. 이는 다시 서구 사람들의 장내 미생물 군집 고갈과 관련되는데, 적어도 부분적으로는 냉장 때문일 수 있다. 식단이 장내 미생물에 미치는 영향을 밝히기 위해 노력해온 스탠퍼드 대학교의 저스틴 소넨버그는 "이것은 우리가 무의식중에 치른 미생물과의 거래일 수 있습니다"라고 말한다. "우리는 설사병과 같은 급성 질환을 줄이는 데 집중하면서 동시에 우리 안에 살고 있지만 아주 최근까지도 인식하지 못했던 미생물 공동체를 손상시켰습니다."

장내 미생물과 신체적 또는 정신적 건강의 또 다른 측면을 연결하는 새로운 연구가 매일 발표되고 있다. 회의론자들은 이렇게 작은 유기체가 실제로 그렇게 큰 영향을 미칠 수 있는지 의문을 품을 수 있다. 미생물이 영향력을 행사하는 메커니즘과 어떤 미생물이 장에 서식하는지를 결정하는 요인에 대해 아직 잘 이해하지 못하고 있기 때문이다. 하지만 지난 10년 동안 장내 세균의 변화가 심장병, 당뇨병, 일부 암, 우울증 등 다양한 질병과 직접적으로 연관되어 있다는 증거가 점점 더 많아지고 있다. 게다가, 현대 서구의 생활방식이 장내를 완전히 개조하여 우세한 미생물 종을 바꿨을 뿐만 아니라 많은 미생물을 완전히 멸종시켰다는 사실도 점점 더 분명해지고 있다. 이러한 변화가 반드시 즉각적인 영향을 미치는 것은 아니지만, 소넨버그의 말처럼 "일생에 걸쳐 장기적으로 건강에 영향을 미쳐 나이가 들수록 만성 염증성 질환으로 이어질 수 있다"고 믿는 연구자들이 점점 더 많아지고 있다.

개인 위생과 공중 보건이 발전하면서 냉장이 일상에서 미생물에 노출될 확률을 낮추었다. 또한 식품 보존 수단으로서 발효에 대한 의존도 줄었다. 중국 요리에 관한 글을 쓰는 영국 요리사이자 작가인 푸시아 던롭은 지난 20년 동안 냉장 기술이 발전하면서 다이젠쿤 셰프가 사용하던 전통적인 식품 보존 기술이 사라지는 것을 목격했다고 말했다. "내가 처음 중국에 살았던 1994년만 해도 모든 음식은 말리거나 식초나 소금에 절였어요. 청두에서는 오래된 집 처마 밑에 소시지와 돼지고기를 걸어 말렸고, 집집마다 커다란 절임 항아리가 있었죠." 그녀는 오늘날 오래된 집들은 대부분 철거되었고 새 아파트 건물에서는 사람들이 음식을 냉장고에 보관한다고 말했다.

소넨버그는 식단의 변화로 장내 미생물이 바뀌고 그 상태를 유지하는 것은 놀라울 만큼 어렵다고 말했다. "발효 식품이 바로 그런 역할을 합니다"라고 그는 말한다. "마침내 사람들의 미생물 군집 다양성에 실제로 변화를 일으키는 개입을 보는 것은 정말 놀라운 순간입니다." 소넨버그와 동료들은 발효 식품 섭취에 따른 미생물 다양성의 증가가 혈중 염증 표지의 현저한 감소와도 상관관계가 있음을 발견했다.

"발효 식품이 **어떻게** 그런 일을 하는지 아직 알 수 없고, 다양성의 증가가 염증의 감소와 관련 있는지도 확실하지 않습니다. 그냥 동시에 일어난 일입니다." 소넨버그는 이렇게 경고한다. 그와 동료들은 무균 환경에서 키운 실험용 쥐와 멸균된 소금에 절인 양배추 즙을 사용하는 일련의 정교한 실험으로 다양한 가설을 검증하고 있다. 지금까지 소넨버그는 사람들의 장에 있는 새로운 미생물이 음식 자체에서 오지 않는다는 것이 분명해 보인다고 말했다. 대신, 그는 발효 식품을 섭취함으로써 이전에는 감지할 수 없는 수준으로 존재하던 미생물이 번성하거나 항상 장내에 들어오지만 그냥 스쳐 지나가던 유익한 미생물이 정착할 수 있도록 장려하는 무언가가 사람들의 장에 영향을 미쳤다고 생각한다. 현재 연구 중인 한 가설은 미생물 자체보다는 발효 식품 속 미생물이 일상적인 대사 과정에서 만든 분자가 차이를 만든다는 것이다. 소넨버그의 동료들은 이러한 분자를 생쥐에게 투여했을 때 장내에 있는 특정 유형의 세포가 활성화되어 염증을 완화한다는 것을 입증했다.

일반적으로, 냉장고를 사용하는 위생적인 생활방식 때문에 사람과 함께 진화한 미생물은 낮은 수준의 노출까지 차단된다. 이런 배경 자극이 없으면 면역 체계가 결국 염증 상태로 치달을 수 있다고 소넨버그는 결론을 내린다. 냉장은 식량의 위기, 즉 산업화되면서 늘어나는 도시 인구에게 적절하고 안전하게 식량을 공급하는 방법으로 인기를 얻었다. 그러나 1880년대에 수많은 도시 거주자들을 죽음으로 몰아넣었던 박테리아 감염을 냉장과 살균으로 극복하면서, 급성은 아니지만 의도치 않게 똑같이 치명적인 또 다른 질병이 출현할 수 있는 조건이 만들어졌을 가능성이 있다.

궁극적으로 냉장의 단기적인 건강상 이점(박테리아 감염으로 일어나는 질병과 사망의 감소, 위암 발병률 감소, 동물성 단백질 섭취에 따른 키 성장)은 단점들로 인해 상쇄되었다고 입증될 수도 있다. 모든 기술의 결과는 처음 도입될 때 우리가 기대하고 상상했던 것만으로 제한되는 경우는 거의 없으며, 냉장도 예외가 아닐 가능성이 크다. 한 가지 문제에 대한 해결책이 여러 가지 문제를 일으키기도 한다. 건강에 대한 약속(단백질과 비타민 섭취의 증대, 식중독의 종식)은 한 세기 이전 건강에 관심이 많았던 미국인들에게 기계식 냉장으로 보관된 식품을 판매하는 데 활용되었다. 냉장이 어쩌면 우리의 건강에 해를 끼쳤을 수도 있다는 깨달음이 냉장과의 관계를 다시 살펴보는 동기를 제공할 것이다.

경제학자 리 크레이그와의 대화가 끝날 무렵, 나는 초기 수십 년을 넘어서 더 장기적으로 냉장의 영향을 고려한다면 인류 건강에 도움이 된다고 결론을 내릴 수 있는지 물었다. "아니오, 그렇지 않을 것입니다." 그는 단호하게 대답했다. "영양 문제, 환경 문제, 에너지 문제 등 모든 것 때문에 나는 다시 생각하게 됩니다."

7장

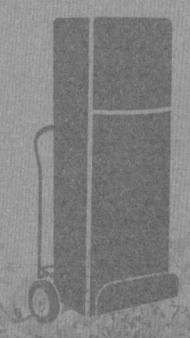

차가움의 종말

FROSTBITE

냉장의 미래

　새벽 한 시, 배가 출항하기 몇 시간 전, 르완다 북서부 루바부에서 생선 도매상을 운영하는 프랑수아 하비얌베레는 얼음을 구하기 위해 출발한다. 하비얌베레가 거래하는 생선을 냉각하는 데 필요한 눈처럼 부드러운 얼음 가루를 만드는 기계는 르완다에서 한 대뿐이다. 부드러운 얼음 가루는 생선을 담요처럼 감싸 섬세한 살을 다치지 않게 보호한다. 이 제빙기는 몇 년 전 우간다의 나일강 농어 가공 공장에서 중고로 구입한 것이다. 이 녹슨 제빙기는 콩고민주공화국과의 국경에 있는 남동부 시장 마을 루시지로 들어가는 주요 도로의 주유소 뒤에 우뚝 솟아 있다. 이 기계가 하루 동안 만드는 얼음은 일반적인 식당 쓰레기통을 겨우 채울 정도여서, 이곳을 이용하는 생선 장수 다섯 명이 필요로 하는 양보다 훨씬 적다.

　"제일 먼저 온 사람만 충분히 가져갈 수 있습니다." 5월 어느 날 하비얌베레는 자신과 동행한 나에게 말했다. "나머지는 그렇게 못하죠."

그는 조용히 체념하는 듯한 어조로 말했다. 제빙기는 그가 사는 곳에서 남쪽으로 차로 다섯 시간 반 거리에 있기 때문에 그의 일과는 한밤중에 시작된다. 그는 장 드 디우 우무겐가라는 건장하고 잘생긴 스물여덟 살의 청년이 운전하는, 이 나라에서 몇 안 되는 냉장 트럭에 봄철의 양파와 당근을 가득 싣고 시장으로 향한다. 길은 구불구불하고, 우무겐가는 급한 커브를 능숙하게 돌며 기어를 바꿀 때마다 운전석에서 몸을 움직이고, 라디오에서는 동아프리카 전통 악기인 이낭가의 흥겨운 음악이 흘러나온다.

새벽 세 시가 조금 지나면 자전거를 타는 사람들이 나타나기 시작한다. 르완다 시골 곳곳에서 건장한 젊은이들이 변속 기어가 없는 무거운 철제 자전거를 타고 집을 나선다. 화물 선반에 묶인 녹색 바나나 다발, 두세 층 높이로 쌓인 토마토 자루, 피라미드처럼 쌓인 살아 있는 닭 수십 마리, 거대한 카사바 잎 다발 등 우스꽝스러울 정도로 많이 실은 짐 때문에 자전거는 보이지도 않고, 새벽 햇살에 길가의 관목 더미가 굴러가는 것처럼 보인다. 네 시간에서 다섯 시간쯤 지나 낮의 더위가 시작되고 카사바 잎이 서서히 시들고 토마토가 물러질 때쯤이면, 이들은 먼 거리를 달려 시골에서 운반한 식품을 수도 키갈리의 시장에서 판매할 것이다.

르완다에는 천 개의 언덕이 있다고 알려져 있지만, 적어도 만 개는 될 듯한 언덕이 이른 아침 계곡을 가득 채우는 안개의 바다 위로 가파르게 솟아 있고, 무성한 녹색 계단식 경사면이 골짜기 아래를 가득 채우고 있다. 내리막길이 끝나자 젊은이들은 자전거에서 내려서 밀면서 다음 언덕을 올라간다. 포장도로에 도착하면 일부는 우무겐가의 트럭 뒤에 매달려 가기도 한다.

다섯 시 반쯤 동이 트기 시작하면 키갈리에서 북서쪽으로 몇 시간 떨어진 룰린도 채소 협동조합의 조합원들이 밭으로 나간다. 르완다 사람들은 깔끔하기로 유명하다. 시골에는 우표만 한 밭들이 호빗의 정원처럼 산비탈을 끼고 질서정연하게 계단식으로 펼쳐져 있다. 고추와 녹두 덩굴이 가지런하게 줄지어 심겨 있고, 골짜기 아래의 비옥하고 붉은 토양은 잡초 한 포기 없이 깨끗하고, 모든 땅이 빈틈없이 알뜰하게 가꿔져 있다.

이 시간쯤 나는 하비얌베레와 우무겐가와 함께 이 내륙 국가에서 고기잡이를 할 수 있는 키부 호수 동쪽 연안을 따라 230킬로미터를 달려왔다. 호수에는 바위섬과 전통적인 나무 카누가 점점이 흩어져 있다. 카누에서 잡는 삼바자는 은빛 정어리를 닮았고, 대개 바싹 튀겨서 맥주와 함께 먹는다. 카누는 세 척이 한 팀을 이루어 선수와 선미에 곤충 더듬이처럼 튀어나온 긴 유칼립투스 기둥에 그물을 매달고 함께 이동한다. 루시지에 도착한 하비얌베레와 우무겐가는 먼저 시장에 들러 콩고 상인들에게 판매할 야채를 내린다. 그런 다음 제빙기가 있는 곳으로 가서 트럭 내부를 고통스러울 정도로 꼼꼼하게 청소하고 소중한 얼음 가루를 삽으로 퍼서 작은 더미가 될 때까지 싣는다. 오전 6시 45분이 되면 부두에 도착해서 그늘에 차를 세우고, 어부들이 돌아오기를 기다리며 쪽잠을 잔다.

북쪽으로 더 가면 우간다 국경과 가까운 곳에 있는 진흙벽돌 집 뒤의 나무로 만든 외양간에서 샬롯 무칸다마게가 젖소의 젖을 짜고 있다. 무칸다마게는 플라스틱 물통 위에 쪼그리고 앉아 따뜻하고 거품이 많은 우유를 6리터쯤 짜서 작은 금속 통에 담는다. 그런 다음 그녀는 산비탈에 난 가파르고 미끄러운 진흙길을 조심스럽게 내려가 소 그림이 그려진 콘크리트 표지판으로 향한다. 그곳에는 몇 사람이 모여서 우유를 모으러 다니는 사람을 기다리고 있다.

어느 날 아침 무칸다마게를 따라갔을 때는 중절모를 쓴 노인이 기다란 분홍색 플라스틱 통을 들고 있었고, 자기 몸집의 절반에 가까운 노란 양철통을 든 일곱 살짜리 여윈 아이까지 여섯 명이 모여 있었다. 아침 햇살이 가까운 주택의 양철 지붕을 비추고 있었고, 장작 난로에서 피어오르는 연기 한 줄기가 언덕에서 솟아오르는 안개 속으로 사라지고 있었다. 곧 검은 고무장화를 신은 대머리 남자가 눈에 들어왔다. 농부이자 시간제로 우유를 모으는 피에르 비지마나였다. 그는 자전거를 밀었고, 자전거에는 우유를 각각 50리터쯤 담을 수 있는 낡은 강철 통 두 개가 매달려 있었다. 그 후 두 시간 동안 비지마나와 그의 조수, 그리고 나는 습한 날씨 속에서 이 집 저 집으로 오르막길을 걸으며 수십 명의 농부들로부터 여기서 4리터, 저기서 2리터의 우유를 담았다. 그런 다음 가까운 기쿰비 마을의 산업용 냉각기가 있는 우유 수집 센터로 출발했다.

오전 아홉 시 반이 되면 비지마나는 키우고 있는 소와 수수, 옥수수, 콩을 재배하는 작은 밭을 돌보기 위해 집으로 간다. 수백 킬로미터 떨어진 곳에서 프랑수아 하비얌베레와 장 드 디우 우무겐가는 루바부 시장에 공급할 신선한 생선을 트럭에 가득 싣고 북쪽으로 돌아가기 위해 출발했다. 땀에 젖은 자전거 운전자들 중 일부는 이미 싣고 갔던 카사바와 닭을 다 처분하고 이번에는 짐을 실었던 자리에 동승자를 태우고 돌아오는 여정을 시작하고 있다. 룰린도의 농부들은 갓 수확한 고추와 콩 상자를 들고 밭에서 돌아온다. 다음날 아침, 수확물은 르완다 항공 비행기로 날아가 영국의 슈퍼마켓에서 판매될 것이다. 그동안 상자는 태양 에너지로 작동하는 18도의 저온 저장고에 쌓여 있는데, 바람직한 온도보다 14도쯤 더 높다.

내가 르완다를 방문한 이유는 냉장의 미래가 만들어지고 있는 곳이자, 그 변화의 시급성과 막대한 이해관계를 무시하기 어려운 곳이기 때문이다. 최근의 추정에 따르면 전 세계적으로 매년 27억 6,000만 톤의 식량이 버려지고 있으며, 이는 전 세계에서 재배되는 모든 식량의 40퍼센트에 이른다. 이 중 최소 3분의 1은 냉장으로 구할 수 있다. 르완다처럼 세계보건기구가 권장하는 최소한의 식사 이상을 제공받는 영유아가 다섯 명에 한 명도 되지 않는 나라에서 이 정도 식량 손실은 생사의 문제다.

미국처럼 콜드 체인이 잘 발달된 나라에서는 음식물 쓰레기의 대부분이 가정과 식당 등 소비자 수준에서 나온다. 르완다는 다른 개발도상국과 마찬가지로 콜드 체인이 부족하기 때문에 수확한 농산물의 3분의 1에서 절반이 수확되기 훨씬 전에 폐기된다. 르완다는 또한 세계에서 가장 가난한 나라 중 하나로, 1인당 국민총소득은 현재 하루 2.28달러다. 5세 미만 어린이의 3분의 1 이상이 영양실조로 발육부진을 겪고 있으며, 설사병이 너무 자주 유행해서 국가 GDP가 최대 5퍼센트까지 감소하는 것으로 추정된다.

나는 키갈리에서 세계 최초의 냉장 경제학 교수인 버밍엄 대학교의 토비 피터스를 만났다. 내가 르완다의 식품 유통 과정에서 우유, 생선, 육류, 채소가 천천히 상하는 상황을 이야기하자 그는 시스템의 측면에서 문제를 설명했다. "르완다에는 콜드 체인이 없습니다"라고 그는 말했다. "그냥 존재하지 않습니다." 식품의 손실을 방지하려면 냉장창고나 냉장 트럭이 제대로 작동하는 것 이상이 필요하다. 식품을 차갑게 해야 하고, 유통망 전체에 걸쳐 차가운 상태를 유지해야 한다.

오늘날 미국에서는, 예를 들어 위스콘신주에서 재배된 콩은 식탁에 오를 때까지 7도 이상의 온도에서 머무르는 시간이 두 시간 또는 그보다 훨씬 짧다. 수확하자마자 '밭의 열'을 제거하기 위해 포장 공장으로 달려가 차가운 물을 순환시키는 수냉식 냉각기 속에 넣거나, 거대한 팬으로 작동하는 강제 공기 냉각기로 콩이 쌓여 있는 팔레트에 차가운 공기를 불어 넣는 등의 과정을 거친다. 이러한 과정을 통해 콩을 '예냉'하여 27도가 넘는 내부 온도를 몇 시간 만에 4도 이하로 낮춘다. 그 후, 콩은 냉장 시설에서 행복하게 보관돼 있다가 냉장 트럭으로 이동하여 차가운 슈퍼마켓 진열대에서 최대 4주 동안 신선하게 유지될 수 있다.

르완다의 룰린도에서 본 미지근한 냉장실이 4도 이하의 올바른 온도로 운영되고 있다 해도 나머지 콜드 체인이 제대로 갖춰져 있지 않으면 그 효과는 미미하다. 콩이 예냉을 통해 단 두 시간 만에 도달하는 것과 같은 온도에 도달하려면 4도의 저장실에서는 열 시간쯤 걸린다. 르완다 전체에 농산물 예냉을 위한 강제 공기 냉각기는 한 대뿐이다. 이 냉각기는 키갈리 공항 근처의 정부 수출 시설에 설치되어 있는데, 운영비가 너무 많이 들어 거의 사용하지 않는다.

콩의 경우 두 시간 안에 식힐 때와 10분 안에 식힐 때의 차이는 절대적이다. 모든 과일과 채소와 마찬가지로 콩도 수확한 직후부터 스스로를 소모하기 시작하며, 온도가 높을수록 소모가 더 빨리 일어난다. 수확 후 전문가 나탈리아 팔라간은 예냉 없이는 저온 저장실이 거의 소용이 없다고 말한다. "그러면서 농부들은 온도 조절실이 효과가 없다고 말합니다." 팔라간이 한숨을 쉬며 말했다. "아니오! 거기에 과일을 넣을 때 이미 물러져 있어요." 냉장하지 않은 우유와 얼음을 채우지 않은 생선의 경우 그 결과는 훨씬 더 심각하다. 피에르 비지마나와 같은 사람들이 자전거를 타고 힘들게 모은 우유의 평균 35퍼센트는 집유소에 도착할 때쯤이면 품질 관리 테스트에 불합격하여 완전히 폐기해야 할 정도로 상한 상태다. 판매되지 않고 얼리지 않은 생선은 보통 하루가 끝나면 콩고 상인들에게 단돈 몇 푼에 팔려나간다.

콜드 체인을 구축하고 있는 중국에서도 이런 손실은 흔히 일어난다. 내가 베이징 채소의 70퍼센트를 공급하는 도매시장을 방문했을 때, 바로 밖에 트럭이 줄지어 주차되어 있었고 담요와 방수포가 트레일러를 감싸고 있었다. 임시 단열재를 고정하는 은빛 덕트 테이프가 시장 입구의 네온사인에 반사된 빛으로 반짝이고 있었다. 나는 한 여성이 얼음과 건초로 단단하게 포장된 트럭에서 브로콜리 줄기를 하나하나 조심스럽게 꺼내는 모습을 지켜보았다. 중년 농부인 그녀의 남편은 귀마개를 벗고 얼음이 녹으면 채소가 팔리기 전에 썩어버리기 때문에 한 트럭당 4분의 1을 (날씨가 더우면 더 많이) 버린다고 나에게 말했다.

이러한 손실은 미국에서도 냉장 초기에는 흔한 일이었다. 1916년 미국 농무부 경제학자 아서 바토 애덤스는 미국 내 신선 식품의 운명을 기록하는 일을 맡았는데, 미국에서 재배되는 모든 식품의 30~40퍼센트가 식료품점, 아이스박스 또는 식탁에 도달하기도 전에 "쓰레기 더미로 끌려" 간다고 밝혔다. "부패하기 쉬운 식품의 부패가 생산자와 소비자 모두에게 큰 어려움을 준다는 것은 많은 논의가 필요 없을 정도로 명백하다"라고 애덤스는 기록했다.

하루 2달러 미만으로 생계를 유지하는 르완다 농부들에게 이런 손실은 치명적인 영향을 미친다. 사하라 사막 이남의 아프리카 전체로 보면 매년 수천억 달러에 이르는 것으로 추산된다. 전 세계적으로 냉장하지 않아서 먹지 못하고 버리는 식량은 연간 9억 5,000만 명 이상이 먹기에 충분한 정도이며, 이는 세계식량계획World Food Programme이 현재 기아에 직면해 있다고 추정하는 8억 2,800만 명보다 훨씬 많다.

2015년 유엔이 2030년까지 전 세계 1인당 식량 손실과 낭비를 절반으로 줄이겠다는 목표를 발표한 뒤에 비정부기구, 해외 개발 기관, 자선재단들은 개발도상국의 냉장 프로젝트에 자금을 지원하기 위해 서두르고 있다. 식량 손실 문제를 해결하지 않고는 유엔의 2030 지속가능개발목표(첫째는 '빈곤 퇴치', 둘째는 '기아 종식', 셋째는 '건강과 웰빙')를 달성할 수 없다는 인식이 확산되면서 유엔이 지원하는 〈모두를 위한 전 세계의 냉장Global Cooling for All〉이라는 새로운 사업이 출범했다. (나는 2017년 9월 창립 회의에서 기조연설을 했다.) 이 그룹의 첫 번째 보고서인 〈냉장의 전망Chilling Prospects〉은 "개발도상국의 가난한 농부들에게, 냉장은 콜드 체인을 통해 더 높은 가격을 받을 수 있는 시장으로 곡물을 운송함으로써 식량 손실을 줄이고 소득을 늘려 더 나은 삶을 가능하게 하는 열쇠"라고 선언했다. "매년 수백만 명이 기아와 영양실조를 해결할 수 있는 냉장이 없어 사망한다."

이 그룹의 공동 의장국인 르완다의 폴 카가메 대통령은 이 나라를 2050년까지 고소득 국가로 만들겠다고 공약했고, 최근 르완다 정부는 냉장 없이는 이를 달성할 수 없다고 결론을 내렸다. 2018년 르완다는 사하라 이남 아프리카 최초로 국가 냉장 전략을 발표했으며, 2020년에는 아프리카 지속 가능한 냉각 및 콜드 체인 우수 센터Africa Centre of Excellence for Sustainable Cooling and Cold Chain, ACES라는 프로그램을 출범시켰다.

르완다와 영국 정부와 유엔환경계획UN Environment Programme이 협력하는 ACES는 아프리카 내부와 외부의 전문 지식을 활용하도록 설계되었다. 버밍엄 대학교의 토비 피터스와 크랜필드 대학교의 나탈리아 팔라간은 이 프로그램의 공동 설립자다. 이 프로그램을 진행하는 캠퍼스가 있는 키갈리의 르완다 대학교를 비롯해 여러 다른 영국 대학교들이 참여하고 있다. ACES의 임무는 광범위하며 연구, 교육, 창업 지원은 물론 냉각 시스템의 설계와 인증까지 포괄한다. 공사가 완료되면 이 캠퍼스는 르완다에서 최초로 식품 보존을 연구하는 첨단 실험실과 최신 냉장 기술의 시범 시설을 갖추게 될 것이다.

국제 개발과 관련된 일을 하는 사람들 사이에서 르완다는 사업하기 좋은 곳으로 꼽히고 있다. 르완다에는 부정부패가 거의 없다. 카가메는 녹재자이지만 정부의 책임성과 투명성을 중신한 공로를 인정받고 있다. 또한 나라의 규모가 작은 덕분에 (버몬트 주보다 크지 않다) 이 사업이 성공하면 사하라 이남 아프리카 전역으로 전파할 수 있는 이상적인 시험장이 될 수 있다. ACES는 키갈리 허브에서 아프리카 전역으로 확장할 계획을 가지고 있으며, 인도 남부 텔랑가나주에도 유사한 센터를 설립하기 위해 협력하고 있다. 이 센터는 진정한 글로벌 콜드 체인의 연결 고리가 만들어지는 새로운 보금자리가 될 것이다.

    ACES 팀은 코로나19 시기에 구성되었기 때문에 많은 구성원들이 2022년 5월 르완다가 유엔이 후원하는 지속 가능한 에너지 포럼을 개최하여 ACES를 비롯한 여러 사업을 소개하는 행사를 열 때까지 직접 만나지 못했다. 정치인, 공무원, 구호 활동가, 기업가, 학자 등 여러 나라의 다양한 인사들로 구성된 포럼의 대표들 앞에서 개회사를 한 카가메는 전 세계적으로 지속 가능하고 공평한 발전을 보장할 수 있는 아프리카의 잠재력을 보여주는 사례로 ACES를 소개했고, 참석자들은 환호했다. 르완다 환경관리청을 이끌고 있으며 이 사업의 고위 책임자인 줄리엣 카베라는 "회의실에 있었는데 의자에서 펄쩍 뛰어오르고 싶은 기분이 들었습니다"라고 흥분한 표정으로 말했다.
    ACES는 이 포럼의 절정으로 대표단을 위한 새 캠퍼스 공개 행사를 열 예정이었다. 나는 그 전 주말에 구성원들과 함께 르완다의 기존 냉장 인프라를 둘러보았다. 팬데믹 때문에 유럽 사람들 중 일부는 그들이 3년 동안 연구한 나라를 처음으로 방문하고 있었다. 우리가 첫 번째로 방문한 곳은 2019년에 유럽연합의 자금으로 지은 냉장 저장실인데, 키갈리에서 탄자니아로 가는 길을 따라 남쪽으로 50킬로미터쯤 떨어진 곳에 있었다. 지역 농업 협동조합의 한 조합원이 우리를 낮은 벽돌 건물로 안내했다. 건물 안에 들어서자 벽마다 쳐진 거미줄이 가장 먼저 눈에 띄었다. 안내자는 두 개의 저장실 중 하나는 작동하지 않는다고 말했고, 다른 방에는 고추 상자 두 개가 덜렁 놓여 있었다. 순전히 우리가 방문했기 때문에 냉각기를 켜놓은 것 같았다. 바닥이 아주 깨끗해서 거의 사용하지 않는 것 같았다. 또한 이 저장실은 목재로 지어졌는데, 목재는 살균하기가 어려워서 적절한 자재가 아니다. 으깨진 농산물이 있으면 곰팡이와 박테리아가 번식하기에 안성맞춤인 환경이 될 것이다. ACES의 또 다른 공동 창립자이자 세계 최고의 냉장 전문가인 주디스 에반스는 문에 에어커튼이 없고 벽에 수십 개의 못이 박혀 있어 단열재가 있어도 열이 빠져나갈 수 있는 등 다른 설계 결함도 조용히 지적했다.

농부가 방의 작동 방식을 설명하는 동안 팔라간은 "너무 겁이 나요"라고 속삭였다. "습도 조절도 안 되고, 공기 순환을 위한 송풍기도 없어요!" 방문자들이 불행한 농부에게 질문을 던지는 동안 나는 밖으로 나와 돌아다녔고, 다른 협동조합원들이 실외의 개방된 그늘막에 놓여 있던 고추 상자를 픽업트럭에 싣는 모습을 보았다. 나중에 키갈리에서 근무하는 유엔환경계획의 이사이자 콜드 체인 전문가인 은쿠룬지자Issa Nkurunziza는 농부들이 냉장 시설을 운영하기에는 너무 비용이 많이 든다고 털어놓았다고 전했다.

교육과 실행 가능한 비즈니스 모델 없이 냉장만으로는 그럴 듯한 전시물로 전락할 것이다. "사람들은 사용법을 잘 모릅니다." 에반스가 말했다. "일반적으로 유지 관리나 서비스가 잘 이루어지지 않습니다." 지난 몇 년간 르완다에 열 개의 냉장 저장실을 지원한 세계은행은 인근 농부 중 최소 96퍼센트가 이 시설을 전혀 사용하지 않는다고 추정했다. 이러한 보조금은 의도치 않은 결과를 초래할 수도 있다. 식량 안

보를 연구하는 학자로 케냐에서 ACES가 지원하는 냉장 허브 개발을 이끌고 있는 캐서린 킬레루가 나에게 알려준 바에 따르면, 한 외딴 지역에서는 빌&멜린다 게이츠 재단이 케냐의 낙농업 상업화를 위한 대규모 투자의 일환으로 냉장 시설에 자금을 지원한 후 아이들의 식사가 나빠졌다는 증거가 있다고 한다. 킬레루는 이전에는 저녁에 짜서 얻은 우유를 시장에 내놓지 않고 집에서 소비했다고 설명했다. 그러나 냉장 시설이 도입되면서 다음 날까지 우유를 상하지 않도록 보관했다가 팔 수 있게 되자 이 영양 공급원이 사라졌다. "돈을 더 벌어 아이들을 먹이는 데 쓸 수 있을 거라고 생각할 수도 있지만, 꼭 그렇지는 않아요"라고 그녀는 말한다. "사람들은 지붕을 수리하거나 스마트폰을 사거나 필요한 것을 사는 데 이 돈을 씁니다."

나중에 우리 일행은 르완다 국립농업수출개발위원회에서 운영하는 포장 공장을 방문했다. 세계은행의 지원으로 2017년에 지어진 이 시설은 르완다에서 본 그 어떤 시설보다 훨씬 잘 갖추어져 있었지만, 야채가 가득 담긴 플라스틱 상자가 열두 단으로 쌓여 거의 천장에 닿아 있었다. 말투가 부드러운 콜드 체인 전문가 이노센트 음왈리무는 우리를 안내하면서 "지금은 이 정도로 많지만, 우리의 생산 계획에 따르면 6개월 후에는 이렇게 많지 않을 것"이라고 말했다. 르완다는 코로나19에서 벗어나면서 급격한 국제수지 적자에 직면했다. 이에 대응하여 정부는 2025년까지 부패하기 쉬운 식품의 수출을 두 배로 늘리겠다는 목표를 세웠다. 부양책의 일환으로 포장 공장을 이용하는 기업에게 수출 1킬로그램당 7센트 미만의 수수료를 부과하여 농업 기업가에게 실질적으로 콜드 체인 보조금을 주는 효과를 내고 있다. 케냐에서도 유사한 모델이 성공적으로 뿌리를 내려 최근에는 과일, 채소, 화훼 수출이 전통적인 주력 품목이었던 차, 커피, 관광을 제치고 케냐 정부 최대의 해외 수입원이 되었다.

단점은 이러한 콜드 체인 투자의 혜택이 고르게 분배되지 않는다는 것이다. 미국과 마찬가지로 케냐에서도 냉장은 대규모를 필요로 하면서 대규모를 가능하게 하는 경향이 있다. 한 연구에 따르면 케냐에서는 과일과 채소 수출 물량의 4분의 3이 대규모 농장 7개소(대부분이 백인 소유)에서 공급되는데, 엄격한 국제 식품 안전 기준을 이행할 자본과 자원을 갖추고 있을 뿐만 아니라 협업과 감사가 더 쉽다고 인식되기 때문이다. 수확 후 손실을 줄이고 농촌 지역사회를 지원하기 위해 독립형 냉각 시스템을 설치하여 싼값에 공급한다는 사명으로 설립된 기업조차도 케냐의 소규모 농가와 협력하기가 쉽지 않다는 것을 알게 되었다. "경제적 관점에서 볼 때 더 큰 시스템을 구축해야 작동할 수 있습니다." 인스피라 팜스InspiraFarms의 CEO인 줄리안 미첼이 말했다. "이렇게 되면 빈곤층 중에서 가장 가난한 사람들을 배제하게 됩니다." 이 농부들은 케냐의 과일과 채소 90퍼센트 이상을 재배하면서 수확의 절반을 잃는다.

세계은행 국제금융공사의 최고 운영 책임자인 셀수크 타나타르는 나이로비에서 콜드 체인을 운영하는 비용이 뉴욕보다 더 많이 들지는 않더라도 비슷하다는 것이 가장 큰 난점이라고 설명했다. 농산물 1킬로그램당 5~15센트의 비용이 추가된다. 즉, 선진국에서는 냉장으로 토마토 값이 1퍼센트쯤 오르지만 개발도상국에서는 30퍼센트쯤 오른다. "아무도 이 비용을 지불하시 않을 것입니다"라고 타나타는 말한다. 냉장 식품을 현지에서 판매하기도 어렵다. 콜드 체인을 구축하는 유일하게 실행 가능한 재정적 방법은 선진국에서 원하는 과일과 채소 즉 블루베리, 망고, 강낭콩 등을 재배하는 농부들과 협력하는 것뿐이다. "하지만 지역 주민들의 식량 확보에는 도움이 되지 않습니다." 타나타가 말했다. "신진국 시장에 더 씨고 더 좋은 농산물이 공급될 뿐입니다."

르완다에서는 인구의 절반에 가까운 600만 명이 평균 6,000제곱미터도 안 되는 땅을 경작하는 소규모 농부다. 이 사람들에게 도움이 되지 않는 해결책은 아무에게도 해결책이 되지 못한다. 낙수 효과를 기대하는 콜드 체인은 부자를 더 부유하게 하고 가난한 사람을 더 가난해지게 한다. 그 와중에 이전의 식민 본국 주민들은 값싼 슈퍼푸드 스무디를 즐기게 된다.

2021년 3월, 르완다 서부에서는 작고 특이한 모양의 트럭 한 대가 밭에서 시장으로 과일과 채소를 운반하기 시작했다. 트럭을 앞에서 보면 탱크처럼 생겼고, 생각보다 폭이 넓고 납작했으며, 거의 정사각형이어서 이상해 보였다. 트럭의 모습은 이케아IKEA가 디자인했을 것 같았는데, 어떤 의미에서는 실제로도 그렇다. 이 트럭은 가벼운 목재 복합 패널로 제작되어 납작한 포장 상자로 배송되며, 특별한 도구 없이도 하루 만에 조립할 수 있다. OX라는 이름의 이 트럭은 신흥 시장을 위해 영국에서 특별히 개발되었다. 무게는 일반 픽업트럭의 절반에 불과하지만 짐은 두 배를 실을 수 있다. 트럭의 전면부와 하부 보호판이 둥글게 이어져 있기 때문에 타이어가 범퍼보다 먼저 가파른 경사면에 닿고 최대 90센티미터 깊이의 개울을 건널 수 있다. 이런 특성을 갖추고 있어서 이 트럭은 르완다의 심하게 패인 비포장도로에서도 잘 달릴 수 있다.

OX의 르완다 담당 전무이사인 프란신 우와마호로는 주황색으로 염색한 짧은 머리의 루이스 우무토니를 소개하며 그녀가 이 회사에서 최고의 운전사라고 말했다. "신규 고객들이 놀라워합니다." 우무토니가 말했다. "트럭 운전사가 여성이라는 것을 믿지 못하죠." 그녀는 지역 농부들을 만나러 다닐 때 나를 태워주었다. 르완다의 도로를 달릴 때는 몇몇 운전사들이 "아프리카 마사지"라고 표현할 정도로 심하게 흔들린다. 운전하는 동안 우무토니는 휴대폰으로 고객들의 전화를 받았다. OX 트럭이 매우 인기를 끌어 현재 회사는 운송 요청 열 건 중 여덟 건을 거절해야 할 정도다.

재규어 랜드로버를 떠나 OX의 글로벌 총괄 전무이사를 맡게 된 사이먼 데이비스는 트럭의 디자인 못지않게 혁신적인 비즈니스 모델이 이 회사의 성공비결이라며, 마치 버스 서비스처럼 화물 운송 서비스를 제공한다고 설명했다. 대부분의 잠재 고객은 트럭을 구매할 여력이 없지만, OX가 운영하는 트럭의 공간을 빌릴 수는 있다. "첫 번째 비즈니스 모델의 매출 목표를 하루에 총 50달러로 설정했습니다." 데이비스가 말했다. "지금까지 가장 좋은 날에는 트럭 한 대로 220달러를 벌기도 했습니다."

우무토니의 아침 첫 손님은 길가에서 덜 익은 바나나를 여러 바구니에 담아서 들고 기다리던 여성으로, 20킬로미터 떨어진 가장 가까운 도시로 가기를 원했다. 그녀는 OX의 요금이 자전거 배달보다는 비싸지만, 더 많은 농산물을 더 빨리 시장에 내놓아 수익이 늘기 때문에 비용을 지불하고도 남는다고 말했다. OX에 대한 그녀의 유일한 불만은 트럭을 호출했는데 트럭에 충분한 공간이 없을 때가 가끔 있다는 것이었다. 그녀는 콩고 상인들에게 판매를 시작해서 사업을 더 확장하고 싶지만, 먼저 운송이 가능한지 확인해야 한다고 했다.

첫 번째 OX 트럭이 르완다를 돌아다니기 시작하자마자 회사는 다음 트럭에 대한 계획을 세웠다. 회사는 우무토니와 같은 운전사들의 의견을 들었다. 우무토니가 요청한 것 중 하나는 밖이 잘 보여야 한다는 것이었다. 르완다 시골의 도로변은 매우 혼잡해서 염소가 풀을 뜯고, 여성들이 과일과 채소를 팔고, 아이들이 부풀린 콘돔을 바나나 잎으로 감싸 만든 축구공을 차며 이리저리 뛰어다닌다. 데이비스는 새로운 모델(아직 프로토타입 단계다)은 "마치 온실을 운전하는 것과 비슷하다"고 말한다. 더 중요한 것은 OX 2.0이 전기 자동차라는 점인데, 현재 모델은 디젤로 작동하며 옵션으로 태양 에너지를 사용하는 냉각 장치를 추가할 수 있다. 따라서 이 모델은 이노센트 음왈리무와 셀슈타나타가 나에게 지적했던 요구를 어느 정도 충족시킬 수 있다. 콜드 체인의 운영비를 줄일 수 있다는 것이다. OX의 새로운 트럭은 1세대 디젤 프로토타입의 절반도 안 되는 비용으로 달릴 수 있다.

"콜드 체인을 포기했던 나에게, 운영비를 절감할 수 있는 이러한 기술은 이제 다른 이야기가 될 수 있다는 것을 의미합니다." 타나타가 말했다. 그는 ACES의 가치 중 하나는 르완다의 농업협동조합, 기업가, 기술 훈련생들에게 이와 같은 혁신을 선보일 수 있는 장을 제공하는 데 있다고 말했다. 이런 혁신적인 기술의 도입과 운영을 조율하는 일은 주디스 에반스의 책임이다. 그녀는 콜드 체인의 모든 단계를 마련하기 위한 저렴하고도 강력한 수십 가지 솔루션이 개발 중이거나 이미 존재한다고 말했다. 문제는 이러한 솔루션을 공동체, 작물, 상황에 따라 다른 요구와 자원에 맞추는 일이다. "태양 에너지를 이용한 냉각은 일 년 중 일부 기간에는 완벽하게 작동하지만 우기에는 어떻게 보완할 수 있을까요?" 그녀가 말했다. 에반스는 최근 중국의 동료들과 함께 물 튜브가 내장된 운송 팔레트를 설계했다. 물 튜브를 하룻밤 동안 꽁꽁 얼리면 그 위에 쌓인 식품을 단열된 방이나 트럭에서 최대 사흘 동안 차갑게 보관할 수 있다. 이런 방식으로 차가운 팔레트와 태양 에너지를 이용하는 OX 트럭 또는 냉장실을 결합하면 콜드 체인을 더 유연하고 안정적으로 만들 수 있을 뿐만 아니라 운영비도 절감할 수 있다. "성공하려면 지속 가능해야 합니다." 에반스가 말했다. "유럽과 미국에서 사용하는 장비를 공급만 해놓고 잘 되겠지 하고 기대해서는 안 됩니다."

ACES 캠퍼스는 현재 연보라색 꽃이 만발한 자카란다 나무가 있는 잔디밭을 중심으로 단층 벽돌 건물 여러 채로 이루어져 있다. 이 건물들은 미래의 냉동 기술자를 가르치는 강의실로 사용될 예정이다. 내가 루시지에서 본 제빙기가 고장 나면 우간다에서 기술자를 불러 수리해야 할 정도로 자격을 갖춘 기술자가 부족하다. 50,000제곱미터쯤 되는 부지 북쪽 가장자리에는 작은 집 몇 채가 있다. 일부는 냉장 업체의 사무실로, 현지 스타트업과 기존 외국 기업이 모두 입주할 수 있다. 다른 일부는 학생 숙소와 탁아소로, 기술자와 기업가로 교육받는 여성들을 도울 예정이다. 서쪽에는 ACES 개발의 다음 단계를 위한 부지가 확보되어 있다. 이곳에는 수확 전 처리가 수확 후 품질에 미치는 영향을 연구하고 새로운 현장에서 쓰일 예냉 장비를 테스트할 수 있는 스마트팜이 들어설 예정이다.

르완다에는 식품, 농업, 기술 분야에서 창업하려고 하는 사람들이 가득하다. 아프리카의 '청년 인구 폭증'으로 르완다의 젊은이들은 졸업했을 때 자신들을 기다리는 일자리가 없다는 경고를 지속적으로 받고 있으며, 스스로 일자리를 창출할 준비를 해야 한다. 키갈리의 어느 길모퉁이에서나 깔끔한 단추가 달린 셔츠를 입고 얇은 금목걸이를 한 자신감 넘치고 당당한 스물한 살의 도나티엔 이란수비제과 같은 젊은이를 만날 수 있다. 이란수비제는 시골 영농조합의 신선한 과일과 채소를 키갈리의 스물네 개 가정에 익일 배송하는 스타트업을 공동 설립했다. 현재 이 회사는 냉장이 필요하지 않도록 오토바이 택배로 식품을 빠르게 배송하고 있다고 그는 말했다. (르완다의 의료 시스템도 비슷한 전략을 채택하고 있는데, 도로로는 너무 오래 걸리는 시골 병원에 혈액을 보내기 위해 드론을 사용하고 있다.) 그러나 이란수비제도 사업이 커지면 냉장 시설에 투자할 생각이며, 다른 수천 명의 기업가들과 마찬가지로 냉장은 성장의 전제 조건이라고 생각한다. 르완다와 같은 나라에서 콜드 체인에 대한 긴급한 수요를 지속 가능한 방식으로 충족시키는 것이 ACES의 과제다.

콜드 체인은 부재하든 존재하든 양쪽 모두 막대한 생태학적 비용을 초래하는 이중적인 문제를 안고 있다. 유엔식량농업기구는 르완다의 온실가스 배출량이 중국과 미국에 이어 세계에서 세 번째로 많을 것으로 추정하고 있다. 이 수치는 식량을 재배하는 동안 발생하는 배출량(토지 개간, 비료, 논이나 가축에서 배출되는 메탄 등)을 합산하여 계산한 것으로, 전 세계적으로 전체 담수 소비량의 거의 4분의 1에 달하는 것으로 추정되는 막대한 양의 관개수와 산림을 벌채하여 밭을 만들 때 발생하는 온실가스는 고려하지 않은 결과이다.

한편, 식품 냉장에 사용되는 화학물질과 화석연료 에너지는 이미 전 세계 배출량의 2퍼센트 이상을 차지하며, 르완다 같은 나라들이 냉장을 도입하면서 그 양은 급속도로 증가하고 있다.* ACES의 공동 설립자인 토비 피터스는 모든 나라가 선진국과 비슷한 콜드 체인을 갖추면 배출량이 다섯 배로 늘어나 음식물 쓰레기에서 발생하는 배출량과 비슷해질 것이라는 계산을 내놓았다. "이는 현재의 값입니다"라고 그는 덧붙였다. "인구 증가와 더워지는 지구를 고려하지 않은 수치입니다."

냉장은 크게 두 가지 방식으로 온실가스 증가에 기여한다. 창고용 전기와 트럭용 디젤 연료를 포함해서 냉각 장비를 가동하기 위한 전력 생산량은 이미 전 세계 전력 사용량의 8퍼센트 이상을 차지한다. (냉장 보관 회사는 현재 세 번째로 높은 에너지 소비 산업이다.) 재생 가능한 자원으로 전력을 생산하면 도움이 되겠지만 태양열, 풍력, 지열, 수력 발전의 성장은 수요를 따라잡기에는 너무 느리다. 냉각 장비도 어느 정도까지는 에너지 효율을 높일 수 있다. 중국에 있는 동안 나는 세계 최대

- 에어컨과 냉장을 모두 포함하면 전 세계 온실가스 배출량의 10퍼센트를 차지한다. 기후변화로 폭염이 더 자주 일어나면서 전 세계적으로 에어컨 수요가 급증하고 있다. - 원주

의 냉동 시스템 제조업체 중 하나인 에머슨 클라이미트 테크놀로지스 Emerson Climate Technologies의 연구 개발 센터를 방문했다. 에머슨은 중국의 수많은 신형 만두 냉동고와 요구르트 진열장을 냉각하는 압축기, 밸브, 유량 제어 장치를 공급한다. 나를 안내해준 에머슨 아시아 사업부 엔지니어링 담당 부사장 클라이드 버호프는 새로운 부품이 만들어지기도 전에 윙윙거리는 소리를 예측할 수 있다고 말할 만큼 일에 미친 사람이다. 몇 년 전, 에머슨은 에너지 효율이 높은 자동 제어 시스템을 설계하여 스페인 슈퍼마켓 체인 DIA가 상하이 매장의 전력 소비를 25퍼센트 줄일 수 있도록 도왔다고 베르호프는 말했다. 우리는 100개가 넘는 철제 케이지가 있는 축구장 크기의 텅 빈 공간에 서 있었다. 매우 사나운 개 품종의 사육장처럼 보였지만, 각 케이지에는 버려진 로트와 일러 대신 새로운 압축기 시제품이 설치되어 미래를 위해 윙윙거리며 돌아가고 있었다. 그럼에도 불구하고, 이러한 절약이 계속 이어질 수 있을지 묻자 베르호프는 고개를 저었다. "우리는 거의 기술적 한계에 부딪히고 있습니다." 그는 제트 엔진 수준의 굉음을 뚫고 큰 소리로 말했다.

또 다른 문제는 냉매, 즉 열을 제거하기 위해 압축기로 증발 및 응축되어 냉기를 생성하는 화학물질이다. 냉매 중 일부는 기체 형태로 대기 중에 조금씩(최신 가정용 냉장고는 연간 약 2퍼센트) 또는 많이(소형 트럭은 평균 3분의 1) 누출된다. 냉장 시스템마다 다른 냉매를 사용하며, 암모니아와 같이 지구 온난화에 미치는 영향이 미미한 냉매도 있다. 개발도상국에서 널리 사용하고 킵 브래드퍼드와 내가 직접 냉장고를 만들 때 사용했던 수소염화불화탄소HCFC와 수소불화탄소HFC 같은 냉매는 이산화탄소보다 온난화에 미치는 효과가 수천 배 더 커서 슈퍼 온실가스로 알려져 있다. 환경운동가 폴 호켄이 기후 변화를 완화하기 위해 설립한 프로젝트 드로다운Project Drawdown은 지구 온난화가 미치는 잠재적 영향 측면에서 '냉매 관리'를 최우선 대책으로 꼽았다. 호켄은 2017년에 이 목록을 발표했을 때 "매우 놀랐습니다"라고 말했다. "이런 결과가 나올 줄은 몰랐습니다."

아이러니하게도 수소염화불화탄소와 수소불화탄소는 이전 세대인 염화불화탄소CFC를 대체할 수 있어서 지구를 구하는 화학물질로 여겨졌다. 이 물질들은 1930년대에 토머스 미들리 주니어에 의해 최초의 불연성 및 무독성 냉매로 개발되었다. 재능이 뛰어났지만 괴짜로 악명 높은 화학자 미들리는 프리지데어 장치를 제조하는 제너럴 모터스에서 일했다. 당시에는 이산화황을 냉매로 사용했는데, 이 기체를 흡입하면 기침, 눈 따가움, 인후통 등을 일으킨다. GM이 프레온이라고 불렀고, 미들리가 많은 사람들 앞에서 폐로 들이마셨다가 촛불을 꺼서 안전성을 입증한 최초의 새로운 CFC 냉매가 도입되면서 미국의 신생 냉장고 산업이 도약하는 데 큰 도움이 되었다. 하지만 안타깝게도 반세기 후, CFC는 특히 지구를 해로운 수준의 태양 자외선으로부터 보호하는 대기 오존층에 매우 해롭다는 것이 밝혀졌다.* 전 세계의 여러 나라들이 이 물질의 사용을 금지하는 몬트리올 의정서에 합의할 때쯤에는 CFC에 의해 오존층에 구멍이 뚫렸고, 이 구멍이 메워지려면 아

• 미들리는 휘발유에 납을 첨가해서 '1인 환경 재앙'이라는 말을 들었지만, 그는 플라스틱에서 DDT에 이르기까지 20세기에 '화학을 통한 더 나은 삶'을 수용한 다른 제품 발명가들과 치열하게 경쟁해야 했다. - 원주

직도 수십 년이 더 지나야 할 것이다.•

　냉장고 제조업체들은 CFC가 금지되자 그 화학 물질의 사촌인 HCFC와 HFC로 전환했다. 장기적으로는 다른 결과를 가져왔지만, 이 물질들도 똑같이 재앙인 것으로 드러났다. 이 물질들도 몬트리올 의정서 부록의 협상이 이루어진 르완다의 수도 이름을 딴 키갈리 수정안에 따라 최근 단계적으로 퇴출되기 시작했다. 키갈리 수정안이 성공적으로 시행된다고 가정하면(이미 금지된 냉매의 지하 시장이 번성하고 있다), 지구 온난화를 0.5도에서 막을 수 있는 잠재력이 남아 있다. 하지만 아직 해결해야 할 과제가 많이 남아 있다. 오늘날의 대체 냉매는 일반적으로 더 비싸고 때로는 비효율적이며, 가연성과 독성이 있는 경우가 많기 때문에 사용하려면 교육을 강화해야 한다. 일부는 작동 조건이 다르고 부품도 교체해야 해서 직접 대체할 수 없다. 사용이 끝난 HFC를 포집해서 안전하게 소각하는 과정도 복잡하고 비용이 많이 든다. 캘리포니아 대기 자원 위원회는 가정용 냉장고의 수명이 다하면 미국환경보호청의 규정에도 불구하고 냉매의 4분의 3 이상이 대기 중으로 손실된다고 추정한다.

　미국 난방, 냉장 및 공조 기술자 협회American Society of Heating, Refrigerating, and Air Conditioning Engineers인 ASHRAE의 구호는 "내일의 건축 환경을 오늘 형성하기"이다. 오늘날의 기술로 90억 명에 이르는 전 세계 인구의 식량을 냉장 보관한다면 내일의 지구 환경은 가장 비참한 방식으로 재

- 이것이 얼마나 큰 실존적 위협이었는지 잊기 쉽다. 오존층이 자외선을 막지 못하면 태양의 자외선에 의해 지구 표면이 살균되어 모든 생명체가 멸종할 수 있다. - 원주

편될 것이다. 간단히 말해, 식량을 냉장하는 방법을 바꾸지 않으면 기후 변화에 따른 가뭄과 흉년으로 저장할 식량이 없어질 것이다. "재앙이 될 것이라고 생각합니다." 중국에 기반을 둔 에머슨의 경쟁사인 둔안 인공 환경 장비 회사 전무이사 구종은 이렇게 말했다. "유일한 대책은 새로운 대책을 찾아야 한다는 것입니다. 하지만 아직 그 대책이 무엇인지 나는 모르겠습니다."

개발 문헌에서는 아프리카가 부유한 나라들을 뛰어넘는 능력에 대해 자주 언급하고 있다. 전국에 전화선이 깔리지 않은 르완다에서는 미국보다 훨씬 빠르게 휴대전화가 일상생활의 중심이 되었다. 모바일 뱅킹과 전자 결제도 마찬가지다. 따라서 르완다와 이웃 나라들은 냉장에서도 비슷한 일을 할 수 있기를 희망한다. 효율이 떨어지고 오염을 일으키는 기술을 피하고 더 지속 가능한 방법을 찾는 것이다.

새로운 방식의 냉장고를 발명하는 것은 유구한 역사를 가진 사업이다. 아인슈타인은 1930년에 움직이는 부품이 없고 효율이 뛰어난 냉장고의 특허를 출원했지만, 2016년 현재 옥스퍼드 대학교의 엔지니어들은 여전히 아인슈타인의 설계를 매만지고 있다. 초기의 장치를 괴롭혔던 문제 중 하나는 "자칼처럼 울부짖는 소리"였다.

주디스 에반스는 미래의 새로운 무공해 냉장고에 대해 설명해 주었는데, 그중 많은 것들은 1970년대와 1980년대에 새로 발견된 오존층 구멍에 자극을 받아 개발되기 시작했다. 몇 가지는 나중에 프로토타입이 제작되었다. 여기에는 음파를 이용해 헬륨을 압축하는 장치와 아이스크림 냉동고를 냉각하는 열음향 장치도 있다. 이것은 미국의 아이스크림 회사 벤앤제리스와 미 해군, 펜실베이니아 주립대학교의 있을 듯하지 않은 협업의 결과다. 다른 연구자들은 쇼핑 카트 크기의 자기磁氣 냉장고를 만들었는데, 특정 금속이 자화되면 가열되고 자석을 떼면 냉각된다는 원리를 이용한다. 이런 장치들 중에서 상용화되었거나 100년 묵은 증기 압축 시스템과 경쟁할 만한 기술은 아직 없다. 토비 피터스는 냉각이 에너지 논쟁에서 천덕꾸러기라고 한탄한다. "전체 엔지니어링 연구 개발에서 냉각이 차지하는 비중은 0.25퍼센트도 채 되지 않습니다."

기술이 입증되더라도 변화는 느리다. 에반스는 유럽 슈퍼마켓과 팔레트형 '얼음 배터리'를 배송 차량에 사용하는 문제에 대해 이야기를 나눴다고 말했다. "그들은 관심은 있지만 매우 걱정이 많습니다." 그녀가 말했다. 그런 주저함은 놀라운 일이 아니다. 이미 자리 잡은 시스템이 '작동'하고 있는데 굳이 위험을 감수할 필요가 있을까? 에반스는 이런 종류의 간단하고 지속 가능한 솔루션이 개발도상국에서 성공하면 선진국에서도 채택될 길이 열릴 것이라고 말했다.

내가 ACES 팀과 더 많은 시간을 보낼수록, 아직 구축되지 않은 르완다의 콜드 체인에 대한 그들의 흥분과 불안을 더 절실하게 느낄 수 있었다. 제대로 구축하면 식량 안보, 번영, 지속 가능성을 모두 달성할 수 있고, 실패하면 불평등을 가속화하고 기아를 악화시키면서 살기 좋은 지구에 작별을 고할 수 있다는 것이다. ACES 팀의 또 다른 구성원인 필립 그리닝은 "이전에는 문제나 도전으로 인식조차 되지 않았던 이런 종류의 문제들은 단지 결과일 뿐"이라고 말했다. 현재 그리닝은 르완다의 식품 보관 및 이동을 위해 가능한 모든 변형을 구현하고 가격을 책정하고 평가할 수 있는 디지털 트윈인 컴퓨터 모델을 구축하고 있으며, 이를 통해 다음과 같은 시급하고 필수적인 질문에 대한 답을 찾으려고 한다. 냉장 허브를 가장 필요로 하는 지역사회에서 가장 유용하게 사용하려면 어디에 냉장 허브를 배치해야 하는가? 현재 계획대로 도축장이 농촌 지역에 건설되고, 살아 있는 닭을 자전거로 운반해 집에서 도축하는 대신 미리 도축해 이동, 보관, 판매하게 되어 냉장이 필요해지면 어떻게 될까? 신선한 농산물을 10퍼센트 더 많이 수출하면 농가의 영양과 소득에 어떤 영향을 미칠까? 농장 수준의 예냉 시설에 투자하기 전에 도로망을 개선할 가치가 있을까?

이런 결정을 내리기 위해 컴퓨터 모델을 사용하는 것은 새로운 방법이며 한계가 있다. 어쩔 수 없이 단순화해야 하고 일부 데이터는 얻지 못할 수도 있다. 그리고 물론 인간은 여전히 예측할 수 없는 존재다. 코로나19 팬데믹 기간 동안 백신 공급에서 콜드 체인의 중요성을 깨달은 그리닝과 피터스는 방글라데시 정부와 협력하여 이 나라의 냉장 자산을 가장 효과적으로 배분하는 방법을 찾기 위해 노력했다. 그러나 방글라데시의 실제 백신 접종 캠페인은 이 모델의 권장 사항에서 크게 벗어났다고 그리닝은 아쉽게 말했다. "결국 문제는 '백신을 적재적소에 공급할 수 있는가'가 아니라 '사람들이 백신을 접종하고 싶도록 설득할 수 있는가'였습니다."

100년 전 미국의 소비자들과 마찬가지로 오늘날의 르완다 소비자들도 냉장 식품이 신선하지 않다고 생각한다. "국립농업수출개발청의 포장 창고에서 나온 불량품을 현지 시장에 판매하는 상인들은 상품이 차갑게 느껴지지 않도록 잠시 햇볕에 두어야 합니다." 르완다 농업부의 분석가인 앨리스 무카무게마가 말했다.

하지만 르완다 사람들과 ACES 팀, 그리고 우리의 공동의 미래를 위해, 시도하지 않는 것은 선택 사항이 아니다. 사하라 사막 이남 아프리카의 인구는 금세기 중반까지 거의 두 배로 증가하여 20억 명 이상이 될 것으로 예상된다. "향후 35년 동안 10억 명 이상의 인구를 부양하는 데 필요한 콜드 체인을 포함한 인프라를 구축하는 것만으로도 세계 역사상 가장 큰 건설 붐이 일어날 것입니다"라고 ACES와 캠퍼스 설계에 협력하고 있는 건축 회사 MASS 디자인 그룹의 창립자 마이클 머피가 말한다. "환경을 의식하고, 사회를 의식하고, 지난 50년 동안 우리가 건설해 온 방식의 의도치 않은 결과와 실패에 대해 생각하는 시스템이 없다면 우리 모두 재앙을 만날 것입니다."

어느 날 늦은 오후, 나는 MASS 디자인 키갈리 지사의 공동 대표인 크리스티안 베니마나를 만나기로 약속했다. 일주일 내내 자동차와 트럭을 타고 다녔기 때문에 호텔에서 한 시간 반 거리에 있는 그의 사무실까지 걸어가기로 했다. 르완다 대학살 이후 키갈리의 인구는 폭발적으로 증가하여 1994년 30만 명에 불과했던 인구가 현재 120만 명 이상으로 늘어났지만, 거리는 놀라울 정도로 조용하고 개발도상국 대부분의 도시에서 볼 수 있는 혼란과 활발함은 느껴지지 않는다. 키갈리는 비탈길이 너무 많아 극빈층을 제외한 모든 사람이 짧은 거리도 오토바이 택시로 이동하기 때문에, 베니마나의 사무실까지 걸어가는 내내 다른 보행자를 볼 수 없었다.

거리가 너무 한산해서 처음에는 지루했지만 점차 그 자체로 매력이 되었다. 보도는 깨끗했고(2008년부터 비닐봉지 사용이 금지되었다), 눈에 잘 띄는 조끼를 입은 여성들이 화단과 중앙분리대의 잡초를 제거하고 있었고, 노숙자는 한 사람도 보이지 않았다. (르완다 정부는 노숙자들을 '재활 센터'로 보내지만, 국제인권감시단Human Rights Watch은 이곳을 감옥이라고 부른다.) 유리로 만든 사무실 건물과 깔끔한 단층 주택 사이에 드넓은 공간이 펼쳐져 있다. 거대한 백합나무 위에서 따오기 떼가 지저귀고, 흙탕물이 흐르는 강 옆으로 아프리카 저어새가 자홍색 다리로 걸어가고, 맹금류가 열기를 타고 머리 위를 맴돈다. 오직 냄새(매캐한 디젤 매연과 교차로마다 자전거와 오토바이 택시를 탄 수많은 사람이 내뿜는 열기)만이 내가 절망적으로 가난한 나라에 있다는 것을 상기시켜주었다.

신중하면서도 당당한 마흔 살의 베니마나는 2007년 르완다 정부가 키갈리를 "아프리카 대륙 전체의 안정과 발전을 위한 중요한 중심지"로 만들겠다는 비전으로 마스터플랜을 발표했다고 말했다. 이 계획을 진행하면서 심각한 결함이 금방 드러났고, 대중의 항의가 빗발쳤다. 그러나 정부는 이를 무시하고 밀어붙이거나 포기하지 않고 불만을 파악하여 계획을 크게 수정했고, 이후에도 계속해서 계획을 수정해 가면서 상당한 성공을 거두었다. 베니마나는 일부 결과물은 개성이 부족하다고 인정했지만(도심은 거대한 원형 교차로이고 새로운 호텔, 쇼핑몰, 산업단지는 따분한 상자의 연속이다), 다른 측면은 인상적이었다.

키갈리 면적의 4분의 1은 습지가 차지하는데, 런던과 로스앤젤레스의 강이 도시화되면서 하수구로 변해버린 것과는 확연히 다른 보호된 서식지다. "대량 학살 이후 재건 과정은 선택 사항이 아니었습니다." 베니마나가 말했다. "그리고 사회의 구조적인 문제를 해결할 수 있는지, 사람들이 배울 만한 장소가 될 수 있는지 확인하기 위해 일찍부터 기준을 높게 잡았습니다." 베니마나는 자기 나라가 ACES의 야망을 충분히 실현할 정도로 실험과 혁신을 견딜 수 있다고 생각한다. "우리는 상상 이상의 것을 계획하고 실행할 수 있습니다." 그는 이렇게 말했다. "최소한 시도라도 해야죠."

냉장이 아닐 수도 있는 미래

"핥아보세요." 제임스 로저스가 2주 된 라임을 건네며 말했다. "우리는 눈에 보이지 않고, 아무 맛도 나지 않고, 느낄 수 없을 정도의 소량의 물질로 농산물을 처리합니다." 로저스는 식품을 보존하는 새로운 방법을 개발한 캘리포니아 스타트업인 아필 사이언시스Apeel Sciences의 CEO이자 설립자. 아필의 제품은 하얀 밀가루 블록처럼 생겼다. 주로 농부와 농산물 도매상인 고객들이 이 제품을 물과 섞어 과일과 채소에 뿌리면 저절로 결합해서 과학자들이 자기 형성 장벽이라고 부르는 피막이 만들어진다. "제임스가 한입 가득 먹어보았어요." 마케팅과 커뮤니케이션 책임자 미셸 린이 안심해도 좋다면서 이렇게 말했다.

과일과 채소를 냉장하면 대사 작용이 지연되므로 신선함을 유지할 수 있다. 농산물은 죽기 전까지 같은 횟수의 호흡을 하는데, 차가운 곳에서는 호흡이 느려져서 불가피한 부패가 지연된다. 아필의 코팅도 호흡 속도를 늦추는 방식으로 작동하지만, 열 제어가 아닌 공기 조절을 통해 작동한다. 아필의 나노 규모 코팅은 산소, 이산화탄소, 수증기의 통과 속도를 충분히 늦춰 과일이나 채소가 최대한 천천히 숨을 쉬고 수분을 오래 유지할 수 있도록 정교하게 조절된 방식으로 투과성을 갖췄다. "라임 내부의 최적화된 미기후가 우리에게 이득을 줍니다." 로저스가 말했다. "장벽은 최적의 내부 환경을 조성하기 위한 수단일 뿐입니다."

이 원리는 여러 겹의 필름으로 이루어진 짐 러그의 상추 봉지와 같다. 아필의 투명 코팅은 변형된 대기가 과일 내부에 있고, 플라스틱이 아니라 먹지 않고 버리는 식품 재료에서 추출한 성분만으로 만든다는 점이 상추 봉지와 다르다. 산타바바라 본사에서 로저스는 나를 시제품 제작 실험실로 안내했는데 수백 개의 레몬, 라임, 아보카도, 파파야, 고추가 실온의 철제 선반 위에 코팅되어 싱싱한 상태로 놓여 있었고, 어떤 것은 코팅 없이 놓여 있었다. 코팅을 하지 않고 8주가 지난 레몬은 시들어 갈색으로 변해 있었고, 코팅을 한 레몬은 마치 아침에 딴 것처럼 신선하고 통통해 보였다. 바로 아래의 코팅하지 않은 고추는 쭈글쭈글하고 주름져서 원래 모습의 그림자 같았지만, 코팅을 한 고추는 식료품점 진열대에 있어도 전혀 손색이 없을 것 같았다.

로저스가 재촉해서 나는 라임을 집어 들었다. 묵직하면서도 과즙이 풍부하고 단단했다. 손가락으로 살짝 긁어 냄새를 맡아보니 라임 특유의 톡 쏘는 시큼한 느낌이 들었고, 꽃향기가 났다. 하지만 밀랍 같은 맛이 날까 봐 잠시 망설이다가 핥아보았다. 예상과 달리 보통의 라임과 똑같이 매끄럽고 약간 기름기가 있으며 조금 오돌토돌한 껍질 외에는 어떤 특이한 맛이나 질감도 느낄 수 없었다.

로저스는 처음에 캘리포니아로 가서 페인트가 마르는 과정을 지켜보았다. 캘리포니아 대학교 산타바바라 캠퍼스의 연구원들은 최근 두 개의 패널에 태양 에너지를 수확할 수 있는 페인트를 칠한 다음, 패널 하나를 덮어 천천히 건조시키면 덮지 않은 것에 비해 효율이 두 배로 늘어난다는 것을 알아냈다. "성분은 달라지지 않습니다." 로저스가 말했다. "같은 재료로 만들지만 완전히 다른 결과가 나옵니다."

로저스는 페인트가 마르면서 분자 구조에 어떤 일이 일어나는지 이해하면 그 차이를 설명하는 데 도움이 되고, 더 효율적인 태양광 코팅을 만들 수 있는 길을 찾을 것이라고 생각했다. 실제로 로저스는 산타바바라 캠퍼스에서 박사 과정에 등록하고 패널에 페인트를 칠하면서 많은 시간을 보냈다. 그러다가 그는 다섯 시간 반을 운전해 로렌스 버클리 국립연구소의 싱크로트론 광원 아래에서 페인트가 마르는 과정을 원자 단위로 관찰했다. 한 번은 버클리 국립연구소로 출발하기 전에 우연히 전 세계 인구 증가에 따른 식량 공급 문제에 관한 기사를 읽었다. 이런 생각과 함께 살리나스 밸리의 무성한 녹색 상추를 운반하는 트럭들이 고속도로 양옆으로 스쳐 지나가는 모습을 보며 그는 식량 공급과 수요의 불일치에 대해 고민하기 시작했다.

"다른 동물들도 이 문제를 해결해야 하는데, 그들은 어떻게 할까? 이런 생각이 들었습니다." 로저스가 말했다. 그는 싱크로트론 광원의 밤 시간을 배정받았기 때문에 짧은 시간 동안 페인트가 마르는 것을 지켜본 후 하루 종일 침대에 누워 다람쥐가 도토리를 숨겨놓는 전략, 수백만 마리의 영양들이 풀을 찾기 위해 매년 이동하는 장대한 과정, 곰이

동면 전에 채우는 엄청난 체지방에 대해 읽었다. 그는 인간의 해결책은 부패하기 쉬운 자산인 풍부한 식량을 부패하기 어려운 자산으로 바꾸는 것임을 깨달았다. 인류 역사 초기에 조상들은 사냥에서 남은 고기를 잔치 때 나눠 먹으며 나중에 보답을 기대하거나(인류학자들은 이를 '사회적 저장'이라고 부른다), 과일과 곡물을 발효시켜 알코올처럼 저장 가능한 액체로 만드는 방식으로 이를 수행했을 것이다. 오늘날의 냉장도 같은 목적으로 사용된다.

로저스는 부패가 문제라는 결론에 도달했고, 더 나은 해결책을 찾기 위해 고심하기 시작했다. 이는 산업화의 결과로 도시화가 급속도로 진행되면서 전통적인 식품 공급망이 붕괴한 19세기에 영국 화학자들이 고민했던 것과 정확히 똑같은 질문이었다. 앞에서 보았듯이 당시의 발명가들은 코팅, 방부제 주입, 훈증, 압축, 건조 등 모든 종류의 보존 방법을 실험했지만, 그중에서도 냉장은 가장 가능성이 낮다고 여겼다. 로저스는 코팅에 대해 잘 알고 있었고(그는 태양광 페인트 연구를 하면서 박막 고분자 물리학이라는 틈새 분야의 전문가가 되었다), 신선한 농산물이 산소를 호흡하고 수분을 잃기 때문에 상한다는 것을 깨닫자마자 스테인리스강을 떠올렸다.

"대부분의 사람들은 그렇게 생각하지 않지만 강철은 부식되기 쉽습니다"라고 로저스는 설명한다. 강철은 산소와 물이 반응하여 녹이 슨다. 강철의 부식은 아스파라거스보다 훨씬 더 오랜 기간에 걸쳐 일어나지만 장기적으로는 똑같이 파괴적인 결과에 이른다. 19세기와 20세기 초에 야금학자들은 강철에 몰리브덴, 크롬, 니켈과 같은 금속을 소량으로 섞으면 이 원자들이 산소와 반응해 얇은 장벽을 형성하면서 표면에 산소가 닿지 못하도록 물리적으로 막는다는 점을 서서히 알아냈다. 다시 말해, 그들은 스테인리스강을 발명했다. 로저스는 식품에도 같은 일을 할 수 있을지 궁금했다.

산타바바라로 돌아온 로저스는 서핑을 함께 하는 친구들에게 이 아이디어를 이야기했다. "친구들은 '그래, 좋은 생각 같긴 한데, 화학물질을 먹고 싶지는 않아'라고 말하더군요." 처음에 로저스는 음식도 화학물질로 구성되어 있다고 지적하며 그들과 논쟁을 벌였지만, 음식을 이루는 분자들로 장벽을 만들 수 있다고 생각하게 되었다. "그렇다면 우리는 식품을 보존하기 위해 식품을 사용할 것입니다"라고 그는 계속 말했다. "철학적으로 어떻게 반박할 수 있겠습니까?"

로저스는 그 후 몇 년 동안 학위 논문을 마무리하고 자신의 아이디어를 추구하지 못하도록 스스로를 설득하는 데 시간을 보냈다. "어머니께 전화해서 말씀드렸더니 '애야, 그거 정말 좋은 생각인데, 넌 신선한 농산물에 대해 아무것도 모르잖아'라고 하셨습니다." 그래도 그는 도서관에서 식물이 노화하고 부패할 때 세포와 대사 수준에서 일어나는 일에 관한 책과 논문을 읽고 있는 자신을 발견했다. 그는 대학에서 열린 벤처 경진대회에 참가하여 우승을 차지했다. "이 문제를 해결할 수 있다면 창출될 새로운 기회들이 계속 떠올랐어요"라고 그는 말했다. "마침내 나는 이렇게 생각했어요. **나는 여자 친구도 없어. 이 일을 해야 할 때가 있다면 비로 지금이야.**"

2012년, 이제 막 학위를 마친 로저스 박사는 게이츠 재단에서 받은 소액의 보조금과 개인 투자자가 지원해준 약간의 종잣돈을 보태 아필을 설립했다. 당시에는 어떤 코팅이 될지 전혀 몰랐으며, 단지 할 수 있다는 확신만 있었다. "올바른 해답은 지질이라는 가설에 도달하는 데만 2년이 걸렸습니다"라고 그는 말했다. 로저스가 새롭고 훨씬 더 큰 본부 시설을 안내해주었을 때 나는 그가 얼마나 커다란 문제와 씨름하고 있는지 이해하기 시작했다.

한 실험실에서는 여러 과학자들이 지역 통조림 공장에서 소스를 만들기 위해 토마토를 압착하고 남은 붉은 찌꺼기를 분해하여 장벽 분자를 채굴하고 있었다. "우리는 원료로 사용할 수 있는 새로운 식품 재료를 끊임없이 찾고 있습니다." 로저스가 말했다. "아보카도 씨앗은 자라날 식물에게 공급하는 지방이 풍부하기 때문에 우리에게 정말 좋은 원료입니다."

로저스는 장벽을 만들기 위해 이러한 분자를 결합하기 전에 몇 가지 질문에 답해야 했다. 우선, 아필의 코팅이 FDA에서 식품으로 인정받으려면 우리가 매일 먹는 과일과 채소에 많이 들어 있는 물질로만 만들어야 하므로, 이러한 분자가 무엇인지 파악해서 실험의 범위를 결정해야 했다. 그런 다음 아필이 코팅하고자 하는 새로운 과일과 채소에 대해 회사의 과학자들이 완전히 익은 표본의 영양소 수치와 풍미를 내는 휘발성 물질, 그리고 이러한 특성의 발현과 유지에 가장 도움이 되는 정확한 호흡 속도, 산소 대 이산화탄소 비율을 찾아내야 했다. 다양한 과일과 채소는 각각 미묘하게 다른 리듬에 따라 대사가 일어나기 때문에 모든 실험을 품종마다 따로 수행해야 한다. 예를 들어 아보카도는 하스, 베이컨, 푸에르테와 같은 품종에 대해 각각 실험을 해야 한다.

아필은 아보카도가 차갑게 유지되어 대사가 겨우 일어나는 공기 성분비에 대한 이해부터 그러한 조건을 만드는 장벽 구조를 설계하고, 그 구조를 형성하기 위해 스스로 배열하는 분자를 찾는 것까지 역순으로 진행한다. "이 분자는 어떤 것과도 반응하지 않고, 어떤 것과도 결합하지 않으며, 새로운 화학물질을 생성하지도 않습니다"라고 로저스는 설명한다. "따로 떼어놓으면 아무것도 하지 않지만, 함께 건조되면 각 부분의 합보다 더 큰 구조로 조립됩니다."

아필은 코팅이 어떻게 유지되는지 시험하기 위해 공급망을 따라 농산물을 배송할 때 자체 기기를 함께 보내는 것으로 시작한다. 수집한 데이터를 사용하여 코팅된 과일과 채소가 실제 유통 과정에서 마주칠 수 있는 것과 똑같은 환경을 만든다. 과일 재배자들이 아필을 원활하게 분사하기 위해 이 회사는 코팅 물질을 바르게 뿌리고 말리는 데 필요한 호스, 노즐, 송풍기를 설계하고 시험할 수 있는 3D 프린팅 연구소에 투자했다. 슈퍼마켓을 위해서는 코팅한 과일과 코팅하지 않은 과일을 전문적인 조명 아래에 나란히 놓고 레일에 매달린 카메라로 매시간 촬영하는 스튜디오를 구축했다.

"처음 소매업체들과 이야기를 시작했을 때 '더 맛있고 더 오래 보관할 수 있으며 더 영양가 있는 농산물을 제공하는 기업이 있습니다'라고 말했습니다." 로저스가 말했다. "그들은 '좋아요, 그런데 외관은 어떤가요?'라고 물었습니다." 그는 이제 다양한 알고리즘으로 농산물 사진을 분석하여 농산물 구매자에게 아필로 코팅한 레몬이 얼마나 오래 밝은 노란색을 유지하고 흠집이 없는지 정확하게 알려줄 수 있다.

이 회사의 첫 번째 코팅은 커다란 오이 피클처럼 생겼지만 캐비어처럼 작은 감귤 알맹이로 가득 찬 오스트레일리아 과일인 핑거라임을 위한 것이었다. 인근 농부가 레스토랑에 납품하기 위해 재배하는 핑거라임은 아필 코팅을 하지 않으면 저장 기간이 매우 짧다. 내가 방문했을 때 아필 아보카도가 2~3주쯤 뒤에 매장에 선보일 예정이었다. 이후 아필 코팅한 레몬, 오이, 망고, 유기농 사과가 슈퍼마켓 진열대에 올랐고 아스파라거스, 토마토, 블루베리, 고추도 곧 출시될 예정이며, 이미 서른 가지가 넘는 과일과 채소에 대해 다양한 코팅을 개발했다고 한다. 아보카도는 코팅을 하면 수명이 두 배 이상 길어질 뿐만 아니라 최상의 상태(잘 익어 크림처럼 부드러우면서도 녹색을 띠는)를 유지하는 기간이 4~5일 더 길어진다. 또한, 과일이 스트레스를 받지 않기 때문에 곰팡이 등에 대한 저항력이 높아져 화학 항진균제를 쓰지 않아도 된다.

오늘날 아필은 냉장의 대체제가 아닌 보조제로 사용된다. "신선 식품 업계의 도그마는 콜드 체인, 콜드 체인, 콜드 체인이죠. 아, 내가 콜드 체인에 대해 말했나요?" 로저스는 이렇게 말했다. 아필은 실험실에서 유통기한을 네 배로 늘릴 수 있다는 증거를 발견했으며, 이 시점이 되면 농산물 부패를 늦추는 냉장의 힘을 따라잡을 것이다. 다시 말해, 음식물을 차갑게 보관하기 위해 엄청난 시설 투자에 전기와 노동력까지 잡아먹는 시스템 전체에 대응하여, 한 번 뿌리면 에너지를 거의 쓰지 않고 식품 재료로 만든 코팅으로 동일한 결과를 얻는다는 것이다. "이것이 우리의 북극성입니다." 로저스가 말했다. "이렇게 할 수 있다면, 냉장 인프라에 접근할 수 없는 사람들에게 어떤 의미가 있는지 생각해보세요."

보존 문제에 다른 대책이 있다는 것은 냉장의 효과와 마찬가지로 엄청나게 크고 광범위한 함의가 있다. 로저스는 "나는 당혹스러울 정도로 많은 여가 시간을 이 문제가 어떤 조합으로 전개될지 고민하는 데 쓰고 있습니다"라고 고백했다. 단기적으로 아필은 이미 라틴아메리카와 아프리카의 소규모 농부들을 해외 시장과 연결하기 위해 노력하고 있다. 아보카도 수요는 특히 중국에서 급증하여 공급이 간신히 따라잡을 정도이며, 이 과일은 세계에서 가장 가난한 나라에서도 잘 자란다. 또한 아필은 가장 연약한 과일(예를 들어 핑거라임)을 상업적 공급망에서 살아남을 수 있을 만큼 튼튼하게 만들어 식탁에 더 많은 다양성을 가져올 수 있다. 육종가들은 저장 기간이 길어야 한다는 압박에서 벗어나 맛과 영양을 개선하고 기후 변화에 따른 고온, 병충해, 토양 염분, 가뭄에 잘 견디는 품종을 만드는 데 집중할 수 있다.

좀 더 추상적인 수준에서 아필은 신선함의 정의를 다시 한 번 바꿀 수 있다. "나의 관점에서 신선함이란 과일이 수확되기 전 식물에 매달려 있을 때 생성된 분자가 더 많은 것을 의미합니다"라고 로저스는 말한다. 신선함이 시간·공간의 제약으로 결정되었다면, 다시 말해 최근에 수확한 것, 가까운 곳에서 수확한 것을 의미했다면, 언젠가는 특정 화학물질의 농도가 얼마쯤이면 신선하다고 말하는 날이 올 것이다. 어쩌면 과일이 오래 묵었는지는 내부 상태로만 판단해야 맞을지도 모른다.•

- 농담 삼아 로저스에게 아필이 사람의 노화 방지에도 효과가 있는지 물었더니, 그는 과일의 코팅이 방지하는 산화와 수분 손실이 사람의 피부에 주름을 일으키는 원인과 일치한다고 대답했다. "우리 회사가 식품 문제를 해결하고 나면 화장품 사업에 진출할 수도 있겠지요"라고 그는 웃으며 대답했다. - 원주

하지만 그 외에는, 추측하기는 쉽지만 예측하기는 어렵다. 냉장 이야기가 우리에게 주는 교훈이 있다면, 음식 같은 기본적인 것과의 관계를 바꾸면 그 기술을 발명한 사람이 상상도 못했던 파급 효과가 일어난다는 것이다. "솔직히 장기적으로 어떻게 될지 모르겠습니다." 로저스가 말했다. "내가 아는 것은 이런 단기적인 문제들을 해결하지 못하면 장기적으로 아무것도 존재하지 않게 된다는 것입니다."

1931년, 언론인 레오노라 백스터는 월간지 〈골든북 매거진Golden Book Magazine〉의 특집 "일상생활 속의 예술"에서 냉장이 없는 세상이 어떤 모습일지 추측했다. "우리를 지탱하는 엄청난 식량 보존 및 운송 시스템이 단기간이라도 방해를 받는다면 현재의 일상생활은 불가능해질 것이다"라고 그녀는 썼다. "수천 명의 주민이 거주하는 도시는 사라질 것"이라고 계속하면서, 그녀는 30년 전에는 거의 존재하지 않았던 기술 없이, 생존 투쟁으로 인간들이 짐승으로 전락하는 절망적인 미래를 떠올렸다. 요컨대, 그녀는 "현재의 문명은 냉장에 의존하고 있다고 해도 과언이 아니다"라고 결론지었다.

그로부터 몇 년 뒤, 언론인이었다가 파시스트 독재자로 변신한 베니토 무솔리니는 이탈리아의 〈현대 사전Dizionario moderno〉 편집자에게 편지를 보내 다음 판에 새로운 단어를 스무 개쯤 추가하라고 제안했다. 그중 하나가 '냉장고화하다frigoriferare'인데 이는 말로 침묵시키다, 한쪽으로 밀어내다, 고려하지 않는다는 뜻이다. 이를 알려준 이탈리아 친구가 예문으로 이 단어의 사용법을 보여주었다. 수령께서는 반대 의견을 냉장고화했다. 지난 세기 동안 냉장고는 비판을 효과적으로 냉장고화했고, 대안을 냉장고화했고, 비용을 냉장고화했다.

나는 냉장고에 반대하지 않는다. 나는 데이트하기 좋은 프렌치 도어 냉장고를 가지고 있는데 로스앤젤레스의 여름에 시원한 맥주를 즐기고 버터와 치즈를 보관하는 기능을 포기하고 싶지 않다. 사실, 모든 식량을 직접 재배하고 도축하거나 채집하고 사냥할 준비가 되어 있지 않다면 선진국에서 냉장고 없이 산다는 것은 교훈적일 수는 있어도 하나의 의사 표현일 뿐이다. 집에서 냉기의 족쇄를 쫓아낸다고 해도 여전히 당신은 콜드 체인을 통해 살아가고 있다.

역사가 조금이라도 미래 예측에 도움이 된다면, 냉장고에 반대하는 쪽에 내기를 거는 것은 현명하지 않은 것 같다. 1953년 냉장에 관한 최초의 책이자 최근까지 유일하게 대중적인 책이 출간되었을 때, 저자인 역사학자 오스카 앤더슨은 '여전히 새로운 이 기술은 계속해서 개선되고 결국은 대체될 것이며, 아마도 동결 건조로 대체될 것'이라고 내다보았다. 70년이 지난 지금, 기계식 냉각에 대한 의존은 앤더슨이 상상할 수 없을 정도로 심화되었다.

얼음 무역의 초기부터 냉장은 우리가 무엇을 어떻게 먹는지에 대한 모든 것을 변화시켰으며, 그 과정에서 무역, 운송, 정치, 경제를 혁신적으로 변화시켰다. 식탁의 내용물뿐만 아니라 우리의 몸, 집, 도시, 풍경, 지구 전체의 대기까지 바꿔놓았다. 공간과 시간을 왜곡하는 힘에 대한 의심으로 생겨난 '냉장 공포증'을 완전한 상호 의존으로 전환시켰다. 이러한 극적인 변화 중 많은 것들은 긍정적이다. 품질이 나쁘고 비위생적인 우유에, 바나나가 없고, 식중독이 늘 발생하던 시절로 돌아가자는 사람은 피학증에 걸린 사람들뿐일 것이다. 냉장고 덕분에 여성들이 매일 장을 보러 다니지 않아도 되고, 신선한 식품을 일 년 내내 싸게 살 수 있게 되었다. 냉장으로 몇몇 농부들은 부자가 되었고, 땅에서 벗어날 수도 있었다.

하지만 이러한 이점을 진심으로 인정한다고 해서 콜드 체인의 비용을 계산하고 그 대안을 고려하지 않을 수는 없다. 특히 전 세계가 냉장 유통을 시작하면서 상황은 더 급박해졌다. 콜드 체인의 단점 중 일부는 기술 자체에 내재되어 있다. 열을 제거하는 데 많은 에너지가 필요하며, 이는 환경에 영향을 줄 뿐만 아니라 지역 내 소비를 위해 다양한 식품을 재배하는 소규모 농부들은 대규모로 수출 작물을 재배하는 대지주보다 혜택을 적게 받기 때문에 사회경제적 문제가 발생하는 경향이 있다. 그 결과로 생겨난 대규모 집약 농업은 그 자체로 생태계에 충격을 준다.

다른 결과들은 냉장고가 근본적이라기보다는 냉장고에 의해 가능해진 것들이다. 냉장을 옹호하는 명분으로 음식물 쓰레기 감소를 들기도 하지만, 냉장이 음식물 쓰레기를 늘리기도 하는 것으로 보인다. 미국은 세계 최고의 콜드 체인을 자랑하지만, 르완다 못지않게 높은 비율로 음식을 버리고 있다. 연구자들은 중국의 도시에서 가정의 음식물 쓰레기가 이미 빠르게 증가하기 시작했다고 지적한다. 냉장은 음식물 쓰레기를 없애는 것이 아니라 음식물 쓰레기가 나오는 장소를 바꾼다. 부의 증가는 일반적으로 육류와 유제품의 소비 증가로 이어지는데, 냉장 유통을 통한 가격 인하와 안정적인 공급이 아니면 불가능한 식단 전환이다. 가축, 특히 소의 탄소 발자국을 고려할 때 콜드 체인이 전 세계로 확장되면서 더 많은 사람들이 미국식 식단을 채택하면 우리는 더 큰 행성이 필요해질 것이다. 또한 산업적 규모의 동물 사육에는 크고 작은 잔인한 행위가 따른다. 하지만 냉장으로 이러한 행위는 눈에 보이지 않으며, 고기를 먹는 사람들은 그 결과를 무시할 수 있다. "잊어버리는 것이야말로 부산물 중 가장 눈에 띄지 않으면서도 가장 중요한 것 중 하나였다." 윌리엄 크로논이 냉장 철도 차량이 미친 영향을 설명하면서 썼듯이 말이다.

한마디로 우리의 식품 시스템 자체가 차가움에 의해 동상에 걸렸다. 그 이유 중 하나는 대부분의 경우 인간과 환경의 건강을 위해서가 아니라 시장을 최적화하기 위해 냉장이 도입되었기 때문이다. 20세기 초 많은 미국인들은 냉장의 채택 뒤에 감춰진 상업적 동기를 알고 있었고, 이것이 이 새로운 기술을 의심하게 하는 동기가 되었다. 차가움은 공중 보건이나 환경 보호보다 편리함, 풍요로움, 이윤을 우선시하는 식품 시스템 구축의 핵심 요소였다. 이 시스템에서 냉장의 역할을 이해하는 일은 책임을 묻는다기보다 시스템을 재구상하고 재설계하는 데 도움이 될 수 있는 잠재력 때문에 중요하다. 다시 말해, 냉장은 우리가 가진 식품 시스템에 필수적이지만 냉장 식품 시스템이 꼭 이런 모습일 필요는 없다. 목표와 수단을 혼동해서는 안 된다.

역사학자 엘팅 모리슨은 다른 보존 기술인 저온 살균의 도입과 효과를 다룬 에세이에서 인간의 특정 필요나 욕구를 충족시키기 위해 발명된 기계가 그 범위를 넘어 영향력을 확대하고 자신만의 논리를 구축하는 경향에 주목했다. 그는 이렇게 경고한다. "사람이 필수적인 욕구를 위해 만든 아이디어, 에너지, 장치로 이루어진 시스템이 사람의 요구를 충족시키지 못하면, 오히려 사람을 시스템에 끼워 맞추려는 경향이 슬며시 고개를 드는 것으로 보인다."

　문제의 일부는 심리학자 에이브러햄 매슬로우의 유명한 말처럼, 내가 가진 연장이 망치이면 모든 문제를 못으로 보는 경향이 있다는 것이다. 인류가 차가움을 만들 수 있게 된 뒤로, 냉장이 보존 문제에 대한 기본 해답이 되었다. 신선함과 냉장고의 연관성을 잊는다면, 냉각은 우리가 식품을 보관하고 운반하는 한 가지 수단으로 더 여유 있게, 더 사려 깊게, 더 지속 가능하게 사용할 수 있다. 모든 계란을 하나의 냉장 바구니에 넣지 않는다면 최근 코로나19와 영국의 유럽연합 탈퇴로 텅 빈 슈퍼마켓 진열대가 취약성을 보여준 식품 시스템의 회복력도 강화시켜줄 것이다.

　한편, 냉장의 규모가 커지는 경향이 있다는 점을 생각한다면 슈퍼마켓의 면적에 대한 프랑스의 규제부터 르완다의 소규모 농가가 자립할 수 있도록 지역 냉장 허브를 만드는 ACES의 접근 방식에 이르기까지 원치 않는 영향을 완화하는 조치를 마련할 수 있다. 토비 피터스는 "시스템의 어느 시점에서는 집약해야 합니다"라고 설명한다. "하지만 공동체 소유의 포장 공장을 이용하면 농부들을 땅에서 쫓아내지 않으면서도 가능한 한 많은 가치를 농부들에게 남겨줄 수 있습니다."

　이는 새로운 개념이 아니다. 20세기 초에 폴리 페닝턴도 공동체 소유의 냉장 허브를 열렬히 지지했지만 미국에서는 큰 성공을 거두지 못했다. 미국의 사례(3퍼센트의 농장이 전체 식량의 거의 절반을 생산하고, 나머지 97퍼센트의 네 배가 넘는 평균 소득을 얻는다)를 고려하면 개인주의적 성향이 크지 않은 개발도상국들은 다른 길을 선택할 수 있다. 이들의 사례를 통해 선진국의 냉장 식품 시스템 개발이 필연적인 경로가 아니라 우연적인 것임을 인식하는 데 도움이 될 수 있으며, 다르게 해나가는 방법을 상상할 수 있다.

선진국은 냉장에 대한 의존을 줄이고 음식과의 관계를 회복할 수 있을지도 모른다. 일정한 온도로 유지되는 영구적인 겨울이 만드는 슈퍼마켓의 전 지구적으로 풍요로운 영구적인 여름은 우리를 식량 생산으로부터 분리시키고 계절의 리듬에서 멀어지게 했다. 나탈리아 팔라간은 러번Rurban* 혁명이라는 또 다른 프로젝트를 진행하고 있다. 도시 농업이 식량 공급의 수단이 아니라 사람들이 음식의 가치를 재발견하도록 돕기 위한 프로젝트가 될 수 있도록 장려하고 있다고 말했다.

"우리는 상추를 심고 있습니다." 그녀가 말했다. "상추가 어떻게 자라는지, 언제 자라는지, 얼마나 오래 자라는지 아는 사람이 거의 없다는 것이 놀랍습니다." 그녀의 가설은, 사람들이 아무리 작은 규모라도 과일이나 채소를 직접 가꾸는 경험을 하면 더 많이 먹고 더 적게 버린다는 것이다. (지금까지 잘 맞다고 한다.)

자연 세계의 순환에 다시 연결되면 우리는 콜드 체인이 약속하는 영원한 풍요로움의 환상을 꿰뚫어 볼 수 있을 것이다. 그리고 우리는 다시 한 번 음식(우리와 지구 사이의 가장 밀접한 연결이다)을 존중하는 마음으로 대할 수 있을 것이다.

- 도시urban와 농촌rural의 합성어로 도시의 편리함과 농촌의 좋은 주거환경이 중첩되는 지역이라는 뜻이다. - 옮긴이

에필로그 ──

만들어낸 북극이 진짜 북극을 녹이고 있다

　북극해에 떠 있는 스발바르 군도는 노르웨이 영토로, 북극권보다 북극에 더 가깝다. 이곳은 정기 여객기로 갈 수 있는 최북단 지점이다. 오슬로에서 스발바르로 가려면 로마에서 오슬로까지의 거리보다 더 멀리 북쪽으로 가야 한다. 워낙 북극에 가까워서 여름에 해가 지지 않고 겨울에는 밤이 지속된다. 내가 10월에 방문했을 때는 오전 열 시에 해가 떠서 자갈이 깔린 회색 계곡과 가파른 빙하로 덮인 산과 주위를 둘러싸고 들어선 이 섬의 주요 주거지인 롱이어비엔의 알록달록한 집들 위로 잠시 햇빛이 비치고 있었다. 불과 몇 시간 뒤에 해가 지면서 풍경은 다시 보랏빛이 감도는 파란빛으로 물들었고, 가끔 오로라의 초록빛이 비치기도 했다.
　고래잡이 항구로 시작하여 탄광 도시로 발전한 롱이어비엔은 이제 기후 변화의 상징이 된 북극곰의 마지막 모습을 보려는 관광객들의 중심지가 되었다. 스발바르 군도에 대한 노르웨이의 주권을 인정한

1920년 조약에 따라 모든 나라의 시민은 스발바르에서 거주하고 일할 수 있으며, 군도에서 두 번째로 큰 도시인 바렌츠부르크에는 거의 러시아인들만 살고 있다. 또 다른 러시아인들의 정착지인 피라미덴은 1998년에 버려졌으며, 무너져가는 아파트 단지, 체육관, 레닌 흉상(세계 최북단에 있다)은 소비에트 미학의 폐허를 보여주는 기념비다.

현재 스발바르 주민 2,900명 대부분이 정부 행정, 연구, 관광업에 종사하고 있지만, 몇몇 탄광은 여전히 운영되고 있다. 스발바르에서는 누구도 태어날 수 없으며, 임산부는 출산을 위해 육지로 날아가야 한다. 사람이 죽을 수는 있지만 매장은 1950년대 이후에 금지되었다. 과학자들이 스페인 독감이 유행했을 때 죽은 사람들의 시신을 발굴한 결과, 영구 동토층이 조직을 잘 보존하여 활성 바이러스 물질이 들어 있다는 것을 확인했기 때문이다. 과일, 채소, 곡물은 재배되지 않으며 현지에서 잡은 순록, 물개, 뇌조, 고래가 레스토랑 메뉴로 제공되지만, 이 섬에서 소비하는 식량 대부분은 컨테이너선이나 오슬로에서 매일 두 번 오가는 항공편으로 공급받는다.

그럼에도 이 북극의 사막에는 지구상의 그 어느 곳보다 다양한 작물이 있다. 롱이어비엔 외곽에서 몇 킬로미터 떨어진 곳, 눈 덮인 산에 박힌 강철 문이 스발바르 국제 종자 저장고 Svalbard Global Seed Vault로 연결된다. 이는 미래의 식량을 보존하는 냉장의 위대한 약속이다.

종말의 창고라고 불리는 이곳은 일반인에게 공개되지 않으며, 실제로 문을 잘 열지도 않는다. 2008년 2월에 씨앗의 보관을 시작한 뒤로 이 거대한 금속 문은 1년에 몇 번만, 그것도 대부분은 새로운 종자를 반입할 때만 열린다. 나는 운이 좋게도 그중 한 번을 틈타 종자 저장고의 코디네이터 아스문트 아스달과 함께 지하 냉동고가 어떻게 전 세계 농작물의 최후의 보루가 되었는지 볼 수 있는 기회가 생겼다.

세계 각지의 농업 유전자은행에 뿔뿔이 흩어져 보존되어 있는 종자의 예비 사본을 모두 한곳에 모아 따로 저장한다는 아이디어는 2003년에 처음 나왔다. 오늘날 밭에서 재배되는 상업용 작물 품종에는 종의 유전적 다양성 중 극히 일부만 포함되어 있다. 서로 다른 유전자들은 대립유전자라고 부르는 개별 유전자의 돌연변이들뿐만 아니라 다양한 잠재적 형질을 갖춘 유전 암호를 가지고 있다. 여기에는 해충 저항성부터 특정한 맛, 개화 시기, 가뭄 내성 등이 포함될 수 있다. 오래되거나 잊힌 품종과 야생 친척의 씨앗이 유전자은행에 보관되어 있지 않다면 식물 육종가는 더 나은 작물을 개발하거나 기존 작물을 치명적인 위험으로부터 보호하기 위해 유전자를 활용할 수 있는 방법이 없다.

해리 클리와 같은 과학자가 새로운 토마토를 개발할 때는 처음부터 새로운 유전자를 합성하여 삽입하기보다 유전자은행을 검색하여 원하는 특성을 가진 품종을 찾고, 이미 검증된 DNA를 출발점으로 삼는다. 이러한 다양성에 대한 접근은 바람직한 정도를 넘어 필수적이다. 1960년대 후반, 갈색벼멸구라는 벌레가 옮기는 바이러스가 아시아 전역에 퍼지면서 벼의 줄기를 쪼그라들게 했다. 어떤 지역에서는 수확량 전체를 잃기도 했다. 최악의 피해를 입은 나라 중 하나인 인도네시아에서는 해충 방제에 들어간 비용을 제외하고도 1억 달러가 넘는 피해를 입었다. 농부들이 파멸에 직면하고 각국이 국민을 먹여 살리기 위해 분투하는 가운데, 세계에서 가장 필수적인 작물 중 하나인 쌀의 미래가 불확실한 상황에 직면했다. 이에 과학자들은 유전자은행에 보관된 거의 2만 6,000종의 쌀을 검사한 끝에 바이러스에 저항하는 데 필요한 유전자를 지닌 인도 중부의 전통 품종을 찾아냈다. 이를 기존의 품종과 성공적으로 교배하여 재앙을 피할 수 있었다. 오늘날 아시아에서 재배되는 쌀의 대부분은 이 교배종의 후손이다.

1990년대에 농업 경제학자 캐리 파울러는 유엔 식량농업기구를 위해 전 세계 유전자은행을 조사했다. 그는 보고서에서 부룬디, 아프가니스탄, 이라크에서 분쟁으로, 필리핀에서 홍수와 화재로, 이탈리아와 마다가스카르에서는 장비 오작동으로 종자가 파괴되었다고 기록했다. 이런 사고가 일어날 때마다 수천 년에 걸친 진화가 빚어낸 독특한 유전자들이 영원히 사라졌다. 농업 유전자은행의 내용물이 인류의 지속적인 식량 생산 능력에 얼마나 중요한지를 고려할 때, 파울러는 그 취약성을 보고 경악을 금치 못했다.

이런 상황에 대처하기 위해, 그는 씨앗을 위한 노아의 방주, 즉 스발바르 국제 유전자 저장고를 만들자는 아이디어를 떠올렸다. 이는 특정 유전자은행에 재난이 닥치더라도 모든 것을 잃지 않기 위한 것이다. 북극의 영구 동토층 깊숙한 곳에 보관된 씨앗의 사본은 미래 세대가 수천 년의 진화가 줄 수 있는 모든 유전자원을 계속 이용할 수 있게 하여 앞으로 수십 년 동안 닥칠 어떤 도전에도 견딜 수 있는 작물을 육종하게 해줄 것이다.

위치 선택에 대해 파울러는 "다른 곳에서 목격했던 여러 가지 문제에 거의 영향을 받지 않는 곳"이라고 설명했다. 스발바르는 분쟁의 최전선에서 멀리 떨어져 있고 허리케인과 토네이도의 영향권에서 벗어나 있으며 지진이 일어날 염려도 없다. 창고가 폐광의 갱도에 묻혀 있기 때문에 전기가 없어도 얼어붙은 토양과 암석으로 이루어진 두꺼운 층이 씨앗을 보존할 수 있다.

내가 방문하기 직전, 종말의 날 저장고가 처음으로 호출을 받았다. 시리아 전쟁으로 야생에서 멸종된 밀, 파바콩, 렌틸콩, 병아리콩, 보리 등 14만 종 이상의 품종을 보유한 유전자은행에 접근할 수 없게 되었기 때문이다. 다행히도 유전자은행의 직원들은 강제로 피난을 떠나기 전에 수집품의 80퍼센트를 스발바르에 저장해 두었다. 그들은 레바논에 새로운 본부를 세우면서 씨앗을 회수하여 컬렉션을 다시 구축했다. (인근 온실에서 재배하여 재고가 보충되면 예비 사본을 스발바르 저장고에 다시 보관할 예정이다.) 원래의 유전자은행이 어떻게 되었는지는 아무도 모른다. 레바논에서 온 직원들은 옛 이웃들과 연락을 취하고 있는데, 그들은 "가끔 불이 켜져 있다"고 전한다. 현재 연구팀이 진행 중인 프로젝트 중에는 스발바르에서 가져온 씨앗의 유전자를 이용해 워싱턴주의 농경지를 황폐화시키는 파리 떼를 퇴치하는 데 도움이 되는 다양한 밀을 개발하는 과제가 있다.

2016년 내가 방문했을 때 밀 서른 상자가 도착할 예정이었다. 일부는 나와 함께 비행기를 타고 도착했고, 일부는 그 전주에 선적 컨테이너로 도착했다. 노르웨이 직원 두 명, 에스토니아 사진작가, 일본 영화 제작진, 브라질 농학자, 스웨덴 기자 두 명으로 구성된 일행은 공항에 도착한 아스달과 함께 보안 검색대에서 대형 수하물용 엑스선 장치에 상자를 통과시키는 과정을 지켜보았다. 상자는 기부하는 기관을 떠난 후에는 열지 않지만, 씨앗만 들어 있는지 확인하기 위해 엑스선으로 검색한다.

나이지리아 이바단의 국제열대농업연구소에서 보낸 동부콩, 녹두, 밤바라 땅콩이 담긴 파란색 플라스틱 통 두 개, 콜롬비아에서 보낸 '콩'이라고 적힌 상자 여섯 개, 일본 오카야마 대학교에서 보낸 보리가 담긴 녹색 상자 두 개, 부룬디에서 보낸 랩을 씌운 불룩한 판지 상자 몇 개가 있었다. 아스달은 호일 봉투에 회색 리본으로 감싼 아크릴 신발 상자를 컨베이어 벨트 위에 올려놓으며 "싱가포르에서 온 첫 번째 종자입니다"라고 말했다. 아스달은 노르웨이 텔레마크 지역 출신이며, 친척들이 인근 연못에서 영국 여왕을 위해 얼음을 채취했다고 한다. "여왕이 얼음을 〈더 타임스〉 위에 놓고도 글자를 읽을 수 있어야 품질이 인정된다고 했습니다." 그가 말했다. "내가 여섯 살 때인 1960년대에 얼음 채취가 중단되었는데, 그때는 모두가 냉장고를 가지고 있었죠."

내 옆에서 씨앗 검색을 지켜보던 사람은 스발바르에 거주하며 노르웨이의 국유 건물 운영 기관에서 저장고 관리를 맡고 있는 비네 네베르달이었다. 그녀는 책임감 때문에 힘들지 않다고 말했다. "스발바르는 안전한 곳입니다. 무슨 일이 일어날까 봐 두렵지 않아요."

저장고에서는 매일 별다른 일이 일어나지 않는다고 그녀는 설명했다. 입구의 무거운 강철 문은 닫혀 있고 열쇠는 사무실 금고 속에 있다. 그녀는 책상에서 씨앗 챔버의 온도와 기체의 농도는 물론, 이를 보호하는 동작 센서, 화재 및 연기 감지기, 보안 카메라를 모니터링할 수 있다. 움직이는 부품은 많지 않다. 가끔 입구 터널로 스며든 눈이 녹으면서 생긴 물을 제거하는 펌프를 작동시키는 변압기와, 씨앗 보관실을 영하 18도까지 낮추는 냉각 장비가 있을 뿐이다. 씨앗은 이 온도에서 최소 수십 년에서 수백 년 동안 생존할 수 있다. "세계에서 가장 중요한 냉장고입니다." 네베르달이 말했다. "멋진 기능은 필요 없고 작동만 하면 됩니다."

상자 검색이 끝났고, 다음 날 저장고에서 만나 입고를 진행하기로 했다. 아스달은 스웨덴 기자에게 젤 펜이 씨앗 챔버에서 얼어서 쓸 수 없을 거라고 말해주었고, 가능한 한 옷을 따뜻하게 입으라고 당부했다. "한 남자는 반바지 차림으로 30분 동안 그곳에 있었지만, 그는 독일 사람이었어요." 아스달이 말했다. "매우 추운 날이 될 겁니다."

나는 가지고 있던 리프리지웨어 재킷과 빌린 스키 바지를 입고 다음 날 아침 아홉 시에 도착했다. 동이 트기 전의 군청색 빛 속에서 저장고 입구가 산 중턱에 솟아 있었다. 문이 살짝 열리자 노란빛이 새어 나왔다. 전날 밤에 비가 내렸고, 짙은 회색 안개에 가려 위쪽의 산과 아래쪽 피오르드는 보이지 않았다. 안쪽에는 사다리에 매달린 이동식 건설용 조명과 그 밑을 둘러싼 채 놓여 있는 양동이들만 보였다.

아스달이 소식을 전했다. 문 아래로 물이 들어와 변압기가 단락되어 펌프와 냉장 시스템이 두어 시간 동안 작동을 멈췄다고 한다. '침수'의 깊이는 기껏해야 4센티미터 정도였고, 120미터 길이의 터널에서 70미터까지 도달한 후 완전히 얼어붙었다. 하지만 전기 시설에 물이 스며들었기 때문에 외부인들이 들어가기에는 너무 위험했다. 몇 달 동안 계획을 세우고 며칠을 여행했지만 스발바르 국제 종자 저장고의 설립자 캐리 파울러가 "지구의 중요한 천연자원 중 하나를 철저히 보호하는 곳"이라고 설명한 냉동고에 더 이상 가까이 다가갈 수 없었다.

아스달이 씨앗은 안전하고 챔버 내부의 온도가 일정하게 유지되고 있다고 말하면서 우리 모두를 재빨리 안심시켰다. 하지만 그와 동료들은 눈에 띄게 동요했다. "모든 유전자은행 관리자가 두려워하는 것이 바로 냉각이 멈추는 것입니다." 자국의 유전자은행을 위해 작물의 야생 친척 수집을 조정하는 브라질 과학자 구스타보 하이덴이 말했다. "동료들에게 이메일을 보내 '종말의 저장고에서도 이런 일이 일어날 수 있습니다'라고 전했습니다." 네베르달은 "스발바르에 이런 비가 내린 적이 없습니다"라고 덧붙였다. "우리는 기후 변화를 목격하고 있습니다." 아스달은 고개를 절레절레 흔들며 말했다. "이런 일이 영원히 지속되겠지요."

그해 10월은 스발바르 역사상 가장 따뜻하고 습한 날씨였다. 2019년 3월, 노르웨이 기상연구소는 북극 군도가 100개월 동안 계속해서 평균 이상의 기온을 기록했다고 발표했다. 전 세계 어느 곳보다 빠르게 더워지고 있으며, 영구 동토층 자체가 불안정해지고 있다.

호텔로 돌아와 갑자기 생긴 자유 시간에 무엇을 할까 고민하다가 바이킹의 옛날이야기를 다룬 책을 집어 들었다. 내가 읽은 북유럽 신화에서는 신들의 황혼인 라그나뢰크가 오기 전에 끝없는 겨울이 먼저 찾아온다고 한다. 전 세계를 감싸는 추위가 종말을 예고하며, 추위가 무사비한 손아귀로 세계를 빠르게 붙잡는다. 시인의 신 오딘은 "먼저 핌불 겨울이라고 부르는 겨울이 온다. 사방에서 눈이 내리고, 서리가 심하게 내리고, 매서운 바람이 몰아치고, 태양의 기쁨은 없다"라고 말한다. 그런 다음 늑대가 해와 달을 삼키고, 홍수가 대지를 휩쓸며, 대지는 바닷속으로 가라앉는다. 오딘은 "불길이 타오르고, 열기가 치솟고, 불꽃이 하늘을 뒤덮는다"라고 말한다. 결국 신들이 죽는다.

공간, 시간, 계절을 지배하는 힘, 모든 것을 소비하는 인공 거울을 만들어낸 힘으로 우리는 거의 신과 같은 존재가 되었다. 우리가 식량을 위해 만든 새로운 북극이 누구도 상상할 수 없을 만큼 빠른 속도로 진짜 북극을 녹이고 있는 지금, 우리는 불길한 운명을 피하기 위해 지혜를 모아 행동해야 한다.

감사의 말 ─

　인공 빙설권에 대한 나의 모험은 2010년 초에 토지이용해석센터 Center for Land Use Interpretation의 매트 쿨리지에게 이메일을 보내 미국의 냉장 설비 현황을 기록하는 프로젝트에 협력할 의향이 있는지 물으면서 시작되었습니다. 그레이엄 미술고등연구재단의 지원을 받아 벤 로스처, 스티브 로웰, 새러 사이먼스, 오로라 탱, 마리사 루비와 함께 진행한 이 프로젝트는 한 번의 전시회로 정점을 이루었습니다. 그것은 2013년 봄에 토지이용해석센터 로스엔젤레스 본부에서 열린 〈부패하기 쉬운 것들: 미국의 냉장 경관에 대한 탐사〉였습니다. 이 주제에 대한 초기 연구의 일부는 컬럼비아대학교 건축, 계획 및 보존 대학원에서 대통령 글로벌 혁신 기금의 지원을 받아 쿠비 애커먼, 유지니아 매웰리언과 함께 수행했습니다.
　마이클 폴란과 말리아 울란이 캘리포니아대학교 버클리 캠퍼스의 열한 시간 식품 및 농업 저널리즘 펠로우십의 첫 번째 펠로우 클래스에 저를 초청하면서 이 여정은 해외로도 이어졌습니다. 그들의 지원과 객원 편집자 잭 히트와 앨런 버딕의 귀중한 도움으로 저는 〈뉴욕타임스 매거진〉에서 중국의 냉동식품 열풍을 보도할 수 있었습니다. 여기에 실린 이야기는 오웬 구오의 번역과 취재 지원, 휴고 린드그렌과 빌 와식의 편집, 카렌 프라갈라-스미스의 사실 확인에 많은 도움을 받았습니다. 이 책에는 이 이야기의 일부와 함께 이전에 공개되지 않았던 중국의 보도자료도 실려 있습니다. 마이클 폴란은 이 주제와 다른 주제에 대한 나의 글을 계속 지지해 주었습니다. 그의 격려, 지원, 조언은 매우 귀중한 도움이 되었습니다.

〈캐비닛〉 잡지의 시나 나자피, 〈컨테이너 가이드〉의 저자 크레이그 캐논과 팀 황은 저를 일찍부터 열성적으로 좋아했고, 저의 연구 중 일부를 출판물로 공유할 수 있는 기회를 주었기에 감사합니다. 르완다 취재는 〈뉴요커〉의 의뢰로 이루어졌으며, 그 결과물은 탁월한 레오 캐리가 편집하고 나탈리 미드의 사실 확인을 거쳐 앤드류 보인턴이 교열해 주었습니다.

2020-2021 프로젝트 펠로우십을 통해 '냉장고 식단'의 연구비를 지원해 준 메사추세츠공과대학교 나이트 과학 저널리즘 프로그램에 큰 감사를 표합니다. 프로그램 직원인 데보라 블룸, 애슐리 스마트, 베티나 우르쿠올리와 동료 펠로우들의 도움과 동료애에 감사드립니다. 그중 한 명인 린제이 겔먼은 뛰어난 저널리스트일 뿐만 아니라 이 책의 사실 확인을 맡아 세세한 부분까지 놓치지 않고 추적해 주었습니다. 정말 감사할 따름입니다. (물론 이 책에 남아 있는 오류는 모두 저의 책임입니다.)

이 책을 내기까지 과학과 기술의 대중적 이해를 돕는 알프레드 P. 슬론 재단으로부터 관대한 보조금을 지원받았습니다. 슬론 재단은 편집, 과학 및 사실 확인 검토를 위해 자금을 지원하고 연구 자료, 여행비, 저술 급여를 제공함으로써 이 책을 훨씬 더 탄탄하게 만드는 데 도움을 주었습니다. 특히 식품과 과학의 교차점에 대한 탐구에 지속적인 투자를 아끼지 않은 부사장 겸 프로그램 디렉터 도론 웨버에게 감사의 마음을 전합니다.

저는 운이 좋게도 친절함을 넘어 아낌없이 도움을 준 여러 사서, 고고학자, 자료 관리자들을 만났습니다. 프렐링거 도서관의 메간과 릭 프렐링거, 필드 박물관의 사서 겸 도서관 소장품 책임자 그레첸 링스, 미국 농무부 국립농업도서관 특별 소장품 사서 다이앤 운쉬, 미국 상선 박물관의 클레이튼 하퍼와 조쉬 스미스, 존 이네스 센터의 대외 담당 큐레이터 겸 과학사학자 새러 윌못, 케임브리지대학교 도서관의 프랭크 보울스, 하버드 경영대학원 베이커 도서관의 캐서린 폭스, 보스턴 랜드마크 위원회의 도시 고고학자 조 배글리, 그리고 큐 국립 기록 보관소, 세인트 폴의 미네소타 역사학회, 대영도서관 직원 등 여러 분야의 전문가들이 저를 도와주었습니다. 또한 뉴욕 공립 도서관의 레베카 페더먼은 온라인 자료를 사용할 수 있도록 최선을 다해 도와주었고, 연구 저널을 참고해야 하지만 학술 도서관을 이용할 수 없는 사람들에게 Sci-Hub는 귀중한 자료였으며(감사하게도 지금도 마찬가지입니다), 다른 방법이 모두 실패했을 때는 위스콘신-매디슨 대학교의 매우 관대한 어윈 골드먼이 저를 위해 논문을 다운로드해 주었습니다.

지난 10년 동안 수십 명의 사람들이 시간을 내어 저와 만나 차가움에 관한 모든 것을 이야기하고, 저의 질문에 대답하고, 참고 자료를 보내주고, 통찰을 공유하고, 인공 빙설권의 흥미로운 구석구석을 보여주었습니다. 이 책의 여러 페이지에서 이미 소개한 분들의 관대함과 열정에 무한한 감사를 표하며, 다음과 같은 분들께도 감사의 마음을 전합니다.

아메리콜드의 대니얼 쿡, 하비에르 코르테스, 크리스 맥켄, 피터 이,
리프리지웨어의 폴라 글로버, 코디 휴즈, 스코티 드프리스트,
국제냉동연구소의 놀웬 로버트 주드렌,
글로벌 콜드 체인 연합의 코리 로젠부쉬, 브즈라트 메즈게베, 메간 코스텔로,
노스캐롤라이나 주립대학교의 로라 올레니악즈와 아만다 패드버리,
런던 운하 박물관의 맬컴 터커,
그림스비 고등교육연구소의 크리스첸 제임스,
크랜필드 대학교의 엔젤 메디나 바야와 대니얼 심스,
시트로수코 북아메리카 법인 케빈 센세니,
뉴콜드의 존 마일스,
아필의 미셸 린,
미국 육군 공병대 한랭지역 연구 및 엔지니어링 연구소의 브라이언 암브러스트, 저레드 오렌, 찰스 스미스, 케리 라센,
글로벌 굿 앤 인텔리전트 벤처스의 웨트 깁스와 그의 동료들,
스노우샵 코비야마의 코타 호마,
로스앤젤레스 콜드 스토리지의 톰 로드리게즈와 톰 L. 토머스,

캘리포니아 대학교 데이비스 캠퍼스의 폴 싱,
로렌스 버클리 국립연구소의 수조이 로이,
펜실베니아 주립대학교의 매트 포즈,
뉴 베드포드에 있는 매리타임 인터내셔널 콜드 스토리지의 팀 레이,
리바운드 테크놀로지스의 케빈 데이비스,
작가 스티브 실버먼과 양봉가 윌리엄 패럿,
포츠머스 대학교의 마이크 팁튼,
미국 농무부 농업연구청의 디아나 R. 존스,
취리히 공과대학교의 마틴 J. 로에스너,
노스캐롤라이나 주립대학교의 벤자민 채프먼,
봄파스 & 파의 샘 봄파스.

위에 언급한 이름 외에도 중국 취재를 도와주신 랄프 빈, 조세핀 라우, 데첸 펨바, 팀 맥렐란, 더글러스 맥도널드, 마크 던슨, 짐 하크니스 등 많은 분께 감사의 마음을 전합니다. 르완다 취재를 도와주신 에이미 맥스먼, 앤드루 블룸, 아유부 카사사, 샘 피터스, 레일라 사인, 이시 맥팔레인에게 감사를 표합니다. 스발바르 국제 종자 저장고에 초대받을 수 있도록 도와주신 루이지 구아리노, 제레미 체르파스, 브라이언 라이노프에게도 감사를 표합니다.

알렉시스 마드리갈은 움프의 〈한 남자의 모든 것〉에 대한 열정과 아이디어, 그리고 크로커 글로벌 푸드의 위치에 대한 자신의 생각을 공유해 주었고, 서브테라레아 브리태니커의 마틴 딕슨은 실비아 비먼을 만나도록 도와주었으며, 케빈 슬라빈은 킵 브래드퍼드를 소개해 주

었고, 다리엔 윌리엄스는 미스 치키타 광고에서 그녀가 부른 멋진 노래를 알려 주었으며, 페데리코 산나는 무솔리니의 신조어를 알려주고 관련 기사를 번역해 주었습니다. 짐 웹과 멜리사 포브스는 미국 농무부 국립농업도서관을 방문했을 때 저를 안내해 주었고, 제니 레이몬드와 제이크 바튼은 저의 든든한 응원군이었으며 마스터 퍼베이어스, 다리고 뉴욕, 미국 상선 박물관을 방문할 때도 친절하게 맞아주었습니다. 동생 매트는 고전 문헌에 대한 질문에 언제나 기꺼이 답해 주었고, 부모님은 꼭 필요한 글쓰기 장소로 숙소를 아낌없이 빌려주셨습니다.

10년 동안 냉장고에 대해 생각하고 이야기하는 동안 이와 관련된 저의 독백을 참아 주었을 뿐만 아니라 좋은 생각과 제안을 공유해주고 격려해준 친구와 지인들이 아주 많습니다. 모든 분들께 감사드리며, 특히 모든 과정을 함께 해준 엘리 로빈스와 리지 프레스텔, 에틸렌과 델파이 신탁의 연관성을 알려주었을 뿐만 아니라 읽지 않아도 될 원고를 두 번이나 읽어준 웨인 챔블리스에게 특히 고마운 마음을 전하고 싶습니다. 그의 의견과 제안 덕분에 원고를 크게 개선할 수 있었습니다. 팟캐스트 〈가스트로포드Gastropod〉 공동 진행자이자 제작의 파트너인 신시아 그래버는 이 책을 쓰는 동안 끝없는 안내와 지원을 아끼지 않았습니다.

라이트하우스 작가 워크숍의 헬렌 소프는 집필 과정에서 귀중한 조언을 해 주었고 초안을 처음 만들 때 획기적인 편집 제안을 해주었습니다. 저의 에이전트인 너새니엘 잭스는 언제나 든든한 지원군이었고, 린지 블레싱과 잉크웰 매니지먼트의 다른 팀원들에게도 감사를 표합니다.

케이시 데니스, 빅토리아 로페즈, 힐러리 로버츠, 알리시아 쿠퍼, 대런 해거, 로렌 로존, 줄리 키얀 등 펭귄출판사 팀은 최고입니다. 정말 감사할 따름입니다. 무엇보다도 업계에서 가장 탁월하고 예리한 편집자로 명성이 자자한 앤 고도프와 함께 일할 수 있는 특권을 누린 것을 감사하게 생각합니다. 이 책의 구상과 편집에서 그녀의 지도는 매우 귀중한 도움이 되었습니다. 마지막으로, 이 책의 제목을 생각해내고, 혼자서는 절대 접할 수 없는 자료를 찾아 제안하고, 추위가 싫은데도 수십 개의 냉동창고 방문에 동행하고, 제가 이 주제에 관해 쓴 모든 글을 읽고 편집했을 뿐만 아니라 애초에 제가 작가가 되는 데 필요한 영감과 격려를 준 남편 제프 매너프를 향한 고마움은 말로 표현할 수가 없습니다. 사랑합니다.

참고 자료

참고 자료

내가 참고한 자료 중에 각 장마다 사실을 알려주거나 나의 생각을 일깨워준 경험, 방문, 인터뷰, 책, 기사, 다큐멘터리, 팟캐스트, 전시회, 온라인 자료들을 선별하여 정리했다. 현대의 달러 가치 환산액은 MeasuringWorth.com을 따랐다.

이 책 전체에서 백과사전이라고 할 수 있는 다음의 책을 참고했다.

Roger Thévenot, A History of Refrigeration throughout the World (Paris: International Institute of Refrigeration, 1979).

다음의 책 두 권은 이 주제 전체에 대해 나의 생각을 형성하는 데 귀중한 도움이 되었다.

Susanne Freidberg, Fresh: A Perishable History (Cambridge, MA: Belknap Press, 2010).

Carolyn Steel, Hungry City: How Food Shapes Our Lives (London: Chatto & Windus, 2008).

1장. 인공 빙설권에 오신 것을 환영합니다

이 장의 대부분은 2018년 3월 남부 캘리포니아에 있는 아메리콜드 시설에서 근무한 경험을 바탕으로 썼다. 또한 이 장을 위해서 클로버리프 콜드 스토리지의 전 대표인 애덤 페이게스(2013년 1월), 버밍엄 대학교 저온 경제학 교수 토비 피터스(2014년 이후 여러 차례 대화), 셔브룩 대학교 의학 및 보건 과학부 조교수 데니스 블론딘(2023년 1월), 리프리지웨어의 공동 CEO 라이언 실버먼, 운영 부사장 스코티 드프리스트, 품질 이사 코디 휴스(2022년 1월)와 인터뷰했다. 2022년 2월에는 노스캐롤라이나 주립대학교 섬유 보호 및 편의 센터 운영 책임자 숀 디턴을 방문했다. 포츠머스 대학교 스포츠, 건강 및 운동 과학부 극한 환경 연구소의 인간 및 응용 생리학 교수인 마이크 팁튼도 조언을 해주었다.

다음의 책도 참고했다.

Bill Streevor, Cold: Adventures in the World's Frozen Places (New York: Back Bay Books, 2010).

Paul Theroux, The Mosquito Coast (Boston: Houghton Mifflin, 1982); Varlam Shalamov, Kolyma Stories (New York: New York Review of Books, 2018)

Ken Parsons, Human Thermal Environments: The Effects of Hot, Moderate, and Cold Environments on Human Health, Comfort, and Performance (Boca Raton, FL: CRC Press, 2007)

Ingvar Holmér and Kalev Kuklane, eds., Problems with Cold Work: Proceedings from an International Symposium Held in Stockholm, Sweden, Grand Hôtel Saltsjöbaden, November 16–20, 1997 (Solna, Sweden: Arbetslivsinstitutet, 1998)

Tom Wolfe, A Man in Full (New York: Farrar, Straus and Giroux, 1998)

Royal Society, "Royal Society Names Refrigeration Most Significant Invention in the History of Food and Drink," news release, September 13, 2012.

추위 속에서 일한 나의 경험과 관련해서는 다음의 문헌도 참고했다.

Medical Record, "Effects of Intense Cold upon the Mind," Ice and Refrigeration, July 1895, p. 30;

Ingvar Holmér, "Effects of Work in Cold Stores on Man," Scandinavian Journal of Work, Environment & Health 5 (1979): 195–204;

Yutaka Tochihara, "Work in Artificial Cold Environments," Journal of Physiological Anthropology and Applied Human Science 24, no. 1 (2005): 73–76;

Marika Falla et al., "The Effect of Cold Exposure on Cognitive Performance in Healthy Adults: A Systematic Review," International Journal of Environmental Research and Public Health 18 (September 2012): 9725;

The Editors, "Cold Stress at Work: Preventive Research," Industrial Health 47 (2009): 205–6;

Hannu Anttonen et al., "Safety at Work in Cold Environments and Prevention of Cold Stress," Industrial Health 47 (2009): 254–61;

Tiina M. Mäkinen et al., "Health Problems in Cold Work," Industrial Health 47 (2009): 207–20;

Hein A. M. Daanen et al., "Manual Performance Deterioration in the Cold Estimated Using the Wind Chill Equivalent Temperature," Industrial Health 47 (2009): 262–70;

Hein A. M. Daanen et al., "Human Whole Body Cold Adaptation," Temperature 3, no.1 (2016): 104–18;

Benjamin S. Bleier et al., "Cold Exposure Impairs Extracellular Vesicle Swarm–Mediated Nasal Antiviral Immunity," Journal of Allergy and Clinical Immunology 151, no. 2 (February 2023): 509–25;

Massachusetts Eye and Ear Infirmary, "Scientists Uncover Biological Explanation behind Why Upper Respiratory Infections Are More Common in Colder Temperatures," news release, December 6, 2022;

John M. Grady, "Metabolic Asymmetry and the Global Diversity of Marine Predators," Science 363, no. 6425 (January 2019);

Ed Yong, "Why Whales, Seals, and Penguins Like Their Food Cold," Atlantic, January 24, 2019;

William Park, "Why Some People Can Deal with the Cold," BBC Future, March 10, 2021;

Beth Roars, "You Can Hear Cold," bethroars.com, January 5, 2021;

Tim Adams, "Ice Baths and Snow Meditation: Can Cold Therapy Make You Stronger?" Observer, May 7, 2017;

Tim Lewis, "The Big Chill: The Health Benefits of Swimming in Ice Water," Guardian, December 23, 2018;

David Robson, "The Big Idea: How Keeping Warm Wards Off Loneliness," Guardian, November 28, 2022.

후드 달린 옷의 역사는 다음의 문헌을 참고했다.

Nazanin Shahnavaz, "The Secret History of the Hoodie," i-D, May 23, 2016;

Denis Wilson, "A Look under the Hoodie," New York Times, December 23, 2006;

"Tales of the Hood: The Epic Story of Hoodie Fashion," Epic Hoodie Fashions, November 9, 2018;

"History of the Hoodie," Triple Crown Products, April 19, 2021.

아이스크림의 공기 때문에 생기는 문제는 다음의 문헌을 참고했다.

U. K. Dubey and C. H. White, "Ice Cream Shrinkage: A Problem for the Ice Cream Industry," Journal of Dairy Science 80, no. 12 (1997): 3439–44.

미국과 전 세계의 냉장 시설 규모와 관련해서는 다음의 문헌을 참고했다.

Victoria Salin, "2020 Global Cold Storage Capacity Report," Global Cold Chain Alliance (August 2020).

미국인의 평균 식단에서 냉장 식품이 차지하는 비율을 파악하기 위해 농무부 미국 식품 가용성 데이터를 바탕으로 각 식품 종류가 평균 식단에서 차지하는 비율을 계산한 다음, 농장에서 식탁에 오르는 과정의 한 시점에서 일반적으로 콜드 체인을 통과하는 식품을 합산했다. 결과는 근사치이지만 알려진 근거를 바탕으로 산출했다.

2장 차가움을 정복하는 사람들

이 장과 이어지는 여러 장에서 다음의 책을 참고했다.

Carroll Gantz, Refrigeration: A History (Jefferson, NC: McFarland, 2015);

Oscar Edward Anderson Jr., Refrigeration in America (Princeton, NJ: Princeton University Pess, 1953);

Jonathan Rees, Refrigeration Nation: A History of Ice, Appliances, and Enterprise in America (Baltimore: Johns Hopkins University Press, 2013);

Barry Donaldson and Bernard Nagengast, Heat & Cold, Mastering the Great Indoors (Atlanta: ASHRAE, 1995);

Helen Peavitt, Refrigerator: The Story of Cool in the Kitchen (New York: Reaktion Books, 2017).

부패를 막아라

이 장의 시작은 당시 MIT 미디어랩 선임 연구 과학자였고 나중에 그래디언트Gradient를 설립하여 최고 기술 책임자로 일했던 킵 브래드퍼드와 함께 냉장고를 만들었던 경험을 바탕으로 했다. 또한 냉장고 개발 및 테스트 책임자이자 런던 사우스뱅크 대학교 교수인 주디스 에반스의 의견을 바탕으로 썼다.

〈애프터 라이프: 부패의 기묘한 과학After Life: The Strange Science of Decay〉은 대니 칼로와 프레드 헵번이 감독했고, 2011년 11월 BBC 4에서 방영되었다. 차가움을 이해하기 위해서 다음의 문헌을 참고했다.

Streevor, Cold; John Aubrey, "Brief Lives," Chiefly of Contemporaries, Set Down by John Aubrey, between the Years 1669 & 1696, vol. 1, ed. Andrew Clark (Project Gutenberg, 2014);

Robert Boyle, "New Experiments and Observations Touching on Cold; or, an Experimental History of Cold Begun," 다음의 책에 수록됨. The Works of the Honourable Robert Boyle, vol. 2 (London: A. Millar, 1744);

René Descartes, "Meditations on First Philo ophy: Meditations III" (1641), trans. Elizabeth S. Haldane, 다음의 책에 수록됨. The Philosophical Works of Descartes (Cambridge: Cambridge University Press, 1911).

식품의 부패와 보존에 대해서는 다음의 문헌을 참고했다.

Jack A. Gilbert and Josh D. Neufeld, "Life in a World without Microbes," PLOS Biology 12, no. 12 (December 2014): e1002020;

Sue Shephard, Pickled, Potted, and Canned: How the Art and Science of Food Preserving Changed the World (New York: Simon & Schuster, 2000);

Maguelonne Toussaint-Samat, A History of Food (Hoboken, NJ: Wiley-Blackwell, 2008);

Massimo Montanari, Food Is Culture (New York: Columbia University Press, 2004);

Clifton Fadiman, Any Number Can Play (New York: Avon, 1957).

얼음 채취

이 절을 쓰는 동안 2014년 2월에 톰슨 아이스 하우스에서 얼음을 채취했고, 채취한 얼음으로 얼린 아이스크림을 먹기 위해 그해 7월에 다시 갔다. 또한 다음의 책을 많이 참고했다.

The Frozen Water Trade: A True Story (New York: Hachette, 2004)

매사추세츠주 보스턴의 하버드 비즈니스 스쿨 베이커 도서관에 있는 튜더 아이스 컴퍼니 컬렉션도 참고했다. 캘리포니아 대학교 로스앤젤레스 캠퍼스 인류학과 교수이자 《도시: 최초의 6,000년Cities: The First 6,000 Years》의 저자 모니카 스미스와 2022년 3월에 이야기를 나눴다.

실비아 비먼과 연락을 주고받긴 했지만, 유감스럽게도 2021년 그녀가 세상을 떠나기 전까지 만나지 못했다. 그녀의 연구와 얼음 저장의 초기 역사를 설명하기 위해 다음과 같은 자료를 참고했다.

Sylvia P. Beamon, "Icehouse Reflections: Thirty Years On," Subterranea 56 (April 2021): 70–76;

Sylvia P. Beamon and Lisa G. Donel, "An Investigation of Royston Cave," Proceedings of the Cambridge Antiquarian Society 68 (1978): 47–58;

Bob Trubshaw, "Royston Cave and Related Caverns," Mercian Mysteries, no. 18, February 1994; Daniel Stables, "A Secret Site for the Knights Templar?" BBC Travel, January 1, 2023;

Sylvia P. Beamon and Susan Roaf, The Ice-houses of Britain (Abingdon, UK: Routledge, 1990);

"Sylvia Beamon: The Life of Royston Academic, Archaeologist and Activist," Royston Crow, December 20, 2021.

다음의 문헌도 참고했다.

Nicholas St. Fleur, "What Was Kept in This Stone Age Meat Locker? Bone Marrow," New York Times, October 9, 2019;

Ruth Blasco et al., "Bone Marrow Storage and Delayed Consumption at Middle

Pleistocene Qesem Cave, Israel (420 to 200 ka)," Science Advances 5, no. 10 (October 2019);

Elizabeth David, Harvest of the Cold Months: The Social History of Ice and Ices (London: Michael Joseph, 1994);

Tim Buxbaum, Icehouses (Oxford: Shire, 1992);

Sarah Mytton Maury, An Englishwoman in America (London: Thomas Richardson and Son, 1848);

"The Confectioners Have Been Able to Lay In a Store of Ice to Freeze Their Creams in Summer," Times, January 21, 1822, p. 3;

Ezra Pound, Shih-ching: The Classic Anthology Defined by Confucius (Cambridge, MA: Harvard University Press, 1954);

Susanne Freidberg, "The Triumph of the Egg," Comparative Studies in Society and History 50, no. 2 (2008): 400–423.

차가움을 만드는 기계

1893년 7월 11일 컬럼비아 박람회에서 언급된 '지구상에서 가장 큰 냉장고'의 비극에 대한 이야기를 전하기 위해서 다음과 같은 자료를 활용했다.

Hubert Howe Bancroft, The Book of the Fair: An Historical and Descriptive Presentation of the World's Science, Art, and Industry, as Viewed through the Columbian Exposition at Chicago in 1893, vol. 1 (New York: Bounty Books, 1893);

"Extra: Flame and Death," Evening World, July 10, 1893, p. 1;

"From the World's Fair," Clearwater Echo, April 28, 1893, p. 2;

"Over a Score Dead," Champaign Daily Gazette, July 12, 1893, p. 1;

"Down in the Flames," Marion Star, July 11, 1893, p. 1;

"Girt by Flames High in Air," New York Times, July 11, 1893, p. 1;

"Down in the Flames," Piqua Daily Call, July 11, 1893, p. 1;

"Baptism of Fire," Union County Journal, July 13, 1893, p. 1;

Eric Westervelt, "Greatness Is Not a Given: 'America the Beautiful' Asks How We Can Do Better," All Things Considered, National Public Radio, April 4, 2019.

기계 냉각의 역사에 대해서는 앞에서 언급한 저자의 책을 참고했다.

Thévenot, Gantz, Anderson, Rees, Donaldson and Nagengast, Peavitt.

다음의 문헌도 참고했다.

Joseph Black and William Cullen, Experiments upon Magnesia Alba, Quicklime and Other Alcaline Substances; to Which Is Annexed, an Essay on the Cold Produced by Evaporating Fluids, and Some Other Means of Producing Cold (Edinburgh: W. Creech, 1777);

Hamish MacPherson, "William Cullen: Time This Scottish Inventor Was Brought In from the Cold," National, April 10, 2022;

Benjamin Franklin, Experiments and Observations on Electricity (London: E. Cave, 1769), 363–68;

Andy Pearson, "The Birth of the Refrigeration Industry in London: 1850–1900" (2018년 12월 5일에 냉장연구소 Institute of Refrigeration 회의에서 발표됨);

Nigel Isaacs, "Sydney's First Ice" (2011), Dictionary of Sydney, State Library, New South Wales;

"Harrison, James (1816–1893)," L. G. Bruce-Wallace, Australian Dictionary of Biography, vol. 1 (1966);

Tim Lee, "James Harrison Invented Australia's First IceMaking Machine, but Is Now Forgotten," Landline, ABC, March 31, 2022;

J. E. Siebel, "Refrigeration in Its Relation to the Fermenting (Brewing) Industry of the United States," The Western Brewer:

Journal of the Barley, Malt and Hop Trades 33 (December 1908): 666–67; Martin Stack, "A Concise History of America's Brewing Industry," EH.Net Encyclopedia (July 2003);

Susan K. Appel, "Artificial Refrigeration and the Architecture of 19th-Century American Breweries," IA: The Journal of the Society for Industrial Archeology 16, no. 1 (1990): 21–38.

1855년에 출간된 선집 《Men and Women》에 수록된 로버트 브라우닝의 시 "Andrea del Sarto"도 참고했다.

3장 육류, 운송부터 숙성까지

육류의 역사에 대해서 다음의 책을 귀중하게 참고했다.

William Cronon, Nature's Metropolis: Chicago and the Great West (New York: W. W. Norton, 1991);

Chris Otter, Diet for a Large Planet: Industrial Britain, Food Systems, and World Ecology (Chicago: University of Chicago Press, 2020);

Betty Fussell, Raising Steaks: The Life and Times of American Beef (San Diego: Harcourt, 2008);

Maureen Ogle, In Meat We Trust: An Unexpected History of Carnivore America (Boston: Houghton Mifflin Harcourt, 2013);

Joshua Specht, Red Meat Republic: A Hoof-to-Table History of How Beef Changed America (Princeton, NJ: Princeton University Press, 2019).

소고기는 어디에 있는가?

구스타부스 스위프트에 대한 이야기는 주로 다음의 책을 바탕으로 했다.

Louis F. Swift Jr. and Arthur Van Vlissingen, The Yankee of the Yards: The Biography of Gustavus Franklin Swift (Chicago & New York: A. W. Shaw, 1927).

이 절 전체에서 다음의 책을 참고했다.

Thévenot, A History of Refrigeration, and James Troubridge Critchell and Joseph Raymond, A History of the Frozen Meat Trade (London: Constable, 1912). 이 책은

다음과 같은 감동적인 글로 시작한다. "이 책이 다루고 있는 냉동육 무역의 역사에서 대단히 흥미롭고 조금은 낭만적인 여러 가지 사건을 보게 될 것이다." 스위프트의 성공에 대해서는 다음의 문헌도 참고했다.

Gary D. Libecap, "The Rise of the Chicago Packers and the Origins of Meat Inspection and Antitrust" (Working Paper No. 29, National Bureau of Economic Research, September 1991);

Mary Yeager Kujovich, "The Refrigerator Car and the Growth of the American Dressed Beef Industry," Business History Review 46 (1970): 460–82.

도시에 대한 육류 공급을 이해하기 위해서는 다음의 문헌을 참고했다.

Upton Sinclair, The Jungle (New York: Doubleday, Page, 1906);

Diane Purkiss, English Food: A Social History of England Told through the Food on Its Tables (Glasgow: William Collins, 2022);

George Dodd, The Food of London: A Sketch of the Chief Varieties, Sources of Supply, Probable Quantities, Modes of Arrival, Processes of Manufacture, Suspected Adulteration, and Machinery of Distribution (London: Longman, Brown, Green, and Longmans, 1856);

Steel, Hungry City; Catherine McNeur, Taming Manhattan: Environmental Battles in the Antebellum City (Cambridge, MA: Harvard University Press, 2014);

Julius Friedrich Sachse, The Wayside Inns on the Lancaster Roadside between Philadelphia and Lancaster (United States: Press of the New Era Printing Company, 1912);

Richard Perren, "The North America Beef and Cattle Trade with Great Britain, 1870–1914," Economic History Review 24, no. 3 (August 1971): 430–44;

Helen Watkins, "Fridge Space: Journeys of the Domestic Refrigerator" (PhD diss., University of British Columbia, 2008);

Charles Dickens, Great Expectations (1861; Project Gutenberg, 1998).

영국의 육류 기근에 대해서는 다음의 문헌을 참고했다.

Substances Used as Food: As Exemplified in the Great Exhibition (London: Society for Promoting Christian Knowledge, 1854);

Wentworth Lascelles Scott, "On the Supply of Animal Food to Britain, and the Means Proposed for Increasing It," Journal of the Society of the Arts, no. 796 (February 21, 1868);

Kenneth J. Carpenter, "The History of Enthusiasm for Protein" (1985년 4월 21-26일 캘리포니아 애너하임에서 열린 미국실험생물학회연맹Federation of American Societies for Experimental Biology 제69차 연례 회의에서 미국영양학회American Institute of Nutrition가 주최한 영양학 역사 심포지엄History of Nutrition symposium에서 발표된 논문);

Mark R. Finlay, "Quackery and Cookery: Justus von Liebig's Extract of Meat and the Theory of Nutrition in the Victorian Age," Bulletin of the History of Medicine 66, no. 3 (1992): 404–18;

"Pressed Beef and Desiccated Beef-Juice," Lancet 98, no. 2498 (July 15, 1871): 105;

Rebecca J. H. Woods, "The Shape of Meat: Preserving Animal Flesh in Victorian Britain," Osiris 35 (2020). To tell the story of Charles Tellier, I also referenced "Too Late to Aid Tellier," New York Times, October 20, 1913;

"Fund for Charles Tellier," Cold Storage and Ice Trade Journal 44 (October 1912): 68;

Robert Bruner, Sarah Costa, and Sean Carr, "Le Frigorifique: Charles Tellier and the Creation of the Cold Chain," Darden Case No. UVA-ENT-0232 (December 20, 2022).

현대의 파리 분뇨 처리 체계에 대해서는 다음의 문헌을 참고했다.

Nicola Twilley, "Waste Not, Want Not," New Standard, 2024.

고고학자 루이스 쿠크는 냉장이 노스 요크 무어스의 경관에 미친 영향에 대해 나에게 알려주었다. 나의 설명은 다음의 문헌을 참고했다.

Alastair J. Durie, "Game Shooting: An Elite Sport c. 1870–1980," Sport in History 28, no. 3 (September 200): 431–49;

Stephen Croft and Dr. Louise Cooke, "This Exploited Land: The Trailblazing Story of Ironstone and Railways in the North York Moors," Landscape Conservation Action Plan, October 2015;

Richard Christopher Chiverrell, "Moorland Vegetation History and Climate Change on the North York Moors during the Last 2000 Years" (PhD diss., University College of Ripon and York St. John, 1998).

그 외에 다음과 같은 문헌을 참고했다.

David McWilliams, "Floating Fridges Changed History," Irish Independent, May 6, 2015;

Ian Arthur, "Shipboard Refrigeration and the Beginnings of the Frozen Meat Trade," Journal of the Royal Australian Historical Society 92, no. 1 (June 1, 2006);

Alexi Giannoulias, "57. Photo of the Reversal of the Chicago River (1900)," 100 Most Valuable Documents at the Illinois State Archives: The Online Exhibit.

화학으로 더 잘 살기

이 절의 많은 것은 다음 문헌에서 나왔다.

Mary E. Pennington Papers, Special Collections, US Department of Agriculture National Agricultural Library, Beltsville, MD.

저온 저장 연회에 대해서는 다음의 문헌을 참고했다.

"The National Convention: A Big Success," Egg Reporter, November 6, 1911, pp. 22–65;

"Cold Storage Luncheon," Bulletin of the American Warehousemen's Association 12 (1911): 325;

"Poultry, Butter and Egg Men Meet," Ice and Refrigeration 41 (November 1911): 177–83;

"Chicago Cold Storage Banquet," San Antonio Express, October 20, 1911, p. 6;

"Try It On San Antonio," San Antonio Express, November 6, 1911;

"The Great Cold Storage Banquet," National Provisioner, September 27, 1913, p. 123;

"The Abuse of Cold Storage," Inter Ocean (Chicago), October 30, 1911, p. 6.

식중독은 다음의 문헌을 참고했다.

"Achievements in Public Health, 1900–1999: Control of Infectious D seases," Morbidity and Mortality Weekly Report 48, no. 29 (Ju y 30, 1999): 621–29;

"Leading Causes of Death," National Center for Health Statistics, CDC;

Nykole Nevol, "Deadly Summers: Infant and Child Deaths in 19th Century Rochester, New York," GREAT Day Posters 87 (2021);

Stanford T. Shulman, "The History of Pediatric Infectious Diseases," Pediatric Research 55 (2004): 163–76;

Sara Josephine Baker, Fighting for Life (New York: Macmillan, 1939);

Edward Geist, "When Ice Cream Was Poisonous," Bulletin of the History of Medicine 86, no. 3 (Fall 2012): 333–60;

Bill Bynum, "Discarded Diagnoses: Ptomaine Poisoning," Lancet 357 (March 31, 2001): 1050;

Anne Hardy, "A Short History of Food Poisoning in Britain," Social History of Medicine 12, no. 2 (1999): 293–311.

신선함과 식품에 대한 공포와 관련해서는 수전 프리드버그와의 대화 외에 다음의 문헌을 참고했다.

Freidberg, Fresh; H. P. Lovecraft, "Cool Air," Tales of Magic and Mystery, March 1928;

Susanne Freidberg, "The Triumph of the Egg," Comparative Studies in Society and History 50, no. 2 (2008): 400–423;

Betsey Dexter Dyer and Jonathan Brumberg-Kraus, "Cultures on Ice:

Refrigeration and the Americanization of Immigrants in the First Half of the Twentieth Century," in Food and Material Culture: Proceedings of the Oxford Symposium on Food and Cookery 2013 (Devon, UK: Prospect, 2014);

Deborah Blum, The Poison Squad: One Chemist's Single-Minded Crusade for Food Safety at the Turn of the Twentieth Century (New York: Penguin Press, 2018);

Weldon B. Heyburn, Chairman, Report of Committee and Hearings Held before the Senate Committee on Manufactures Relative to Foods Held in Cold Storage, 61st Cong., 3rd sess., SR 1272 (Washington, DC: Government Printing Office, 1911).

폴리 페닝턴의 이야기는 그녀의 논문 외에 다음의 문헌을 참고했다.

Barbara Heggie, "Profiles: Ice Woman," New Yorker, September 6, 1941, pp. 23–30;

Anne Pierce, "Rescuing the Perishables: The Story of a Remarkable Woman Who Has Done a Remarkable Work in Food Conservation," Field Illustrated 32, no. 1 (January 1925): 16–48;

Lisa Mae Robinson, "Regulating What We Eat: Mary Engle Pennington and the Food Research Laboratory," Agricultural History 64, no. 2 (Spring 1990): 143–53;

"A Woman's Work for Pure Storage Food," Oregon Sunday Journal, March 20, 1910, p. 73;

Elizabeth D. Schafer, "Pennington, Mary Engle (1872–1952)," Encyclopedia.com.

근육이 고기가 될 때

이 절의 대부분은 2011년과 2023년에 내가 마스터 퍼베이어스를 방문해서 조사한 내용을 바탕으로 썼고, 그 외에 다음의 책을 참고했다.

Sam Solasz and Judy Katz, Angel of the Ghetto: One Man's Triumph over Heartbreaking Tragedy (New York: New Voices Press, 2020).

또한 그림스비 연구소의 식품 냉동 및 공정 공학 연구 센터의 육류 과학자 스티븐 제임스와 그의 아들 크리스찬 제임스를 2019년 4월에 만났다. 다음과 같은 그들의 책도 큰 도움이 되었다.

S. J. James and C. James, Meat Refrigeration (Cambridge: Woodhead, 2002).

콜로라도 주립대학교 교수이자 몬포트 기부 석좌교수인 키스 E. 벨크는 육류 숙성의 생화학적 과정과 여기에 관여하는 효소 시스템에 대해 큰 도움을 주었다.

다음의 책은 매우 재미있었고, 피의 달에 대한 이야기가 나온다.

Eleanor Parker, Winters in the World: A Journey Through the AngloSaxon Year (London: Reaktion Books, 2022).

벤저민 프랭클린은 단연 최고의 미국 건국의 아버지이며, 그의 편지는 예일 대학교 The Papers of Benjamin Franklin 사이트에서 찾아볼 수 있다.

이 절에서 다음의 문헌도 참고했다.

Shane Hamilton, Trucking Country: The Road to America's Wal-Mart Economy (Princeton, NJ: Princeton University Press, 2008);

Robert G. Cassens, Meat Preservation: Preventing Losses and Assuring Safety (Trumbull, CT: Food & Nutrition Press, 1994);

Fidel Toldra, ed., Lawrie's Meat Science, 8th ed. (Cambridge: Woodhead, 2017);

Doree Lewak, "This New Yorker Is Alive Because of His Butchering Skills," New York Post, June 12, 2016;

C. L. Davey et al., "Carcass Electrical Stimulation to Prevent Cold Shortening Toughness in Beef," New Zealand Journal of Agricultural Research 19, no. 1 (1976): 13–18;

Elisabeth Huff Lonergan et al., "Review: Biochemistry of Postmortem Muscle: Lessons on Mechanisms of Meat Tenderization," Meat Science 86 (2010): 184–95;

Linda M. Samuelsson, "Effects of Dry-Aging on Meat Quality Attributes and Metabolite Profiles of Beef Loins," Meat Science 111 (2016): 168–76;

Dashmaa Dashdorj et al., "Review: Dry Aging of Beef," Journal of Animal Science and Technology 19 (May 2016);

Jeff. W. Savell, "Dry-Aging of Beef: Executive Summary," Center for Research and Knowledge Management, National Cattlemen's Beef Association, 2008;

G. C. Smith et al., "Postharvest Practices for Enhancing Beef Tenderness," Center for Research and Knowledge Management, National Cattlemen's Beef Association, 2008;

Fred E. Deatherage, "Early Investigations on the Acceleration of Post-mortem Tenderization of Meat by Electrical Stimulation," Ohio State University;

D. M. Stiffler et al., "Electrical Stimulation: Purpose, Application and Results," Bulletin B-1375, Texas Agricultural Extension Service, 1982;

David Goodsell, "Molecule of the Month: Calcium Pump," PDB-101, March 2004;

The Kudos Science Trust, "Dr. Carrick Devine—Agricultural Science: Lifetime Achievement," October 31, 2016, YouTube video, 3:26, youtube.com/watch?v=hwh7TeCM5hY;

Tender Beef, "HVES Animation—Short Technical and Economic Explanation," HVES, March 10, 2020, https://hves.eu/en/video-en/.

냉장으로 가능해진 육류 소비의 규모를 전반적으로 파악하기 위해서는 다음의 문헌을 참고했다.

Vaclav Smil, "Eating Meat: Evolution, Patterns, and Consequences," Population and Development Review 28, no. 4 (December 2002);

Carys E. Bennett et al., "The Broiler Chicken as a Signal of a Human Reconfigured Biosphere," Royal Society Open Science 5, no. 180 (December 12, 2018);

Hannah Ritchie, "Wild Mammals Make Up Only a Few Percent of the World's Mammals," Our World in Data, December 15, 2022;

Hannah Ritchie, "How Much of the World's Land Would We Need in Order to Feed the Global Population with the Average D et of a Given Country?" Our World in Data, October 3, 2017;

World Wildlife Federation, "The Amazon in Crisis: Forest Loss Threatens the Region and the Planet," November 8, 2022;

Liz Kimbrough, "How Close Is the Amazon Tipping Point?" Mongabay, September 20, 2022;

Paul Josephson, "The Ocean's Hot Dog: The Development of the Fish Stick," Technology and Culture 49, no. 1 (January 2008): 41–61;

Alister Doyle, "Ocean Fish Numbers Cut in Half Since 1970," Scientific American, September 16, 2015. Finally: Francis Bacon, Sylva Sylvarum: Or, a Natural History in Ten Centuries (London: Bennet Griffin, 1683).

4장 과일, 수확 후의 시간을 보내는 법

숨 쉬는 과일

이 절은 크랜필드 대학교 식품 과학 및 기술 분야 선임 강사 나탈리아 팔라간과 2022년 9월 워싱턴 주립대학교 원예학과 교수 케이트 에반스, 2022년 8월 J. Lugg & Associates의 사장인 짐 러그와의 인터뷰 내용을 바탕으로 썼다. 과학 및 산업 연구부 기록의 일부로 보관되어 있는 저온 연구소의 기록물, 큐 국립문서보관소 식품 조사위원회(1916-1960), 케임브리지 대학교 도서관 고문서 부서와 케임브리지 대학교 기록보관소의 저온 연구소 관련 논문(1917-1989)도 광범위하게 참고했다.

이 절을 쓰는 데 도움이 된 자료는 다음과 같다.

Andrew Deener, The Problem with Feeding Cities: The Social Transformation of Infrastructure, Abundance, and Inequality in America (Chicago: University of Chicago Press, 2020);

Catherine Price, Vitamania: How Vitamins Revolutionized the Way We Think about Food (New York: Penguin Books, 2016);

Joan Morgan and Alison Richards, The New Book of Apples: The Definitive Guide to Over 2,000 Varieties (London: Ebury Press, 2002);

Arthur B. Adams, Marketing Perishable Farm Products (New York: Longmans, Green,

1916).

도시의 과일과 채소 공급에 대해서는 다음의 문헌을 참고했다.

Eunice Fuller Barnard, "In Food, Also, a New Fashion Is Here," New York Times Magazine, May 4, 1930.

"Britain on the Brink of Starvation: Unrestricted Submarine Warfare," Historic England, February 1, 2017.

저온 연구소의 키드와 웨스트의 이야기는 다음의 문헌을 참고했다.

H. B. S. Montgomery and A. F. Posnette, "Franklin Kidd, 12 October 1890–7 May 1974," Biographical Memoirs of Fellows of the Royal Society 21 (November 1975): 406–30;

P. D. Sell, "Cyril West, 1887–1986," Watsonia 16 (1987): 361–63;

F. Kidd, "Food Research under the Department of Scientific and Industrial Research," Proceedings of the Royal Society of London. Series A, Mathematical and Physical Sciences 205, no. 1083 (March 7, 1951): 467–83;

Franklin Kidd, Cyril West, and M. N. Kidd, Gas Storage of Fruit: The Use of Artificial Atmospheres of Regulated Composition, Either Alone or in Conjunction with Refrigeration, for the Purpose of Preserving Fresh Fruit during Overseas Transport or in Land Stores, Department of Scientific Research, Food Investigation, Special Report No. 30 (London: HMO Stationery Office, 1927);

Franklin Kidd and Cyril West, "Gas-Storage of Fruit IV: Cox's Orange Pippin Apples," Journal of Pomology and Horticultural Science 14, no. 3 (1937): 276–94;

"'Gas' Storage of Apples," Times (London), March 24, 1930, p. 20;

Sir William Hardy, "Some Recent Developments in Low Temperature Research," Journal of the Society of Chemical Industry 52, no. 3 (January 20, 1933): 45–49.

온도 조절 저장의 역사에 대해서는 다음 문헌도 참고했다.

Stefanie Glinski, "The Ancient Method That Keeps Afghanistan's Grapes Fresh All Winter," Atlas Obscura, March 25, 2021;

J. É. Bérard, "Mémoire sur la maturation des fruits," Annales de chimie et de physique 16 (1821);

"An Old Fruit Hous", Ice and Refrigeration, July 1895, pp. 23–25;

"Fruit Shipments in Carbonic Acid Gas," Official Report of the Eighteenth Fruit Growers' Convention (Sacramento, CA: 1895), pp. 148–50;

Dana G. Dalrymple, "The Development of an Agricultural Technology: Controlled-Atmosphere Storage of Fruit," Technology and Culture 10, no. 1 (January 1969): 35–48;

John M. Love, "Robert Smock and the Diffusion of Controlled Atmosphere Technology in the US Apple Industry, 1940–60" (Cornell Agricultural Economics Staff Paper No. 88-20, August 1988).

공기 성분 조절 저장에 대해서는 다음 문헌을 참고했다.

D. Bishop, "Controlled Atmosphere Storage," in Cold and Chilled Storage Technology, ed. Clive Dellino (Boston: Springer, 1990), 53–92;

Kate Prengaman, "The Challenges of Storing Organic Apples," Good Fruit Grower, January 24, 2018;

"Controlled Atmosphere Storage: A Technical Information Bulletin of the Northwest Horticultural Council," June 2, 2023;

Kate Prengaman, "How Low Can You Go," Good Fruit Grower, May 1, 2017, pp. 42–45;

Steven Morris, "Fruit Farm Manager Jailed over Deaths of Men Who 'Scuba Dived' for Apples," Guardian, July 1, 2015;

S. J. Kay, Postharvest Physiology of Perishable Plant Products (New York: Van Nostrand Reinhold, 1991);

Miguel EspinoDíaz et al., "Biochemistry of Apple Aroma: A Review," Food Technology & Biotechnology 54, no. 1 (December 2016): 375–97;

John K. Fellman et al., "Relationship of Harvest Maturity to Flavor Regeneration after CA Storage of 'Delicious' Apples," Postharvest Biology and Technology 27 (2003): 39–51;

Fritz K. Bangerth et al., "Physiological Impacts of Fruit Ripening and Storage Conditions on Aroma Volatile Formation in Apple and Strawberry Fruit: A Review," HortScience 47, no. 1 (2012): 4–10;

James J. Nagle, "Use Widens for Cooling System," New York Times, April 6, 1966, p. 55.

내가 좋아하는 사과 저장의 어려움에 관한 내용은 다음 문헌을 참고했다.

Adriano Arriel Saqet, "Storage of 'Cox Orange Pippin' Apple Severely Affected by Watercore," Erwerbs-Obstbau 62 (September 2020): 391–98;

E. T. Chittenden et al., "Bitter Pit in Cox's Orange Apples," New Zealand Journal of Agricultural Research 12, no. 1 (1969): 240–47;

D. S. Johnson, "Investigating the Cause of Diffuse Browning Disorder in CA-Stored Cox's Orange Pippin Apples," ISHS Acta horticulturae 857: IX International Controlled Atmosphere Research Conference (April 2010).

코스믹 크리스프Cosmic Crisp 품종에 대해서는 다음의 문헌을 참고했다.

Brooke Jarvis, "The Launch," California Sunday Magazine, July 18, 2019;

M. Sharon Baker, "The Next Big Apple Variety Was Bred for Deliciousness in Washington," Seattle Business Magazine, November 24, 2017.

상추에 대해서는 다음의 문헌을 참고했다.

John Steinbeck, East of Eden (New York: Viking Press, 1952);

Gabriella M. Petrick, "The Arbiters of Taste: Producers, Consumers and the Industrialization of Taste in America, 1900–1960" (PhD diss., University of Delaware, 2006);

Gabriella M. Petrick, "'Like Ribbons of Green and Gold': Industrializing Lettuce and the Quest for Quality in the Salinas Valley, 1920–1965," Agricultural History 80, no. 3 (2006): 269–95;

"Microbiological Surveillance Sampling: FY21 Sample Collection and Analysis of Lettuce Grown in Salinas Valley, CA," US Food & Drug Administration, September 8, 2022;

Paul F. Griffin and C. Langdon White, "Lettuce Industry of the Salinas Valley," Scientific Monthly 81, no. 2 (August 1955): 77–84;

"Green Gold," The Fridge Light, CBC, October 24, 2017;

Craig Claiborne, "News of Food: Salads," New York Times, December 8, 1958, p. 41;

Ed Dinger, "Fresh Express Inc.," Encyclopedia.com;

Dave Stidolph, "Vacuum Cooling, Once Radical Idea, Reigns Supreme," Watsonville Register-Pajaronian, December 13, 1954, p. 11;

Robert H. Kieckhefer interviewed by Arthur J. McCourt, Weyerhaeuser Company Historical Archives, Februa y 20, 1976;

Harland Padfield and William E. Martin, Farmers, Workers, and Machines (Phoenix: University of Arizona Press, 1965);

Molly Oleson, "Jim Lugg: Founder of the Modern Salad," Breakthroughs, Fall 2017;

James Lugg et al., "Establishing Supply Chain for an Innovation: The Case of Prepackaged Salad," ARE Update 20, no. 6 (2017): 5–8;

"A System for Abundance" in FOOD: Transforming the American Table (exhibition at National Museum of American History, November 2012);

Joe Mathews, "Salinas and Yuma Are 500 M les Apart—but Agribusiness Is Growing Them Closer," Zocalo Public Square, October 22, 2018.

과일이 주고받는 신호

앞에서 언급한 저온 연구소의 논문 외에 이 절은 두 차례에 걸친 바나나 도매 업체 방문을 바탕으로 썼다. 내가 이 업체를 처음 방문한 2011년 10월에는 폴 로젠블랫이 대표였고, 회사 이름은 Banana Distributors of New York, Inc.였다. 두 번째 방문한 2023년 2월에는 회사 이름이 D'Arrigo New York Wholesale Delivery & Banana Facility로 바뀌었고, 가브리엘라 다리고가 나를 안내해 주었다. 또한 〈써멀 테크놀러지스Thermal Technologies〉의 사장 겸 소유주 짐 렌츠(2022년 9월), 루이빌 대학교 겸임교수 존 헤일(2022년 4월), 센트럴 오하이오 독극물 센터와 켄터키 지역 독극물 센터 소장을 역임한 헨리 스필러(2022년 4월), Mission Produce의 설립자 겸 CEO인 스티브 바나드(2022년 8월)와의 대화를 참고했다.

에틸렌과 식물에 대해서는 다음의 문헌을 참고했다.

Peter Smith, "The Peas That Smelled the Leaky Pipe," Smithsonian, June 1, 2012;

Arthur F. Sievers and Rodney H. True, A Preliminary Study of the Forced Curing of Lemons as Practiced in California (Washington, DC: Government Printing Office, 1912);

R. B. Harvey, "Artificial Ripening of Fruits and Vegetables" (University of Minnesota Agricultural Experiment Station Bulletin 247, October 1928);

R. Gane, "Production of Ethylene by Some Ripening Fruits," Nature 134, no. 1008 (December 29, 1934);

Michael J. Haydon et al., "Sucrose and Ethylene Signaling Interact to Modulate the Circadian Clock," Plant Physiology 175, no. 2 (October 2017): 947–58;

Hirokazu Ueda et al., "Plant Communication: Mediated by Individual or Blended VOCs?," Plant Signaling & Behavior 7, no. 2 (February 2012): 222–26;

Anja K. Meents and Axel Mithöfer, "Plant–Plant Communication: Is There a Role for Volatile Damage-Associated Molecular Patterns?," Frontiers in Plant Science 11 (October 15, 2020);

Dominique Van Der Straeten, "Ethylene in Vegetative Development: A Tale with a Riddle," New Phytologist 194, no. 4 (March 2012): 895–909;

Jan Kępczyński, "Gas-Priming as a Novel Simple Method of Seed Treatment with Ethylene, Hydrogen Cyanide or Nitric Oxide," Acta physiologiae plantarum 43, no. 117 (July 2021);

Renata Bogatek and Agnieszka Gniazdowska, "Ethylene in Seed Development, Dormancy and Germination," Annual Plant Reviews 44 (April 2018): 189–218;

Adrien Fernet, "Ethylene to Delay the Germination of Onions," FreshPlaza, February 21, 2019;

Alain Soler et al., "Forcing in Pineapples: What Is New?" Newsletter of the Pineapple Working Group, International Society for Horticultural Science, 2006, pp. 27–31;

Mandy Kendrick, "The Origin of Fruit Ripening," Scientific American, August 17, 2009;

Robert Nicholas Spengler, "Origins of the Apple: The Role of Megafaunal Mutualism in the Domestication of Malus and Rosaceous Trees," Frontiers in Plant Science 10, no. 617 (May 27, 2019): 1–18.

에틸렌이 사람에게 주는 영향에 대해서는 다음의 문헌을 참고했다.

A. B. Luckhardt and J. B. Carter, "The Physiologic Effects of Ethylene," Journal of the American Medical Association 80, no. 11 (March 17, 1923): 765–70;

Jelle de Boer et al., "New Evidence of the Geological Origins of the Ancient Delphic Oracle (Greece)," Geology 29 (2001): 707–10;

Henry A. Spiller, John R. Hale, and Jelle Z. De Boer, "The Delphic Oracle: A Multidisciplinary Defense of the Gaseous Vent Theory," Journal of Toxicology: Clinical Toxicology 40, no. 2 (2002): 289–96;

John R. Hale et al., "Questioning the Delphic Oracle," Scientific American 289, no. 2 (August 2003): 66–73;

Doomberg, "Science by Press Release," Substack, September 16, 2022;

Alexander H. Tullo, "The Search for Greener Ethylene," Chemical & Engineering News, March 15, 2021;

Stanley P. Burg and Ellen A. Burg, "Role of Ethylene in Fruit Ripening," Plant Physiology 37, no. 2 (March 1962): 179–89;

"2022 NIHF Inductee Sylvia Blankenship: The Horticultural Hero," National Inventors Hall of Fame, 2022.

바나나에 대해서는 다음의 문헌을 참고했다.

Dan Koeppel, Banana: The Fate of the Fruit That Changed the World (New York: Hudson Street Press, 2008);

Muhammad Siddiq, ed., Handbook of Banana Production, Pos harvest Science, Processing Technology, and Nutrition (Hoboken, NJ: Wiley, 2020);

Frederick Upham Adams, Conquest of the Tropics: The Story of the Creative Enterprises Conducted by the United Fruit Company (New York: Doubleday, Page, 1914);

Robert BadenPowell, Scouting for Boys (London: H. Cox, 1908);

"The Banana as the Basis of a New Industry," Scientific American 80, no. 9 (March 4, 1899);

Francis X. Clines, "First Banana: A Welcome to a New Land," New York Times, July 31, 1994, p. 33;

Matt Blitz, "The Origin of the 'Slipping on a Banana Peel' Comedy Gag," Today I Found Out, November 29, 2013;

L. Williams, "Refrigeration and the S. S. Venus," Unifruitco 4 (April 1929): 528–32;

John Soluri, "Accounting for Taste: Export Bananas, Mass Markets, and Panama Disease," Environmental History 7, no. 3 (July 2002): 386–410;

Roderick Abbott, "A Socio-economic History of the International Banana Trade, 1870–1930" (EUI Working Paper RSCAS 2009/22, European University Institute, May 2009);

"Tariff Readjustment—1929," Hearings before the Committee on Ways and Means, House of Representatives, 70th Cong., 2nd sess., no. 37 (Washington, DC: Government Printing Office, 1929);

Ulrike Praeger et al., "Effect of Storage Climate on Green-Life Duration of Bananas," 5th International Workshop, Cold Chain Management, Bonn, Germany, June 2013;

Daniel Krieger, "Mozart's Growing Influence on Food," Japan Times, November 25, 2010;

"Explosion in Pittsburgh's Produce District Last Week," Chicago Packer, December 26, 1936;

Kathleen Donahoe, "The Pittsburgh Banana Company Explosion," 2015, Archives & Special Collections, University of Pittsburgh;

Michael Le Page, "Bananas Threatened by Devastating Fungus Given Temporary Resistance," New Scientist, September 21, 2022;

T.W., "Where Did Banana Republics Get Their Name?," Economist, November 21, 2013.

아보카도에 대해서는 다음의 문헌을 참고했다.

Charles Oilman Henry, "How to Benefit from 'Pre-Ripe'," California Avocado Society 1984 Yearbook 68, pp. 37–41;

Brook Larmer, "How the Avocado Became the Fruit of Global Trade," New York Times, March 27, 2018.

선물 거래

이 절은 위스콘신 대학교 매디슨 캠퍼스 원예학과 교수인 어윈 골드만(2022년 9월)과의 대화, 해켓 파이낸셜 어드바이저의 사장 겸 CEO인 숀 해켓(2022년 8월)과의 대화, 2013년 3월 시트로수코 북아메리카 법인을 방문해서 얻은 정보를 바탕으로 썼다. 그리고 다음의 책을 참고했다.

John McPhee, Oranges (New York: Farrar, Straus and Giroux, 1975);

Alissa Hamilton, Squeezed: What You Don't Know about Orange Juice (New Haven: Yale University Press, 2010);

Tetra Pak, The Orange Book: A Unique Guide to Orange Juice Production (2017);

Emily Lambert, The Futures: The Rise of the Speculator and the Origins of the World's Biggest Markets (New York: Basic Books, 2010).

다음의 문헌도 참고했다.

Shane Hamilton, "Cold Capitalism: The Political Ecology of Frozen Concentrated Orange Juice" (Working Paper No. 35, Program in Science, Technology, and Society, Massachusetts Institute of Technology, February 2003);

Thirteenth Annual Citrus Statistical Survey, Agricultural Marketing Service, Florida Department of Agriculture, March 1961;

"From the Concentrate Revolution to the Decline of Florida Citrus" in the online exhibition Bittersweet: The Rise and Fall of the Citrus Industry in Florida, Florida Memory, State Library and Archives of Florida;

Angelico Law, "Brazil's Foothold in the Orange Juice Industry," October 5, 2018;

"The 100-Year Journey of the UF/IFAS Citrus Research and Education Center," UF/IFAS Communications, November 2017;

United States International Trade Commission, "In the Matter of Certain Orange Juice from Brazil," Investigation No. 731-TA1089 (Washington, DC: Heritage Reporting, 2012);

Duane D. Stanford, "Coke Has a Secret Formula for Orange Juice, Too," Bloomberg Businessweek, February 4–10, 2013;

"How Orange Juice Was Built," Proof, January 2021;

Josephine Peterson, "Port of Wilmington Worker Critically Injured after Falling 50 Feet in Juice Storage Tank," News Journal, January 9, 2019;

"Crowning Achievements in Bulk Aseptic Storage," Food Engineering, October 3, 2007;

"Tropicana Products, Inc.," Reference for Business, Company History Index;

Marisa L. Zansler, "Overview of Recent OJ Retail Sales Trends and Florida

Processor Movement," FDOC Live Webinar Series, April 30, 2020.

5장 제3의 극지방

디젤 냉각기 써모킹

이 절의 대부분은 미네소타 역사학회, 미네소타주 세인트폴에 있는 프레드릭 존스 논문, 원고 컬렉션을 바탕으로 썼다. 또한 다음의 문헌도 참고했다.

Kathleen Peippo, "Thermo King Corporation History," in International Directory of Company Histories, ed. Tina Grant (Detroit, MI: St. James Press, 1996), 505–507.

다음의 책도 참고했다.

F. Scott Fitzgerald, The Great Gatsby (New York: Charles Scribner's Sons, 1925);

Hamilton, Trucking Country; Warren Belasco and Roger Horowitz, eds., Food Chains: From Farmyard to Shopping Cart (Philadelphia: University of Pennsylvania Press, 2008);

Mark Kurlansky, Birdseye: The Adventures of a Curious Man (New York: Anchor Books, 2013);

Tom Philpott, Perilous Bounty: The Looming Collapse of American Farming and How We Can Prevent It (New York: Bloomsbury, 2020);

Michael Pollan, The Omnivore's Dilemma: A Natural History of Four Meals (New York: Penguin Press, 2006);

Eric Schlosser, Fast Food Nation: The Dark Side of the All-American Meal (New York: Houghton Mifflin, 2001);

Sarah Murray, Moveable Feasts: From Ancient Rome to the 21st Century, the Incredible Journeys of the Food We Eat (New York: St. Martin's Press, 2007);

Robert D. Heap, Guide to Refrigerated Transport (Paris: International Institute of Refrigeration, 2010);

Sasha Issenberg, The Sushi Economy: Globalization and the Making of a Modern

Delicacy (New York: Avery, 2008).

냉동 트럭의 장기적인 영향에 대해서는 다음의 문헌을 참고했다.

Vera J. Banks and Judith Z. Kalbacher, "The Changing US Farm Population," Rural Development Perspectives, March 1980, pp. 43–46;

Eli Tan, "A French-fry Boomtown Emerges as a Climate Winner—as Long as It Has Water," Washington Post, August 21, 2023;

Steve Kay, "Tyson's Beef Battleship," Meat & Poultry, November 28, 2016;

Shane Hamilton, "The Economies and Conveniences of ModernDay Living: Frozen Foods and Mass Marketing, 1945–1965," Business History Review 77 (Spring 2003): 33–60;

Tara Garnett, "Food Refrigeration: What Is the Contribution to Greenhouse Gas Emissions and How Might Emissions Be Reduced?" (Food Climate Research Network working paper, April 2007);

Kovie Biakolo, "A Brief History of the TV Dinner," Smithsonian, November 2020;

Reuters, "How Four Big Companies Control the U.S. Beef Industry," June 17, 2021;

Georgina Gustin, "Air Pollution from Raising Livestock Accounts for Most of the 16,000 US Deaths Each Year Tied to Food Production, Study Finds," Inside Climate News, May 11, 2021;

Donald Carr, "Manure from Unregulated Factory Farms Fuels Lake Erie's Toxic Algae Blooms," Environmental Working Group, April 9, 2019;

Burke W. Griggs, Matthew R. Sanderson, and Jacob A. Miller-Klugesherz, "Farmers Are Depleting the Ogallala Aquifer Because the Government Pays Them to Do It," Trends (American Bar Association), February 27, 2022.

냉장 항공 운송에 대해서는 다음의 문헌을 참고했다.

Jack Kinyon, "Air Transport Command–Airlift During WWII," Air Mobility

Command Museum;

Mathew Noblett, "The Transatlantic Relationship: The Berlin Airlift," Academy for Cultural Diplomacy;

Arthur Veysey, "Jets Make Any Day a Day for Strawberries," Chicago Tribune, April 20, 1969;

"Perishable Logistics: Cold Chain on a Plane," Inbound Logistics, January 2014;

Anna King, "Sweet Northwest Cherries Get a New First-Class Direct Flight to Asia," NWNews, June 12, 2015;

Anna King, "Tariffed Northwest Cherry Growers Don't Have Much Time to Sort Out Marketing Strategy," Northwest Public Broadcasting, April 9, 2018;

David Parkinson, "When Fish Began to Fly," Globe and Mail, July 12, 2007;

Rojda Akdag, "How Bluefin Tuna Became a Top Cargo in Air Freight," More Than Shipping, July 27, 2015;

Scott Mall, "Flashback Friday: The History of Air Freight," FreightWaves, May 24, 2019;

Sushi: Global Catch, directed by Mark Hall (Kino Lorber, 2011).

냉동 컨테이너 속에서 보낸 청춘

이 절은 뉴저지 플로럼 파크에 있는 바바라 프랫의 사무실과 가족 농장인 뉴욕 요크 타운 하이츠의 윌킨스 과일 및 전나무 농장 방문과 전화로 나눈 여러 대화, 시랜드 주식회사 이동 연구 실험실 기록, 뉴욕 킹스포인트의 미국 상선 박물관 문서를 바탕으로 썼다. 스티브 바너드와의 대화도 참고했다.

컨테이너와 냉동 컨테이너 선적에 관련된 이야기를 이해하기 위해 다음의 책을 참고했다.

Alexander Klose, The Container Principle: How a Box Changes the Way We Think (Cambridge, MA: MIT Press, 2015);

Marc Levinson, The Box: How the Shipping Container Made the World Smaller and the World Economy Bigger (Princeton, NJ: Princeton University Press, 2006);

Thomas Taro Lennerfors and Peter Birch, Snow in the Tropics: A History of the Independent Reefer Operators (Boston: Brill, 2019).

컨테이너의 도입과 확산에 대해서는 다음의 문헌도 참고했다.

"Malcolm Purcell McLean, Pioneer of Container Ships, Died on May 25th, Aged 87," Economist, May 31, 2001;

Betty Joyce Nash, "The Voyage to Containerization," Economic History, 2012, pp. 39–42;

Brian J. Cudahy, "The Containership Revolution: Malcom McLean's 1956 Innovation Goes Global," TR News, no. 246 (September–October 2006);

Sarah Murray, "World Would Be Lost without Big Metal Box," Weekender, April 29–30, 2006;

"Tankers to Carry 2-Way Pay Loads," New York Times, April 27, 1936, p. 54;

Judah Levine, "The History of the Shipping Container," Freightos, April 24, 2016;

Jean-Paul Rodrigue, Theo Notteboom, and Athanasios Pallis, "The Changing Geography of Seaports," in Port Economics, Management and Policy (New York: Routledge, 2022);

Leah Brooks et al., "The Local Impact of Containerization" (working paper, Division of Research and Statistics, Board of Governors of the Federal Reserve System, April 28, 2021);

Anna Nagurney, "Global Shortage of Shipping Containers Highlights Their Importance in Getting Goods to Amazon Warehouses, Store Shelves and Your Door in Time for Christmas," Conversation, September 21, 2021;

"Banana-Shipping Invention to Cut Hundreds of Longshoreman Jobs," South Florida Sun Sentinel, May 8, 1989;

Haylle Sok, "50 Years of Container Refrigeration Innovation," Global Trade

Magazine, December 27, 2017;

"Drewry: Shipping Line Share of Reefer Market to Hit 85% by 2021," Container Management, September 27, 2017;

"Tuna Travels," Maersk, January 21, 2020;

John Churchill, "The Queen of Cool," Maersk Stories, May 10, 2013.

냉동 컨테이너의 영향에 대해서는 다음의 문헌을 참고했다.

Joanna Blythman, "Strange Fruit," Guardian, September 6, 2002;

David Karp, "Most of America's Fruit Is Now Imported. Is That a Bad Thing?" New York Times, March 13, 2018;

Biing-Hwan Lin and Rosanna Mentzer Morrison, "A Closer Look at Declining Fruit and Vegetable Consumption Using Linked Data Sources," Amber Waves, July 5, 2016;

Cheryl Schweizer, "Washington Apple Growers Facing Some Exporting Challenges," KREM2, January 17, 2023;

Joseph Leitmann-Santa Cruz and Ambassador Robert Pastorino, "Accession of Chile to NAFTA: Benefits for Chile and the United States," I stitute for Agriculture & Trade Policy, May 14, 2000;

M. Jahi Chappell et al., "Food Sovereignty: An Alternative Paradigm for Poverty Reduction and Biodiversity Conservation in Latin America," F1000 Research 2 (November 2013);

Peter Williams and Warwick E. Murray, "Behind the 'Miracle': Non-traditional Agro-Exports and Water Stress in Marginalised Areas of Ica, Peru," Bulletin of Latin American Research (2018);

Ayesha Tandon, "'Food Miles' Have Larger Climate Impact Than Thought, Study Suggests," CarbonBrief, June 20, 2022;

Molly Leavens, "Do Food Miles Really Matter?" Harvard University Sustainability, March 7, 2017;

Seung Hee Lee et al., "Adults Meeting Fruit and Vegetable Intake Recommendations—United States, 2019," MMWR 71 (2022): 1–9;

US Food Imports data set, Economic Research Service, USDA.

새로운 북극의 건설

이 절은 2017년 스프링필드 언더그라운드와 카르타고 언더그라운드 방문, 2019년 뉴콜드 웨이크필드 방문, 2013년 베레드 노히와 함께한 델라웨어주 윌밍턴 항구 여행, 2014년 보스턴의 도시 고고학자 조지프 배글리의 연구실 방문을 바탕으로 썼다. 그리고 2014년 1월 정저우의 첸쩌민, 산촨, 다이젠쿤, 룽징 카오탕을 방문하고 중국의 콜드 체인에 관련된 열두 명 이상의 사람들과 장소를 방문하는 등 광범위한 중국 여행과 취재를 진행했다. 또한 매트 쿨리지와 저온 연구소CLUI 팀과의 대화, 애덤 페이게스와 마크 울프랏과의 인터뷰(2023년 2월)를 바탕으로 썼다.

다음의 책도 참고했다.

Hamilton, Trucking Country; Erna Risch, The Quartermaster Corps: Organization, Supply, and Services, vol. 1 (Washington, DC: Center of Military History, US Army, 1995);

David L. Manuel, Men and Machines: The Brambles Story (Sydney: Ure Smith, 1970).

그 외에 참고한 문헌은 다음과 같다.

"The Ozarks," Conspiracy Theory with Jesse Ventura, season 2, episode 4, November 26, 2012;

"Boston's Cold Corner," Ice and Refrigeration 9, no. 6 (1895): 375–95;

Rick LeBlanc, "Another Sneak Attack, War Heralded Pallet in Industry," Pallet Enterprise, May 3, 2002.

캘리포니아 버논의 이야기는 다음의 문헌을 참고했다.

Charles F. McElwee, "The Supply-Chain Empire," City Journal, Winter 2022;

Sam Allen and Hector Becerra, "Complex Financial Deals and Energy Projects

Cost Vernon Millions," Los Angeles Times, August 13, 2011;

Adam Nagourney, "Plan Would Erase All-Business Town," New York Times, March 1, 2011;

Hadley Meares, "Vernon: The Implausible History of an Industrial Wasteland," Curbed LA, May 19, 2017.

콜드 체인의 확장에 대해서는 다음의 문헌을 참고했다.

Rich Lachowsky et al., "Sold on Cold: Temperature-Controlled Development Pipeline Reaches New Record," Newmark Research, March 2023;

Jeff Berman, "CBRE Report Presents a Bright Future for Cold Storage Warehouse Growth," Logistics Management, June 12, 2019;

Spencer Brewer, "'We're Off to the Races': Barber Partners and Bain Capital Announce Nationwide Cold Storage Joint Venture," Dallas Business Journal, May 3, 2022;

Salin, "2020 Global Cold Storage Capacity Report."

중국 관련 취재를 하면서 참고한 많은 문서와 기사는 원래 중국어로 작성된 것이고, 오웬 구오가 번역해주었다. 또한 다음의 문헌을 참고했다.

Peter Grant, "Cold Snap: Developers Pour Money into Cold Storage in China," Wall Street Journal, January 3, 2017; Nicola Davison, "China's Growing Appetite for Pork Creates New Pollution," China Dialogue, January 10, 2013;

"Hog Heaven: China Builds Pig Hotels for Better Biosecurity," Bloomberg, August 2, 2021;

Yijing Zhou, "The Food Retail Revolution in China and Its Association with Diet and Health," Food Policy 55 (August 1, 2015): 92–100;

Jennifer Timmons, "Chicken Feet Are a Big Deal," Delmarva Farmer, February 2, 2018;

Wang Jun et al., "China Food Manufacturing Annual Report," USDA Global Agricultural Information Network, February 2013;

Peter Cohan, "How Did Wal-Mart Crack Open China?," Forbes, May 18, 2012;

W. Wang et al. "China's Food Production and Cold Chain Logistics";

Joanna Bonarriva et al., "China Agricultural Trade: Competitive Conditions and Effects on U.S. Exports," US International Trade Commission investigation no. 332-518, publication 4219, March 2011.

6장 빙산의 일각

가정용 냉장고의 등장

이 절은 2019년 2월에 있었던 존 스타인버그와의 만남과 베코의 저스틴 레인키, 월풀에서 은퇴한 수석 제품 개발 매니저 메리 케이 볼저, LG전자의 냉장고 및 가전제품 수석 제품 매니저 윌리엄 권(모두 2023년 2월)과의 대화를 바탕으로 썼다. 이 절 전체에 걸쳐 다른 부분과 마찬가지로 백과사전인 트레베노트의 A History of Refrigeration과 함께 다음의 책도 참고했다.

Anderson, Refrigeration in America;

Gantz, Refrigeration; Rees, Refrigeration Nation;

Peavitt, Refrigerator;

Watkins, "Fridge Space".

다음의 책에서 가져온 내용도 있다.

Jonathan Rees, Refrigerator (New York: Bloomsbury Academic, 2015).

미국에서 타인의 냉장고를 엿보고 싶어 하는 취향에 대해서는 다음 문헌을 참고했다.

LG Electronics USA, "Behind Closed Doors: Survey Takes a Fresh Look at What Your Fridge Says About You," news release, June 28, 2017;

JP Mangalindan, "For Some Strange Reason, Periscope Users Are Obsessed with Your Fridge," Mashable, March 28, 2015;

Ellissa Bain, "What Is the TikTok Fridge Challenge? Social Media's Most Pointless Trend," HITC, April 23, 2020;

Michael D. Shear, Katie Rogers, and Annie Karni, "Beneath Joe Biden's Folksy Demeanor, a Short Fuse and an Obsession with Details," New York Times, May 14, 2021;

Joe Taysom, "David Bowie Used to Store His Urine in the Fridge to Stop Witches Stealing It," Far Out Magazine, A gust 24, 2020;

John Keefe, "Quiz: Can You Tell a 'Trump' Fridge from a 'Biden' Fridge?," New York Times, October 27, 2020.

미국의 냉장고 소유 데이터는 다음의 문헌에서 찾을 수 있다.

"The Effect of Income on Appliances in U.S. Households," US Energy Information Administration, November 21, 2001.

사회가 기술을 어떻게 형성하는지에 대한 고전적인 비유인 루스 슈워츠 카원의 "냉장고는 어떻게 윙윙거리게 되었나"의 출처는 다음과 같다.

The Social Shaping of Technology, ed. Donald MacKenzie and Judy Wajcman (Milton Keynes, UK, and Philadelphia: Open University Press, 1985), 208–18.

냉장고의 보급에 대한 데이터는 다음의 문헌을 참고했다.

H. Laurence Miller, "The Demand for Refrigerators: A Statistical Study," Review of Economics and Statistics 42, no. 2 (1960): 196–202.

냉장고의 윙윙 소리에 대해서는 다음의 자료를 참조할 것.

The Velvet Underground, directed by Todd Haynes (Apple TV+, 2021)

Micah Loewinger, "Mysteries of Sound," On the Media, August 25, 2023.

로버트와 헬렌 린드의 매혹적인 연구는 다음과 같은 책으로 출판되었다.

Middletown: A Study in American Culture by Robert S. Lynd and Helen M. Lynd (New York: Harcourt, Brace, 1929).

냉장고에 의한 여성 해방(또는 속박)에 대해서는 다음의 문헌을 참고했다.

US Census Bureau, "Chapter D. Labor Force, Wages, and Working Conditions" (Series D 1-238), in Historical Statistics of the United States, 1789–1945;

Jeremy Greenwood, Evolving Households: The Imprint of Technology on Life (Cambridge, MA: MIT Press, 2019);

Jeremy Greenwood et al., "Engines of Liberation," Review of Economic Studies 72 (2005): 109–33;

Jeremy Greenwood et al., "Technology and the Changing Family" (National Bureau of Economic Research Working Paper 17735, January 2012);

Ruth Schwartz Cowan, More Work for Mother: The Ironies of Household Technology from the Open Hearth to the Microwave (New York: Basic Books, 1983).

냉장고가 주방과 도시에 준 영향을 이해하기 위해서 다음의 문헌을 참고했다.

Sarah Archer, The Midcentury Kitchen: America's Favorite Room, from Workspace to Dreamscape (New York: Countryman Press, 2019);

Steel, Hungry City; and Ian Chodikoff, "Sites and Scenes," Canadian Architect, November 1, 2007.

이 시대의 일회용 소비자 자본주의 시대로의 진입을 도운 어니스트 엘모 칼킨스의 에세이는 다음의 책에 수록되었다.

"What Consumer Engineering Really Is" in Consumer Engineering: A New Technique for Prosperity, ed. Roy Sheldon and Egmont Arens (New York: Harper, 1932).

다음의 문헌도 참조할 것.

Stan Goldblatt, "America's Oldest Fridge Still Keeping Cool," New York Post, July 5, 2013;

Bernard A. Nagengast and Randy Schrecengost, Adventures in Heat and Cold: Men and Women Who Made Your Lives Better (Atlanta: ASHRAE, 2020).

냉장고가 바꾼 신선함의 개념

캘리포니아 대학교 로스앤젤레스 캠퍼스의 가족 일상생활 센터Center on Everyday Lives of Families가 주도한 9년간의 학제 간 연구 프로젝트의 결과물로 다음의 책이 출간되었다.

Jeanne E. Arnold et al., Life at Home in the 21st Century: 32 Families Open Their Doors (Los Angeles: Cotsen Institute of Archaeology Press, 2012).

이 책은 흥미롭고 끔찍하며, 저자 중 한 명으로 연구를 시작할 때 갓 결혼해 아이가 없는 대학원생이었던 앤서니 P. 그레이시는 기자에게 "가장 순수한 형태의 피임법이 고안되었다"고 말했다.

나는 매거진 〈킨포크〉의 2017년 9월 15일자 25호에서 마사 스튜어트와 인터뷰했다.

냉장과 가정에서 발생하는 음식물 쓰레기의 관계에 대해서는 다음의 문헌을 참고했다.

Tara Garnett, "Food Refrigeration: What Is the Contribution to Greenhouse Gas Emissions and How Might Emissions Be Reduced?" (Food Climate Research Network working paper, April 2007);

Jonathan Bloom, American Wasteland: How America Throws Away Nearly Half of Its Food (and What We Can Do about It) (Boston: Da Capo Lifelong Books, 2010);

William Rathje and Cullen Murphy, Rubbish! The Archaeology of Garbage (Phoenix: University of Arizona Press, 2001);

Jeff Harrison, "William L. Rathje: 1945–2012," University of Arizona News, June 5, 2012;

USDA's Food Waste FAQs.

화이트웨이브가 두유를 유제품과 함께 냉장 코너에 진열하기 위해 요금을 지불한 사례에 대해서는 다음의 문헌을 참고했다.

William Shurtleff and Akiko Aoyagi, History of White Wave (1977–2022): America's Most Creative and Successful Soyfoods Maker (Lafayette, CA: Soyinfo Center, 2022);

Sam Fromartz, "Starting a Business: This Entrepreneur Didn't Cry over Spilt Soy Milk," St. Louis Post-Dispatch, August 11, 2003;

Bethany Mclean, "Profile in Persistence: In 1977 Steve Demos Had an Idea to Sell Soy-Based Foods to Health-Conscious Americans," CNN Money, May 1, 2001.

빌 옌Bill Yenne이 쓴 Great American Beers: Twelve Brands That Become Icons (Saint Paul, MN: MBI, 2004)에 따르면, 날짜가 표시된 최초의 식품 또는 음료는 샌프란시스코의 제너럴 브루잉 코퍼레이션에서 양조한 럭키 라거Lucky Lager였다. 이 맥주는 광고 자료에서 "세계에서 가장 훌륭한 맥주 중 하나"이자 "최초의 날짜 표시 맥주"로 소개되었다.

판매 기한sell-by과 유통 기한best-before에 대해서는 다음의 문헌을 참고했다.

Steve Lawrence, "Should All Foods Have 'Spoil Dates'?," Chicago Tribune, October 6, 1977;

Judy Hevrdejs, "Because It's Dated Is It Also Fresh?," Chicago Tribune, January 18, 1979;

Richard Milne, "Arbiters of Waste: Date Labels, the Consumer and Knowing Good, Safe Food," Sociological Review 60, no. 2 supp. (2013): 84–101;

The Editors, "Read This Before June 11," Bloomberg, June 10, 2015;

Casey Williams, "Al Capone's Brother May Have Invented Date Labels for Milk," HuffPost, August 3, 2016;

Gigen Mammoser, "Al Capone and the Short, Confusing History of Expiration Dates," Vice, December 17, 2016;

Debasmita Patra et al., "Evaluation of Global Research Trends in the Area of Food Waste Due to Date Label ing Using a Scientometrics Approach," Food Control 115 (2020);

"When Did 'Best Before' Dates Begin?," Spectator, August 6, 2022.

다음의 온라인 자료도 참고했다.

Lynne Olver, "Shelf-Life Dating (USA)" in "The Food Timeline";

"Food Product Dating," USDA Food Safety and Inspection Service.

류지현의 작품은 savefoodfromthefridge.com에서 찾을 수 있다.

닭에게 백신을 접종할지 계란을 냉장 보관할지에 대한 논란은 다음의 문헌을 참고했다.

William Neuman, "U.S. Rejected Hen Vaccine Despite British Success," New York Times, August 24, 2010;

D. R. Jones et al., "Impact of Egg Handling and Conditions during Extended Storage on Egg Quality," Poultry Science 97, no. 2 (2018): 716–23.

'스마트'한 신선도 감지 기술에 대해서는 다음의 문헌을 참고했다.

Tamar Haspel, "This Groundbreaking Technology Will Soon Let Us See Exactly What's in Our Food," Washington Post, March 26, 2016;

Margi Murphy, "A Very Cool Invention: This Grundig Fridge Can Tell When Food Is Going Off by Detecting Its Pongy Odour," Sun, September 4, 2017;

Michael Wolf, "Is Amazon Considering Making a Smart Fridge? Probably Not (but Maybe)," Spoon, November 3, 2017.

차가움이 선사하는 새로운 맛의 세계

이 절의 일부는 2022년과 2023년에 플로리다 대학교 원예과학과 명예교수 해리 클리와 나눈 대화와 서신을 정리한 것이다. 또한 2023년 2월에는 〈트리네트라Trinetra〉의 매니징 파트너이자 CIO인 타소스 스타소풀로스와 이야기를 나누었고, 2014년 1월에는 중국 지난의 농산물 물류 국립공학연구센터 소장인 왕궈리 박사를 방문했다. 나는 팟캐스트 〈가스트로포드〉에 출연하여 술의 역사를 연구하는 데이비드 원드리히와 이야기를 나눴다.

Nicola Twilley and Cynthia Graber, "The Cocktail Hour," Gastropod, May 26, 2015.

Waldo Jaquith, "On the Impracticality of a Cheeseburger," waldo.ja quith.org, December 3, 2011.

캘리포니아의 일반 맥주와 스팀 맥주에 대해서는 다음의 문헌을 참고했다.

Jeff Alworth, "The Making of a Classic: Anchor Steam," Beervana, May 6, 2020;

Ian Steadman, "'Kim Jong-Ale': North Korea's Surprising Microbrewery Culture Explored," Wired UK, April 29, 2013.

옛날에 즐겼던 아이스크림과 냉동 디저트는 다음의 문헌을 참고했다.

David, Harvest; Jeri Quinzio, Of Sugar and Snow: A History of Ice Cream Making (Berkeley: University of California Press, 2009);

Ivan Day, Ice Cream: A History (London: Shire, 2011).

뇌 발작의 과학에 대해서는 다음의 문헌을 참고했다.

American Physiological Society, "Changes in Brain's Blood Flow Could Cause 'Brain Freeze'" (press release), ScienceDaily, April 12, 2012;

Melissa Mary Blatt et al., "Cerebral Vascular Blood Flow Changes during 'Brain Freeze,'" Federation of American Societies for Experimental Biology Journal 26, no. S1 (April 2012).

차가움과 맛에 대해서는 다음의 문헌을 참고했다.

R. Eccles et al., "Cold Pleasure. Why We Like Ice Drinks, Ice-Lollies and Ice Cream," Appetite 71 (2013): 357–60;

Ann-Marie Torregrossa et al., "Water Restriction and Fluid Temperature Alter Preference for Water and Sucrose Solutions," Chemical Senses 37, no. 3 (March 2012): 279–92;

K. Talavera et al., "Heat Activation of TRPM5 Underlies Thermal Sensitivity of Sweet Taste," Nature 438 (2005): 1022–25.

코카콜라 이야기는 다음의 문헌을 참고했다.

Mark Prendergast, For God, Country and Coca-Cola: The Definitive History of the Great American Soft Drink and the Company That Makes It (New York: Basic Books, 2013).

〈차가움으로 요리하기 Cooking with Cold〉는 디트로이트의 켈비네이터 판매 회사 Kelvinator Sales Corporation에 의해 1932년에 출판되었다.

다음의 문헌도 참고했다.

Harold McGee, On Food and Cooking: The Science and Lore of the Kitchen (New York: Scribner, 2004);

Allie Rowbottom, JELL-O Girls: A Family History (New York: Little, Brown, 2018);

Helen Veit, "An Economic History of Leftovers," Atlantic, October 7, 2015;

"Easiest Way to Improve the Flavor of Soups and Stews," Cook's Illustrated, January–February 2008;

"Got Leftovers? Tips for Safely Savoring Foods a Second Time Around," Food Technology Magazine, March 2, 2015;

Aaron Hutcherson, "Why Certain Foods Taste Better the Next Day," Washington Post, March 3, 2023;

Bella Isaacs-Thomas, "The Food Science behind What Makes Leftovers Tasty (or Not)," PBS NewsHour, December 23, 2022;

Luis Villazon, "Why Does Bolognese, Stew and Curry Taste Better the Next Day?," BBC Science Focus, August 24, 2017;

"The Abuse of Cold Storage," Inter Ocean (Chicago), October 30, 1911, p. 6; Associated Press, "Failing Ice Cellars Signal Changes in Alaska Whaling Towns," November 25, 2019;

Y. Yang et al., "Knowledge of, and Attitudes towards, Live Fish Transport among Aquaculture Industry Stakeholders in China: A Qualitative Study," Animals 11, no. 9 (September 13, 2021).

토마토에 대해서는 다음의 문헌을 참고했다.

Barry Estabrook, Tomatoland: How Modern Industrial Agriculture Destroyed Our Most Alluring Fruit (Kansas City, MO: Andrews McMeel, 2012);

Alex Philippidis, "Mistakes Shorten First Approved GMO's Shelf Life," Genetic Engineering & Biotechnology News, April 12, 2016;

Thomas Whiteside, "A Reporter at Large: Tomatoes," New Yorker, January 24, 1977;

Denise M. Tieman et al., "Identification of Loci Affecting Flavour Volatile Emissions in Tomato Fruits," Journal of Experimental Botany 54 (2006): 887–96;

S. Mathieu et al., "Flavour Compounds in Tomato Fruits: Identification of Loci and Potential Pathways Affecting Volatile Composition," Journal of Experimental Botany 60 (2009): 325–37;

D. M. Tieman et al., "The Chemical Interactions Underlying Tomato Flavor Preferences," Current Biology 22 (2012): 1–5;

Linda M. Bartoshuk and H. J. Klee, "Better Fruits and Vegetables through Sensory Analysis," Current Biology 23 (2013): 374–78;

Bo Zhang et al., "Chilling-Induced Tomato Flavor Loss Is Associated with Altered Volatile Synthesis and Transient Changes in DNA Methylation," PNAS Biological Sciences 113, no. 44 (October 17, 2016): 12580–85;

D. Tieman et al., "A Chemical Genetic Roadmap to Improved Tomato Flavor," Science 355 (2017): 391–94.

냉장고 식단의 명암

이 절은 2016년 9월 런던 박물관에서 젤레나 베크발락과 만난 이야기와 프로젝트가 진행되면서 이어진 대화를 바탕으로 썼다. 게이너 웨스턴과 젤레나 베크발락은 그들의 프로젝트와 그 결과를 다음의 책에 자세히 기록했다.

Manufactured Bodies: The Impact of Industrialisation on London Health (Oxford: Oxbow Books, 2020).

케임브리지 대학교 역사 및 공공정책 교수 사이먼 슈레터와 로테르담 에라스무스 대학교 의료센터 공중보건 교수인 요한 마켄바흐도 좋은 조언을 해주었다.

또한 노스캐롤라이나 주립대학교의 경제학 동문 석좌교수인 리 크레이그와의 대화도 이 절에 사용했다. 앤테벨럼 수수께끼는 처음에 다음의 문헌으로 제기되었다.

Robert W. Fogel et al., "The Economic and Demographic Significance of Secular Changes in Human Stature: The U.S. 1750–1960" (NBER Working Paper, April 1979).

이 주제에 대한 리 크레이그의 논문에는 다음과 같은 것들이 포함된다.

"The Effect of Mechanical Refrigeration on Nutrition in the United States," with Barry Goodwin and Thomas Grennes, Social Science History 28 (Summer 2004): 325–36

"The Short and the Dead: Nutrition, Mortality, and the 'Antebellum Puzzle' in the United States," with Michael Haines and Thomas Weiss, Journal of Economic History 63 (June 2003): 385–416.

다음의 문헌도 참고했다.

Robert W. Fogel et al., "Secular Changes in American and British Stature and Nutrition," Journal of Interdisciplinary History 14, no. 2 (Autumn 1983): 445–81;

John Komlos, "A Three-Decade History of the Antebellum Puzzle: Explaining the Shrinking of the U.S. Population at the Onset of Modern Economic Growth," Journal of the Historical Society 12 (December 2012): 395–445.

나는 푸에블로 콜로라도 주립대학교의 역사학 교수인 조나단 리스와 2023년 4월에 이야기를 나눴다. 리스의 연구는 이 장의 앞부분에도 언급되었다.

Middletown: A Study in American Culture by Robert S. Lynd and Helen M. Lynd.

그 외에 식단과 영양의 변화를 이해하는 데 도움이 된 자료는 다음과 같다.

Lizzie Collingham, The Biscuit: The History of a Very British Indulgence (London: Bodley Head, 2020);

Otter, Diet for a Large Planet; Chris Otter, "The British Nutrition Transition and its Histories," History Compass 10, no. 11 (2012): 812–25;

Joyce H. Lee et al., "United States Dietary Trends Since 1800: Lack of Association Between Saturated Fatty Acid Consumption and Non-communicable Diseases," Frontiers in Nutrition 8 (2021);

Roderick Floud et al., The Changing Body: Health, Nutrition, and Human Development in the Western World since 1700 (Cambridge: Cambridge University Press, 2011);

Carrie R. Daniel et al., "Trends in Meat Consumption in the USA," Public Health Nutrition 14, no. 4 (April 2011): 575–83;

Nina Teicholz, "How Americans Got Red Meat Wrong," Atlantic, June 2, 2014;

The US Department of Agriculture Economic Research Service (ERS) Food Availability (per Capita) Data System.

과일과 채소의 영양 성분 변화는 다음의 문헌을 참고했다.

Estabrook, Tomatoland; Donald R. Davis et al., "Changes in USDA Food Composition Data for 43 Garden Crops, 1950 to 1999," Journal of the American College of Nutrition 23, no. 6 (2004): 669–82;

Roddy Scheer and Doug Moss, "Dirt Poor: Have Fruits and Vegetables Become Less Nutritious?," Scientific American, April 27, 2011;

Rachel Lovell, "How Modern Food Can Regain Its Nutrients," BBC Future, 2023.

냉장 보관 중 손실과 관련해서는 다음과 같은 문헌을 활용했다.

Joy C. Rickman et al., "Nutritional Comparison of Fresh, Frozen and Canned Fruits and Vegetables. Part 1. Vitamins C and B and Phenolic Compounds," Journal of the Science of Food and Agriculture 87 (2007): 930–44;

James Wong, "The Decline and Fall of Broccoli's Nutrients," Guardian, April 9, 2017.

냉장 보관, 소금 섭취량 감소, 위암 사이의 연관성은 다음의 문헌을 참고했다.

Christopher P. Howson, Tomohiko Hiyama, and Ernst L. Wynder, "The Decline in Gastric Cancer: Epidemiology of an Unplanned Triumph," Epidemiologic Reviews 8, no. 1 (1986): 1–27;

David C. Paik et al., "The Epidemiological Enigma of Gastric Cancer Rates in the US: Was Grandmother's Sausage the Cause?," International Journal of Epidemiology 30, no. 1 (February 2001): 181–82;

David Coggon et al., "Stomach Cancer and Food Storage," Journal of the National Cancer Institute 81, no. 15 (August 2, 1989): 1178–82;

Masoud Amiri et al., "The Decline in Stomach Cancer Mortality: Exploration of Future Trends in Seven European Countries," European Journal of Epidemiology 26, no. 1 (January 2011): 23–28.

중국 취재의 일환으로 식중독에 대해 A. T. Kearney Inc.의 마이크 모리아티와 중국유럽국제경영대학원 겸임교수인 리처드 브루베이커와 이야기를 나눴다. 다음의 문헌도 활용했다.

Anne Hardy, "Food Poisoning: An On-going Saga," History and Policy, January 13, 2016;

A.T. Kearney, Inc., "Food Safety in China," 2007;

Cameron J. Reid et al., "A Role for ColV Plasmids in the Evolution of Pathogenic Escherichia coli ST58," Nature Communications 13, no. 1 (2022);

Madeline Drexler, Emerging Epidemics: The Menace of New Infections (Washington, DC: Joseph Henry Press, 2002);

CDC/National Center for Health Statistics.

마지막으로, 장내 미생물에 대해서는 저스틴 소넨버그와 2023년 3월에 이야기를 나눴고 다음의 문헌을 참고했다.

Hannah C. Wastyk et al., "Gut-Microbiota-Targeted Diets Modulate Human Immune Status," Cell 184, no. 16 (August 5, 2021): 4137–153.e14;

Aashish R. Jha et al., "Gut Microbiome Transition across a Lifestyle Gradient in Himalaya," PLOS Biology 16, no. 11 (November 2018);

Erica D. Sonnenburg and Justin L. Sonnenburg, "The Ancestral and Industrialized Gut Microbiota and Implications for Human Health," Nature Reviews Microbiology 17 (June 2019): 383–90.

또한 2013년 5월 3일 미국 환경보호청이 메릴랜드주 베데스다에서 개최한 공개 워크숍 '이식을 위한 대변 미생물군집'의 녹취록을 참고하여 푸시아 던롭과 이야기를 나누었다.

7장 차가움의 종말

냉장의 미래

이 절은 대부분 2022년 〈뉴요커〉 보도를 위해 르완다를 여행하고 리밍턴 스파에 있는 OX의 R&D 시설을 방문하고 다음과 같은 여러 사람과의 대화를 바탕으로 썼다.

버밍엄 대학교의 저온 경제학 교수이자 지속 가능한 냉각 센터의 공동 책임자인 토비 피터스, 유엔 환경 프로그램의 프로그램 매니저 브라이언 홀루즈, 르완다 환경 관리청의 사무총장 줄리엣 카베라, 주디스 에반스, 나탈리아 팔라간, 영국 환경식품농촌부 국제 성층권 오존 및 불소화 온실가스 책임자 스티브 카우퍼스와이트, 헤리엇 와트 대학교 교수이자 지속 가능한 도로 화물 센터 및 물류 및 지속가능성 센터의 책임자 필 그리닝, UNEP U4E 르완다 냉각 이니셔티브의 농업 콜드 체인 전문가인 이사 은쿠룬지자, ACES의 운영 연구 코디네이터 장 밥티스트 은다헤투예, OX 딜리버스의 프란신 우와마호로, 사이먼 데이비스, 샘 다간, 페르디난드 무네제로, 루이스 우무토니, 장 드 디우 우무젠가, 아프리카 기술연구센터 선임 연구원 캐서린 킬레루, 국립농업수출개발청 원예 품질 보증 책임자 이노센트 음왈리무, 르완다 대학교 선임 강사 기욤 냐가타레, Hortifresh Ltd.의 폴 이물리아, MINAGRI의 농작물 공급망 및 시장 분석가 앨리스 무카무게마, 수확후교육재단 Postharvest Education Foundation 설립자이자 대표인 리사 키티노자, 포스트하베스트 플러스 Post-Harvest Plus 설립자 빈센트 가사시라, MINAGRI의 지역 농업 조사관 파스칼 두쿠자무호자, 도나티엔 이란슈비제, 프랑수아 하비얌베레, 인스피라 팜스 CEO 줄리안 미첼, MASS 디자인 그룹 창립 대표 겸 전무이사 마이클 머피, 공동 전무이사 겸 수석 대표 크리스찬 베니마나, 환경공학 이사 틸리 레나르토비츠, 세계은행 그룹 국제금융공사 최고 운영 책임자 셀수크 타나타, 캐리어 지속가능성 및 콜드 체인 개발 담당 이사 지미 워싱턴, 밀레니엄 챌린지 코퍼레이션 토지 및 농업 경제 실천 그룹 실무 책임자 겸 선임 이사 에릭 트라첸버그, Integrated Cold Chain Management 고문 팻 휴즈.

중국에서는 베이징 신파디 농산물 도매시장과 쑤저우의 에머슨 리서치&솔루션 센터를 방문해 클라이드 베르호프와 마크 빌스와 이야기를 나눴다.

르완다에 대해서는 다음의 자료도 참고했다.

Anne-Michèle Paridaens and Sashrika Jayasinghe, "Rwanda: Comprehensive Food Security Analysi 2018," World Food Programme Vulnerability Analysis and Mapping (Rome: United Nations World Food Programme, 2018);

World Bank, "GDP per Capita: Rwanda";

James Noah Ssemanda et al., "Estimates of the Burden of Illnesses Related to Foodborne Pathogens as from the Syndromic Surveillance Data of 2013 in Rwanda," Microbial Risk Analysis 9 (2018): 55–63;

Harald von Witzke et al., "The Economics of Reducing Food-Borne Diseases in Developing Countries: The Case of Diarrhea in Rwanda," Agrarwirtschaft 54, no. 7 (2005): 314–17;

Mohamed M. El-Mogy and Lisa Kitinoja, "Review of Best Postharvest Practices for Fresh Market Green Beans" (PEF White Paper 19-01, The Postharvest Education Foundation, February 2019);

Adams, Marketing Perishable Farm Products; Ministry of Finance and Economic Planning (MINECOFIN), Republic of Rwanda, "Vision 2050," December 2020;

Ministry of Environment, REMA, and United Nations, "Rwanda National Cooling Strategy," 2019;

National Agriculture Export Board, "Cold Chain Assessment: Status of Cold Chain Infrastructure in Rwanda," January 2019;

University of Birmingham, "Africa's Clean Cooling Centre of Excellence Moves Closer to Boosting Farmers' Livelihoods," news release, December 8, 2020;

"ACES Synthesis Report on Rwandan Agriculture and Vaccine Cold-chain Equipment, Policies, Programmes and Practices."

냉장, 음식물 쓰레기, 기아, 기후 변화의 연결고리는 다음의 문헌을 활용했다.

Esben Hegnsholt, "Tackling the 1.6-Billion-Ton Food Loss and Waste Crisis," Boston Consulting Group, August 20, 2018;

World Wildlife Federation, "Driven to Waste: Global Food Loss on Farms," July 2021;

J. L. Dupont, A. El Ahmar, and J. Guilpart, "The Role of Refrigeration in Worldwide Nutrition (2020), 6th Informatory Note on Refrigeration and Food,"

International Institute of Refrigeration, March 2020;

Sustainable Energy for All, "Chilling Prospects: Providing Sustainable Cooling for All," July 1, 2018;

Nadia El-Hage Scialabba, "Food Wastage Footprint: Impacts on Natural Resources, Summary Report," Food and Agriculture Organization of the United Nations, 2013;

Nadia El-Hage Scialabba, "Food Wastage Footprint & Climate Change," UN Food & Agriculture Organisation, November 2015;

Carbon Trust, Cool Coalition, High-Level Champions, Kigali Cooling Efficiency Program, and Oxford Martin School at the University of Oxford, "Climate Action Pathway: Net-Zero Cooling," December 9, 2020;

Toby Peters and Phil Greening, "A Seven-Point Plan to Tackle the World's Biggest Cooling Challenge," University of Birmingham;

Yabin Dong et al., "Greenhouse Gas Emissions from Air Conditioning and Refrigeration Service Expansion in Developing Countries," Annual Review of Environment and Resources 46 (2021): 59–83;

Brent R. Heard and Shelie A. Miller, "Critical Research Needed to Examine the Environmental Impacts of Expanded Refrigeration on the Food System," Environmental Science and Technology 50, no. 22 (October 2016): 12060–12071;

Stefan Ellerbeck, "IEA: More Than a Third of the World's Electricity Will Come from Renewables in 2025," World Economic Forum, March 16, 2023;

Weizhen Tan, "What 'Transition'? Renewable Energy Is Growing, but Overall Energy Demand Is Growing Faster," CNBC, November 3, 2021;

Toby Peters and Leyla Sayin, "The Cold Economy" (ADBI Working Paper 1326, Asian Development Bank Institute, Tokyo, 2022).

냉매에 대해서는 다음의 문헌을 활용했다.

Eric Dean Wilson, After Cooling: On Freon, Global Warming, and the Terrible

Cost of Comfort (New York: Simon & Schuster, 2021);

Paul Hawken, Draw own (New York: Penguin, 2017);

Diane Toomey, "Paul Hawken on One Hundred Solutions to the Climate Crisis," Yale Environment 360, July 25, 2017;

Fred Pearce, "Inventor Hero Was a One-Man Environmental Disaster," New Scientist, June 7, 2017;

UN Environment Programme, "Rebuilding the Ozone Layer: How the World Came Together for the Ultimate Repair Job," September 15, 2021;

Nick Campbell, "Why Does the Illegal Trade in Refrigerant Gases Matter to Europe's Energy Security?," Politico, September 8, 2022;

Samuel Smith, "Refrigerant Leak Detection and Regulatory Update," Copeland, July 24, 2018;

James M. Calm, "The Next Generation of Refrigerants—Historical Review, Considerations, and Outlook," International Journal of Refrigeration 31, no. 7 (November 2008): 1123–33;

Lisa Tryson and Torben Funder-Kristensen, "Momentum Grows for Low GWP Refrigerants," Contracting Business, December 13, 2019;

Christina Theodoridi, "The Unexpectedly Exciting World of Refrigerants," NRDC, August 5, 2021.

기계식 냉각의 대안을 찾으려는 노력에 대해서는 다음의 문헌을 참고했다.

Alok Jha, "Einstein Fridge Design Can Help Global Cooling," Guardian, September 20, 2008;

Gene Dannen, "The Einstein-Szilard Refrigerators," Scientific American, January 1997;

Keng Wai Chan and Malcolm McCulloch, "The Einstein-Szilard Refrigerator: An Experimental Exploration," ASHRAE Transactions 122, no. 1 (2016);

Jennifer Ouellette, "Chill, Baby, Chill," Cocktail Party Physics, November 30,

2010;

Noah Schachtman, "Hear That? The Fridge Is Chilling," Wired, January 6, 2003;

General Electric, "Not Your Average Fridge Magnet: These High-Tech Magnets Will Keep Your Butter (and Beer) Cold," news release, February 7, 2014;

Andrew Turley, "The Future of Cool," Chemistry World, January 12, 2012.

또한 다음의 문헌을 참고했다.

Susanne Freidberg, French Beans and Food Scares: Culture and Commerce in an Anxious Age (New York: Oxford University Press, 2004);

Emmanuel Ntirenganya, "NAEB Upgrades Packing House to Ensure Safety of Horticulture Exports," New Times, March 2, 2020;

Macharla Kamau, "Horticulture Extends Its Lead as Biggest Foreign Exchange Earner," Sunday Standard, May 7, 2022;

Reuters, "Kenya Horticulture Export Earnings up 5% Yr/Yr in 2021," February 22, 2022;

Kristen Hall-Geisler, "The OX Is a Flat-Pack Truck for the Developing World," TechCrunch, September 27, 2016;

Human Rights Watch, "'Why Not Call This Place a Prison?' Unlawful Detention and Ill-Treatment in Rwanda's Gikondo Transit Center," September 24, 2015;

Caroline Kimeu, "What Tanzania Tells Us about Africa's Population Explosion as the World Hits 8bn People," Guardian, November 15, 2022;

Andrew Blum, "Planning Rwanda," Metropolis, November 1, 2007.

냉장이 아닐 수도 있는 미래

이 절은 주로 2018년 5월에 아필을 방문한 내용을 바탕으로 썼으며, 다음의 문헌도 참고했다.

Stephanie Strom, "An (Edible) Solution to Extend Produce's Shelf Life," New York

Times, December 13, 2016;

Leonora R. Baxter, "The New Ice Age," Golden Book Magazine, no. 73 (January 1931);

Matteo Motolese, "Il Duce 'frigoriferò' il dissenso," trans. Federico Sanna, Il Sole 24 Ore, February 23, 2020;

Anderson Jr., Refrigeration in America; Elting E. Morison, Men, Machines, and Modern Times, 50th anniversary ed. (Cambridge, MA: MIT Press, 2016);

Mary E. Pennington, "Influence of Refrigeration on the Food Supply" (read at the 22nd Annual Meeting of the American Warehousemen's Association, Pittsburgh, December 5–7, 1912);

Farming and Farm Income, USDA Economic Research Service;

Jessica Davies, "Rurban Revolution: Can Ruralising Urban Areas through Greening and Growing Create a Healthy, Sustainable & Resilient Food System?," Lancaster University, Principal Investigator, UK Research and Innovation (March 2019–March 2021).

에필로그_ 만들어낸 북극이 진짜 북극을 녹이고 있다

나는 2016년에 스발바르를 방문했고, 다음 문헌도 활용했다.

Cary Fowler, Seeds on Ice: Svalbard and the Global Seed Vault (Westport, CT: Prospects Press, 2016);

Lyndsey Matthews, "There's a Remote Norwegian Town Where You're Not Allowed to Die," Men's Health, March 14, 2018;

"Banking against Doomsday," Economist, March 10, 2012;

"Banks for Bean Counters," Economist, September 10, 2015;

Brown Planthopper: Threat to Rice Production in Asia (Proceedings of a Symposium, International Rice Research Institute, Manila, Philippines, 1979);

Kazushige Sogawa et al., "Mechanisms of Brown Planthopper Resistance in Mudgo Variety of Rice," A plied Entomology & Zoology 5, no. 3 (1970): 145–58;

S. P. Singh et al., "Indian Rice Genetic Resources and Their Contribution to World Rice Improvement—a Review," Agricultural Reviews 24, no. 4 (2003): 292–97;

Helen Sullivan, "A Syrian Seed Bank's Fight to Survive," New Yorker, October 19, 2021;

Suzanne Goldenberg, "Global Seed Vault Dispatches First Ever Grain Shipment," Guardian, October 19, 2015;

Mark Sabbatini, "'No Other Place in the World Is Warming Up Faster Than Svalbard': March Will Be 100th Straight Month of Above-Average Svalbard Temperatures, Weather Service Says," Icepeople, March 25, 2019;

The Younger Edda, trans. Rasmus B. Anderson (Chicago: Scott, Foresman, 1901).